SICHUAN ZHUYEHUAJIAO
YOUZHI QINGJIAN GAOXIAO ZAIPEI
LILUN YU SHIJIAN

四川竹叶花椒
优质轻简高效栽培
理论与实践

主 编◎王景燕 龚 伟

U0255060

四川科学技术出版社

图书在版编目（CIP）数据

四川竹叶花椒优质轻简高效栽培理论与实践 / 王景燕，龚伟主编. -- 成都：四川科学技术出版社,2023.2
ISBN 978-7-5727-0767-4

Ⅰ.①四… Ⅱ.①王… ②龚… Ⅲ.①花椒—栽培技术 Ⅳ.①S573

中国版本图书馆CIP数据核字（2022）第204918号

四川竹叶花椒优质轻简高效栽培理论与实践

主　　编　王景燕　龚　伟

出 品 人　程佳月
责任编辑　胡小华
责任出版　欧晓春
出版发行　四川科学技术出版社
　　　　　成都市锦江区三色路238号　邮政编码 610023
　　　　　官方微博 http://weibo.com/sckjcbs
　　　　　官方微信公众号 sckjcbs
　　　　　传真 028-86361756
成品尺寸　185 mm × 260 mm
印　　张　18.5　字数 380 千
印　　刷　成都远恒彩色印务有限公司
版　　次　2023年2月第1版
印　　次　2023年2月第1次印刷
定　　价　88.00

ISBN 978-7-5727-0767-4

邮购：成都市锦江区三色路238号新华之星A座25层　邮政编码：610023
电话：028-86361770

■ 版权所有　翻印必究 ■

《四川竹叶花椒优质轻简高效栽培理论与实践》
编写委员会

主　编　王景燕　龚　伟

副主编　惠文凯　唐海龙　周朝彬

编　委　（排名不分先后）

林　梅	舒正悦	周书玉	熊　靓	赵昌平	蔡　煜
周于波	胡杨夏	桂慧颖	郑隆迪	张良振	杜忠席
伍家辉	刘万林	范江涛	刘先知	赵飞燕	吕　宸
吴焦焦	翟亚芳	王佩云	苏珹怡	谢雨欣	王　凯
郑　皓	王恒力	邱　静	徐　静	吴　涵	卢帅杰
卢　琪	李灵聪	李　硕			

作者简介

　　王景燕，博士，副教授，硕士生导师，四川省学术与技术带头人后备人选，雅安市"雅州百千人才"科技菁英，四川省人社厅"四川省专家服务团专家"，四川省科技扶贫万里行、科技下乡万里行花椒产业技术服务团成员，四川省"三区"科技特派员，四川农业大学乡村振兴科技服务团成员，国家产业技术体系四川特色经作创新团队花椒新品种选育及生产栽培技术岗位成员，雅安市汉源县花椒产业技术服务专家团成员，广安市前锋区现代农业园区花椒专家工作站成员。主要从事花椒和核桃等经济林木品种选育、栽培管理等方面的教学和科研工作，主持和参与四川省审（认）定花椒良种4个，在《生态学报》《南京林业大学学报（自然科学版）》等国内外学术刊物上发表学术论文20余篇。第一主编出版《青花椒优质高效生产技术》1部，主持国家重点研发计划等项目10余项，获四川省科技进步一等奖1项、二等奖1项、三等奖1项，主编教材1部，参编专著1部。近年来多次到竹叶花椒主产区广安前锋等地开展科技培训，手把手、面对面地培训"土专家"、技术人员和椒农1万余人次，线上解答1 000余次，发放培训技术资料1.5万余份。

　　龚伟，博士，教授，博士生导师，四川省学术与技术带头人，四川省天府万人计划科技菁英，日本东北大学短期访问学者。近年来主要从事花椒和核桃等经济林木品种选育与栽培等方面的教学和科研工作，主持主研完成各类科研项目40余项，获授权专利6项，选育花椒和核桃审（认）定良种及新品种授权共8个，发表论文120余篇，获四川省科技进步奖一等奖1项、二等奖2项、三等奖2项，参编教材3部和专著4部，指导毕业本科生110余人，指导硕士和博士研究生50余人（其中外籍博士生4人）。

内容简介

　　本书为四川农业大学林学院经济林课题组十余年来对四川竹叶花椒进行科学研究与生产实践的成果总结，主要包括竹叶花椒花芽分化及其调控、水肥管理对竹叶花椒幼苗生长的影响、配方施肥对竹叶花椒产量和品质影响、竹叶花椒修剪采收和覆盖除草轻简化栽培等内容。本书可读性强、信息量大，可为竹叶花椒优质高效生产提供理论指导。

　　本书可供从事相关教学科研的学者阅读，也可供经营和种植竹叶花椒的业主和广大技术人员参考。

前　言

　　竹叶花椒是一种生态与经济效益俱佳的树种，生长快、效益高，主要分布在四川盆地、盆周山地以及西南山地。近10年时间，四川竹叶花椒种植面积已达300多万亩，占全省花椒总面积的三分之二，位居全国第一。全省21个市（州）、144个县均有种植。同时，竹叶花椒也是农业扶贫的重要产业之一。

　　2011年，课题组在四川省崇州市崇阳街道清平村建立了竹叶花椒品种选育及其栽培管理研究基地，随后陆续扩容，在2015年确立为四川农业大学林学院教学科研实习基地。近10年来，研究生们以基地为家，孜孜不倦、兢兢业业，结合田间种植试验开展了竹叶花椒花芽分化及其调控、配方施肥及修剪采收和覆盖除草等轻简化栽培对竹叶花椒产量和品质影响的研究，本书就是对其理论研究与实践的系统总结。

　　本书以竹叶花椒优质轻简高效栽培为核心，覆盖内容广泛，既可作为科研院校研究生教学、科研的参考书，也可作为广大竹叶花椒种植业主和技术人员的理论指导书。

　　全书由王景燕提出内容设计，由龚伟、惠文凯等对各章节分别负责编写，并进行认真审校、修改和补充。感谢参加编写工作的其他老师和学生：唐海龙、林梅、舒正悦、周书玉、熊靓、赵昌平、蔡煜、周于波、胡杨夏、桂慧颖、郑隆迪、张良振、杜忠席、伍家辉、刘万林、范江涛、刘先知、赵飞燕、吕宸、吴焦焦、翟亚芳、王佩云、苏珹怡、谢雨欣、王凯、郑皓、王恒力、邱静、徐静、吴涵、卢帅杰、卢琪、李灵聪、李硕，他们为书中的很多研究工作和书稿的校对工作付出了艰辛的努力。在此，也对本书中所引用的参考文献作者一并深表谢意。

　　本书的编写和出版得到国家重点研发计划"花椒优质轻简高效栽培技

术集成与示范"（2020YFD1000700）和"花椒优质高产栽培的生理基础研究"（2018YFD1000605），四川省"十三五""十四五"林木育种攻关"花椒高产优质省力新品种选育与配套技术研究"（2016NYZ0035、2021YFYZ0032）、农业农村部农业重大技术协同推广计划（2022-07）、国家现代农业产业技术体系四川特色经作创新团队（sccxtd-2020-12）以及四川省"天府万人计划"科技菁英（2019-388）等项目的支撑和资助。

由于时间仓促和作者水平有限，书中难免有疏漏和不足之处，敬请广大读者批评指正。

编者

2022 年 8 月

目　　录

第一章　四川省竹叶花椒概述

竹叶花椒是一种特色经济生态树种，具有耐寒、耐旱、耐瘠薄、适应性强的特点，其投产早、见效快，群众称它为"一年苗，二年条，三年四年把钱摇"的经济作物，习近平总书记曾言"小小花椒树，致富大产业"。竹叶花椒已成为区域经济发展、群众致富奔小康的重要支撑，同时也是脱贫攻坚的支柱产业和贫困地区群众增收致富的"铁杆庄稼"，特别是近年来乡村振兴战略的实施，全国竹叶花椒种植地区不断扩大，栽培面积不断增加。

第一节　竹叶花椒简介

市场上的花椒主要分为两种，果皮颜色为红色的"红花椒"（学名：花椒 *Zanthoxylum bungeanum* Maxim）和果皮颜色为青绿色的"青花椒"（学名：竹叶花椒 *Zanthoxylum armatum* DC.）。竹叶花椒属于芸香科（Rutaceae）花椒属（*Zanthoxylum*）植物，是一种落叶或半落叶小乔木或灌木，茎枝多锐刺，小叶对生，通常披针形，花序近腋生或同时生于侧枝之顶。竹叶花椒的叶片狭长，形状如竹叶，果实成熟后鲜果呈碧绿色，而干果呈灰绿色，也被称为"青花椒"或"青椒"；特征性的香气和麻味被广泛应用于各种烹饪调味中，是我国极具地方特色的风味调料和提取精油的重要原料（李佩洪等，2017；张华等，2010；张云等，2010）。

竹叶花椒具有广阔的发展前景，其使用价值、生态价值都很高。在使用价值方面，竹叶花椒果皮具有浓厚的麻香味，能去腥膻，广泛应用于各种烹饪调味中（姚佳等，2010）；嫩叶是生产芽菜酱的优良原材料（李佩洪等，2017）；竹叶花椒作为我国传统中药，其果皮、叶以及根系中均含有一些活性较为突出的生物碱，具有一定的散寒、抗炎、止痛、平喘等功效（Alam 等，2017）；竹叶花椒籽富含油脂，可作为生产涂料、制造磺化油以及塑料增塑剂等精细化工产品的原料（Zhang 等，2008）；此外，竹叶花椒树干材质细腻，可用来制作烟斗、刀柄等工艺品（姚佳等，2010）。在生态价值方面，竹叶花椒根系发达，固土能力强，适宜于 pH 值为 7～7.5 的土壤栽植，在弱酸、弱碱土壤中也能正常生长，因此，它是"退耕还林"工程中重要的生态经济树种。

第二节　竹叶花椒分布及其主要产区

　　竹叶花椒主要分布在我国秦岭以南的广大西南区域（Zhang 等，2008），少量分布在热带和高原气候区。从地形、地貌来看，在四川盆地、长江中下游平原、云贵高原的丘陵坡地至海拔 2 200 m 左右的山地均有种植。从行政区划来看，北起秦岭以南，南至海南，东南至台湾地区，西南至西藏东南部均有分布。四川竹叶花椒的分布与江河有关，大致是沿着雅砻江、大渡河、金沙江、安宁河、青衣江流域分布（叶萌等，2022）。

　　竹叶花椒主产区主要有四川、重庆、云南、贵州四省（市），其中四川分布面积最广，产量最大（张祺云等，2011）。四川竹叶花椒有明显的地域特色，特定的地形地貌、气候形成独特的生产区域和地方品种，其主要分布在盆地、盆周山地以及川西南山地。四川盆地、盆周山地（包括重庆市）以亚热带湿润季风气候为主，主要产区有四川眉山、乐山、宜宾、绵阳、自贡、泸州及重庆江津、酉阳、丰都等地，以重庆江津为代表。川西南山地为亚热带季风气候，主要沿金沙江流域一带分布，是典型的干热河谷地带，包括四川凉山、攀枝花，云南昭通、楚雄等地，主要产区有凉山彝族自治州（简称凉山州）金阳县，昭通鲁甸县、彝良县等。以凉山州金阳县为代表，其有"中国青花椒第一县"和"中国青花椒之都"的称号（叶萌，2020）。

第三节　竹叶花椒研究现状

　　竹叶花椒是我国重要的经济树种，国内外对竹叶花椒研究范围较广泛，国内主要集中于应用研究，如竹叶花椒良种选育、种质资源、栽培管理、病虫害防治（冯志伟等，2012）以及抗性生理（赵昌平等，2017；舒正悦等，2018）等。在良种选育方面，已选育出了竹叶花椒优质良种黔椒 4 号（梁美，2017）、汉源葡萄青椒（王景燕等，2016）、荣昌无刺花椒（吕玉奎等，2017）等优良竹叶花椒品种。在种质资源方面，学者们就竹叶花椒转录组 SSR 特征（张晓熙等，2022；李立新等，2017）、*GST* 基因家族的全基因组鉴定及表达（董凯麟等，2022）、*TPS* 基因家族全基因组（任妙珍等，2022）等方面进行了研究，结果表明竹叶花椒种质资源表型性状变异类型丰富、变异幅度大，遗传多样性丰富，这为竹叶花椒的分子标记开发、花椒属植物的亲缘关系鉴定及DNA 指纹图谱的构建、*GST* 基因家族的功能及竹叶花椒抗性品种的选育与改良，以及竹叶花椒挥发油和麻味素合成调控重要目标基因等的挖掘和鉴定提供了科学依据（冯发玉等，2021）。在栽培管理方面，不少学者通过对竹叶花椒生长规律、水肥管理以及修枝整形等方面进行研究，为生产技术措施提供理论依据（杨青华，2016）。

我国在竹叶花椒后期产品加工方面相对滞后，主要集中于有效成分提取（朱羽尧等，2015）、化学成分分析（王世敏等，2017），对其营养成分的研究有限（吴素玲等，2016）。竹叶花椒果实中含有多种营养成分，通过对醇溶抽提物、挥发油、蛋白质等多种物质含量的测定比较，可用于鉴别竹叶花椒品质的优劣（李倩等，2011；张云等，2010）。此外，竹叶花椒精油、油树脂、花椒籽蛋白的研究与加工也逐渐受到关注（赵秀玲，2012）；在营养价值方面，不少学者通过对竹叶花椒花芽、根、叶等部位中营养成分的研究发现，竹叶花椒不同部位营养丰富且具有驱寒、止痛、防虫等功效，不仅可用作食用原材料，还可作为药材加以应用（陈华龙等，2017）。

国外对竹叶花椒的研究主要集中于化学生物方面，如化学成分的分离提取以及生物活性等。Agnihotri 等（2017）从竹叶花椒中提取出了 3 种化学成分，并通过光谱和色谱分析证明该化学成分的存在；Bhatt 等（2018）应用超性能液体色谱——二极管阵列检测法定量测定从竹叶花椒叶片中分离出来的化合物，发现提取物中含有酚酸、类黄酮、呋喃木质素、香豆素和异丁基酰胺等 18 种化合物，其中黄酮类和呋喃类木质素是主要成分；Fiaz 等（2017）在对竹叶花椒的体外生物活性评价中发现，在其不同的粗提取液中分别具有较强的抗真菌、细胞毒性、植物毒性以及杀虫性；Zulfa 等（2012）通过探讨竹叶花椒的生物活性也发现，其提取物具有抗微生物和抗氧化等功效；Alam 等（2017）发现竹叶花椒果实、树皮和叶子中的甲醇提取物对乳腺癌细胞和结直肠癌细胞具有潜在的抗癌作用，是潜在的新型抗癌化合物的来源，可用于抗癌药物开发。

第四节　四川省竹叶花椒产业发展现状

一、四川省竹叶花椒优良品种简介

经四川省林木品种委员会审（认）定，目前，四川省共有金阳青花椒、藤椒、广安青花椒、汉源葡萄青椒、蓬溪青花椒 5 个良种，其品种特性如下：

（一）汉源葡萄青椒（审定编号：川 S-SV-ZA-002-2018）

因果穗结果后形似葡萄串而得名。该品种定植 2～3 年后可开花结果，适于在海拔 1 700 m 以下，年平均气温 16℃，年日照时数 1 100～1 400 h，年降雨量 700～1 200 mm，土层厚度 50 cm 以上，土壤 pH 值 5.5～8.0，排水良好的丘陵和山地沙壤、黄壤和紫色土的竹叶花椒适生区种植。

品种特性：具有较强的抵抗高海拔冬季低温的能力，干果皮千粒质量 18.91 g，挥发油 7.59%，麻味持久，香气浓郁，早期结实和丰产性能好，适宜在干热干旱和湿热多雨的山地、丘陵和平原地区栽种。

（二）广安青花椒（审定编号：川 S-SV-ZA-001-2019）

定植后 2~3 年开花结果，5~6 年进入盛果期。植株结实能力强，春、夏季和初秋抽生的枝条在第 2 年均可开花结实。适宜在海拔 800 m 以下，年平均气温 16℃，土壤 pH 值 5.5~8.0，排水良好的丘陵及周边气候相似的竹叶花椒适生区种植。

品种特性：对湿热和高温干旱环境具有较强的适应能力，干果皮千粒质量为 15.774 g，挥发油 7.39%，气味清香，麻味浓郁。

（三）藤椒（审定编号：川 S-SV-ZA-001-2014）

因其枝叶披散、延长状若藤蔓，故名"藤椒"。适宜在四川盆地、盆周海拔 1 200 m 以下，年降雨量 1 400 mm 左右，土壤 pH 值 5.5~7.5，土壤为沙壤、紫色土和黄壤的竹叶花椒适生区种植。

品种特性：适于湿润、多雨、寡日照气候，挥发油含量较高（8.9%~10.2%），丰产稳产性好，大小年不明显，麻香味浓。

（四）蓬溪青花椒（审定编号：川 S-SV-ZA-001-2015）

对气候、土壤、温度的适应较强，在四川盆地海拔 300~600 m，年平均气温 14.0~17.8℃，日照 1 000 h 以上，年降雨量 500~1 100 mm，土壤 pH 值 7.0~8.5 的紫色土上均适宜种植，以遂宁、大英、岳池、盐亭、乐至等川中丘陵区为适宜种植区。

品种特性：鲜果百粒重 9.5 g，挥发油含量 >8.0%，总灰分含量 4.1%，麻味浓烈持久，香气浓郁纯正。

（五）金阳青花椒（审定编号：川 S-SV-ZA-002-2013）

原产凉山州金阳县金沙江干热河谷，耐旱、耐热、适应性强，适宜在年平均气温 16~20℃，年降水 600~1 000 mm，年日照 1 600 h，海拔 800~1 800 m，土壤 pH 值 7~7.5 的沙壤、红壤、燥红土、棕壤土、紫红土，以及成土母质为玄武岩、沙页岩、河流冲积物、洪积物形成的土壤上栽植。

品种特性：树冠高大，果实绿色，干椒暗绿色，色泽均匀、香气浓郁，挥发油含量高（9%~13%）。

二、四川省竹叶花椒种植现状

四川省内花椒种植面积现有 33.33 万 hm²，干花椒年产量高达 10 万 t，综合产值高达 80 亿元，已跻身我国花椒第一生产大省（陈在辉，2022）。近 10 年来，四川省花椒种植面积扩大了 4 倍，竹叶花椒种植面积高达 20 万 hm²，已占据省内花椒种植总面积的 2/3，在全国竹叶花椒种植面积中排名第一。四川省内的 21 个市级与州级行政单位、144 个县级行政单位都有竹叶花椒种植（叶萌等，2022）。

花椒是川菜饮食文化中不可缺少的元素。2010～2019年，四川花椒行业产量整体呈持续增长趋势。2018年，四川省政府办公厅印发的《关于推进花椒产业持续健康发展的意见》中提出，到2022年，四川要成为全国花椒产业第一大省，花椒种植面积达600万亩①，花椒综合产值达300亿元，果品加工转化率达70%（王丽华等，2018）。

三、竹叶花椒种植与产地加工技术

竹叶花椒的崛起是四川花椒产业迅猛发展的重要标志之一，在四川盆地与盆周区域有2项最主要的竹叶花椒种植与加工相关技术得到了广泛应用。

（一）改变传统采摘方式，即"修剪采收一体化"技术

竹叶花椒的采收不再从树上进行采摘，而是改为剪下枝条再从枝条上摘取果穗，将树上含果穗的枝条从基部3～20 cm处剪下，即"修剪采收一体化"技术。在这种采摘方式下，剪下的枝条相较于传统采摘方式下的枝条更为粗和长，此项新型采摘技术改善了传统采摘技术下花椒的常规生长与管理技术，也使竹叶花椒的产量提高了40%～50%。在传统采摘模式下，鲜椒产量为200～350 kg/亩，在新采摘技术下，鲜椒产量可提升为300～500 kg/亩。此技术被四川省农业农村厅列为2020～2021年省主推技术，极大地推进了竹叶青花椒生产的宜机化和轻简化。

（二）烘干技术

传统的竹叶花椒晾晒干制能力有限，往往受果穗采收速度慢、采收时间过于集中、劳动力供应紧张、天气多变状况等的影响较大。自从在竹叶花椒产区建立了以电、天然气等作为能源的室内烘干设施以来，此类问题得到了有效解决。同时全自动直排式带枝烘干机与蓄能式闭环脱水自动化花椒烘干机等新型设备的使用，使得烘干后的竹叶花椒枝条也得以充分利用，可作为生物质能源充当新的烘干燃料，让竹叶花椒的采收形成了循环利用模式，有效解决了过去竹叶花椒枝叶的废弃问题。在新技术投入使用后，竹叶花椒烘干效率和烘干质量得到了较大的提升，有效改善了竹叶花椒的干果皮色泽，最大程度保留了其中的挥发油与麻味物质，且干果开口率也得到了大幅提升。

第五节　竹叶花椒科学技术研究方向展望

一、围绕生产实际，开展应用基础研究，提质增效

（一）针对竹叶花椒雄株开展科技攻关

近年来，在竹叶花椒生产种植过程中，发现了黄花树（雄株）或者部分枝条雄化的

---

① 1 亩 ≈ 666.67 m²。

现象，即枝条开黄色雄花，雄花不仅不能结果，同时还会消耗树体营养；植株雄化后会导致树体衰退，只开花不结果，严重影响产量。竹叶花椒雄株是否会影响和改变植株的生殖方式，雄株是否存在生产价值，有报道说是品种退化导致花芽分化不良，或缺少营养元素导致花芽分化出现问题，或是病毒引起（Cao 等，2019）。竹叶花椒植株雄化的根本原因是什么，如何解决，目前的相关研究报道较少、争议较大，因此，未来应加大这方面的基础研究，找到关键机理，为生产实际服务。

（二）开展竹叶花椒育种攻关，解决产业发展瓶颈问题

竹叶花椒生殖特性为无融合生殖，传统育种以选择育种为主，繁殖方式主要有实生、嫁接、扦插等。目前，在竹叶花椒育种栽培过程中尚有很多问题亟待解决，如采收中竹叶花椒皮刺多，严重影响采收效率；在竹叶花椒生长发育方面的基础研究薄弱。这些问题与竹叶花椒育种和产业发展息息相关，因此积极研究竹叶花椒栽培、遗传特性和挖掘重要功能基因，对其产业发展具有重要意义。

1. 选育无刺或少刺竹叶花椒

因竹叶花椒主干和枝条均密生皮刺，果实采摘困难，采摘期需要大量的劳动力，费工费时。另外，由于竹叶花椒果实特殊的疣状突起比较娇嫩，破坏后会造成果皮色泽变暗、香味变淡，品质大大下降（朱德琴等，2017）。虽经过各地多年试验，尚没有一种能够很好代替手工采摘的机械方法。因而选育无刺或少刺竹叶花椒新品种具有十分重要且现实的意义，能解决竹叶花椒采摘难、采摘成本高等问题。

2. 分子育种

植物分子育种主要包括分子标记辅助育种和分子定向育种（转基因育种）。分子标记辅助育种是通过植物 DNA 来观察不同基因标记之间的上位效应或其他形式的基因互作情况的一种育种方式；分子定向育种是以基因组数据为基础，通过基因靶向、合成染色体转染或病毒插入等方法定向改变植物基因组的一种育种方式（银航等，2018）。关于竹叶花椒在种质资源开发利用以及分子生物学等方面的基础研究仍需要进一步加强，未来竹叶花椒育种研究应主要集中在以下几方面：

（1）利用竹叶花椒无融合生殖的优势，以无重组育种为主体，加大种质资源开发力度，综合鉴定并挖掘高产、优质、减投增效、减损促稳的优良品种，合理应用栽培和抚育技术融合根际微生物研究，以进一步推进生态建设和提高竹叶花椒品质。

（2）利用基因组、代谢组、转录组和蛋白组等组学结合，通过交叉学科揭示竹叶花椒在驯化过程中香味、麻味、皮刺等关键农艺性状的形成规律，结合酵母单/双杂交、凝胶阻滞、双荧光素酶互补、Pull down 等技术，阐明竹叶花椒优良种质在驯化过程中的遗传调控机制。

（3）针对人类活动、生物胁迫和极端气候等问题，通过人为施加选择压力与多组学

手段相结合，筛选鉴定生物胁迫和非生物胁迫的关键抗逆基因，结合基因编辑和遗传转化等技术设计具备理想基因型的竹叶花椒品种，以实现高效、精准育种。

3. 多倍体和单倍体育种

多倍体是指体细胞中存在三个或三个以上染色体组的个体，它与二倍体相比，具有较高的生活力，能够提高产量和质量，以及对生物和非生物胁迫的耐受性。多倍体育种是进行种质创新的重要手段，是培育竹叶花椒优良品种的有效途径之一。

将仅有母体一半染色体的植物器官、组织或细胞通过诱导或离体培养的方式产生单倍体，再利用各种染色体加倍技术将单倍体加倍，形成拥有母体染色体数目植株的这种育种方式即为单倍体育种。单倍体育种可以得到纯合的基因组，对于筛选竹叶花椒稳定的优良性状有重要意义。常用的单倍体育种可通过花粉培养得到（王星斗等，2022）。

目前多倍体和单倍体育种在竹叶花椒上还未见报道，是值得尝试的育种实践。

（三）加大竹叶花椒精深加工利用研究

加强研究竹叶花椒风味（包括麻味、香气和苦味等）品质的形成机制、竹叶花椒功能性成分及功能机制，加工过程中的转化机制（如贮藏、分离、提取过程中化学成分的变化规律）等，奠定竹叶花椒精深加工的理论基础。

二、研究和推广竹叶花椒优质高效轻简栽培技术体系

高校和科研院所应紧紧围绕与竹叶花椒产量、品质、食品安全、环境污染和生产成本等密切相关的栽培管理重要技术措施，在确保竹叶花椒稳产优质的前提下，运用缓控释肥、水肥一体化、覆盖除草、病虫害物理防治和修剪采收一体化等技术措施，简化竹叶花椒栽培管理模式，开展竹叶花椒优质轻简高效栽培技术集成与示范，解决当前竹叶花椒栽培管理过程中普遍存在的施肥不合理、肥料利用率低、除草剂污染严重、农残超标、采摘与修剪劳动效率低和生产管理劳动成本较高等问题，实现竹叶花椒生产管理轻简化、肥料施用安全高效化、病虫防治绿色无公害化和修剪采收一体化，以及"减肥增效"和"减药增效"，减少环境污染和增强食品安全性。

主要参考文献

[1] Agnihotri S，Wakode S，Ali M. Chemical constituents isolated from *Zanthoxylum armatum* stem bark[J]. Chemistry of Natural Compounds，2017，53（5）：880–882.

[2] Alam F，Najum Us Saqib Q，Waheed A. Cytotoxic activity of extracts and crude saponins from *Zanthoxylum armatum* DC. against human breast （MCF–7，MDA–MB–468）and colorectal （Caco–2）

cancer cell lines[J]. BMC Complement Altern Med, 2017, 17 (1) : 368–369.

[3] Bhatt V, Sharma S, Kumar N, et al. Simultaneous quantification and identification of flavonoids, lignans, coumarin and amides in leaves of *Zanthoxylum armatum* using UPLC–DAD–ESI–QTOF–MS/MS[J]. J Pharm Biomed Anal, 2017 (132) : 46–55.

[4] Cao M J, Zhang S, Li M, et al. Discovery of four novel viruses associated with flower yellowing disease of green Sichuan Pepper (*Zanthoxylum Armatum*) by virome analysis[J]. Viruses, 2019, 11 (8) : 696.

[5] Fiaz Alam, Qazi Najam us Saqib. Evaluation of *Zanthoxylum armatum* Roxb for in vitro biological activities[J]. Journal of Traditional and Complementary Medicine, 2017, 7 (4) : 515–518.

[6] Zhang D, Thomas G H, David J M. Rutaceae. Flora of China[M]. Beijing & St. Louis: Science Press & Missouri Botanical Garden Press, 2008: 51.

[7] Zhang J, Jiang L. Acid–catalyzed esterification of *Zanthoxylum bungeanum* seed oil with high free fatty acids for biodiesel production[J]. Bioresource Technology, 2008, 99 (18) : 8995–8998.

[8] Zulfa Nooreen, Shilpi Singh, Dhananjay Kumar Singh, et al. Characterization and evaluation of bioactive polyphenolic constituents from *Zanthoxylum armatum* DC. a traditionally used plant[J]. Biomed Pharmacother, 2012, 89: 366–375.

[9] 陈华龙, 黄英栋, 唐丽丽. 竹叶花椒根质量标准研究 [J]. 中南药学, 2017, 15 (11) : 1594–1597.

[10] 陈在辉. 我国花椒产业发展现状及未来发展前景 [J]. 现代园艺, 2022 (8) : 16–18.

[11] 董凯麟, 任妙珍, 张剑, 等. 竹叶花椒 *GST* 基因家族的全基因组鉴定及表达分析 [J/OL]. 分子植物育种, https://kns.cnki.net/kcms/detail/46.1068.S.20220429.1521.024.html

[12] 冯发玉, 王毅, 王丽娟, 等. 竹叶花椒 *MYB* 基因家族的鉴定及其表达特性的分析 [J]. 经济林研究, 2021, 39 (4) : 148–157.

[13] 冯志伟, 闫争亮, 段兆尧, 等. 桑拟轮蚧在竹叶花椒上的发生危害与综合治理 [J]. 中国森林病虫, 2012, 31 (3) : 35–37.

[14] 李立新, 司守霞, 魏安智, 等. 基于花椒转录组序列 SSR 分子标记开发及花椒种质鉴定 [J]. 华北农学报, 2017, 32 (5) : 69–77.

[15] 李佩洪, 陈政, 龚霞, 等. 竹叶花椒嫩芽营养成分研究 [J]. 四川农业科技, 2017 (12) : 32–34.

[16] 李倩, 蒲彪. 不同产地青花椒主要营养成分的比较研究 [J]. 中国调味品, 2011, 36 (10) : 13–17.

[17] 梁美. 贵州竹叶花椒优质良种黔椒 4 号 [J]. 四川农业科技, 2017, 12: 12–13.

[18] 吕玉奎，蒋成益，杨文英，等 . 荣昌无刺花椒优良品种选育报告 [J]. 林业科技，2017，42（2）：18–21.

[19] 任妙珍，董凯麟，张剑，等 . 竹叶花椒 *TPS* 基因家族全基因组分析 [J]. 四川大学学报：自然科学版，2022，59（4）：046001.

[20] 舒正悦，王景燕，龚伟，等 . 淹水对水肥耦合管理竹叶花椒幼苗渗透性物质含量的影响 [J]. 应用与环境生物学报，2018，24（5）：1139–1145.

[21] 王景燕，龚伟，肖千文，等 . 抗寒竹叶花椒新品种'汉源葡萄青椒'[J]. 园艺学报，2016，43（7）：1425–1426.

[22] 王丽华，赵卫红，彭晓曦，等 . 四川花椒产业发展现状及对策分析研究 [J]. 四川林业科技，2018，39（2）：50–55.

[23] 王世敏，程金朋，刘健君，等 . 不同提取工艺下昭通产竹叶花椒的挥发油成分比较 [J]. 南方农业，2017，11（24）：125–126.

[24] 王星斗，文君，任媛媛，等 . 花椒育种研究进展 [J/OL]. 世界林业研究 . https：//doi.org/10.13348/j.cnki.sjlyyj.2022.0059.y

[25] 吴素玲，张锋伦，孙晓明，等 . 杀青等处理对云南昭通竹叶花椒挥发性成分变化的影响 [J]. 中国野生植物资源，2016，35（2）：19–21，53.

[26] 杨青华 . 对九叶青花椒高产管理栽培技术的探讨中国林业产业 [J]. 四川林业科技，2016（10）：8–9.

[27] 姚佳，蒲彪 . 竹叶花椒的研究进展 [J]. 中国调味品，2010（6）：35–39.

[28] 叶萌，杨俐，向丽，等 . 花椒和竹叶花椒生态适宜性分析 [J]. 2022，43（2）：21–30.

[29] 叶萌 . 四川花椒产业发展现状及展望 [J]. 中国农村科技，2020（9）：70–73.

[30] 银航，窦雪绒，张云霞，等 . 花椒属植物育种的研究进展与发展趋势 [J]. 陕西农业科学，2018，64（9）：93–95.

[31] 张华，叶萌 . 竹叶花椒的分类地位及成分研究现状 [J]. 北方园艺，2010（14）：199–203.

[32] 张祺云，庞显莲，李德荣，等 . 四川花椒常见栽培品种的特性与分布 [J]. 中国西部科技，2011，10（35）：43–80.

[33] 张晓熙，刘晓梦，张威威，等 . 竹叶花椒（*Zanthoxylum armatum*）转录组 SSR 特征分析 [J/OL]. 分子植物育种，https：//kns.cnki.net/kcms/detail/46.1068.S.20220409.1609.008.html

[34] 张云，彭映辉，曾冬琴，等 . 竹叶花椒果实精油对两种蚊虫的毒杀活性研究 [J]. 广西植物，2010，30（2）：274–279.

[35] 赵昌平，王景燕，龚伟，等 . '汉源葡萄青椒'及其少刺变异品系光合特性研究 [J]. 四川农业大学学报，2017，35（4）：540–546.

[36] 赵秀玲. 花椒的化学成分、药理作用及其资源开发的研究进展 [J]. 中国调味品，2012，37（3）：1-5.

[37] 朱德琴，杨建雷，尚贤毅，等. 花椒无刺品种选育的意义及选育方法探讨 [J]. 林业科技通讯，2017（4）：46-47.

[38] 朱羽尧，张国琳，钱骅，等. 竹叶花椒中不饱和酰胺类成分的制备研究 [J]. 食品工业，2015，36（6）：8-11.

第二章 竹叶花椒花芽分化及其调控研究

第一节 竹叶花椒花芽分化、果实形成及发育特性

近年来，在竹叶花椒生产种植过程中，出现了黄花树（雄株）或者部分枝条雄化的现象，即树枝开黄色雄花，雄花只开花不结果，严重影响其产量和经济效益。目前的处理方法均为直接砍伐雄株或者将开雄花的枝干嫁接上正常枝条，这样既增加了工作量和生产成本，也制约了竹叶花椒产业的健康发展。为解决这一生产难题，需要明确竹叶花椒植株雄化的原因，雄株是否会影响和改变雌株的生殖方式，雄株是否存在生产价值，目前此科学问题的相关研究报道较少，对于竹叶花椒雌花和雄花花芽分化的基础研究也相对缺乏。本研究通过观察竹叶花椒的生长繁殖习性及物候特征，为其栽培管理措施的科学制定提供理论依据；观察对比竹叶花椒雌雄花芽性别分化，了解性别分化特征和分化机制；测定雄花的花粉活力和花粉有效保存方式，明确竹叶花椒花粉的育性和耐贮藏能力；授粉观察果实的生长发育过程及其对果实产量和品质的作用，测定种子质量，以期了解雄株在竹叶花椒繁殖中的作用；分析雄花是否具有生产实践意义，以期为竹叶花椒栽培管理中雌株的开发与利用提供参考。

一、材料和方法

（一）试验地及试验材料

供试材料为竹叶花椒品种汉源葡萄青椒，材料于 2016 年 3 月初，在四川省崇州市四川农业大学林学院教学科研实习基地（103° 38′ 23″ E、30° 35′ 40″ N）建立的竹叶花椒品种试验与示范区内，以常规方式栽种，株行距为 2 m × 3 m，树龄 5 a，具有少量雄株和大量雌株，修剪及田间日常管理一致。本次试验选择树龄、树势一致的椒树进行处理与采样。

（二）试验设计

1. 花芽期样品采集

分别选择 9 株雌株与雄株进行固定观察和花芽采集。从 2020 年 9 月开始，每间隔 7 d 采样，直到第二年 2 月，期间记录各分化阶段的时间节点及形态特征；每株树选择东、南、西、北相同长势枝条上中间节位的 3 个花芽，用解剖刀取芽，每次分别采集 20 个雌雄花芽，分为两份，一份置于装有蒸馏水的离心管中用于体式显微镜观测，一份置于装有 FAA 溶液的离心管中用于石蜡切片制片观察，样品冷藏保存带回，置于 4℃冰箱中备用。

2. 雄花花粉采集

在 3 月中旬，花药变黄，花丝长 2 mm 左右时采集花序，此时花粉基本成熟，选择晴朗无风的早晨，将整个雄花序取下装入透气网袋，带回实验室，将雄花序平铺在硫酸纸上置于室内 1 ～ 2 d，待所有花粉散出后，过 60 目筛，得到花粉，将其称重装瓶，一部分花粉用于花粉的离体培养，观察其萌发和花粉管伸长情况；另一部分分别储存在 4℃、−20℃、−80℃温度下用于测定花粉活力；最后向剩余花粉中加入变色硅胶低温保存，用于后续授粉试验。

3. 花期雌株处理及样品采集

竹叶花椒雌花开放前内部已开始发育，为观察到无融合生殖过程，在现蕾前开始采集雌花，采样间隔为 1 ～ 3 d，采样后使用石蜡切片观察。授粉试验设置 4 个处理，即不套袋不授粉（BB）、不套袋授粉（BS）、套袋不授粉（TB）和套袋授粉（TS），每个处理 3 组，每组重复 4 株树。在雄花开放前，选择各方向枝条上长势、大小都较为相似的雌花花序进行挂牌标记，并将处理 TB 和 TS 的目标雌花套袋。雌花柱头膨大湿润、微微泛红并且弯曲时达到可授状态，使用喷授与毛刷点授结合的方式进行授粉，授粉后处理 TB 和 TS 继续套袋，待花谢后将硫酸纸去除。授粉时每株树选择 9 个花序，统计小花数量，并做好标记，坐果后再次统计小果数量。

4. 果实及种子的采集

在上述授粉试验植株中采样，即 BB、BS、TB 和 TS 共 4 个处理，每个处理 3 组，每组重复 4 株椒树。

雌花柱头脱落果实开始发育，期间每 3 ～ 7 d 采果，冷冻带回，于体式显微镜下解剖观测发育特征。

果实成熟后，每个处理每组选取 3 株椒树采集果实测定单株产量和鲜果百粒重；随后在自然条件下阴干，测定干果皮百粒重及出皮率；最后用于果实品质的测定。

果皮变红开裂，种子成熟后，收集各处理的种子，用于测定种子百粒重、种子活力、种子空籽率及成苗率，得到种子质量。

（三）测定指标及其方法

1. 竹叶花椒的物候观测记录

记录竹叶花椒从花芽分化开始到果实成熟所有阶段的物候观测结果。物候期判定标准主要参考马玉敏等（2006）使用的方法进行改良，各时期的划分从外部形态特征结合内部结构一同判断。

2. 竹叶花椒的花芽分化、果实形成及发育特征观察

花芽分化期：采用体式显微镜观测花芽外部形态；采用石蜡切片制片观察花芽内部特征。

开花期：采用体式显微镜观测雌雄花的外部形态；采用石蜡切片制片观察雌花胚胎发育。

果实期：采用体式显微镜观察果实生长发育过程的形态结构。

3. 竹叶花椒花粉育性测定

采用 TTC 染色法测定花粉活力；采用离体培养观察花粉管萌发。

4. 竹叶花椒果实坐果率、产量及品质的测定

目标雌花第一次计量，果实坐果后第二次计量，测定得到坐果率；果实成熟后，每处理采收 9 棵树的果实称量单株产量、鲜果百粒重，得到鲜果产量；果实阴干后，称量干果皮百粒重、干果皮出皮率，得到干果皮产量；使用蒸馏抽提法测定竹叶花椒挥发油；根据李菲菲等（2014）研究中的甲醛快速滴定法测定麻味物质含量；采用 GBT 12729.10–2008 中的乙醇浸提蒸干法测定醇溶抽提物含量；使用无水乙醚浸提蒸干法测定不挥发性乙醚抽提物（GBT 12729.12–2008）。

5. 竹叶花椒种子质量的测定

得到种子后，称量种子百粒重；使用 TTC 法测定种子活力；敲破种子观测种子空籽率；萌发处理后使用穴盘育苗，测定种子成苗率。

（四）数据分析与处理

试验所得的数据使用 Excel 2010 进行整理统计；利用 SPSS 20.0 软件，采用 Duncan 法进行多重比较分析数据；用 Oringin 2018 软件绘图。

二、结果与分析

（一）竹叶花椒的物候特征

试验植株在 7 月中旬通过竹叶花椒"修剪采收一体化"技术，将整株枝条全部修剪后取果。

8 月初树体发出新枝叶，8 月底枝条柔软未木质化为绿色，皮刺为浅黄色，此时枝条处于营养生长阶段。

9 月初枝条的叶柄基部开始出现芽体，此时从形态难以分辨其为叶芽还是花芽；9 月

底枝条开始木质化,进入花芽分化期,芽体基部开始膨大。

10月下旬,枝条木质化部分变为褐色,叶芽开始长出小叶,发育成侧枝,部分侧枝上也出现花芽。

11月中旬,雄花芽顶部开始露出花序,雌花芽仍由苞叶紧密包裹。

12月初,枝条全部木质化,刺变硬呈褐色,花芽基部长出 1~2 个侧花芽。

次年1月中旬,气温下降,枝叶经霜冻萎蔫,花芽生长速度减缓,裸露的雄花花序变干,苞片颜色变为黄褐色。

2月中旬为现蕾期,气温回暖,枝条上叶片稀疏,花芽的苞叶展开后发育为复叶,花芽生长迅速,花芽花蕾能明显分辨雌雄。

3月中旬进入始花期,雄花先开放,花药呈黄色,成熟后散粉;3月下旬进入盛花期,雌花的柱头发育成熟进入可授状态,此时为雌雄花自由授粉期。

4月初为末花期,雄花基本枯萎,雌花柱头萎蔫掉落,子房开始发育;4月中旬果实进入膨大期,果径增大的速度快。

5月中旬进入果实缓慢生长期,果径增大缓慢,外果皮的油囊增多增大,种皮由白变红再变为黑褐色。

6月下旬至7月中旬,果实进入成熟期,种子开始发育,种子内子叶和胚由透明浆状变为米白色固态状。果皮的油囊密集分布,麻香味浓郁,此时为果实采收期,品质较好,修剪采收后为树体留足够长的时间进行枝叶生长。

8月初进入果皮着色期,外果皮由绿色变红,8月下旬至9月中旬,果皮全部变为紫红色,种胚和子叶都发育成熟。

9月中下旬为种子成熟脱落期,果皮开始沿着腹缝线开裂,内部种子露出。此时新的枝条上已经出现芽体,进行下一个周期的生长发育。具体时间如表2-1所示。

(二)竹叶花椒雌雄花芽分化特征

试验过程中,2020年9月初至2021年3月为竹叶花椒花芽期,花芽在9月初显现,9月底开始分化,10月中旬开始分化花序轴,12月初进行花蕾分化,12月中旬进入萼片分化,1月下旬进入雌雄蕊开始分化,根据竹叶花椒雌雄花芽的分化特征,将其分为花芽未分化期、花芽分化始期、花序轴分化期、花蕾分化期、萼片分化期和雌雄蕊分化期 6 个时期。

花芽未分化期:9月初叶柄基部开始出现芽,芽体小,约为 2 mm × 1.5 mm,翠绿色,锥形,肉眼不易发现,芽外包裹 1~2 片幼叶(图2-1,F1、F2、M1、M2)。9月底枝条开始木质化,逐渐由营养生长转向生殖生长,芽体经过一定的营养积累后开始膨大并进入分化期(图2-1,F3、M3),由图2-1(F5、F6、M5、M6)切片可观察到在9月2日至9月28日内其生长点平滑,没有明显的凸起,仅有生长点两侧的叶片原基不断变大,此时雌雄花芽形态和结构没有明显的区别,不易区分。

花芽分化始期:9月28日至10月12日,花芽从基部开始,逐渐向上部膨大、花芽外部包裹的幼叶开始松动，雌花芽外围分布黑色斑点，芽体修长呈深绿色，雄花芽分布的黑色斑点相对较少，芽体颜色较浅（图2-1，F4、M4）；此时期切片中可见生长点顶端凸起，并不断向上伸长，生长点两侧叶片变大（图2-1，F7、M7），叶片和生长点中间分化出苞片原基（图2-1，F8、M8）。

表2-1 竹叶花椒的物候

物候时期	物候期及特征	日期
花芽出现期	花芽出现，花芽圆大，幼叶包裹紧密，芽顶呈红褐色	9月02日~9月28日
花芽分化期	花芽开始分化，芽体膨大，直至花芽顶部分裂出花序	9月28日~2月26日
现蕾期	树冠上出现10%的花蕾	2月26日~3月15日
始花期	树冠上有10%的花朵开放	3月15日~3月21日
盛花期	树冠上有50%的花朵开放	3月21日~3月31日
末花期	90%的花开放，柱头变为黄褐色，枯萎脱落	3月31日~4月10日
果实膨大期	果实迅速膨大，果皮上出现油囊	4月17日~5月16日
果实缓慢生长期	果实大小生长缓慢，油囊开始膨大	5月16日~6月11日
果实成熟期	果实青绿色，有光泽，香味浓烈	6月11日~7月19日
果实着色期	果皮由绿色变为紫红色	8月04日~9月14日
种子成熟脱落期	胚乳及子叶为白色固态，果皮沿腹缝线开裂，种子掉落	9月14日~9月22日

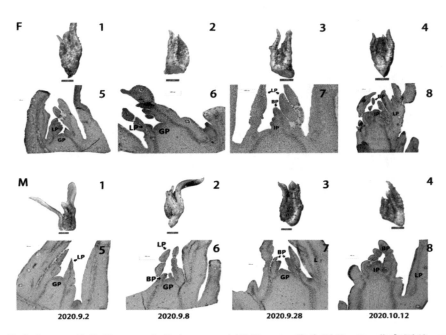

F- 雄花芽；M- 雌花芽；GP- 生长点；LP- 叶原基；BP- 苞片原基；IP- 花序原基。F1 ~ 4、M1 ~ 4比例尺为1 mm；F5 ~ 8和M5 ~ 8比例尺为200 μm。

图2-1 竹叶花椒花芽未分化期及花芽分化始期

花序轴分化期：由图2-2可观察到，10月12日至11月17日，花芽变大变饱满，花芽外部分布较多黑色斑点，在体式显微镜下能够观察到一层胶质物覆在表面，花芽顶部堆积着褐色的丝状物（图2-2，F2、M2）。此时期雌雄花芽分化速度开始出现差异，雄花芽发育先于雌花，外部的幼叶展开并且顶部露出浅绿色的花序（图2-2，M4），此时雌花芽幼叶仍包裹内部，剖开叶片能观察到内部有很小的花序，同时花芽基部出现1～2个小侧芽（图2-2，F3）。由图2-2整个切片发育过程可见，凸起的生长点分化为花序轴原基并且不断向上伸长；同时总花序轴周围分化出多个亚花序原基，每个亚花序原基外部有一层苞片（图2-2，F6、M6），随后分化为花序二级轴，继而分化出三级轴（图2-2，F9、M9）。随着花序二级轴、三级轴的分化伸长，各级花序轴上的生长点外侧又分化出小苞片（图2-2，M9），层层包裹保护花芽不受冻害。此时雄花芽的生长点由两层苞片包裹，同时生长点两侧开始出现萼片原基的分化（图2-2，M10），雌花芽分化较慢，此时正在分化第二层苞片（图2-2，F10）。

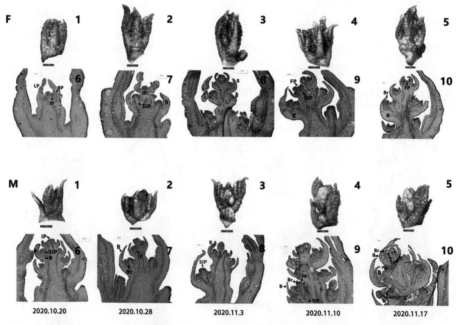

F-雄花芽；M-雌花芽；IP-花序原基；SIP-亚花序原基；B-苞片；Br-小苞片；FP-花蕾原基。
F1～5、M1～5比例尺为1 mm；F6～10、M6～10比例尺为200 μm。

图2-2　竹叶花椒花序轴分化期

花蕾分化期：12月4日至翌年1月13日，温度较低，花芽生长速度变慢，雌雄花芽比较容易区分，雌花芽外部黑色斑点分布密集，芽体整体修长呈现深绿色（图2-3，F2），花芽由幼叶包裹，叶片顶部开始松动微微展开，剥开叶片可见内部的花序，1月4日顶部开裂，花序隐蔽在叶片下部，基部1～2个侧芽的包裹性较差，花序裸露在外（图2-3，F5）。雄花芽外围分布黑色斑点相对较少，呈翠绿色，整体较雌花芽矮胖，花芽顶部露出浅绿色的花序（图2-3，M1），随着花序变大，露出部分变多，虽然花序由苞片包裹，但是低温干燥环境仍导致花序失水变干呈黄褐色（图2-3，M4、M5）。此阶段花序总轴分化完全，二级轴和三级轴仍在分化伸长（图2-3，M6），花序轴顶部的花蕾原基由两层苞片包裹（图2-3，F6），花蕾原基分化出多个突起，切片为纵切只能看见2～4个凸起，外侧凸起为萼片原基，内侧凸起为雌雄蕊原基（图2-3，F8、M8）。

　　萼片分化期：12月中旬至翌年1月13日，萼片的分化期与花蕾分化期有重叠，萼片的分化在花芽外部形态上没有明显体现出来，只有在雌雄花芽切片中才能观察到。萼片原基随着花蕾原基分化，每一个花蕾原基两侧分化出萼片原基，并且不断向内弯曲包裹着内部的雌雄原基（图2-3，F10、M10）。雌雄花芽在12月中旬就开始分化萼片原基（图2-3，M6、F6），萼片分化期贯穿在花蕾分化期中，主花序轴顶部先分化萼片原基，次花序轴随后不断分化。

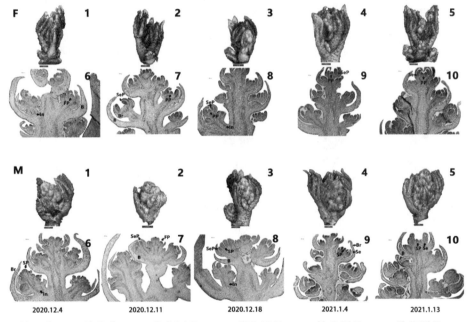

F- 雄花芽；M- 雌花芽；FP- 花蕾原基；SeP- 萼片原基；SP- 雄蕊原基；PP- 雌蕊原基；B- 苞片；Br- 小苞片；In- 花序；Se- 萼片。F1～5，M1～5比例尺为1 mm，F6～10，M6～10比例尺为200 μm。

图2-3　竹叶花椒花蕾分化期及萼片分化期

　　雌雄蕊分化期：1月23日至2月26日，由于气温低，花芽进入休眠状态，生长速度较慢，此阶段持续时间较长。此分化时期内并非单独的雌雄蕊分化，包含着部分花芽或花序正在进行花蕾分化和萼片分化。自2月上旬，温度回升，花芽分化速度加快，苞片边缘泛红（图2-4，F2、F3、M2、M3），花蕾即将绽放，此时能够明显区分出雌雄花芽。雌花芽顶部露出花序，但是相比于雄花芽，露在外部的花序较少，花芽整体颜色为深绿色，外部的幼叶展开，可直接观察到花蕾，雌花花蕾扁平，萼片紧紧包裹着心皮

（图 2-4，F4）；雄花芽因为花序裸露在外面较早，受低温影响，表面干黄（图 2-4，M1），花芽整体为黄绿色，雄花的萼片包裹着内部的花药，呈圆柱状（图 2-4，M4）。由图 2-4 中切片可见雌花芽发育较慢，雌蕊原基由椭圆状分化出 2 ~ 4 个圆柱状的凸起（图 2-4，F7、F8），突起发育为子房（图 2-4，F9），每个小花最终发育出 1 ~ 3 个子房，多数为 2 个子房（图 2-4，F10）。雄花芽的雄蕊原基分化为几个圆柱状的突起（图 2-4，M6），每一个凸起发育形成一个花药，一个花药内部分化形成 4 个花药囊，2 月 21 日切片可见每个花药囊内细胞排列密集（图 2-4，M9），2 月 26 日花药囊内细胞的绒毡层开始分裂解体，花粉细胞变大并在花药囊内分散排列（图 2-4，M10）。

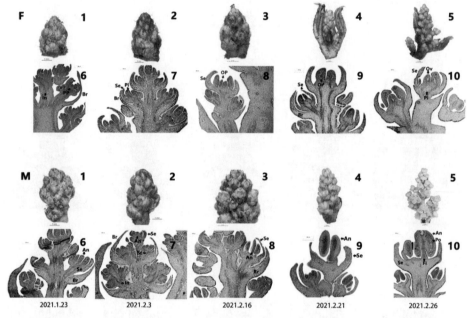

F- 雄花芽；M- 雌花芽；In- 花序；Se- 萼片；Pi- 雌蕊；Br- 小苞片；OP- 子房原基；Ov- 子房；An- 花药；Fi- 花丝；Po- 花粉；PP- 雌蕊原基。F1 ~ 4、M1 ~ 4 比例尺为 1 mm；F5、M5 比例尺为 2 mm；F6 ~ 10、M6 ~ 10 比例尺为 200 μm。

图 2-4　竹叶花椒雌雄蕊分化期

（三）竹叶花椒开花及果实形成特征

由图 2-5 可知，竹叶花椒花期为 3 月初至 4 月初，长达 1 个月，花期开放整齐度较低，发育快的树部分枝条上的花已经凋谢，而发育慢的花蕾还未成熟。雄花开放整体快于雌花，雄花在 3 月 15 日后陆续开始散粉，此时雌花还处于花柱伸长期，柱头并未发育完全，在 3 月 20 日后，大部分雄花花药成熟并散粉，雌花柱头发育成熟达到可授状态，两者可以进行长达 10 d 的自由授粉过程，属于半同步异熟类型，4 月 10 日雌雄花基本全部凋谢。

雄花开花特征：3 月初雄花花序展开，3 ~ 5 个小花组成一个花序，多个花序圆锥形排列成一个大花序（图2-5，M1）；每个雄蕊由5~8个花药构成，花药为浅绿色，由萼片包裹呈圆形排列，花药中间有一个突起；每个花药由4个条状花药囊组成，花药囊的背部平整，顶部有一个腺点；3月6日，花序轴继续伸长向外展开，花药颜色由翠绿变为黄绿色（图2-5，M2）；3月10日，花药下部分化出花丝，推动花药向上伸长并向外展开（图2-5，M3）；3月14日，花丝不再伸长（图2-5，M4），花药变成黄色，内部的花粉成熟，随后部分花药囊裂开散粉（图2-5，M5），花粉散出后，花药萎蔫，几天内花丝、花托等整个雄蕊都慢慢枯萎掉落（图2-5，M6、M7）。单个花药的散粉时间为1~2 d，但是一个雄蕊上花药的成熟有先后，不同花序上雄花成熟有先后，不同雄株的雄花发育时间整齐度较差，所以雌花开放时间较长，期间持续有花粉散出。

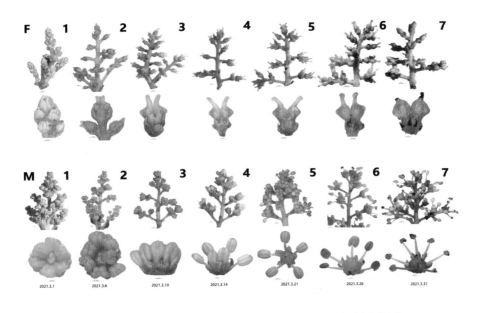

F- 雄花；M- 雌花；F1~7、M1~7上列比例尺为1 mm，下列比例尺为0.5 mm。

图2-5　竹叶花椒花期图

雌花开花特征：3月1日苞叶展开，发育成复叶，花序呈圆锥状展开绽放，雌蕊扁平，包裹在6~8片萼片中（图2-5，F1），3月6日小花的萼片分离，顶部露出2~3个心皮，每个心皮下方发育出子房，上方分化出花柱（图2-5，F2），3月10日雌蕊不断变大，黄绿色的花柱继续伸长，到达一定长度后向两边分开（图2-5，F3）；3月14日雌花小花的萼片连着花托，花托上的子房开始膨大鼓起，子房上的花柱不再伸长和向背弯，顶部开始分化出柱头，柱头表面细胞凹凸不平地排列，呈黄绿色且晶莹剔透（图2-5，F4）；3月21日之后柱头顶部微微泛红，表面变得湿润（图2-5，F5），此时柱头已经进入了可授状态，花粉飘落在柱头上容易被黏住；由于柱头极其幼嫩脆弱，易脱水、易脱落，雌花的可授状态时期很短，4~6 d后花柱会直接萎蔫脱落（图2-5，F7）；在3月底萼片开始枯萎变成褐色，然后慢慢萎蔫脱落；此时子房开始膨大，表皮明显可见多个孔，后期直接发育成油囊，储存果实形成的挥发性芳香油（图2-5，F7）。

此外在观察中还发现竹叶花椒存在雌雄同花现象，雄蕊中间有一个雌蕊，但是多数发育不完整，主要有三种形态：第一，雌雄蕊都发育正常，但是花柱较小（图2-6，1）；第二，雄蕊正常发育，雌蕊仅有一个发育完整或不完整的心皮（图2-6，2）；第三，雌蕊发育正常，雄蕊发育不完全，仅有2~3个花药发育成熟，其余花药畸形（图2-6，3）。

1~3比例尺为0.5 mm。

图2-6 竹叶花椒雌雄同花

由图2-4雌雄蕊分化图中可知，在2月26日子房就已经开始发育，3月1日，雌蕊的子房内已经分化出胚珠原基，并开始分裂分化（图2-7，1）；3月10日，胚珠原基基部分化出珠柄，前端逐渐分化为珠心细胞，开始向上弯曲（图2-7，3）；3月14日，胚珠前端分化出内外两层珠被细胞包裹珠心，由于外珠被细胞分化快于内珠被细胞，导致珠心组织向上弯曲（图2-7，4）；3月21日，两层珠被细胞包裹珠心细胞，正上方发育成珠孔，形成完整的胚珠（图2-7，6）。3月31日，胚由胚轴连接，胚乳和胚珠不断分裂变大（图2-7，8）。4月之后，整个胚和胎座的比例不断变大（图2-7，12）。

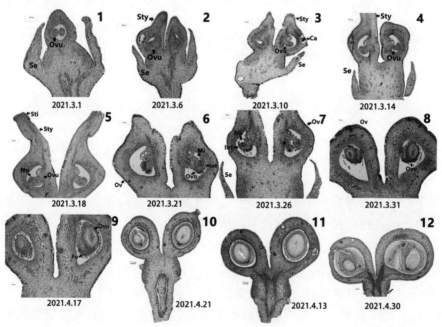

Ca-心皮；Ovu-胚珠；Nu-珠心；Mi-珠孔；Int-珠被；Sti-柱头；Sty-花柱；Fu-珠柄；Se-萼片；Ov-子房。1~12比例尺为200 μm。

图2-7 竹叶花椒雌配子发育

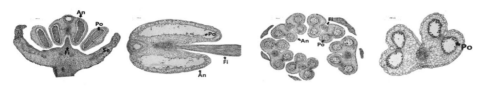

An- 花药；Po- 花粉；Fi- 花丝；Se- 萼片。各图片比例尺均为 200μm。

图 2-8 竹叶花椒雄花横剖纵剖图

由图 2-4 和图 2-8 观察到，每朵雄花由 5~8 个花药组成，每个花药有 4 个花药囊纵向排列。在 2 月 26 日，雄花花药囊中的绒毡层逐渐解体，花药囊中花粉细胞与花药囊内壁分离，到 3 月初花粉细胞分离形成单个花粉粒，随后花粉细胞变大并逐渐成熟，最后花药壁破裂，花粉贴在花药囊外壁。

（四）竹叶花椒的花粉育性

对采集的花粉进行 TTC 染色，检测花粉育性，其中染色前竹叶花椒花粉呈黄色，椭圆形，染色后，具有活力的花粉会变成红色（图 2-9，1、2），结果测得新鲜的花粉活力在 30% 左右；与此同时，将花粉置于培养基（1% 琼脂、15% 蔗糖、0.01% 硼酸和 0.05% 硝酸钙）中，25℃避光条件下培养，3h 后观察到少数的花粉管开始萌发，12~24h 后观察到多数花粉萌发花粉管（图 2-9，3）。为了进一步检测花粉在自然条件下的萌发情况，将具有活性的花粉授粉到雌花柱头，采集 1h、4h、8h、12h、1d、2d、3d、5d、6d 和 7d 的雌花观察花粉的萌发情况，观察后发现只有极少的花粉会萌发，且花粉管萌发的方向并未朝向子房，没有观察到花柱中下部存在花粉管。

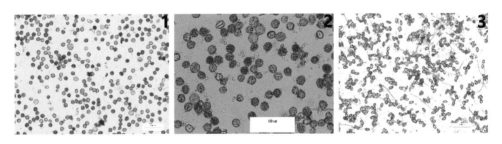

各图片比例尺为 100μm；1、2 为花粉活力测定，3 为培养 24h 后花粉管的萌发。

图 2-9 竹叶花椒的花粉活力

分别在 3 月 17 日、3 月 23 日和 3 月 29 日采集花粉，用于测定不同时间段的制粉率。由图 2-10（a）可知，3 月中旬采集的雄花制粉率最高，达到 4.2‰，3 月 23 日制粉率为 3.1‰，3 月 29 日制粉率仅有 2.5‰，结果表明，随着雄花开放时间的延长，雄花序的制粉率呈显著下降趋势。主要原因为随着雄花开放时间的增加，花序上的部分小花已经散粉，同样鲜重的花序出粉率就大幅减少。虽然 3 月 17 日雄花才进入盛花期，多数花药并未绽放，但此时花粉已经处于成熟状态，因此生产上可以在花序初熟时提前采集花粉。

为检验不同贮藏温度对花粉活力的影响，将收集的新鲜花粉分别装入 3 个玻璃瓶，放入干燥的变色硅胶，置于 4℃、−20℃、−80℃储存，定期测定花粉活力。由图 2-10（b）可以看出，花粉存放时间越久，活力不断下降，其中 −80℃储存效果最好，−20℃次之，4℃储存效果最差，三个温度下存放的花粉在前 30 d 时活力有较大的降幅，随后下降较平缓。4℃温度下活力下降最快，保存 20 d 花粉活力为 20.6%，储存 120 d，花粉活力仅有 8.4%，并且花粉已经由黄色变为白色，而在 −20℃和 −80℃放置 360 d 的花粉颜色没有变化。−20℃下花粉保存 30 d，花粉活力为 20.2%，保存 360 d，活力达 11.1%；−80℃下保存 60 d，花粉活力为 20.4%，保存 360 d，活力达 14.8%。以上结果表明，温度越低，竹叶花椒花粉保存效果越好，低温能快速固定花粉形态，保持形态结构完整，并且降低花粉的呼吸代谢作用，减少营养消耗，使花粉更好地维持活力。3 个温度下存放，前 10 d，花粉活力没有差异，都能达到 30% 左右，说明 4℃就能够满足生产实践中提前 10 d 内收粉授粉的工作要求，适合竹叶花椒花粉的短期保存和使用；在 −20℃下存放，前 60 d 的花粉活力平均值与前 30 d 没有显著性差异，表明普通冰箱的冷冻温度保存就能够满足花粉在 2 个月内保持较高活力和使用价值，如需要长期保存，则需要保存在 −80℃以下的超低温环境中。

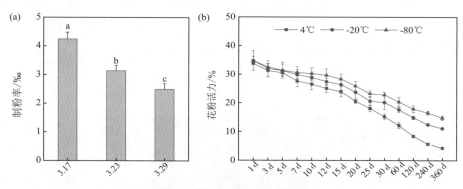

图 2-10　竹叶花椒花粉制备及保存

（五）竹叶花椒果实的发育特征

由图 2-11 可知，4 月初 95% 雄花花序凋谢，雌花花柱萎蔫脱落，萼片枯萎。4 月 10 日后温度上升，树枝上迅速长出新叶新枝，果实进入快速生长期，子房快速膨大，此时果皮没有香味，但是外果皮已经形成油囊，并且油囊呈点状分布，纵切可见内部的种子整个呈透明状。

至 5 月 11 日，即谢花后 30 d 内，果实大小几乎呈线性增长，随着果实增大，心皮下的胎座逐渐变小，最后变为果柄，通常情况下一个果柄上有 1～3 个果实，此时能清楚看到果实的果皮、乳白色内果皮、种皮和胚。5 月 16 日，果皮达到一定的厚度，外果皮上的油囊开始向外凸起，油囊内储存有少量的花椒精油，味道较淡，种皮颜色变红，形成蜡质层。从 5 月下旬至 6 月，谢花后的 30～60 d，为果实缓慢增长期，外果皮上的油囊增多增大，呈透明状凸起，种皮由红色变为褐色，种子内部胚乳为透明浆状，一个果实内有 1～2 个种子，单个的种子为圆形，2 个的种子为不规则半圆。

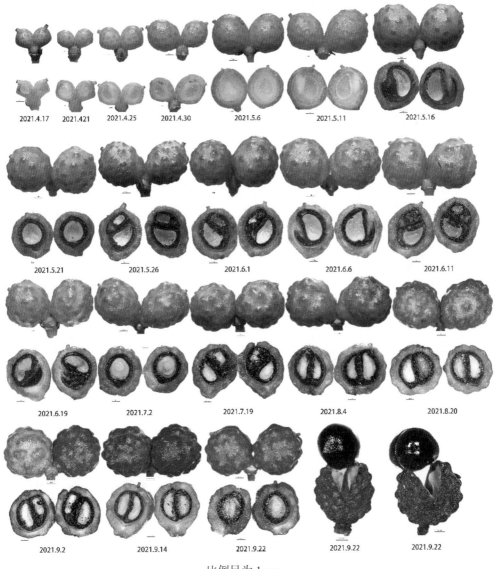

比例尺为 1 mm。

图 2-11　竹叶花椒果实发育流程图

6月19日，外果皮的油囊逐渐饱满，香味变浓，内果皮为光滑的革质，种子内部由中心开始变成乳白色，向外部慢慢扩散直至整个胚乳变成白色，种皮变为黑色，质地坚硬。

7月19日，谢花后 100 d，种子的胚乳内可见 2 片白色子叶，此时果皮青绿色并散发浓郁的麻香味，品相和品质较佳，适宜采收。

8月初为果皮着色期，外果皮开始由绿色变成红黄相间，此时种子的胚乳、子叶都基本成熟，败育的种子内部胚萎缩，变为空壳，仅剩下种皮。

9月中旬，种子成熟。外果皮逐渐变为红色，此时适合采收种子，9月下旬，果皮开始沿着腹缝线开裂，种子逐渐掉落。

由图2-12（a）可知，4个处理的坐果率变化趋势为BS＞TS＞BB＞TB，其中BS和TS坐果率最高，达到51.6%和49.0%，此外BB和TB显著低于2个授粉处理，并且套袋不授粉最低；通过将授粉处理与不授粉处理两两平均后发现，授粉处理果实的坐果率提高了27.2%。这说明授粉能够显著提高竹叶花椒的坐果率；而套袋会影响果实坐果，可能是因为套袋对雌花造成机械损伤，也可能是套袋后袋内的高温高湿环境导致落果。TS坐果率显著高于BB，说明授粉对果实坐果的促进作用大于套袋处理对果实坐果的负面作用。

果径是以南北和东西方向分别测定长度后求平均值所得，由图2-12（b）可知，竹叶花椒4月10日左右由花期进入果期，谢花后30 d内，果实的增长趋势快，小果迅速膨大，处理BS的果径达到5.74 mm；谢花35 d后，果实缓慢膨大，果实进入成熟发育阶段；谢花后116 d左右，果实大小几乎不再变化，在果实发育145 d后，果径达到6.30 mm。4个处理的果径在各个阶段的变化趋势几乎一致，通过整体平均后发现果径大小呈BS＞TS＞BB＞TB的趋势，说明授粉对果实膨大具有一定的促进作用。

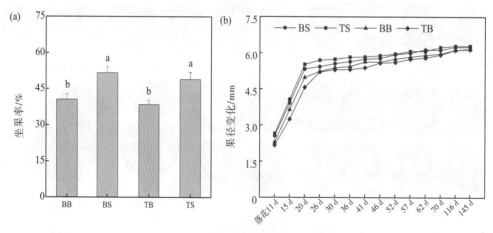

BB为不套袋不授粉，BS为不套袋授粉，TB为套袋不授粉，TS为套袋授粉，下同。不同小写字母表示处理间差异显著（$P < 0.05$），下同。

图2-12　授粉对竹叶花椒果实生长发育的影响

（六）授粉对竹叶花椒果实产量的影响

授粉对竹叶花椒果实的单株产量、鲜果百粒重、干果皮百粒重、出皮率会产生一定的影响。4个指标均呈现BS＞TS＞BB＞TB的趋势，即授粉处理高于不授粉处理，并且不套袋处理高于套袋处理（图2-13）。各处理间的单株产量为5.247～6.210 kg，将授粉处理（BS、TS）和不授粉处理（BB、TB）分别平均后发现，授粉处理显著高于不授粉处理，说明授粉能够提高单株产量（图2-13，a）；BS显著高于TS，自然状态下授粉更利于果实的产量提高。各处理的鲜果百粒重在9.714～10.464 g之间，处理BS显著高于其余3个处理，相比处理BB增重了6.5%，说明授粉能提高果实的单果重（图2-13，b）。干果皮百粒重中，BS显著高于另外3个处理，达到每百粒干果皮重1.917 g，比处理BB增加了8.0%，处理TB的干果皮百粒重最低，仅有1.768 g；授粉能够显著提高干果皮百粒重，达到增产的作用，而套袋可能会影响果实的果皮生长（图2-13，c）。4个处理的果实出皮率差异不大，在0.21%～0.23%之间，授粉处理与不授粉处理差异不显著（图2-13，d）。总的来看，授粉会促进果实增产，套袋会降低果实的产量。

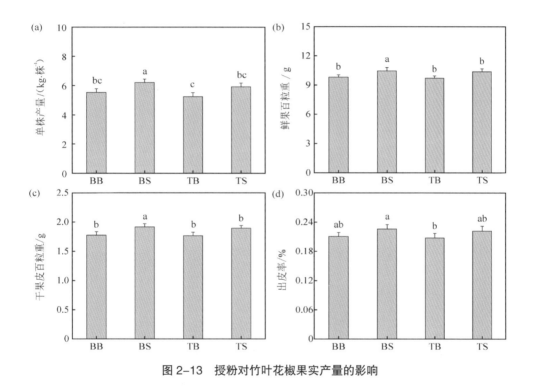

图2-13 授粉对竹叶花椒果实产量的影响

（七）授粉对竹叶花椒果实品质的影响

竹叶花椒的主要品质为挥发油、不挥发性乙醚抽提物、醇溶抽提物、麻味物质，授粉及套袋处理会对竹叶花椒果实品质产生影响，4个指标均呈BS＞TS＞BB＞TB，即授粉处理高于不授粉处理，且不套袋处理分别高于套袋处理。挥发油的含量为14.7～15.9 mL/100 g。授粉能提高挥发油含量，可能是授粉后促进了果实油囊的发育和挥发油的生成，套袋处理影响挥发油的生成，可能是袋内的高温遮光小环境在一定程度上导致了果皮上油囊发育不良（图2-14，a）。4个处理间不挥发性乙醚抽提物含量为17.3%～18.5%，差异较小，授粉处理和不授粉处理含量差异并不显著，说明授粉处理对竹叶花椒果实内的不挥发性乙醚抽提物的形成影响较小，而 TB 最低，套袋的遮光环境下，可能会影响不挥发性乙醚抽提物的形成（图 2-14，c）。各处理醇溶抽提物含量，处理 TB 最低为 15.1%，处理 BS 最高为 16.1%，两者差异仅有 1%，授粉处理与不授粉处差异不显著，说明授粉对醇溶抽提物含量的影响较低（图 2-14，d）。4 个处理的麻味物质含量为 11.7 ~ 12.8 mg/g，差异较小，但是授粉处理比不授粉处理含量增高了 7.9%，说明授粉处理能够在一定程度内提高竹叶花椒麻味物质含量（图 2-14，b）。因此，授粉处理能促进挥发油和麻味物质的形成，但是对不挥发性乙醚抽提物和醇溶抽提物形成的促进效果不显著。

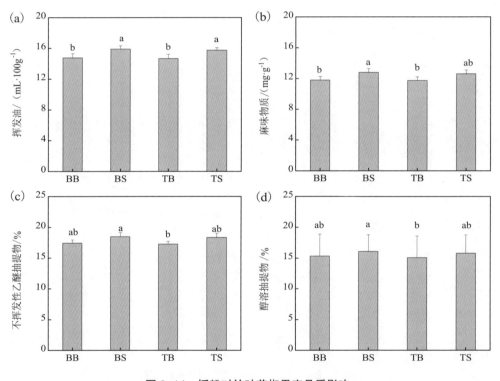

图 2-14　授粉对竹叶花椒果实品质影响

果实的品质包含多个因素，无法通过某单项指标来评价授粉处理是否对果实品质产生影响，因此采用模糊数学隶属函数法，对不同处理对应的各项品质指标隶属函数值进行计算，并将各隶属函数值取均值，得到综合值，综合值越大表示处理的果实品质提升效果越好。由图 2-15 可知，处理 BS 综合值最高为 0.763，BB 为 0.289，与 BS 具有显著差异，而 TS 与 TB 不具有差异显著性，说明自然状态下授粉能够较好地促进相关物质的形成，提高竹叶花椒的品质，而套袋的逆境下授粉对品质的促进作用可能会受到一定的限制。

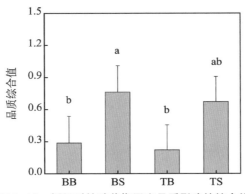

图 2-15 授粉对竹叶花椒果实品质影响的综合值

（八）授粉对竹叶花椒种子质量的影响

授粉和套袋处理会影响竹叶花椒的种子百粒重、种子活力、空籽率和成苗率。由图 2-16（a）可知，种子百粒重的趋势为 BS > TS > BB > TB，BS 处理种子百粒重最高，每百粒种子重 1.876 g，高于 TS，显著高于 BB、TB，且授粉处理平均后与不授粉处理相比，种子百粒重显著增加，授粉处理会增加种子的重量，可能是通过种子的大小或者种子饱满程度来影响种子的重量。图 2-16（b）中，种子活力的大小为 85.0% ~ 78.3%，呈 BS > TS > BB > TB，授粉处理种子活力为 83.6%，显著高于不授粉处理（种

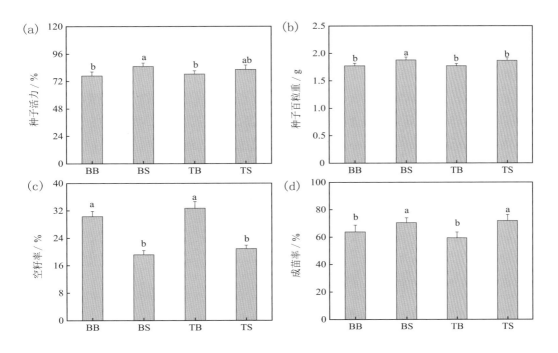

图 2-16 授粉对竹叶花椒种子质量影响

子活力 77.6%），说明授粉对种子的活力具有正向作用。图 2-16（c）显示，4 个处理的空籽率具有较大的差异，BS 最低，为 19.2%；TB 最高，达到 32.7%，由此可见授粉能显著提高竹叶花椒种子的饱满度，TB 空籽率高于 BB，说明套袋可能会导致袋内小环境变化，造成种子败育，形成一定的空粒。图 2-16（d）中，种子的成苗率呈现 TS ＞ BS ＞ BB ＞ TB 的趋势，TS 成苗率高达 71.9%，BS 为 70.5%，但两者不具差异显著性；授粉处理都显著高于不授粉处理，且授粉处理比不授粉处理的成苗率显著提高了 15.6%，这说明授粉会提高种子的繁殖能力。以上结果表明，授粉处理会提高种子的质量，使种子更加饱满，降低种子败育，提高种子的活力和成苗能力。

三、讨论

（一）竹叶花椒雌雄花芽分化特征

竹叶花椒花芽分化期从 9 月开始到第二年 2 月结束，分化时间长达 6 个月；因竹叶花椒主要分布在我国南方亚热带季风气候区，冬季温暖湿润，所以花芽以裸芽越冬，外部由幼叶包裹，幼叶外部分泌了一层胶质物，花芽的顶部堆积了一层类似于绒毛的黄褐色丝状物，在花芽外部起到保暖、保湿的作用。雄花在 11 月就会露出花序，雌花也会在早春露出花序，因此花芽内部也有一套保护机制，即花芽分化初期会先分化一层苞片，包裹整个生长点，花序轴分化期又分化出一层苞片包裹分枝上的各个花序，花序轴上分化出的生长原基又先分化出一层苞片包裹生长点，内外两种结构将整个花芽层层包裹，保护其不受干旱和低温的影响。但是如果出现霜冻气候，花芽仍会面临一定的威胁，裸露在外的幼嫩花序容易受冻和失水，所以随着极端气候出现频率的升高，会出现植物异常现象，这可能是植物对极端环境适应的过程。

竹叶花椒前期雌雄花芽的分化进程相同，在花序轴分化期开始，雌花芽的发育落后于雄花芽，且雄花芽分化为雄蕊原基，而后直接分化发育为花药，雌花芽分化出雌蕊原基，随后直接分化为 2 ～ 3 个心皮发育出子房花柱，这可能是竹叶花椒长期以单性生殖为原因，在其早期就已经演化成熟，但是在本研究中发现雌雄同花的存在，这种返古现象可能与竹叶花椒雄化现象存在一定的联系。花芽性别分化可通过基因调控赤霉素、乙烯利等激素通道来完成，也受到日照、温度等外界因素的影响（张宁等，2018；李元鹏等，2022），目前竹叶花椒花芽性别分化的调控机制还不明确。调查中发现原本为雌株的竹叶花椒，第二年有部分或者全株开雄花，这可能是受某种因素影响促使促雄基因被启动导致，具体的调控机制仍有待进一步研究。

（二）竹叶花椒开花及果实形成特征

植物的开花特征是长期适应环境而进化得到的一种花生物学类型，多种植物具有雌雄异位、异熟的开花特征（金晓芳等，2021），在本研究中雌雄花开放时间同步性不高，雄花在 3 月 15 日进入盛花初期并不断散粉，而此时雌花的柱头还在发育，可授性较低，3 月 21 日之后，雄花已经进入了盛花末期，此时雌花柱头湿润泛红，可授性较高，属于半同步异熟类型；雄花不同花药、花序依次开放，延长了雄花花期和花粉寿命，使得竹叶花椒具有自交和异交的条件及可能性。雌雄蕊异位在空间上是避免自交的行为，也为异交创造更大的可能性，这种机制能够维持种间的遗传多样性（杨秋雄等，2022）。本研究中观察到的竹叶花椒雌雄同花十分相似，雌花子房发育完整时，外部的雄花花药发育畸形，雄花花药发育完整时，中间的雌蕊为单心皮，子房又小又瘪或者花柱发育畸形。Cao 等（2019）认为四川青椒的黄色雄花中存在 4 种新的核糖核酸病毒，认为"黄花"是病毒所致；竹叶花椒存在整株开放雄花或雌花、雌雄花同株不同枝条、雌雄花生于同一花序 3 种状态，本研究也发现竹叶花椒雌雄同花的异常形态较多，并且多在某单一花序中出现，目前无法确定是遗传变异或者是环境影响，接下来可进一步对比研究雌雄同花出现的频率和出现的异常形态，进一步测定不同形态的激素水平、理化性质等，探索雄花出现的真正原因。

　　本研究观察了竹叶花椒雌蕊的发育过程和珠心胚的形成，与蔡雪等（2002）提出的花椒雌配子体发育过程一致，即当雌蕊长约 0.7 mm 时，内部已经形成胚珠原基；随后原基基部分化出内外两层珠被突起；珠心表皮下分化出 1～3 个孢原细胞，然后分裂成初生造孢细胞；初生造孢细胞发育为大孢子母细胞；大孢子母细胞经减数分裂形成二分体和四分体；一个大孢子发育成单核胚囊，其余大孢子退化；单核胚囊经过 3 次有丝分裂变为二核、四核和八核胚囊；成熟胚囊由卵器和 2 个极核组成，未见形成反足细胞；胚囊珠孔端的珠心细胞分化形成珠心胚原始细胞；原始细胞分裂形成多细胞原胚进入胚囊腔；多个原始细胞同时在一个胚珠中发育，形成多个胚。竹叶花椒开花时雌蕊的发育过程表明其不需要雄花就可以自行生殖，但是雄花的大量出现是否影响竹叶花椒的生殖方式有待进一步研究。

（三）竹叶花椒的花粉育性

　　花粉的育性决定了植物的繁殖。叶萌等（2013）连续两年测定都未观察到竹叶花椒花粉萌发，认为可能不具备萌发能力；这与本研究结果有所不同，本研究得到的新鲜竹叶花椒雄花花粉活力高达 30%，同样贺红早等（2007）使用 TTC 法测得花椒花粉具有活力，但研究结果没有表明具有活力的花椒花粉能够起到两性生殖作用。任文斌等（2022）发现雄性不育系小麦花粉具有数量少，形状瘦瘪，萌发孔盖凹陷等不规则的败育形态，可能是因为 *MYB* 类转录因子通过调控花粉早期发育，致使花粉形态异常及花粉壁发育不连续等（高玉莹等，2018）。但是竹叶花椒的花粉与普通的不育败育花粉有较大的区别，本研究发现其花粉形态饱满，花粉具有活力，且有活力的花粉有正常萌发花粉管的能力。Fei 等（2021）对花椒进行人工授粉，观察到少量花粉管在花柱中伸长，5 d 后分解，但并未观察到花粉管到达胚囊与卵细胞结合，这说明花椒自交授粉后花粉能够在柱头上正常萌发，但是花粉管并没有被引导到子房中，属于配子体型自交不亲和。

竹叶花椒雌雄花两者的自交回避机制与其无融合生殖方式的调控机制的相关研究仍处于初级阶段，但是果树自交不亲和的研究近年有较大的突破，如梨花柱中的核酸酶（S-RNase）进入花粉管内，降解花粉管的 RNA 和细胞核，并且减少花粉管尖端的活性氧梯度，解聚花粉管的微丝骨架，使花粉管细胞发生程序死亡，导致梨树自交不亲和（何敏等，2021）；芸香科植物柑橘的花柱中发现了没有功能的 S_m-RNase，其编码基因存在一个碱基缺失，导致了自交不亲和的表型丧失，并通过无融合生殖保留这一性状，最终实现了自交不亲和到自交亲和的转变（Liang 等，2020）。同样作为芸香科植物，竹叶花椒也可能是此类机制导致的自交不亲和。谢琴琴等（2022）在甘蓝中发现 *BoPUB9* 基因在自花授粉时快速上调表达，为异花授粉后表达量的 40 多倍，认为会通过调控乙烯等激素的方式来响应自交不亲和。Fei 等（2021）进一步研究还发现，花椒中 miRNA 通过与靶基因相互作用来调节激素合成，从而参与无融合生殖。花椒中自交不亲和与无融合生殖之间是否通过激素调节进行关联，仍有待于进一步观察和研究，但本研究结果可以说明竹叶花椒的花粉具有繁殖能力。

花粉质量主要受温度和湿度影响，高温高湿条件花粉具有较高的活力，利于采收获得高质量花粉（王婧等，2019），但是 38℃以上的高温暴露会诱变出 2n 花粉，并降低花粉产量（Tian 等，2018；Brunet 等，2019）；低温干燥条件利于贮藏，能够降低酶活性，减少呼吸作用，降低营养流失，使花粉长时间保持完整的形态结构和较高的活力（Ali 等，2021）。低温保存下的苹果花粉半年内仍有较高活力，可以用于不同时段开花的品种杂交授粉，低温干燥贮藏后尽管活力相对稳定，但是授粉效果也会出现很大的差距。Novara（2017）研究发现，对贮藏的花粉进行复水处理，能有效恢复花粉活力，促进花粉管的萌发。由于竹叶花椒雄花先熟，雌雄花存在一定的时空异熟现象，并且花期雨水较多，提前采集花粉贮藏，可以延长花粉寿命解决花期不遇的问题，能使授粉工作具有较大的操作空间。竹叶花椒花粉在 4℃下呼吸强度较高，其营养物质流失较快，仅能高效保存 20 d 左右；相比之下，−20℃下保存能稳定维持花粉活力长达 30 d 左右；−80℃温度下花粉的保存效果最好，保存 360 d，花粉活力仍可达 14.79%，说明一定程度下，温度越低花粉的贮存效果越好，超低温下花粉会提高可溶性蛋白、可溶性糖及抗性酶含量以减轻低温对细胞的损害（潘磊等，2020）。因此，为了保持竹叶花椒花粉的活力，尽量选择超低温条件下干燥保存，解冻使用时复水处理，以恢复其活力。

（四）竹叶花椒果实的发育特征

竹叶花椒的果实从 4 月 10 日谢花后，进入果实膨大期，在一个月的时间里，果实快速生长到 5 mm × 5 mm 左右。这也是竹叶花椒生产中的关键时期，营养需求高，且此时温度升高，雨水较多，是落果的高峰期，也是病虫害的高发期，可以提前喷施农药和生长调节剂，有效防治病虫害，促进坐果和果实膨大（郝乾坤等，2003；刘国鹏，2012；

岳磊等，2014）。5 月中旬以后为果实缓慢生长期，果径增长缓慢，种皮发育为坚硬的蜡质层，果皮上的油囊逐渐饱满，散发出麻香味，这一结果与 Hui 等（2021）的相同，果实发育 50 d 左右为竹叶花椒油囊发育及麻味物质合成的关键时期。6 月中旬进入果实成熟期，果皮的油囊不断凸起，香味很浓郁，种子由透明浆状开始变为乳白色固态状，到 7 月中旬果实基本发育成熟，达到采收要求。8 月上旬，果实的外果皮开始着色，由绿色转为红色，此时果实种子内含物不断固化。到 9 月上旬，果皮全部变为红色，种子也成熟，可提前收获种子，避免果实开裂后不好采收。果实的发育特征观察，能为生产中有效制定水肥管理措施和采收计划，达到精准管控的目的。

果实落果的直接原因是机械脱落和自然脱落，自然脱落主要是体内的基因调控激素通道控制果胶酶、纤维素酶等降解细胞壁（齐明芳等，2007；文晓鹏等，2018）。果实脱落受多种因素影响，生物胁迫如炭疽病等会激活植物的免疫系统，使其重心由生长发育转到防御，进而诱导果实脱落，非生物胁迫如温度、光照、水分胁迫等也会导致植物落果（Chung 等，2003；Peres 等，2008；Pathak 等，2013）。竹叶花椒的套袋处理在人工操作时可能会对雌花表面造成损伤而导致机械脱落，套袋后白色的硫酸纸袋会造成遮光，袋内的温度较高容易发生病虫害，多种诱因可能会导致竹叶花椒果实自然脱落，降低坐果率。李玲等（2020）对板栗授粉后测定子房内源激素，发现 GA_3、IAA、CTKs 与 ABA 水平发生显著变化，整个子房内生长促进物质水平较高，胚珠的败育和落果有明显降低；这与本文的结果一致，授粉处理后的竹叶花椒坐果率显著高于不授粉处理；Fei 等（2021）认为人工授粉能通过刺激花椒的雌花子房分泌激素，进而提高坐果率。孙涌栋等（2005）仅在授粉后的黄瓜子房发现了编码黄瓜扩张蛋白的新基因 *Cs-Expansin10*，认为可能是授粉启动果实膨大调控途径。本研究发现，授粉同样促进了果实膨大，可能是通过促进果实发育，进而影响了种子大小、果皮厚度、油囊发育，使果实更加饱满外凸，致使果实变大。

（五）授粉对果实产量的影响

授粉是多种有性生殖植物保持优质高产的重要手段，人工授粉能够显著提高花粉在柱头的覆盖率和黏着性，提高授粉的成功率（王海儒等，2013）。不同的授粉方式对不同物种有效性不同，张如平等（2020）认为毛笔授粉相比于直接授粉、喷雾、试管授粉等，能更有效地提高相思树结荚率。对于无融合生殖植物同样具有效果（Kavane 等，2021），高付凤等（2018）研究发现，兼性无融合生殖的平邑甜茶，外源授粉能够显著提高坐果和产量，同样与无融合生殖的核桃相比，授粉后得到的果实更大（宁万军等，2014），这可能是授粉促进兼性无融合生殖植物发生有性生殖，达到优质高产的目的。苑智华等（2021）认为人工授粉能使更高剂量的花粉更均匀地分布在花柱上，促使果实发育期间分泌较高浓度的内源 IAA，以达到增产的作用。本研究发现竹叶花椒授粉处理后，其单株产量、鲜果百粒重、干果皮百粒重都有明显提高，可能是因为果皮中内含物含量增加，如精油等物质阴干后仍能够部分贮藏在干果皮的油囊中，增加干重；但是干果皮的出皮率没有显著的差异，可能是因为种子重量和鲜果果皮重量都增加，并且种子的增效相对鲜果皮重量增效更好，所以最终得到的出皮率就没有表现出明显的优势。授粉对竹叶花椒的鲜果和干果产量都有一定的促进作用，在生产中可以适当配置雄株，以起到增产作用。

（六）授粉对果实品质的影响

授粉能够增加花粉在柱头上的附着数量，使花粉和柱头在良好的环境条件下相遇相融，花粉可对雌花花柱和子房产生刺激作用，促进果实的生长发育，提高果实品质（刘善军等，2004）。有研究结果表明，花粉影响果实品质主要是通过改变激素水平、果实内含物生成的相关酶活性、花粉 mRNA 转移等方面达到效果（杨岑等，2020），在花粉管生长过程中花粉 mRNA 进入非双受精的母体组织，进而调控激素水平，达到改变果实品质的效果（Chen 等，2018）。本研究结果发现，授粉处理的果实果皮中挥发油和麻味物质含量比不授粉处理分别提高了 7.6% 和 7.9%，增加了竹叶花椒主要的香味和麻味，但是授粉处理对不挥发性乙醚抽提物、醇溶抽提物含量没有显著的影响，果实中的不挥发性乙醚抽提物主要为不挥发脂溶性成分，醇溶抽提物主要为油树脂，都具有抗菌、抗氧化的作用，可能是套袋处理使果实处于高温缺光的不良环境，扰乱了果实正常生长，出现了抗逆反应（孙丙寅等，2006；杨林等，2013），从而干扰了授粉处理对其的影响。苹果、梨等植物具有明显的花粉直感作用，不同品种的花粉授粉后，其果形、果色、果实内含物都存在较大的差异（徐臣善，2013；王海波等，2016；郑浩等，2019）。Chen 等（2019）研究发现，不同基因型、不同花粉倍性水平的猕猴桃授粉后，果实内部品质差异大，雄性基因型的倍性水平低于雌性基因型时，结实率和品质更好。Wang 等（2019）认为异花授粉能够提高柑橘的总糖含量、酚类物质含量及抗氧化能力。基于竹叶花椒花粉较少，活力偏低，授粉提高品质的效果不高，在未来的研究中可以进一步探索使用不同的授粉剂量、不同的授粉方式、同源异源花粉等来达到降低成本和提高果实品质的效果。在实际生产中，竹叶花椒果实的品质受水肥管理、采收时间、贮存方式的影响较大，如唐海龙等（2019）认为合理配方施用氮肥、磷肥、钾肥利于提高竹叶花椒的综合品质；李佩洪等（2021）发现花椒果实成熟早中期麻味物质达到稳定，后期有所降低，而挥发油在成熟后期才能达到相对稳定，可根据利用目的制定不同采收时间；杨瑞丽等（2018）认为在低温条件下，整粒保存的花椒品质优于粉碎和压片。那么在授粉提高竹叶花椒产量的前提下，结合提高培育、管理的保存技术同样能够达到高产优质的效果。

（七）授粉对种子质量的影响

授粉不仅影响果实产量、品质，也直接影响种子，可能体现在种子重量、种子总量、种子形状、种胚形状、种子内含物、种子空籽率、种子发芽率等（高尚等，2021；

黄秀等，2021；安成立等，2016）。马旭东等（2020）认为异株花粉授粉能够提高肉苁蓉的种子质量，不仅提高种子的产量、千粒重，也会提高种子内蛋白质和游离氨基酸的含量。这与本研究结果相似，试验使用雄株花粉授于雌株上，授粉后竹叶花椒的种子百粒重、种子活力明显提高了，空籽率显著降低即种子饱满程度较高，成苗能力增强。Vale 等（2011）认为自花授粉柱头上花粉越多，发育良好的种子比例就越高；但是流苏石斛为了提高种群的遗传多样性，具有自交不亲和及近交衰退现象，其自花授粉的种子败育达到 2/3，异花授粉得到的种子活力却明显增高（王晓静等，2009）。研究发现花粉的剂量和质量会影响种子的形成和成熟（Iwaizumi 等，2012），并且自花授粉果实中空籽率会升高，这可能是由于早期胚胎和雌配子体组织间存在某种生理不亲和性，导致了胚胎败育（Owens 等，2005），所以大多数研究认为自由授粉或者异花人工授粉的种子数量、质量会高于自花授粉（Ferrazzi 等，2017）。竹叶花椒雌雄同花较少且发育不良，说明其可能存在自交不亲和及近交衰退的趋势，实验中观察到的竹叶花椒基本上为雌雄异株或者雌雄异花，生产中尽量采用异株收粉、授粉能够避免自交不亲和的生理反应，得到高质量的种子。

花粉直感效应可能是通过激素、多胺、mRNA 及未知的花粉管释放物来调控果实及种子的生长发育（洪俊彦等，2020）。宁伟等（2014）认为对于专性无融合生殖植物雄花的刺激作用微乎其微，其通过对专性无融合生殖植物丹东蒲公英去雄后自花及异花授粉、去雄去柱头、去雄套袋等对比发现，其结籽率都能达到 96% 以上，并且没有显著的差异；这与本研究结果相反，授粉后种子质量提高，成苗率显著增加，其后代的繁殖能力提升，但是竹叶花椒授粉处理后，花粉如何通过非受精方式来调控果实的种子发育并不清楚。Liu（2008）认为，花粉管会释放 mRNAs 信号分子并扩散到母体组织中，引起果实或种子的大小、形状等发生变化。Kasahara 等（2016）报道了在不受精的情况下促进胚珠母代发育的父系功能，发现在胚珠未受精前，花粉管内容物释放到胚珠中时，诱导胚珠细胞分裂扩张发生形态膨大，并启动种皮发育。竹叶花椒的花粉可能也会通过某种信号传导来刺激雌花的子房发育，使其果实及种子出现差异生长，最终得到高质量后代。

四、结论

（1）竹叶花椒花期为 3 月初至 4 月初，雌花由 2 ～ 3 个心皮组成，自由授粉的时间约 10 d。雄花具有可育性，新鲜花粉活力约 30%，在培养基上培养 3 ～ 24 h 后花粉能萌发花粉管。

（2）果实发育从 4 月中旬至 9 月下旬，长达 6 个月。

（3）授粉能促进果实坐果和果径生长，对竹叶花椒果实产量有较好的促进作用，能提高竹叶花椒的挥发油和麻味物质含量。授粉后种子活力和百粒重分别提高 7.7% 和

5.6%，空籽率降低 36.5%，授粉后的种子成苗率提高 15.6%。

第二节 生长调节剂对竹叶花椒花芽分化和产量的影响

植物生长调节剂是一类由人工合成的与植物内源激素有相似生理作用和活性的化合物（李合生，2012），已广泛应用于各类果树、大田作物生产上，具有控梢促花、提高成花率及其产量和抗性的作用（Aremu 等，2017）。目前将生长调节剂应用于竹叶花椒的研究尚未见报道，本研究将植物生长调节剂运用于竹叶花椒生产中，通过喷施不同种类、不同浓度的植物生长调节剂，探索其对竹叶花椒花芽分化、枝梢生长、抗寒性和产量的影响，以期筛选出对提升竹叶花椒综合增产能力有显著影响的生长调节剂种类及其最适宜施用浓度，得到一种便捷高效，既促花控梢又增强抗性的增产技术，服务生产实际，帮助椒农提高产量、增加收益。

一、材料和方法

（一）试验地及试验材料

试验地位于四川省崇州市四川农业大学林学院教学科研实习基地，株行距为 2 m × 3 m，无间作，水肥管理一致。

供试材料为竹叶花椒品种汉源葡萄青椒，树龄 3 a，平均冠幅 2.3 m × 2.5 m，平均地径 5.4 cm。

（二）试验设计

本试验采用叶面喷雾的方法，对竹叶花椒喷施 4 种常见的植物生长调节剂，分别是：多效唑（PP_{333}）、烯效唑（Uni）、乙烯利（Ethrel）、PBO，因不同调节剂间通用施用浓度有较大差异，因此根据不同生长调节剂采用不同浓度梯度设计。

本试验采用单因素多水平试验设计（详见表 2-2），CK 为清水喷施对照。共 17 个处理，各有 3 组重复，每个重复有 5 株竹叶花椒。

2017 年 9 月 28 日首次施用，采用背式微型喷雾器向叶面喷施，喷施量以叶面充分湿润且药液下滴为度，10 月 13 日再次施用，10 月 27 日最后一次施用。

表 2-2　试验方案设计

处理	多效唑/（mg·L^{-1}）	处理	烯效唑/（mg·L^{-1}）	处理	乙烯利/（mg·L^{-1}）	处理	PBO/（mg·L^{-1}）
D1	100	U1	100	E1	100	P1	1 500
D2	400	U2	200	E2	400	P2	3 500
D3	700	U3	300	E3	700	P3	5 500
D4	1 000	U4	400	E4	1 000	P4	7 500

（三）测定指标及其方法

采用高效液相色谱法测定竹叶花椒花芽内源激素赤霉素（GA）、脱落酸（ABA）和吲哚乙酸（IAA）含量。提取方法及色谱条件参照四川省地方标准 DB51/T 2384–2017（IAA）、DB51/T 2383–2017（ABA）、DB51/T 2382–2017（GA），2017 年 10 月至 2018 年 3 月，每月进行一次测定。

2017 年 10 月统计竹叶花椒总芽数，于翌年 3 月统计花芽数，计算花芽分化比例（成花率 = 花芽数 ÷ 总芽数），4 月统计竹叶花椒果穗数量，计算坐果率（坐果率 = 果穗数 ÷ 花芽数）。

采用标准枝法，使用卷尺及游标卡尺测量竹叶花椒的地径、冠幅、标准枝的长度及粗度。10 月起至翌年 1 月止，每月测量一次，计算总枝梢伸长量及总枝梢增粗量（总枝梢伸长量 = 翌年 1 月平均枝长 — 10 月平均枝长，总枝梢增粗量 = 翌年 1 月平均枝粗 — 10 月平均枝粗）。

测定竹叶花椒叶片超氧化物歧化酶（SOD）活性用氮蓝四唑（NBT）光还原法，测定竹叶花椒叶片过氧化物酶（POD）活性用愈创木酚比色法，测定竹叶花椒叶片的可溶性糖含量用蒽酮比色法，测定竹叶花椒叶片可溶性蛋白含量用考马斯亮蓝染色法，测定竹叶花椒丙二醛（MDA）含量用硫代巴比妥酸法，2017 年 10 月至 2018 年 3 月，每月进行一次测定。

于果实成熟期（7 月）采集竹叶花椒单株全部果实进行称重，作为各单株最终产量。

（四）数据分析与处理

数据统计和分析采用 SPSS 20.0 和 Excel 进行，采用单因素方差分析（One-way ANOVA）和最小显著差异法（LSD 法）检验各处理变量间的显著性差异，用 Pearson 法进行各测定指标的相关性分析，用 Sigmaplot14 作图。采用模糊数学隶属函数法对不同调节剂对应的各项指标隶属函数值进行计算并累加，获得综合值，综合值越大，调节剂的增产效果越好。

二、结果与分析

（一）生长调节剂对竹叶花椒花芽内源激素的影响

1. 内源赤霉素（GA）含量

由图 2-17 可知，竹叶花椒花芽内源赤霉素（GA）含量在分化全程呈现先降后升的变化趋势。在花芽分化早期 GA 含量最大，随分化深入，不断下降，于 12 月降至谷底，后随分化完成渐渐升高，说明低水平 GA 更有利于竹叶花椒花芽分化。

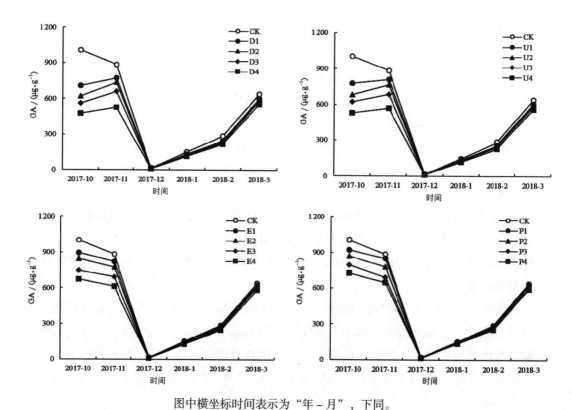

图中横坐标时间表示为"年-月",下同。

图 2-17　不同生长调节剂处理对竹叶花椒花芽内源 GA 含量的影响

由图 2-18 可知,随多效唑浓度升高,竹叶花椒花芽平均内源 GA 含量逐渐减少,处理 D1、D2、D3 和 D4 较 CK 分别减少 17.2%、21.9%、27.2% 和 36.4%,且差异显著($P < 0.05$)。随烯效唑浓度升高,竹叶花椒花芽平均内源 GA 含量逐渐减少,处理 U1、U2、U3 和 U4 较 CK 分别减少 12.6%、18%、23.4% 和 31.9%,且差异显著($P < 0.05$)。随乙烯利浓度升高,竹叶花椒花芽平均内源 GA 含量逐渐减少,处理 E1、E2、E3 和 E4 较 CK 分别减少 7.1%、11.1%、17.7% 和 24.4%,且差异显著($P < 0.05$)。随 PBO 浓度升高,竹叶花椒花芽平均内源 GA 含量逐渐减少,处理 P1、P2、P3 和 P4 较 CK 分别减少 4.7%、9.6%、15.6% 和 20.7%,且差异显著($P < 0.05$)。

施用生长调节剂可有效降低竹叶花椒花芽内源 GA 含量,有利于花芽分化。就调节剂种类而言,多效唑降低竹叶花椒花芽内源 GA 的效果最好,PBO 最差;就调节剂浓度而言,多效唑 D4、烯效唑 U4、乙烯利 E4、PBO P4 处理最佳。

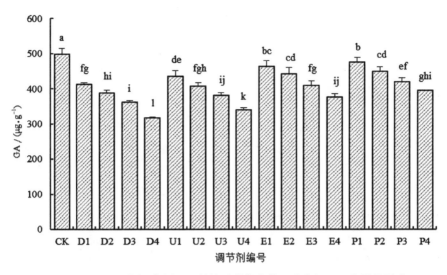

图 2-18 不同生长调节剂处理对竹叶花椒花芽平均内源 GA 含量的影响

2. 内源吲哚乙酸（IAA）含量

由图 2-19 可知，竹叶花椒花芽内源吲哚乙酸（IAA）含量在分化全程呈现升—降—升的变化趋势。花芽内源 IAA 在分化初期及中期含量较低，在冬季休眠期含量迅速升高，使分化速度放缓利于过冬，气温回升后含量降低使分化得以完成，表明低浓度 IAA 促进竹叶花椒花芽分化。

由图 2-20 可知，随多效唑浓度升高，竹叶花椒花芽平均内源 IAA 含量逐渐减少，多效唑处理 D1、D2、D3 和 D4 较 CK 分别减少 1.8%、3.5%、6.2% 和 14.8%，各个多效唑处理仅有 D4 与 CK 差异显著（$P < 0.05$）。随烯效唑浓度升高，竹叶花椒花芽平均内源 IAA 含量逐渐减少，处理 U1、U2、U3 和 U4 较 CK 分别减少 2.9%、4.9%、7.9% 和 18.1%，各个烯效唑处理仅有 U4 与 CK 差异显著（$P < 0.05$）。随乙烯利浓度升高，竹叶花椒花芽平均内源 IAA 含量逐渐减少，处理 E1、E2、E3 和 E4 较 CK 分别减少 0.8%、2.2%、5% 和 11.9%，各个乙烯利处理仅有 E4 与 CK 差异显著（$P < 0.05$）。随 PBO 浓度升高，竹叶花椒花芽平均内源 IAA 含量逐渐减少，处理 P1、P2、P3 和 P4 较 CK 分别减少 0.4%、1.6%、4.5% 和 10.5%，各个 PBO 处理仅有 P4 与 CK 差异显著（$P < 0.05$）。

施用生长调节剂能在一定程度上降低竹叶花椒花芽平均内源 IAA 含量，有利于花芽分化。就调节剂种类而言，烯效唑降低竹叶花椒花芽内源 IAA 含量效果最佳，PBO 最差；就调节剂浓度而言，以多效唑 D4、烯效唑 U4、乙烯利 E4、PBO P4 处理最佳。

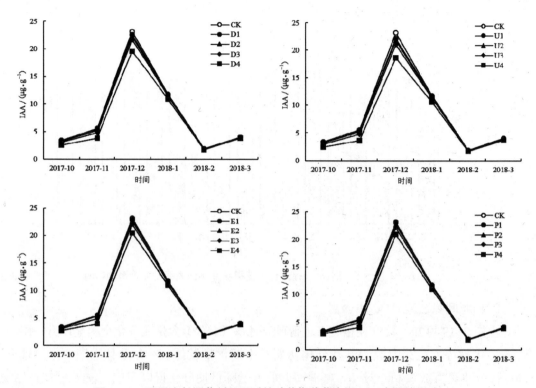

图 2-19　不同生长调节剂处理对竹叶花椒花芽内源 IAA 含量的影响

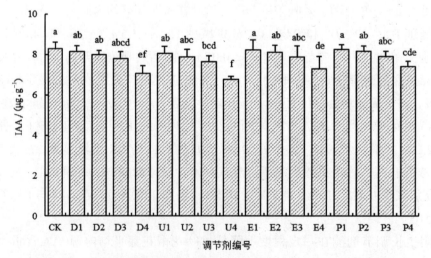

图 2-20　不同生长调节剂处理对竹叶花椒花芽平均内源 IAA 含量的影响

3. 内源脱落酸（ABA）含量

由图 2-21 可知，竹叶花椒花芽内源脱落酸（ABA）含量在分化全程呈现升—降—升的变化趋势。分化初期有较高 ABA 含量，10 月至 11 月迅速升至最大值，而后逐渐降低，于翌年 1 月达到最小值，后逐渐上升直至分化完成，表明高水平 ABA 更有利于竹叶花椒花芽分化。

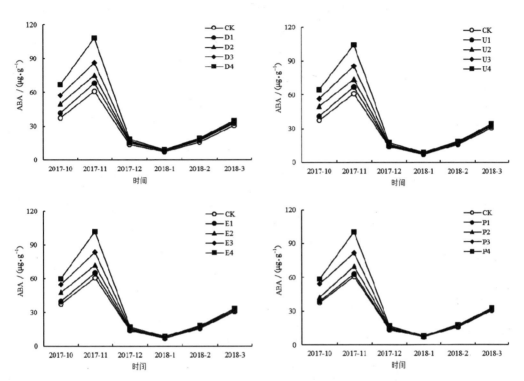

图 2-21　不同生长调节剂处理对竹叶花椒花芽内源 ABA 含量的影响

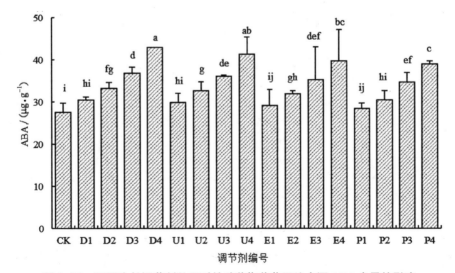

图 2-22　不同生长调节剂处理对竹叶花椒花芽平均内源 ABA 含量的影响

由图 2-22 可知，随多效唑浓度升高，竹叶花椒花芽平均内源 ABA 含量逐渐增加，处理 D1、D2、D3 和 D4 较 CK 分别增加 10.6%、20.7%、33.4% 和 55.6%，除 D1 外，其余差异显著（$P < 0.05$）。随烯效唑浓度升高，竹叶花椒花芽平均内源 ABA 含量逐渐增加，处理 U1、U2、U3 和 U4 较 CK 分别增加 8.2%、18.3%、30.1% 和 49.6%，除 U1 外，其余差异显著（$P < 0.05$）。随乙烯利浓度升高，竹叶花椒花芽平均内源 ABA 含量逐渐增加，处理 E1、E2、E3 和 E4 较 CK 分别增加 5.7%、15.6%、28% 和 44.3%，除 E1 外，其余差异显著（$P < 0.05$）。随 PBO 浓度升高，竹叶花椒花芽平均内源 ABA 含量逐渐增加，处理 P1、P2、P3 和 P4 较 CK 分别增加 3.2%、10.5%、25.8% 和 41.6%，除 P1、P2 外，其余差异显著（$P < 0.05$）。

施用生长调节剂可有效增加竹叶花椒花芽平均内源 ABA 含量，有利于花芽分化。就调节剂种类而言，多效唑增加竹叶花椒花芽平均内源 ABA 含量的效果最佳，PBO 最差；就调节剂浓度而言，以多效唑 D4、烯效唑 U4、乙烯利 E4、PBO P4 处理最佳。

4. 生长调节剂对竹叶花椒花芽内不同激素比值的影响

由图 2-23、图 2-24 和图 2-25 可知，竹叶花椒花芽各内源激素比值在分化全程均呈现先升后降的变化趋势。IAA/GA、ABA/GA 和（IAA+ABA）/GA 随分化开始逐渐上升，于 12 月达到峰值，后随分化完成而下降，表明较高水平的 IAA/GA、ABA/GA、（IAA+ABA）/GA 有利于竹叶花椒花芽分化。

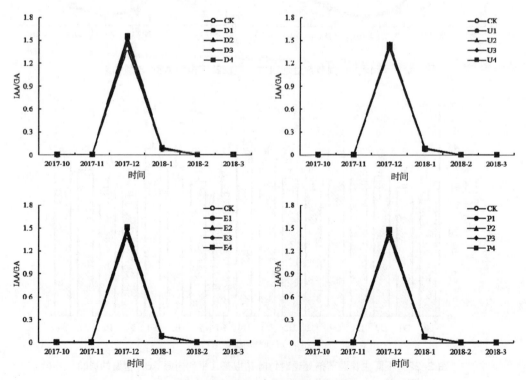

图 2-23　不同生长调节剂处理对竹叶花椒花芽内源 IAA/GA 的影响

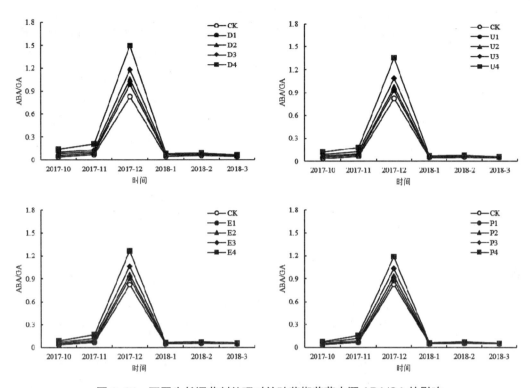

图 2-24　不同生长调节剂处理对竹叶花椒花芽内源 ABA/GA 的影响

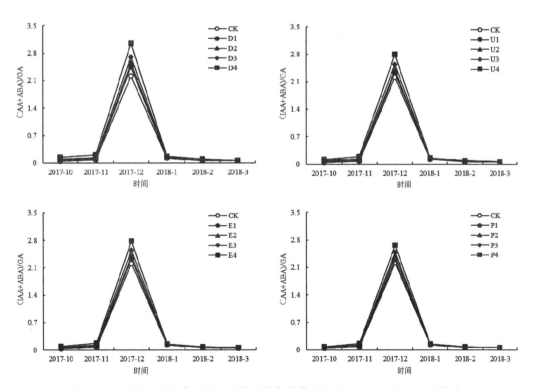

图 2-25　不同生长调节剂处理对竹叶花椒花芽内源（IAA+ABA）/GA 的影响

由图 2-26 可知，不同生长调节剂对竹叶花椒各内源激素比值的提高有影响。随多效唑浓度升高，竹叶花椒花芽平均 IAA/GA 逐渐增大，处理 D1、D2、D3 和 D4 较 CK 分别增加 5.3%、7.3%、9.8% 和 12.6%，且差异不显著（$P > 0.05$）。随烯效唑浓度升高，竹叶花椒花芽平均 IAA/GA 逐渐增大，处理 U1、U2、U3 和 U4 较 CK 分别增加 1.2%、2.6%、4.9% 和 5.0%，且差异不显著（$P > 0.05$）。随乙烯利浓度升高，竹叶花椒花芽平均 IAA/GA 逐渐增大，处理 E1、E2、E3 和 E4 较 CK 分别增加 2.7%、4.2%、6.7% 和 8.7%，且差异不显著（$P > 0.05$）。随 PBO 浓度升高，竹叶花椒花芽平均 IAA/GA 逐渐增大，处理 P1、P2、P3 和 P4 较 CK 分别增加 1.3%、4.2%、4.7% 和 6.5%，且差异不显著（$P > 0.05$）。

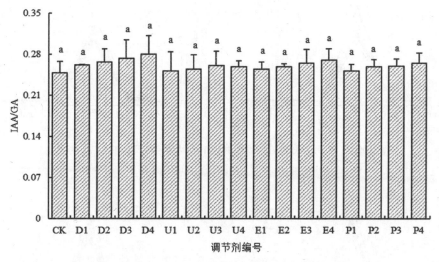

图 2-26　不同生长调节剂处理对竹叶花椒花芽平均内源 IAA/GA 的影响

由图 2-27 可知，随多效唑浓度升高，竹叶花椒花芽平均 ABA/GA 逐渐增大，处理 D1、D2、D3 和 D4 较 CK 分别增加 22.2%、32.4%、49.7% 和 92%，且差异显著（$P < 0.05$）。随烯效唑浓度升高，竹叶花椒花芽平均 ABA/GA 逐渐增大，处理 U1、U2、U3 和 U4 较 CK 分别增加 14.4%、22.8%、38.4% 和 73.2%，除 U1 外，其余差异显著（$P < 0.05$）。随乙烯利浓度升高，竹叶花椒花芽平均 ABA/GA 逐渐增大，处理 E1、E2、E3 和 E4 较 CK 分别增加 10.4%、17.9%、32.7% 和 58.9%，除 E1、E2 外，其余差异显著（$P < 0.05$）。随 PBO 浓度升高，竹叶花椒花芽平均 ABA/GA 逐渐增大，处理 P1、P2、P3 和 P4 较 CK 分别增加 6.4%、15%、28.4% 和 48.7%，除 P1 和 P2 外，其余差异显著（$P < 0.05$）。

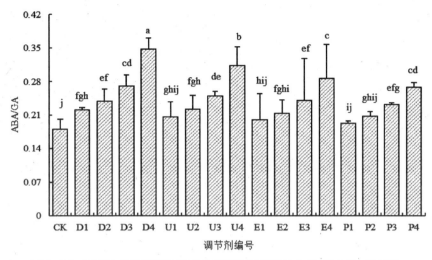

图 2-27 不同生长调节剂处理对竹叶花椒花芽平均内源 ABA/GA 的影响

由图 2-28 可知，随多效唑浓度升高，竹叶花椒花芽平均（IAA+ABA）/GA 逐渐增大，处理 D1、D2、D3 和 D4 较 CK 分别增加 12.4%、17.9%、26.6% 和 46%，除 D1 外，其余差异显著（$P < 0.05$）。随烯效唑浓度升高，竹叶花椒花芽平均（IAA+ABA）/GA 逐渐增大，处理 U1、U2、U3 和 U4 较 CK 分别增加 6.7%、11.1%、19% 和 33.1%，除 U1、U2 外，其余差异显著（$P < 0.05$）。随乙烯利浓度升高，竹叶花椒花芽平均（IAA+ABA）/GA 逐渐增大，处理 E1、E2、E3 和 E4 较 CK 分别增加 5.9%、9.9%、17.6% 和 29.8%，除 E1 和 E2 外，其余差异显著（$P < 0.05$）。随 PBO 浓度升高，竹叶花椒花芽平均（IAA+ABA）/GA 逐渐增大，处理 P1、P2、P3 和 P4 较 CK 分别增加 3.5%、8.8%、14.7% 和 24.3%，除 P1 和 P2 外，其余差异显著（$P < 0.05$）。

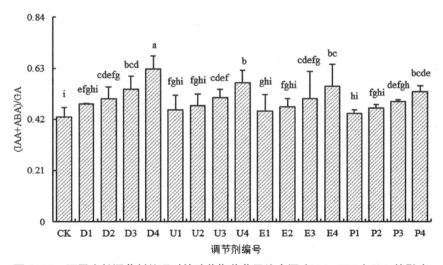

图 2-28 不同生长调节剂处理对竹叶花椒花芽平均内源（IAA+ABA）/GA 的影响

施用生长调节剂可有效提高竹叶花椒花芽各内源激素比值，有利于花芽分化。就调节剂种类而言，多效唑提高竹叶花椒花芽平均 IAA/GA 效果最佳，烯效唑效果最差；多效唑提高竹叶花椒花芽平均 ABA/GA 效果最佳，PBO 效果最差；多效唑提高竹叶花椒花芽平均（IAA+ABA）/GA 效果最佳，PBO 最差。就调节剂浓度而言，各调节剂浓度均能提高三种内源激素比值，以多效唑 D4、烯效唑 U4、乙烯利 E4、PBO P4 处理最佳。

（二）生长调节剂对竹叶花椒抗寒性的影响

1. 抗氧化酶活性

由图 2-29 和 2-30 可知，竹叶花椒叶片超氧化物歧化酶（SOD）和过氧化物歧化酶（POD）活性均呈现先升后降的变化趋势。SOD 和 POD 活性在 10 月的初测值较低，随气温下降，2 种抗氧化酶活性不断提高，用于消除低温胁迫产生的自由基。SOD 活性于 12 月达到最大值，POD 活性于翌年 1 月达到最大值，而后均随气温回升而降低。

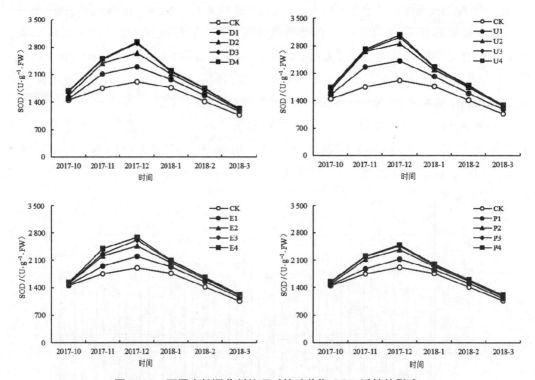

图 2-29　不同生长调节剂处理对竹叶花椒 SOD 活性的影响

由图 2-31 可知，随多效唑浓度升高，竹叶花椒叶片平均 SOD 活性逐渐提高，处理 D1、D2、D3 和 D4 较 CK 分别增加 13.2%、24%、30.1% 和 31.3%，且差异显著（$P < 0.05$）。随烯效唑浓度升高，竹叶花椒叶片平均 SOD 活性逐渐提高，处理 U1、U2、

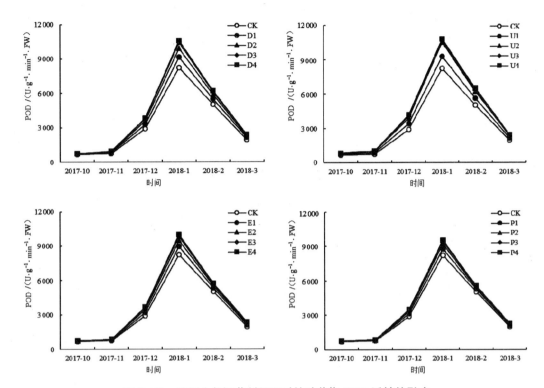

图 2-30　不同生长调节剂处理对竹叶花椒 POD 活性的影响

U3 和 U4 较 CK 分别增加 17.6%、32.1%、35.6% 和 37.3%，且差异显著（$P < 0.05$）。随乙烯利浓度升高，竹叶花椒叶片平均 SOD 活性逐渐提高，处理 E1、E2、E3 和 E4 较 CK 分别增加 9.5%、17.8%、21.2% 和 23.8%，且差异显著（$P < 0.05$）。随 PBO 浓度升高，竹叶花椒叶片平均 SOD 活性逐渐提高，处理 P1、P2、P3 和 P4 较 CK 分别增加 6.7%、13.9%、17% 和 18%，且差异显著（$P < 0.05$）。

由图 2-32 可知，随多效唑浓度升高，竹叶花椒叶片平均 POD 活性逐渐增强，处理 D1、D2、D3 和 D4 较 CK 分别提高 10.7%、19.4%、24.9% 和 26.6%，且差异显著（$P < 0.05$）。随烯效唑浓度升高，竹叶花椒叶片平均 POD 活性逐渐提高，处理 U1、U2、U3 和 U4 较 CK 分别提高 13.1%、26.5%、29.9% 和 31.5%，且差异显著（$P < 0.05$）。随乙烯利浓度升高，竹叶花椒叶片平均 POD 活性逐渐提高，处理 E1、E2、E3 和 E4 较 CK 分别提高 8.2%、14.4%、18% 和 19.6%，且差异显著（$P < 0.05$）。随 PBO 浓度升高，竹叶花椒叶片平均 POD 活性逐渐提高，处理 P1、P2、P3 和 P4 较 CK 分别提高 6.3%、10.9%、13.7% 和 14.7%，除 P1 外，其余差异显著（$P < 0.05$）。

施用生长调节剂可有效提高竹叶花椒叶片抗氧化酶活性，有利于提高抗寒能力。就调节剂种类而言，烯效唑提高竹叶花椒抗氧化酶活性效果最佳，PBO 最差；就调节剂浓度而言，以多效唑 D4、烯效唑 U4、乙烯利 E4、PBO P4 处理最佳。

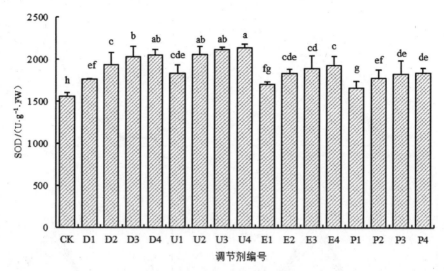

图 2-31　不同生长调节剂处理对竹叶花椒平均 SOD 活性的影响

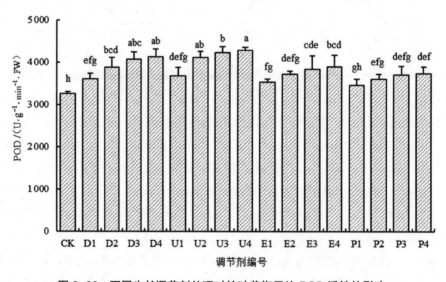

图 2-32　不同生长调节剂处理对竹叶花椒平均 POD 活性的影响

2. 渗透调节物质含量

由图 2-33 和图 2-34 可知，竹叶花椒叶片可溶性糖含量和可溶性蛋白含量均呈现先升后降的变化趋势。可溶性糖含量和可溶性蛋白含量在 10 月的初测值较低，随气温下降，可溶性糖含量和可溶性蛋白含量不断增加，均在 12 月达到最大值，后均随气温回升而降低。

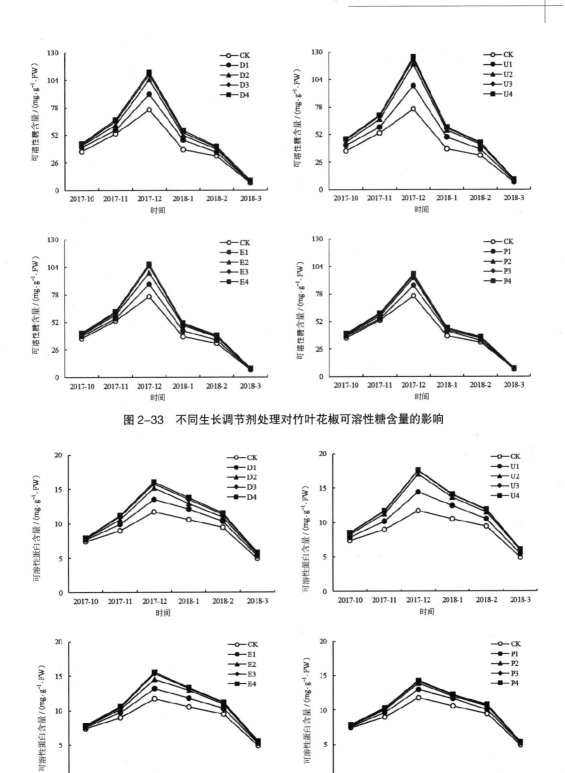

图 2-33　不同生长调节剂处理对竹叶花椒可溶性糖含量的影响

图 2-34　不同生长调节剂处理对竹叶花椒可溶性蛋白含量的影响

由图 2-35 可知，随多效唑浓度升高，竹叶花椒叶片平均可溶性糖含量逐渐增加，处理 D1、D2、D3 和 D4 较 CK 分别增加 14.8%、26.2%、31.9% 和 35.2%，且差异显著（$P < 0.05$）。随烯效唑浓度升高，竹叶花椒叶片平均可溶性糖含量逐渐增加，处理 U1、U2、U3 和 U4 较 CK 分别增加 21.1%、38.7%、44.4% 和 46.8%，且差异显著（$P < 0.05$）。随乙烯利浓度升高，竹叶花椒叶片平均可溶性糖含量逐渐增加，处理 E1、E2、E3 和 E4 较 CK 分别增加 10.6%、20.3%、25.3% 和 27.3%，且差异显著（$P < 0.05$）。随 PBO 浓度升高，竹叶花椒叶片平均可溶性糖含量逐渐增加，处理 P1、P2、P3 和 P4 较 CK 分别增加 8%、14.4%、17.2% 和 18.8%，且差异显著（$P < 0.05$）。

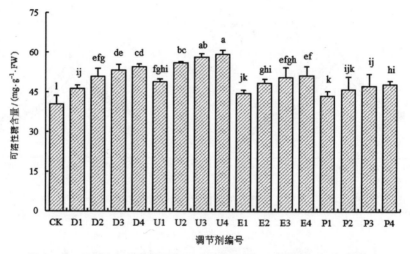

图 2-35　不同生长调节剂处理对竹叶花椒平均可溶性糖含量的影响

由图 2-36 可知，随多效唑浓度升高，竹叶花椒叶片平均可溶性蛋白含量逐渐增多，处理 D1、D2、D3 和 D4 较 CK 分别提高 10.9%、18.6%、23.1% 和 25%，且差异显著

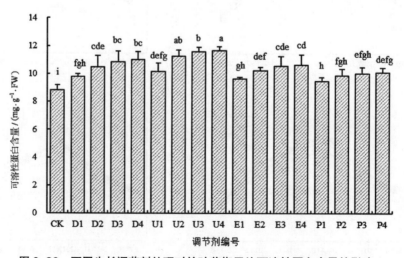

图 2-36　不同生长调节剂处理对竹叶花椒平均可溶性蛋白含量的影响

（$P < 0.05$）。随烯效唑浓度升高，竹叶花椒叶片平均可溶性蛋白含量逐渐增多，处理 U1、U2、U3 和 U4 较 CK 分别提高 15%、27.7%、31.4% 和 32%，且差异显著（$P < 0.05$）。随乙烯利浓度升高，竹叶花椒叶片平均可溶性蛋白含量逐渐增多，处理 E1、E2、E3 和 E4 较 CK 分别提高 8.9%、16.1%、19.6% 和 20.8%，且差异显著（$P < 0.05$）。随 PBO 浓度升高，竹叶花椒叶片平均可溶性蛋白含量逐渐增多，处理 P1、P2、P3 和 P4 较 CK 分别提高 7.4%、11.9%、13.8% 和 14.6%，且差异显著（$P < 0.05$）。

施用生长调节剂可有效增加竹叶花椒渗透调节物质含量，有利于提高抗寒能力。就调节剂种类而言，烯效唑增加竹叶花椒渗透调节物质含量的效果最佳，PBO 最差；就调节剂浓度而言，以多效唑 D4、烯效唑 U4、乙烯利 E4、PBO P4 处理最佳。

3. 丙二醛（MDA）含量

由图 2-37 可知，竹叶花椒叶片丙二醛（MDA）含量呈现先升后降的变化趋势。MDA 在 10 月的初测值较低，随气温下降，MDA 含量不断增加，在 12 月达到最大值，而后随气温回升而降低。

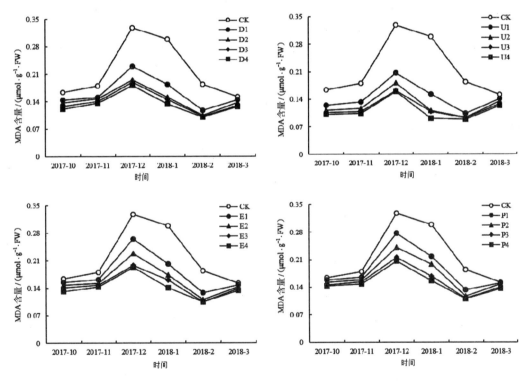

图 2-37　不同生长调节剂处理对竹叶花椒 MDA 含量的影响

由图 2-38 可得，随多效唑浓度升高，竹叶花椒叶片平均 MDA 含量逐渐减少，处理 D1、D2、D3 和 D4 较 CK 分别降低 25.9%、33.3%、36.2% 和 39%，且差异显著（$P < 0.05$）。随烯效唑浓度升高，竹叶花椒叶片平均 MDA 含量逐渐减少，处理 U1、

U2、U3 和 U4 较 CK 分别降低 34.1%、42.6%、46.1% 和 48.8%，且差异显著（$P < 0.05$）。随乙烯利浓度升高，竹叶花椒叶片平均 MDA 含量逐渐减少，处理 E1、E2、E3 和 E4 较 CK 分别降低 19%、27%、31.9% 和 35.2%，且差异显著（$P < 0.05$）。随 PBO 浓度升高，竹叶花椒叶片平均 MDA 含量逐渐减少，处理 P1、P2、P3 和 P4 较 CK 分别降低 15.7%、22.3%、28.5% 和 31.2%，且差异显著（$P < 0.05$）。

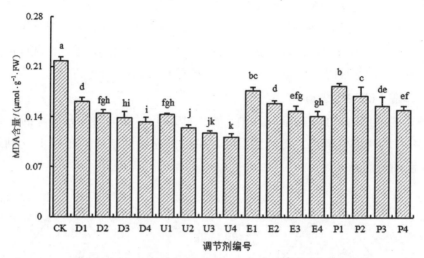

图 2-38　不同生长调节剂处理对平均 MDA 含量的影响

可见，施用生长调节剂可有效降低竹叶花椒 MDA 含量，减少细胞损伤，有利于提高抗寒能力。就调节剂种类而言，烯效唑降低竹叶花椒 MDA 含量的效果最佳，PBO 最差；就调节剂浓度而言，以多效唑 D4、烯效唑 U4、乙烯利 E4、PBO P4 处理最佳。

（三）生长调节剂对竹叶花椒控梢促花的影响

1. 枝条的增长量

由图 2-39 可知，竹叶花椒枝条在 10 月至 11 月生长旺盛，迅速伸长，11 月至 12 月随气温下降枝条生长速度放缓，12 月至翌年 1 月因低温胁迫枝条几乎停止生长。说明温度对竹叶花椒枝条的伸长生长有影响，不同生长调节剂处理对抑制竹叶花椒枝条伸长有影响。

由图 2-40 可得，随多效唑浓度升高，竹叶花椒枝条总增长量逐渐减少，处理 D1、D2、D3 和 D4 较 CK 分别减少 44.4%、53.2%、64.6% 和 74.3%，且差异显著（$P < 0.05$）。随烯效唑浓度升高，竹叶花椒枝条总增长量逐渐减少，处理 U1、U2、U3 和 U4 较 CK 分别减少 56.8%、67.5%、75.3% 和 83%，且差异显著（$P < 0.05$）。随乙烯利浓度升高，竹叶花椒枝条总增长量逐渐减少，处理 E1、E2、E3 和 E4 较 CK 分别减少 26.9%、35.6%、47.6% 和 54.5%，且差异显著（$P < 0.05$）。随 PBO 浓度升高，竹叶花椒枝条总增长量逐渐减少，处理 P1、P2、P3 和 P4 较 CK 分别减少 17.3%、23.9%、35.8% 和

44.2%，且差异显著（$P < 0.05$）。

　　施用生长调节剂可有效抑制竹叶花椒枝条伸长。就调节剂种类而言，烯效唑抑制竹叶花椒枝条伸长的效果最佳，PBO最差；就调节剂浓度而言，以多效唑D4、烯效唑U4、乙烯利E4、PBO P4处理最佳。

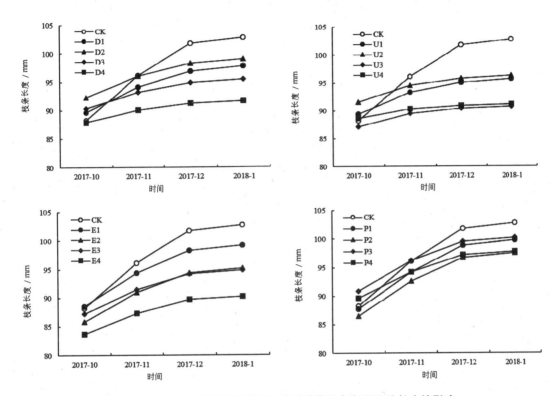

图 2-39　不同生长调节剂处理对竹叶花椒枝条每月平均长度的影响

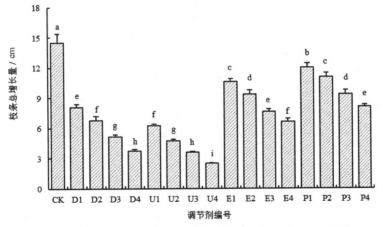

图 2-40　不同生长调节剂处理对竹叶花椒枝条总增长量的影响

2. 枝条的增粗量

由图 2-41 可知，竹叶花椒枝条在 10 月至 11 月生长旺盛，迅速增粗。11 月至 12 月随气温下降，枝条生长速度放缓，增粗量减少。12 月至翌年 1 月，因低温胁迫枝条几乎停止生长。说明温度对竹叶花椒枝条的增粗生长有影响，不同生长调节剂处理对增加竹叶花椒枝条的粗度有影响。

由图 2-42 可知，随多效唑浓度升高，竹叶花椒枝条总增粗量逐渐增大，处理 D1、D2、D3 和 D4 较 CK 分别增加 58.2%、83.6%、111.1% 和 165.1%，且差异显著（$P < 0.05$）。随烯效唑浓度升高，其枝条总增粗量逐渐增大，处理 U1、U2、U3 和 U4 较 CK 分别增加 77.8%、101.6%、133.3% 和 205.8%，且差异显著（$P < 0.05$）。随乙烯利浓度升高，竹叶花椒枝条总增粗量逐渐增大，处理 E1、E2、E3 和 E4 较 CK 分别增加 39.7%、61.9%、76.7% 和 125.4%，且差异显著（$P < 0.05$）。随 PBO 浓度升高，竹叶花椒枝条总增粗量逐渐增大，处理 P1、P2、P3 和 P4 较 CK 分别增加 28.6%、51.3%、69.8% 和 101.6%，且差异显著（$P < 0.05$）。

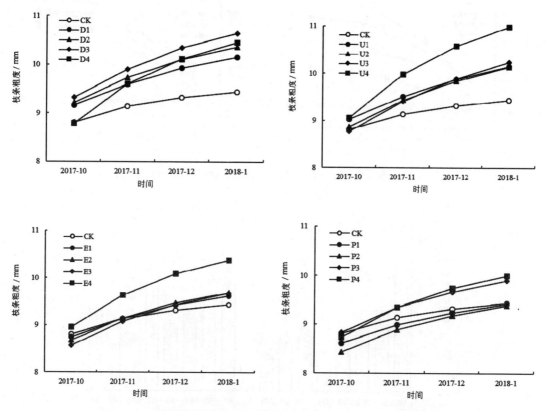

图 2-41　不同生长调节剂处理对竹叶花椒枝条每月平均粗度的影响

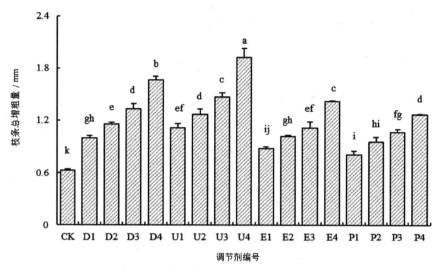

图 2-42　不同生长调节剂处理对竹叶花椒枝条总增粗量的影响

施用生长调节剂可有效增加竹叶花椒枝条的粗度。就调节剂种类而言，烯效唑增加竹叶花椒枝条粗度的效果最佳，PBO 最差；就调节剂浓度而言，以多效唑 D4、烯效唑 U4、乙烯利 E4、PBO P4 处理最佳。

3. 花芽分化率及坐果率

由图 2-43 可知，随多效唑浓度升高，竹叶花椒分化率逐渐提高，处理 D1、D2、D3 和 D4 较 CK 分别提高 13.7%、18.2%、21.9% 和 25.5%，且差异显著（$P < 0.05$）。随烯效唑浓度升高，竹叶花椒分化率逐渐提高，处理 U1、U2、U3 和 U4 较 CK 分别提高 17.1%、19.1%、24.9% 和 32.6%，且差异显著（$P < 0.05$）。随乙烯利浓度升高，竹叶花

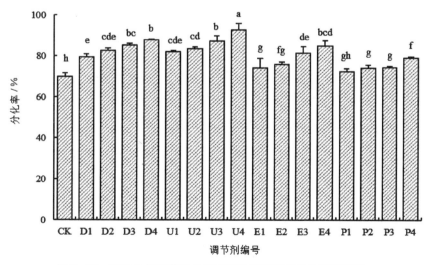

图 2-43　不同生长调节剂处理对竹叶花椒花芽分化率的影响

椒花芽分化率逐渐提高，处理 E1、E2、E3 和 E4 较 CK 分别提高 6.1%、8.4%、16.4% 和 21.2%，且差异显著（$P < 0.05$）。随 PBO 浓度升高，竹叶花椒分化率逐渐提高，处理 P1、P2、P3 和 P4 较 CK 分别提高 3.5%、5.9%、6.7% 和 13%，除 P1 外，其余差异显著（$P < 0.05$）。

由图 2-44 可知，随多效唑浓度升高，竹叶花椒坐果率逐渐提高，处理 D1、D2、D3 和 D4 较 CK 分别提高 4.1%、7%、8.4% 和 10.5%，且差异显著（$P < 0.05$）。随烯效唑浓度升高，竹叶花椒坐果率逐渐提高，处理 U1、U2、U3 和 U4 较 CK 分别提高 4.5%、7.4%、9.2% 和 11.3%，且差异显著（$P < 0.05$）。随乙烯利浓度升高，竹叶花椒坐果率逐渐提高，处理 E1、E2、E3 和 E4 较 CK 分别提高 2.1%、4.7%、7.4% 和 8.5%，且差异显著（$P < 0.05$）。随 PBO 浓度升高，竹叶花椒坐果率逐渐提高，处理 P1、P2、P3 和 P4 较 CK 分别提高 1.2%、3.6%、6.4% 和 7.1%，且差异显著（$P < 0.05$）。

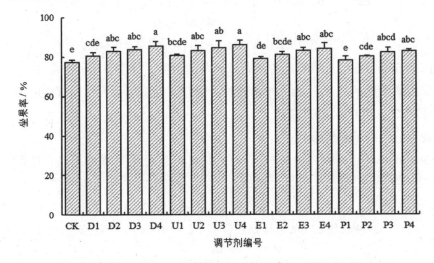

图 2-44　不同生长调节剂处理对竹叶花椒坐果率的影响

施用生长调节剂可有效提高竹叶花椒的分化率及坐果率。就调节剂种类而言，烯效唑提高竹叶花椒分化率及坐果率的效果最佳，PBO 最差；就调节剂浓度而言，以多效唑 D4、烯效唑 U4、乙烯利 E4、PBO P4 处理最佳。

（四）生长调节剂对竹叶花椒产量的影响

由图 2-45 可知，不同生长调节剂对竹叶花椒单株平均产量的提高有影响。随多效唑浓度升高，竹叶花椒单株平均产量呈先升后降的变化趋势，处理 D1、D2、D3 和 D4 较 CK 分别增加 13.3%、29.3%、34.5% 和 32%，且差异显著（$P < 0.05$）。随烯效唑浓度升高，竹叶花椒单株平均产量呈先升后降的变化趋势，处理 U1、U2、U3 和 U4 较 CK 分别增加 19.2%、33.8%、38.7% 和 33%，且差异显著（$P < 0.05$）。随乙烯利浓度升高，竹叶花椒单株平均产量呈先升后降的变化趋势，处理 E1、E2、E3 和 E4 较 CK 分别增加 10.3%、25.1%、29.6% 和 22.6%，且差异显著（$P < 0.05$）。随 PBO 浓度升高，竹叶花

椒单株平均产量呈先升后降的变化趋势，处理 P1、P2、P3 和 P4 较 CK 分别增加 8.8%、20.6%、19.6% 和 16.8%，除 P1 外，其余差异显著（$P < 0.05$）。表明施用生长调节剂可使竹叶花椒有效增产。

就调节剂种类而言，烯效唑提高竹叶花椒单株平均产量的效果最佳，PBO 最差；就调节剂浓度而言，以多效唑 D3、烯效唑 U3、乙烯利 E3、PBO P2 处理最佳。

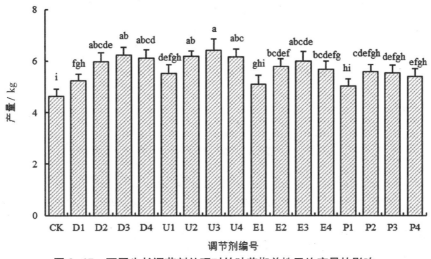

图 2-45　不同生长调节剂处理对竹叶花椒单株平均产量的影响

（五）生长调节剂对竹叶花椒增产效应的综合评价

1. 竹叶花椒各项指标与产量的相关性分析

由表 2-3 可知，ABA 含量、ABA/GA、（IAA+ABA）/GA、可溶性糖含量、可溶性蛋白含量、SOD 活性、POD 活性、花芽分化率、坐果率、枝条总增粗量与产量呈极显著正相关，表明竹叶花椒产量随这些指标的升高而增加；IAA/GA 与产量呈正相关；GA 含量、IAA 含量、MDA 含量、枝条总增长量与产量呈极显著负相关，表明竹叶花椒随这些指标的升高而减少。说明增强竹叶花椒抗寒能力，控制枝条伸长，提高花芽分化率，有助于竹叶花椒增产。

表 2-3　竹叶花椒各项指标与产量的相关系数表

相关指标	产量	相关指标	产量
GA 含量	−0.689**	SOD 活性	0.797**
IAA 含量	−0.471**	POD 活性	0.725**
ABA 含量	0.522**	MDA 含量	−0.796**
IAA/GA	0.128	花芽分化率	0.708**
ABA/GA	0.485**	坐果率	0.605**
（IAA+ABA）/GA	0.436**	枝条总增长量	−0.765**
可溶性糖含量	0.795**	枝条总增粗量	0.667**
可溶性蛋白含量	0.771**		

注：表中"**"表示差异极显著（$P < 0.01$）。

2.综合分析生长调节剂对竹叶花椒的增产效应

植物的产量受其营养生长、生殖生长、抗逆性等多种因素的影响，是各个因素相互作用的综合结果。不能直接利用某一单项指标来评价生长调节剂对竹叶花椒的增产效应。因此，采用模糊数学隶属函数法，对不同调节剂对应的各项指标隶属函数值进行计算并累加得综合值，综合值越大增产效果越好。

由表2-4可知，各调节剂处理的综合值均大于CK，表明施用生长调节剂能使竹叶花椒有效增产。各个调节剂处理中，处理U4综合值最大，对竹叶花椒综合增产效果较佳，处理P1综合值最小，对竹叶花椒综合增产效果较差。就调节剂种类而言，烯效唑的综合增产效果较佳，多效唑次之，PBO较差。

三、讨论

（一）生长调节剂对竹叶花椒内源激素含量变化的影响

植物从营养生长转向生殖生长这一过程，需要经过适宜的光周期等外在条件的诱导及内部进行各种生化反应，包括各类营养物质和矿质元素的积累、内源激素分泌等。不同种类的内源激素在不同植物间的调节作用不同，赤霉素（GA）在苹果（曹尚银等，2000）、桂花（胡绍庆等，2011）、甜樱桃（Engin等，2014）等多数植物花芽分化中主要起抑制作用，脱落酸（ABA）则在多数植物花芽分化中起促进作用（莫长明等，2015），生长素（IAA）在植物花芽分化中的作用存在争议，但普遍认为低浓度生长素是植物花芽发生所必需，在高浓度时抑制开花（曲波等，2010）。本研究发现，较高水平的ABA和较低水平的GA、IAA能促进竹叶花椒花芽分化。

竹叶花椒GA含量在翌年2月至3月大幅升高，与气温回升促使树体分泌大量赤霉素以打破休眠，恢复生长有关。有关研究也发现，通过光照等诱导欧洲甜樱桃花芽分泌大量赤霉素可有效解除低温导致的休眠状态（段成国等，2004）。Liu等（2013）研究发现生长素对种子休眠有正向调控作用。因此，竹叶花椒花芽内源IAA含量的升高有利于促进芽体休眠，使其顺利越冬。同时，结合竹叶花椒枝条生长情况及可溶性糖含量变化发现，11月积累的大量ABA能有效延缓枝条生长，并积累可溶性糖等物质，使分化组织处于适宜的生长速度，利于成花。本研究还发现，施用植物生长调节剂能不同程度提高竹叶花椒花芽内源ABA含量，降低IAA及GA含量，促进花芽分化。所有调节剂处理的竹叶花椒平均内源GA含量均显著低于未施用处理，其中以1 000 mg/L多效唑处理含量最低，降幅较CK达36.4%，其次为400 mg/L烯效唑处理，降幅为31.9%，而1 500 mg/L PBO处理效果最差，仅降低4.7%。不同调节剂处理虽能降低竹叶花椒花芽平均内源IAA含量，但仅有处理D4、U4、E4和P4与CK达显著差异，其中处理U4（400 mg/L烯效唑）效果最好，其次为处理D4（1 000 mg/L多效唑）。经调节剂处理过的竹叶花椒平均内源ABA含量均高于未施用处理，且除处理D1、U1、E1和P1外，均与CK差异

表 2-4　各调节剂处理增产效应综合评价表

调节剂处理	GA/ (μg·g⁻¹)	IAA/ (μg·g⁻¹)	ABA/ (μg·g⁻¹)	IAA/GA	ABA/GA	(IAA+ABA)/GA	可溶性糖/ (mg·g⁻¹)	可溶性蛋白/ (mg·g⁻¹)	SOD/ (U·g⁻¹)	POD/ (U·g⁻¹)	MDA/ (μmol·g⁻¹)	分化率/%	坐果率/%	枝总增长/cm	枝总增粗/mm	产量/kg	综合值	排名
CK	0.09	0.19	0.08	0.30	0.10	0.19	0.05	0.14	0.14	0.15	0.04	0.06	0.18	0.10	0.01	0.16	2.01	17
D1	0.50	0.26	0.22	0.48	0.25	0.32	0.32	0.37	0.39	0.37	0.54	0.39	0.37	0.56	0.27	0.36	5.97	13
D2	0.62	0.33	0.39	0.55	0.34	0.41	0.53	0.56	0.63	0.58	0.68	0.50	0.55	0.66	0.38	0.66	8.38	7
D3	0.76	0.43	0.60	0.63	0.49	0.55	0.64	0.68	0.77	0.72	0.74	0.60	0.64	0.79	0.50	0.76	10.28	4
D4	0.99	0.76	0.96	0.72	0.85	0.86	0.70	0.73	0.79	0.76	0.79	0.69	0.76	0.90	0.74	0.71	12.72	2
U1	0.38	0.31	0.18	0.34	0.19	0.23	0.43	0.47	0.49	0.43	0.70	0.47	0.40	0.70	0.35	0.47	6.56	11
U2	0.52	0.38	0.35	0.39	0.26	0.30	0.77	0.80	0.81	0.76	0.87	0.53	0.58	0.82	0.46	0.75	9.34	6
U3	0.66	0.50	0.55	0.46	0.39	0.43	0.88	0.89	0.89	0.85	0.93	0.67	0.69	0.91	0.60	0.84	11.14	3
U4	0.87	0.89	0.86	0.44	0.69	0.65	0.92	0.90	0.93	0.89	0.99	0.87	0.82	1.00	0.93	0.73	13.36	1
E1	0.24	0.23	0.14	0.59	0.15	0.22	0.24	0.32	0.31	0.31	0.40	0.20	0.25	0.37	0.18	0.30	4.45	14
E2	0.34	0.28	0.31	0.44	0.22	0.28	0.42	0.50	0.49	0.45	0.56	0.26	0.41	0.47	0.28	0.58	6.29	12
E3	0.51	0.38	0.51	0.53	0.34	0.41	0.51	0.59	0.57	0.55	0.66	0.46	0.58	0.60	0.35	0.66	8.21	9
E4	0.68	0.65	0.77	0.59	0.56	0.60	0.55	0.62	0.62	0.59	0.72	0.58	0.64	0.68	0.57	0.53	9.97	5
P1	0.18	0.31	0.10	0.35	0.12	0.18	0.19	0.28	0.24	0.26	0.34	0.13	0.19	0.26	0.13	0.27	3.55	16
P2	0.31	0.26	0.22	0.44	0.19	0.27	0.31	0.39	0.40	0.37	0.47	0.19	0.34	0.34	0.24	0.49	5.23	14
P3	0.46	0.37	0.47	0.46	0.31	0.36	0.36	0.44	0.48	0.44	0.59	0.21	0.51	0.47	0.32	0.48	6.72	10
P4	0.59	0.60	0.73	0.52	0.48	0.51	0.39	0.46	0.50	0.47	0.64	0.37	0.56	0.56	0.46	0.42	8.27	8

显著，其中以处理D4（1 000 mg/L多效唑）效果最佳。以上结果均表明，施用植物生长调节剂能有效调节竹叶花椒内源激素含量，使其更有利于成花。

（二）生长调节剂对竹叶花椒内源激素比值的影响

植物花芽分化是一个多因子相互作用的复杂过程，某一激素并不能单独调控植物分化，而是多种激素相互作用的动态平衡结果，这种平衡关系也调控着蛋白质、核酸等物质的代谢，共同调控植物花芽分化。本研究发现，较高水平的IAA/GA、ABA/GA和（IAA+ABA）/GA促进竹叶花椒花芽分化，说明内源激素的动态平衡对花芽分化具有重要意义，施用植物生长调节剂有助于保持各激素的动态平衡，并促进其花芽分化。

（三）生长调节剂对竹叶花椒枝梢生长的影响

植物的生长发育是各个器官组织间（如根、枝、花等）分工明确、密切配合的结果，营养生长与生殖生长表现为彼此互惠互利的关系，良好的枝干生长为花器官发育提供营养和能量，果实和种子的良好发育则又为新一代的营养器官（胚）的生长奠定了物质基础。本研究发现，竹叶花椒枝条增长量及增粗量随花芽分化进程加深而减小，10月至11月枝条较为旺盛，迅速增长并增粗，11月至12月枝条生长速度放缓，12月至翌年1月枝条几乎停止生长，此阶段枝条停长还与气温下降、树体休眠有关。枝条伸长减缓有利于树体将更多营养物质和能量运输到花芽部位，以帮助花芽顺利越冬。枝条增粗与木质化程度加深有关，有利于提高树体抗性。因此，粗度增加有利于增强竹叶花椒抗机械损伤和抵御生物或非生物胁迫的能力，有利于花芽分化。本研究发现，施用植物生长调节剂可有效抑制竹叶花椒枝条伸长，促进增粗，抑长增粗效果最明显的调节剂是烯效唑，最差的是PBO；就调节剂浓度而言，多效唑D4、烯效唑U4、乙烯利E4、PBO P4处理最佳。

（四）生长调节剂对竹叶花椒成花率及坐果率的影响

植物生长调节剂能对植物的开花结果起到一定的调节作用，适宜的浓度可促进植物成花及坐果，浓度过高则会抑制开花或导致植物大量落花落果。本研究发现，施用不同种类不同浓度的生长调节剂，能显著提升竹叶花椒花芽分化率及坐果率。就调节剂种类而言，烯效唑提高竹叶花椒花芽分化率及坐果率效果最佳，PBO效果最差；就调节剂浓度而言，多效唑D4、烯效唑U4、乙烯利E4、PBO P4处理最佳。

（五）生长调节剂对竹叶花椒抗寒性的影响

低温是一种常见的影响植物地理分布、生长发育和产量品质的非生物胁迫因素，受低温胁迫的植株会不同程度地发生生理紊乱、失调甚至死亡（李文明等，2017）。花器官对低温非常敏感，竹叶花椒花芽分化时期正值寒冬，其花芽更容易受到冷害，使细胞膜透性增加水分代谢失调，导致花芽干枯甚至脱落。因此，提高竹叶花椒树体抗寒能力对来年的结果与产量至关重要。在低温胁迫下，植物体内代谢失衡，活性氧数量增加，细胞膜脂过氧化作用加剧，生物膜及其他大分子结构和功能受到影响，在此阶段植物提高自身抗氧化酶活性来清除活性氧自由基，减轻对细胞的伤害（罗萍等，2014；任俊杰等，2016），可见植物抵御低温胁迫能力的强弱与抗氧化酶活性成正比。本研究发现，施用生长调节剂能不同程度提高竹叶花椒抗氧化酶活性。就调节剂种类而言，烯效唑处理提高抗氧化酶活性效果最佳，PBO 效果最差；就调节剂浓度而言，多效唑 D4、烯效唑 U4、乙烯利 E4、PBO P4 处理效果最佳。说明生长调节剂的施用，降低了活性氧产生速率，加强了细胞清除自由基的能力，使膜脂化的链式反应减慢，并减少过氧化物累积，使细胞膜系统维持相对稳定，提高植物应对低温的能力。

国外学者对草莓的抗寒性研究发现，随温度降低，叶片中可溶性糖含量不断增加，其中抗寒品种的增加幅度更大（Koehler 等，2012），相似规律也在油棕（刘艳菊等，2015）、杏（艾鹏飞等，2013）等研究中发现，表明渗透调节物质含量越高，植物抵御低温胁迫的能力越强，其原因是可溶性糖含量增加既可防止低温胁迫造成的细胞脱水，又可降低渗透势和细胞冰点，从而减少细胞冰晶形成（赵滢等，2017）。可溶性蛋白是一种亲水性较强的渗透调节物质，能够提高细胞保水能力，诱导抗寒相关基因表达，对细胞及生物膜起到保护作用（马艳芝等，2014）。本试验发现，喷施生长调节剂可相应提高竹叶花椒可溶性糖及可溶性蛋白含量。就调节剂种类而言，烯效唑处理增加竹叶花椒渗透调节物质含量效果最佳，PBO 效果最差；就调节剂浓度而言，多效唑 D4、烯效唑 U4、乙烯利 E4、PBO P4 处理最佳。

丙二醛（MDA）是膜脂过氧化最重要的产物之一，其含量的高低是鉴定细胞膜遭受损伤程度的依据（Velikova 等，2000）。据报道，随着胁迫温度逐渐降低，14 个品种切花月季的 MDA 含量均呈现升高趋势，并且胁迫温度越低升高趋势越明显（刘峰等，2018），苹果砧木的抗寒性与 MDA 呈极显著负相关（李翠红等，2017）。本研究也发现，竹叶花椒叶片 MDA 含量随温度降低而增加，随温度回升而减少，说明调节剂的施用可降低植株 MDA 含量，减轻过氧化反应损伤。就调节剂种类而言，烯效唑处理减少竹叶花椒叶片的 MDA 含量积累效果最好，PBO 效果最差；就调节剂浓度而言，多效唑 D4、烯效唑 U4、乙烯利 E4、PBO P4 处理最佳。

（六）生长调节剂对竹叶花椒产量的影响

关于植物生长调节剂增产效果的报道多见于马铃薯（杨国放等，2006）、花生（李启辉，2016）、甘薯（胡启国等，2018）、甜荞（宋毓雪等，2018）等农作物，或库尔勒香梨（李珊珊等，2016）等果树，以及丹参（李先恩等，2014）、艾纳香（顾岑等，2017）等药用植物研究中。叶面喷施 10 ~ 40 mg/L 的烯效唑，在此范围内随着浓度增加，马铃薯块茎重量逐渐增加，增产效果显著（杨国放等，2006）；使用质量浓度为 150 mg/L 的多效唑处理可以使艾纳香显著增产，并有助于左旋龙脑含量的增加；喷施

PBO 300 倍液可以显著提高库尔勒香梨产量，降低果皮厚度、果实硬度和果实总酸含量（李珊珊等，2016）。本研究也发现，施用多效唑、烯效唑、乙烯利和 PBO 均能使竹叶花椒有效增产。就调节剂种类而言，烯效唑提高竹叶花椒单株平均产量效果最佳，PBO 效果最差；就各调节剂浓度而言，多效唑 D3、烯效唑 U3、乙烯利 E3、PBO P2 处理效果最佳。以上结果均表明，表施用适宜浓度的生长调节剂可提高植物产量，一定浓度的生长调节剂能够使植株的营养器官生长受到抑制，降低其对碳代谢物质的消耗，促进同化产物向生殖器官大量快速运输（项洪涛等，2018），使子房膨大，结出果实，进而提高产量。

四、结论

各生长调节剂处理均可提高竹叶花椒花芽内源 ABA 含量及 IAA/GA、ABA/GA 和（IAA+ABA）/GA 比值，降低 IAA 和 GA 含量，促进花芽分化，抑制竹叶花椒枝条伸长，增加粗度，提高木质化程度和花芽分化率以及坐果率，有明显增产效果，并增加了竹叶花椒叶片可溶性糖和可溶性蛋白含量，增强其 SOD 及 POD 活性，减少 MDA 积累，从而增强了竹叶花椒的抗寒能力。

运用隶属函数法评价生长调节剂对竹叶花椒的综合增产效应，在 9 月至 10 月，每 2 周施用浓度为 400 mg/L 烯效唑，共 3 次，可获得最大综合增产效果。

第三节　配方施肥对竹叶花椒枝梢生长与花芽分化的影响

花芽分化是竹叶花椒发育过程中极为重要的阶段，花芽数量直接影响翌年产量，因此研究竹叶花椒花芽分化对其生产具有重要意义。科学施用肥料，对促进竹叶花椒的生长发育、花芽分化和提高产量具有积极作用。目前有关竹叶花椒配方施肥与花芽分化的研究报道较少，为此，本研究以竹叶花椒为研究对象，研究不同施肥处理对竹叶花椒枝梢生长、花芽分化及花芽内含营养物质与内源激素的影响及动态规律，探究不同配方施肥对竹叶花椒枝梢生长与花芽分化产生的影响，从而探索出花芽分化的调控机制，丰富竹叶花椒花芽分化过程理论和生产实际，期望为竹叶花椒丰产栽培提供科学的理论依据。

一、材料和方法

（一）试验地及试验材料

供试材料为竹叶花椒品种汉源葡萄青椒，试验地位于四川省崇州市四川农业大学林学院教学科研实习基地，竹叶花椒林分为 2016 年春季定植 1 年生幼苗形成，株行距 2 m × 3 m，无间作，定植前植株苗高和地径基本一致。试验开展时，试验地竹叶花椒树龄 3 a。

（二）试验设计

1. 氮、磷、钾配方施肥

试验采用正交设计，设氮肥、磷肥、钾肥 3 个因素，4 个水平共 16 个处理，各处理重复 3 次，完全随机排列。供试肥料：氮肥为尿素，含纯氮（N）460 g/kg；磷肥为过磷酸钙，含五氧化二磷（P_2O_5）120 g/kg；钾肥为硫酸钾，含氧化钾（K_2O）540 g/kg。本研究将氮肥、磷肥、钾肥按比例混合施入。考虑养分平衡和竹叶花椒需肥特点，施肥时以树干为中心，在树冠外围穴施。

各处理肥料分 4 次施入：

①在 2017 年 7 月，采果前 15 d，氮肥、磷肥、钾肥分别按设计施肥总量的 50% 施入；

②在 2017 年 10 月，氮肥、磷肥、钾肥量分别按设计总量的 10% 施入；

③在 2018 年 2 月花芽分化前，氮肥、磷肥、钾肥分别按设计施肥总量的 20% 施入；

④在 2018 年 4 月花芽分化后，氮肥、磷肥、钾肥分别按设计施肥总量的 20% 施入。

具体设计方案及肥料用量见表 2-5。试验除施肥量不同外，其余按当地常规管理方法进行。

表 2-5 配方施肥处理方案

编号	处理	纯养分量 /（g·株$^{-1}$）			施肥量 /（g·株$^{-1}$）		
		N	P_2O_5	K_2O	尿素	磷肥	钾肥
1	$N_0P_0K_0$	0	0	0	0	0	0
2	$N_0P_1K_1$	0	18	45	0	150	83.3
3	$N_0P_2K_2$	0	36	90	0	300	166.7
4	$N_0P_3K_3$	0	72	180	0	600	333.3
5	$N_1P_0K_1$	45	0	45	97.8	0	83.3
6	$N_1P_1K_0$	45	18	0	97.8	150	0
7	$N_1P_2K_3$	45	36	180	97.8	300	333.3
8	$N_1P_3K_2$	45	72	90	97.8	600	166.7
9	$N_2P_0K_2$	90	0	90	195.7	0	166.7
10	$N_2P_1K_3$	90	18	180	195.7	150	333.3
11	$N_2P_2K_0$	90	36	0	195.7	300	0
12	$N_2P_3K_1$	90	72	45	195.7	600	83.3
13	$N_3P_0K_3$	180	0	180	391.3	0	333.3
14	$N_3P_1K_2$	180	18	90	391.3	150	166.7
15	$N_3P_2K_1$	180	36	45	391.3	300	83.3
16	$N_3P_3K_0$	180	72	0	391.3	600	0

2. 配方施肥枝条生长的动态变化

采用实地调查的方法，于 2017 年 7 月进行青花椒"修剪采收一体化"技术采摘和管理，各处理选择 3 株长势中等且基本一致的椒树，每株树在东、西、南、北 4 个方向各确定 3 个长势基本一致的标准枝。从 8 月初开始每隔一个月调查各处理枝条数，标准枝长度和粗度，至 12 月初止，共计 5 次。

3. 配方施肥成花情况调查

于 2018 年 3 月 15 日统计各处理标准枝花芽数、总芽数和节间距，计算花芽分化率。

4. 配方施肥芽内含物的动态变化

2017 年 10 月至 2018 年 3 月，每月月初采集芽测定芽内含物。各处理选择树冠中上部东、西、南、北 4 个方向、长势一致的当年生结果母枝，采集其正数和倒数第 4 ~ 6 个芽以及中间 2 个芽，采样后，将样品立即装入冰壶中，迅速带回实验室待测。

（三）测定指标及其方法

可溶性蛋白含量的测定采用考马斯亮蓝法；可溶性糖含量测定采用蒽酮比色法；过氧化物酶（POD）活性测定采用愈创木酚法。内源激素赤霉素（GA）含量、脱落酸（ABA）含量和吲哚乙酸（IAA）含量的测定采用高效液相色谱法。内源激素提取与测定参照四川省地方标准 DB51/T 2382–2017（GA）、DB51/T 2383–2017（ABA）和 DB51/T 2384–2017（IAA）。测定仪器（PerkinElmer, Sigapore），色谱柱为 C–18 柱（5 μm，250 × 4.6 mm），色谱条件：流动相为乙腈 + 0.05% 磷酸 = 25 + 75（V/V）、流速为 1 mL/min、检测波长 210 nm、柱温 30℃、进样体积 20 μL。

（四）数据统计与处理

采用 Excel 2010 和 SPSS 20.0 对数据进行统计分析。采用 Excel 2010 和 Matlab 制图，折线图和柱状图中数据为平均值 ± 标准差。表中数据为平均值 ± 标准差，不同小写字母表示在 $P < 0.05$ 水平上差异显著。

二、结果与分析

（一）配方施肥对竹叶花椒枝条与成花的影响

1. 枝条长度

由图 2-46 可以看出，8 月至 9 月竹叶花椒枝条长度生长较为缓慢，9 月至 10 月枝条开始迅速伸长，11 月后枝条长度生长减缓。施肥处理直接影响竹叶花椒枝条长度生长，不同施肥处理间竹叶花椒枝条长度的生长存在一定的差异。

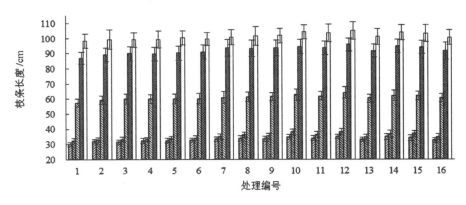

图 2-46　不同施肥处理对竹叶花椒枝条长度的影响

由表 2-6 可以看出，施肥处理的平均枝条长度均高于处理 1（CK），处理 10、处理 12 和处理 14 显著高于 CK，其中最大的为处理 12。8 月至 9 月，枝条长度增长缓慢，平均增长了 1.93 cm，其中增长量最小的为处理 4，增长量最大的为处理 12；9 月至 10 月，枝条长度增长迅速，平均增长了 25.79 cm，其中增长量最小的为处理 10，增长量最大的为处理 4；10 月至 11 月，枝条长度增长超过上月，平均增长了 31.32 cm，其中增长量最小的为处理 4，增长量最大的为处理 14；11 月至 12 月，枝条长度增长变缓，平均增长了 9.26 cm，其中增长量最小的为处理 7，增长量最大的为处理 1；8 月至 12 月，枝条长度平均增长了 68.31 cm，其中平均增长量最小的为处理 6，增长量最大的为处理 12。

2. 枝条粗度

由表 2-6 和图 2-47 可以看出，8 月至 9 月枝条粗度生长较为缓慢，9 月至 10 月枝条粗度生长开始变快，10 月至 11 月枝条粗度生长迅速，11 月后枝条粗度生长减缓。施肥处理直接影响竹叶花椒枝条粗度生长，不同施肥处理间竹叶花椒枝条粗度的生长存在一定的差异。施肥处理的平均枝条粗度均高于 CK，处理 10、处理 12、处理 14 和处理 15 的平均枝条粗度显著高于 CK，其中平均枝条粗度最大的为处理 12。8 月至 9 月，枝梢粗度增长缓慢，平均增长了 0.33 mm，其中增长量最小的为处理 1，增长量最大的为处理 9；9 月至 10 月，枝梢粗度增长开始变快，平均增长了 1.15 mm，其中增长量最小的为处理 12，增长量最大的为处理 1；10 月至 11 月，枝梢长度增长超过上一个月，平均增长了 2.56 mm，其中增长量最小的为处理 1，增长量最大的为处理 12；11 月至 12 月，枝梢粗度增长变缓，平均增长了 0.99 mm，其中增长量最小的为处理 6，增长量最大的为处理 10；8 月至 12 月，枝梢粗度平均增长了 5.03 mm，其中增长量最小的为处理 1，增长量最大的为处理 10，其次为处理 9、处理 11 和处理 14，再次为处理 12。

表 2-6　不同施肥处理对竹叶花椒生长的影响

处理	枝条长度 /cm	枝条粗度 /mm	枝条数 / 条	节间距 /cm
1	60.96 ± 0.93b	5.56 ± 0.17e	81.80 ± 1.34g	4.77 ± 0.46a
2	62.40 ± 2.57ab	5.59 ± 0.28de	82.88 ± 3.99fg	4.67 ± 0.46a
3	62.64 ± 0.27ab	5.66 ± 0.13cde	83.78 ± 1.94efg	4.51 ± 0.44a
4	62.74 ± 1.52ab	5.74 ± 0.13bcde	84.45 ± 1.26defg	4.63 ± 0.07a
5	63.24 ± 1.94ab	5.75 ± 0.18bcde	85.79 ± 2.77cdefg	4.57 ± 0.44a
6	63.46 ± 1.69ab	5.81 ± 0.26abcde	86.51 ± 1.39cdefg	4.39 ± 0.35a
7	64.74 ± 0.97ab	5.9 ± 0.08abcde	88.57 ± 1abcdef	4.26 ± 0.21a
8	65.12 ± 1.6ab	5.94 ± 0.13abcde	88.75 ± 2.29abcdef	4.34 ± 0.26a
9	65.06 ± 3.03ab	5.96 ± 0.11abcde	90.18 ± 3.21abcde	4.27 ± 0.31a
10	66.79 ± 1.40a	6.17 ± 0.18ab	93.42 ± 2.42ab	4.26 ± 0.38a
11	65.79 ± 3.06ab	6.04 ± 0.04abcde	91.12 ± 0.88abcd	4.35 ± 0.37a
12	67.55 ± 1.76a	6.25 ± 0.03a	94.44 ± 3.98a	4.21 ± 0.42a
13	64.07 ± 1.34ab	5.83 ± 0.27abcde	88.23 ± 2.32abcdefg	4.38 ± 0.23a
14	66.32 ± 2.00a	6.09 ± 0.03abc	91.93 ± 2.42abc	4.29 ± 0.42a
15	65.98 ± 1.16ab	6.06 ± 0.02abcd	91.69 ± 0.69abc	4.32 ± 0.18a
16	63.91 ± 1.22ab	5.85 ± 0.24abcde	87.45 ± 3.86bcdefg	4.48 ± 0.19a

注：同一列不同字母表示处理间差异显著（$P < 0.05$），下同。

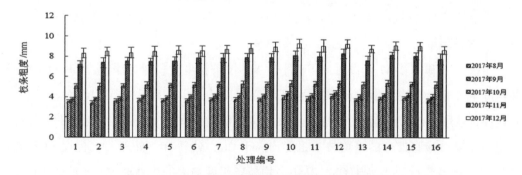

图 2-47　不同施肥处理对竹叶花椒枝条粗度的影响

3. 枝条数量

由表 2-6 和图 2-48 可以看出，8 月枝条数增加较为缓慢。8 月至 9 月枝条数迅速增加，9 月至 10 月枝条数增长骤然减缓，之后枝条数增长持续减缓。施肥处理影响竹叶花椒枝条数，不同施肥处理间枝条数存在一定的差异。施肥处理的平均枝条数均高于 CK，处理 7 ~ 处理 12、处理 14 和处理 15 显著高于 CK，其中最大的为处理 12。在采收修剪后的 8 月，枝条数增加较为缓慢，平均增长了 12.23 条，枝条数最小的为处理 1，最多的为处理 12，除处理 2 外，其余处理均显著高于 CK（$P < 0.05$）。8 月至 9 月，枝条数迅速增加，平均增长了 70.18 条，枝条数增量最小的为处理 5，最大的为处理 12；9 月

至 10 月，枝条数缓慢增加，平均增长了 23.77 条，枝条数增量最小的为处理 11，最大的为处理 6；10 月至 11 月，枝条数持续缓慢增加，平均增长了 10.38 条，枝条数增量最小的为处理 12，最大的为处理 11；11 月至 12 月，枝条数增长更为缓慢，平均增长了 6.98 条，枝条数增量最小的为处理 1，最大的为处理 16；8 月至 12 月枝条平均月增长量为 27.83 条，其中月增长量最小的为处理 1，增长量最大的为处理 12，其次为处理 10。从采收修剪后到 12 月，枝条数平均增加了 123.55 条，其中枝条数增加最少的为处理 1，最多的为处理 12。每个月处理 12 的枝条数都显著高于 CK。

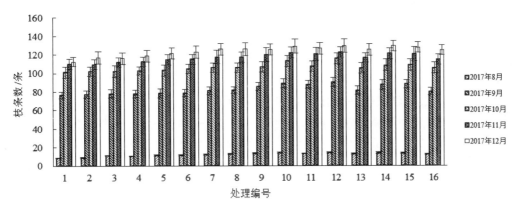

图 2-48　不同施肥处理对竹叶花椒枝条数的影响

4. 枝条节间距

由表 2-6 可以看出，不同施肥处理能缩短竹叶花椒枝梢节间距，但对节间距的影响差异不显著。节间距最大的为 CK；处理 12 节间距最小，为 4.21 cm；处理 7、处理 10 节间距次之，为 4.26 cm；施肥处理的平均节间距为 4.40 cm，分别比 CK 低 0.56 cm、0.51 cm 和 0.37 cm。

5. 花芽分化情况

不同施肥处理对竹叶花椒花芽分化的影响如表 2-7。

表 2-7　不同施肥处理对竹叶花椒花芽分化的影响

处理	花芽数 / 个	总芽数 / 个	花芽分化率 /%
1	16.03 ± 0.71h	21.17 ± 0.96c	75.73 ± 3.64f
2	17.17 ± 1.01gh	21.89 ± 1.18ab	78.52 ± 6.78de
3	18.86 ± 0.8efg	22.42 ± 0.96ab	84.13 ± 0.3bcd
4	18.31 ± 0.73fg	22.25 ± 0.90ab	82.29 ± 4.54cde
5	19.67 ± 1.23def	22.50 ± 1.23ab	87.44 ± 0.72abc
6	20.56 ± 1.21cdef	23.06 ± 1.13ab	89.27 ± 6.22abc
7	22.25 ± 1.01abc	24.19 ± 1.17ab	92.13 ± 5.10ab
8	22.36 ± 1.13abc	23.78 ± 1.34ab	94.04 ± 2.09ab

续表

处理	花芽数 / 个	总芽数 / 个	花芽分化率 /%
9	22.50 ± 1.04abc	24.31 ± 0.89ab	92.66 ± 1.98ab
10	23.53 ± 1.10ab	24.86 ± 1.25a	94.68 ± 1.09ab
11	23.06 ± 1.21abc	24.50 ± 1.10a	94.17 ± 5.21ab
12	24.19 ± 0.99a	25.25 ± 1.34a	95.89 ± 4.25a
13	21.50 ± 0.94abcd	23.58 ± 1.29ab	91.28 ± 2.61abc
14	23.36 ± 1.11abc	24.67 ± 1.06a	94.76 ± 1.01ab
15	23.03 ± 1.35abc	24.44 ± 1.13a	94.22 ± 1.52ab
16	20.89 ± 1.07bcde	23.00 ± 1.04ab	90.86 ± 3.34abc

花芽数、总芽数和花芽分化率最高的均为处理 12，分别是 24.19 个、25.25 个和 95.89%，最低的均为 CK，分别是 16.03 个、21.17 个和 75.73%。施肥处理能提高花芽数、总芽数和花芽分化率，与 CK 相比，不同施肥处理的效果不同，施肥后花芽数平均增加了 5.39 个，总芽数平均增加了 2.48 个，花芽分化率平均提高了 14.69%。由单因素方差分析结果可知，与 CK 相比，施肥处理能显著提高总芽数和花芽分化率，除处理 2 外，其余施肥处理能显著增加花芽数。

（二）配方施肥对竹叶花椒芽内含物的影响

1. 可溶性糖含量

由图 2-49 可知，竹叶花椒芽可溶性糖含量呈先累积再消耗的趋势。10 月平均可溶性糖含量较低，为 32.34 mg/g。10 月至 12 月，芽中平均可溶性糖含量缓慢上升，于 12 月达到高峰，为 84.69 mg/g。之后平均可溶性糖含量急剧下降，变化幅度较大，于翌年 1 月后减缓下降趋势，在翌年 3 月降至最低（5.18 mg/g）。

不同施肥处理对竹叶花椒芽可溶性糖含量的影响如图 2-49 和表 2-8。

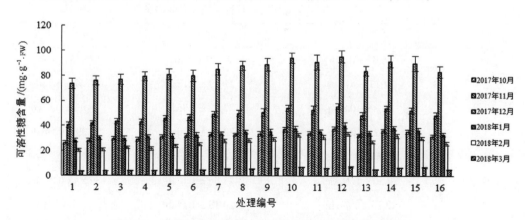

图 2-49　不同施肥处理对竹叶花椒芽可溶性糖含量的影响

表 2-8 不同施肥处理对竹叶花椒芽内营养物质含量和 POD 活性的影响

处理	可溶性糖 / (mg · g⁻¹)	可溶性蛋白 / (mg · g⁻¹)	C/N	POD/ (U · g⁻¹)
1	31.94 ± 0.25k	6.25 ± 0.11j	4.56 ± 0.02e	2 429.6 ± 27.0h
2	33.36 ± 0.86jk	6.40 ± 0.19j	4.66 ± 0.05de	2 555.8 ± 86.4gh
3	34.27 ± 0.97ij	6.54 ± 0.05ij	4.72 ± 0.13cde	2 680.1 ± 79.4fg
4	34.55 ± 0.41ij	6.56 ± 0.09ij	4.71 ± 0.04cde	2 787.2 ± 30.8ef
5	36.18 ± 0.60hi	6.83 ± 0.22hi	4.76 ± 0.13bcde	2 797.1 ± 72.8ef
6	36.64 ± 1.68ghi	6.94 ± 0.18gh	4.77 ± 0.08bcde	2 874.9 ± 147.4def
7	38.84 ± 0.54efg	7.30 ± 0.12defg	4.84 ± 0.13bcd	3 013.4 ± 65.7cde
8	39.74 ± 0.15def	7.45 ± 0.05cdef	4.84 ± 0.01bcd	3 087.7 ± 46.4bcd
9	40.45 ± 1.78cde	7.55 ± 0.35bcde	4.89 ± 0.02abcd	3 113.8 ± 142.7bcd
10	43.6 ± 1.07ab	8.01 ± 0.05a	4.99 ± 0.09ab	3 392.5 ± 118.4a
11	41.44 ± 2.19bcd	7.62 ± 0.25bcd	4.95 ± 0.12abc	3 213.2 ± 170.1abc
12	44.73 ± 0.44a	8.07 ± 0.07a	5.10 ± 0.04a	3 429.8 ± 95.8a
13	38.28 ± 0.54efgh	7.21 ± 0.15efg	4.80 ± 0.03bcd	2 967.9 ± 73.9de
14	42.85 ± 1.29abc	7.87 ± 0.21ab	4.99 ± 0.05ab	3 306.6 ± 114.9ab
15	41.61 ± 1.45bcd	7.74 ± 0.08abc	4.92 ± 0.12abc	3 283.4 ± 146.8ab
16	37.72 ± 0.24fgh	7.13 ± 0.15fgh	4.78 ± 0.14bcde	2 923 ± 37.8de

施肥处理能促进竹叶花椒芽可溶性糖含量的积累,处理 8 ~ 处理 12、处理 14 和处理 15 的可溶性糖含量在各时期均显著高于 CK($P < 0.05$),且最大值均为处理 12,最小值均为 CK。处理 12 平均可溶性糖含量最高,达 44.73 mg/g,CK 最低(31.94 mg/g),施肥处理的平均可溶性糖为 38.95 mg/g。

2. 可溶性蛋白含量

由图 2-50 可知,竹叶花椒芽可溶性蛋白含量呈先累积再消耗的趋势。10 月平均可溶性蛋白含量较低,为 5.94 mg/g。10 月至 12 月,芽中平均可溶性蛋白含量缓慢上升,于 12 月达到高峰,为 10.65 mg/g。之后平均可溶性蛋白含量急剧下降,变化幅度较大,于翌年 1 月后减缓下降趋势,又于翌年 2 月急剧下降,在翌年 3 月降至最低(3.53 mg/g)。

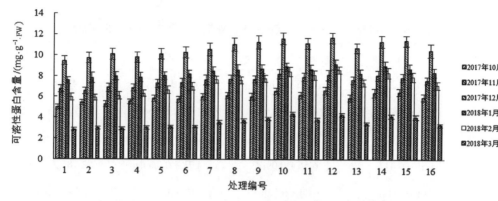

图 2-50 不同施肥处理对竹叶花椒芽可溶性蛋白含量的影响

不同施肥处理对竹叶花椒芽可溶性蛋白含量的影响如表 2-8 和图 2-50，施肥处理能促进竹叶花椒芽可溶性蛋白含量的积累，处理 10、处理 12 和处理 14 的可溶性蛋白含量在各时期均显著高于 CK（$P < 0.05$），且最大值为处理 12 和处理 10，最小值为 CK 和处理 2。处理 12 平均可溶性蛋白含量最高，达 8.07 mg/g，CK 最低，低至 6.25 mg/g，施肥处理的平均可溶性蛋白含量为 7.28 mg/g；处理 12 增加最多，多达 1.82 mg/g，施肥处理平均增加 1.03 mg/g。

3.C/N

由图 2-51 可知，竹叶花椒芽内 C/N 呈先增加后下降的趋势。10 月平均 C/N 较低，为 5.44。10 月至 11 月，芽中平均 C/N 缓慢上升，于 12 月达到高峰，为 7.95。翌年 1 月，平均 C/N 急剧下降至 4.02，变化幅度较大，之后下降趋势减缓，在翌年 3 月降至最低值（1.45）。

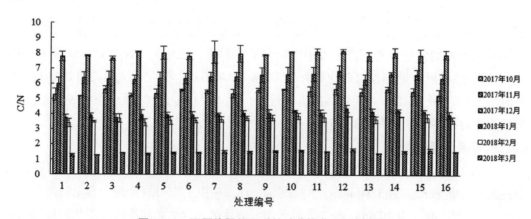

图 2-51 不同施肥处理对竹叶花椒芽 C/N 的影响

不同施肥处理对竹叶花椒芽 C/N 的影响如表 2-8 和图 2-51，适量施肥处理能增加竹叶花椒 C/N，除 2017 年 12 月外，处理 12 的 C/N 均显著高于 CK（$P < 0.05$）。各时期芽 C/N 最大值均为处理 12，最小值为处理 2、处理 1 和处理 3；处理 12 平均 C/N 最高，达 5.10，施肥处理的平均 C/N 为 4.85。

4. 过氧化物酶（POD）活性

由图 2-52 可知，竹叶花椒芽 POD 活性呈先缓慢增加再快速增加后迅速下降的变化趋势。10 月平均 POD 活性较低，为 608.3 U/g。10 月至 11 月，芽中平均 POD 活性缓慢上升，12 月后迅速上升，于翌年 1 月达到高峰，为 8 213.7 U/g。之后平均 POD 活性急剧下降，变化幅度较大，在翌年 3 月达到低值 1 586.5 U/g。

不同施肥处理对竹叶花椒芽 POD 活性的影响如表 2-8 和图 2-52，施肥处理能提高竹叶花椒芽 POD 活性，处理 7 ~ 处理 12、处理 14 和处理 15 POD 活性在各时期均显著高于 CK（$P < 0.05$）。处理 12 平均 POD 活性最高，达 3 429.8 U/g，CK 最低，低至 2 429.6 U/g，施肥处理的平均 POD 活性为 3 028.4 U/g；处理 12 平均 POD 活性增加最多，多达 1 000.2 U/g，施肥处理平均增加 598.9 U/g。

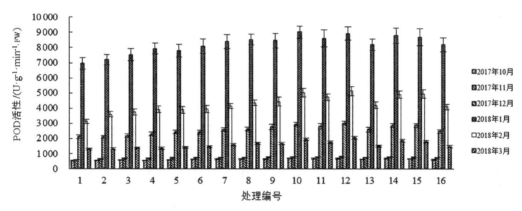

图 2-52 不同施肥处理对竹叶花椒芽 POD 活性的影响

（三）配方施肥对竹叶花椒芽内源激素的影响

1. 脱落酸（ABA）含量

由图 2-53 可知，竹叶花椒芽内 ABA 含量呈"上升—下降—上升"的变化趋势。10 月平均 ABA 含量较低，为 35.31 μg/g。10 月至 11 月，芽中平均 ABA 含量迅速上升，于 11 月达到高峰，为 56.59 μg/g。之后平均 ABA 含量急剧下降，变化幅度较大，12 月后下降趋势减缓，于翌年 1 月后降至谷底 6.66 μg/g。翌年 1 月后缓慢上升，于翌年 3 月升至 28.61 μg/g。

不同施肥处理对竹叶花椒芽 ABA 含量的影响如图 2-53 和表 2-9，施肥处理能促进竹叶花椒芽 ABA 含量的积累，处理 10、处理 12 和处理 14 的 ABA 含量在各时期均显著高于 CK（$P < 0.05$）。处理 12 平均 ABA 含量最高，达 29.57 μg/g，CK 最低，低至 22.18 μg/g，施肥处理的平均 ABA 含量为 26.14 μg/g；处理 12 平均 ABA 含量增加最多，多达 7.39 μg/g，施肥处理平均增加 3.96 μg/g。

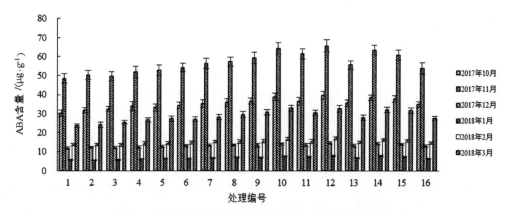

图 2-53　不同施肥处理对竹叶花椒芽 ABA 含量的影响

表 2-9　不同施肥处理对竹叶花椒芽内源激素及其比值的影响

处理	ABA/ （μg·g⁻¹）	GA/ （μg·g⁻¹）	IAA/ （μg·g⁻¹）	ABA/GA	IAA/GA	（ABA+IAAA）/GA
1	22.18±0.45h	624.15±22.37a	10.57±0.12a	0.112 7±0.005 5k	0.206 2±0.001 5d	0.318 9±0.006 7h
2	22.90±0.29h	610.55±5.64ab	10.42±0.24ab	0.119 5±0.005 2jk	0.208 9±0.018 3d	0.328 4±0.021 5h
3	23.16±0.53h	608.00±23.80ab	10.13±0.40abc	0.122 7±0.006 7ijk	0.214 7±0.009 6cd	0.337 4±0.015 7gh
4	24.18±1.03g	597.83±23.04ab	9.98±0.11bcd	0.131 7±0.004 3hij	0.221 8±0.014 2cd	0.353 5±0.015 3gh
5	24.45±0.19fg	582.93±16.90bc	9.74±0.12cd	0.135 2±0.007 6hi	0.214 9±0.002 4cd	0.350 0±0.009 5gh
6	24.96±0.70fg	572.42±18.06bcd	9.58±0.36de	0.141 6±0.005 3gh	0.222±0.011 2cd	0.363 6±0.016 4fgh
7	25.79±0.42ef	532.77±21.92e	8.75±0.24fgh	0.157 8±0.005 8ef	0.231 7±0.005 7bcd	0.389 4±0.011 5efg
8	26.40±0.69de	521.49±16.14ef	8.7±0.41fgh	0.167 0±0.005 6de	0.243 1±0.025 7abcd	0.410 1±0.029def
9	27.09±0.17cd	499.51±8.10fg	8.5±0.06ghi	0.175 4±0.010 0cd	0.253 6±0.017 6abc	0.429 0±0.026 5cde
10	29.07±0.54a	463.04±5.08gh	7.73±0.10j	0.207 7±0.010 9b	0.273 2±0.001 7a	0.480 9±0.011 8ab
11	27.41±0.75cd	488.55±19.30fgh	8.35±0.24hi	0.176 9±0.008 5cd	0.247 8±0.017 1abcd	0.424 7±0.024 8cde
12	29.57±0.32a	451.22±14.21h	7.59±0.29j	0.221 6±0.009 1a	0.279 4±0.027 5a	0.501 0±0.034 7a
13	25.62±0.61ef	544.90±5.44de	8.99±0.04fg	0.152 4±0.005 4fg	0.229 6±0.015 2bcd	0.382 1±0.02efg
14	28.68±0.48ab	467.62±14.67gh	8.01±0.11ij	0.201 6±0.003 7b	0.265 2±0.025 4ab	0.466 9±0.029abc
15	27.83±0.88bc	481.75±17.86gh	8.11±0.24ij	0.187 7±0.007 4c	0.254 3±0.001 1abc	0.442 0±0.008 5bcd
16	25.04±0.44fg	550.87±10.76cde	9.22±0.24ef	0.144 9±0.006 3fgh	0.223 5±0.013 4cd	0.368 4±0.019 6fgh

2. 赤霉素（GA）含量

由图 2-54 可知，竹叶花椒芽 GA 含量先下降再上升。10月平均 GA 含量较高，为 1 099.59 μg/g；10 月至 11 月，芽中平均 GA 含量逐渐下降，11 月后开始迅速下降，变化幅度较大，于 12 月达到谷底，为 18.62 μg/g。之后平均 GA 含量逐渐上升，于翌年 3 月升至 698.35 μg/g。

不同施肥处理对竹叶花椒芽 GA 含量的影响如表 2-9 和图 2-54，施肥处理能抑制竹叶花椒芽 GA 含量的积累，处理 9 ~ 处理 12、处理 14 和处理 15 GA 含量在各时期均显著低于 CK（$P < 0.05$）。处理 12 平均 GA 含量最低，低至 451.22 μg/g，CK 最高，达 624.15 μg/g，施肥处理的平均 GA 含量为 531.56 μg/g；处理 12 平均 GA 含量减少最多，多达 172.93 μg/g，施肥处理平均减少 92.59 μg/g。

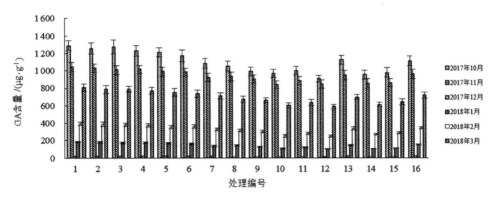

图 2-54 不同施肥处理对竹叶花椒芽 GA 含量的影响

3. 吲哚乙酸（IAA）含量

由图 2-55 可知，竹叶花椒芽 IAA 含量的呈"上升—下降—上升"的变化趋势。10 月平均 IAA 含量较低，为 3.89 μg/g。10 月至 11 月，芽中平均 IAA 含量缓慢上升，11 月后开始迅速上升，变化幅度较大，于 12 月达到波峰，为 28.88 μg/g。之后平均 IAA 含量迅速下降，于翌年 2 月降至最低值 2.13 μg/g。之后缓慢上升，于翌年 3 月升至 4.55 μg/g。

不同施肥处理对竹叶花椒芽 IAA 含量的影响如表 2-9 和图 2-55，施肥处理能抑制竹叶花椒芽 IAA 含量的积累，处理 10、处理 12、处理 14 和处理 15 的 IAA 含量在各时期均显著低于 CK（$P < 0.05$）。处理 12 平均 IAA 含量最低，低至 7.59 μg/g，CK 最高，达 10.57 μg/g，施肥处理的平均 IAA 含量为 8.92 μg/g；处理 12 平均 IAA 含量下降最多，多达 2.98 μg/g，施肥处理平均减少了 1.65 μg/g。

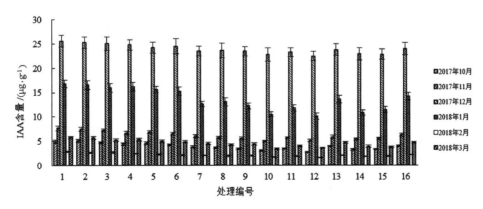

图 2-55 不同施肥处理对竹叶花椒芽 IAA 含量的影响

4. 不同激素比值

由图 2-56、图 2-57 和图 2-58 可知，竹叶花椒芽内源激素比呈先增加后下降的趋势。平均 ABA/GA、平均 IAA/GA 和平均（ABA+IAA）/GA 在 10 月均较低，分别为 0.032 8、0.003 5 和 0.036 3。10 月至 11 月缓慢上升，11 月至 12 月迅速上升，均于 12 月达到高峰，分别为 0.725 6、1.302 4 和 2.028 0。12 月至翌年 1 月，急剧下降，之后缓慢下降。在翌年 3 月降至最低值，分别为 0.041 8、0.006 5 和 0.048 3。

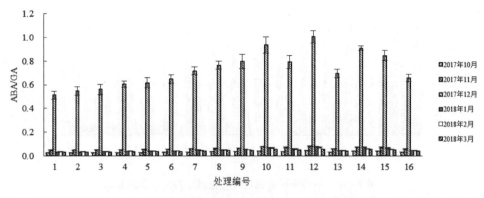

图 2-56　不同施肥处理对竹叶花椒芽 ABA/GA 的影响

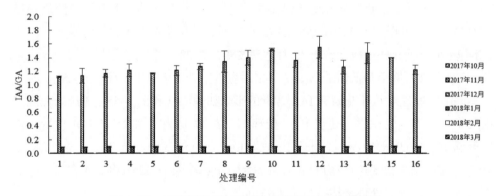

图 2-57　不同施肥处理对竹叶花椒芽 IAA/GA 的影响

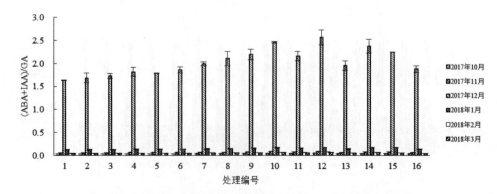

图 2-58　不同施肥处理对竹叶花椒芽（ABA+IAA）/GA 的影响

不同施肥处理对竹叶花椒芽 ABA/GA、IAA/GA 和（ABA+IAA）/GA 的影响如表 2-9。各时期芽 ABA/GA 最大值均为处理 12，最小值为 CK（翌年 1 月除外）和处理 2（翌年 1 月）。其中，各时期处理 7 ~ 处理 16 的 ABA/GA 均显著高于 CK（$P < 0.05$）。处理 12 平均 ABA/GA 最高，达 0.221 6，CK 最低，低至 0.112 7，施肥处理的平均 ABA/GA 为 0.162 9。处理 12 平均 ABA/GA 增加最多，多达 0.108 9，施肥处理平均增加了 0.050 2。

10 月，IAA/GA 最大的为处理 2，最小的为处理 12，处理 10 和处理 12 的 IAA/GA 显著低于处理 2（$P < 0.05$），其余处理之间差异不显著；11 月，IAA/GA 最大的为处理 1（CK），最小的为处理 10，处理 10 的 IAA/GA 显著低于 CK（$P < 0.05$）；12 月，IAA/GA 最大的为处理 12，最小的为 CK，处理 9、处理 10、处理 12、处理 14 和处理 15 均显著高于 CK（$P < 0.05$）。翌年 1 月，IAA/GA 最大的为处理 14，最小的为处理 1，各处理间差异不显著。翌年 2 月，IAA/GA 最大的为处理 1 和处理 3，最小的为处理 7，处理 1、处理 3 和处理 14 显著高于处理 7，其余处理与处理 7 差异不显著。翌年 3 月，IAA/GA 最大的为处理 2，最小的为处理 10，处理 1 和处理 2 显著高于处理 10、处理 12 和处理 15，与其他处理差异不显著。施肥处理平均 IAA/GA 均高于 CK，其中施肥处理 9、处理 10、处理 12、处理 14 和处理 15 的平均 IAA/GA 显著高于 CK。处理 12 平均 IAA/GA 最高，达 0.279 4，CK 最低，低至 0.206 2，施肥处理的平均 IAA/GA 为 0.238 9；处理 12 平均 IAA/GA 增加最多，多达 0.073 2，施肥处理平均增加了 0.032 7。

各时期芽（ABA+IAA）/GA 最大值均为处理 12，最小值为 CK。各时期处理 9 ~ 处理 12、处理 14 和处理 15 的平均（ABA+IAA）/GA 均显著高于 CK（$P < 0.05$）。施肥处理平均（ABA+IAA）/GA 均高于 CK，其中施肥处理 7 ~ 处理 15 的平均（ABA+IAA）/GA 显著高于 CK。处理 12 平均（ABA+IAA）/GA 最高，达 0.501 0，CK 最低，低至 0.318 9，施肥处理的平均（ABA+IAA）/GA 为 0.401 8；处理 12 平均（ABA+IAA）/GA 增加最多，多达 0.182 1，施肥处理平均增加 0.082 9。

（四）施肥处理与竹叶花椒花芽分化相关分析

1. 影响竹叶花椒花芽分化的内含物因子

由图 2-59 可以看出，可溶性糖、可溶性蛋白、C/N、ABA、ABA/GA、IAA/GA、（ABA+IAA）/GA 与花芽分化率呈正相关，相关系数分别为：0.775 4、0.798 0、0.727 7、0.742 2、0.665 2、0.638 6 和 0.649 4；GA、IAA 与花芽分化率呈负相关，相关系数分别为 −0.750 9 和 −0.729 3。说明花芽分化率随可溶性糖、可溶性蛋白、C/N、ABA、ABA/GA、IAA/GA、（ABA+IAA）/GA 的增加而增加，随 GA、IAA 的增加而降低。与花芽分化率相关性最高的内含物指标为可溶性蛋白，内源激素指标为 GA，激素比指标为 ABA/GA。这一结果说明影响花芽分化的主要营养物质为可溶性蛋白，其次为可溶性糖；主要内源激素为 GA，ABA 次之，IAA 影响效果最弱；激素动态平衡为 ABA/GA，（ABA+IAA）/GA 次之，IAA/GA 影响效果最弱。

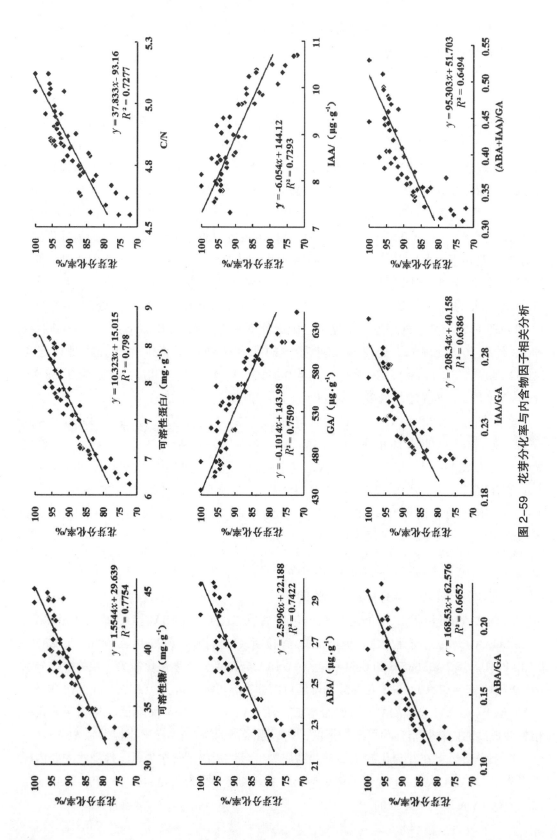

图2-59 花芽分化率与内含物因子相关分析

2. 施肥处理综合评价及最佳施肥配比

竹叶花椒花芽分化与其花芽内含营养物质及内源激素含量密切相关，通过对以上 5 个指标进行综合评价，可以准确反映不同施肥处理对竹叶花椒花芽分化的影响。由表 2-10 可知，不同施肥处理竹叶花椒可溶性糖含量、可溶性蛋白含量、ABA、GA、IAA 含量的隶属度呈现出相同的变化规律，即在处理 12 最高，处理 10 次之，CK 最低。

通过拟合得出影响花芽分化的因子的总隶属度（y）与施肥量（x_1-N；x_2-P_2O_5；x_3-K_2O）的二元二次回归方程为：

NP：$y = -0.0002287x_1^2 - 0.0001382x_1x_2 - 0.0004123x_2^2 + 0.06007x_1 + 0.05116x_2 - 0.2762$（$R^2 = 0.8569$）

NK：$y = -0.0002287x_1^2 - 0.00003376x_1x_3 - 0.00007063x_3^2 + 0.05838x_1 + 0.01915x_3 - 0.123$（$R^2 = 0.833$）

PK：$y = -0.0004123x_2^2 - 0.0003843x_2x_3 - 0.00007063x_3^2 + 0.07054x_2 + 0.02059x_3 + 0.5222$（$R^2 = 0.3705$）

由方程和图 2-60 可以看出，NP 相关性最好，NK 次之，PK 最弱；x_2x_3 系数最大，x_1x_2 次之，x_1x_3 最小，所以 PK 交互效应最好，NP 次之，NK 最弱。

通过建立各施肥处理的总花芽数（Y = 12 月枝条数 × 标准枝花芽数）与施肥量（x_1-N；x_2-P_2O_5；x_3-K_2O）的三元二次模型，得出方程为：

$Y = 15.963x_1 + 11.8086x_2 + 1.6711x_3 - 0.0205x_1x_2 + 0.0219x_1x_3 + 00.0521x_2x_3 - 0.0721x_1^2 - 0.1586x_2^2 - 0.0191x_3^2$（$R^2 = 0.8464$）

根据这一方程可知，当施肥量为 99.1 g N/株、55.1 g P_2O_5/株和 158.9 g K_2O/株时，对竹叶花椒花芽分化的促进效果最好。

表2-10 配方施肥影响花芽分化各物质含量的综合评价

处理	可溶性糖隶属度	可溶性蛋白隶属度	营养物质隶属度和	ABA隶属度	GA隶属度	IAA隶属度	内源激素隶属度和	隶属度总和
1	0.013±0.019k	0.051±0.057l	0.064±0.074l	0.064±0.105h	0.120±0.105i	0.013±0.036l	0.226±0.062n	0.290±0.125k
2	0.120±0.064jk	0.127±0.097kl	0.247±0.157kl	0.152±0.026h	0.184±0.026hi	0.120±0.070kl	0.421±0.077m	0.668±0.200j
3	0.187±0.072j	0.198±0.025jkl	0.385±0.052k	0.185±0.111h	0.196±0.111hi	0.187±0.120jk	0.553±0.184m	0.938±0.212ij
4	0.208±0.031ij	0.208±0.047jk	0.416±0.074jk	0.310±0.108g	0.244±0.108ghi	0.208±0.033ij	0.769±0.059l	1.186±0.130i
5	0.330±0.045hi	0.342±0.114ij	0.672±0.157ij	0.343±0.079g	0.313±0.079gh	0.330±0.035ij	0.944±0.088k	1.616±0.08h
6	0.364±0.125gh	0.399±0.092hi	0.764±0.216hi	0.405±0.085fg	0.363±0.085fg	0.364±0.106hi	1.102±0.081j	1.866±0.142h
7	0.529±0.041def	0.582±0.062efg	1.111±0.024efg	0.507±0.103ef	0.548±0.103e	0.529±0.071ef	1.633±0.110g	2.745±0.103f
8	0.596±0.012cde	0.658±0.024def	1.254±0.032def	0.582±0.076de	0.601±0.076de	0.596±0.122ef	1.776±0.067f	3.030±0.050e
9	0.649±0.133cd	0.712±0.176de	1.362±0.309cde	0.667±0.038cd	0.704±0.038cd	0.649±0.016de	2.024±0.017e	3.385±0.326d
10	0.884±0.080a	0.946±0.028ab	1.830±0.103a	0.910±0.024a	0.875±0.024ab	0.884±0.031ab	2.664±0.027b	4.494±0.102ab
11	0.723±0.163bc	0.748±0.127cd	1.471±0.29bcd	0.707±0.090c	0.755±0.090bc	0.723±0.072cde	2.160±0.064e	3.631±0.232cd
12	0.969±0.033a	0.973±0.035a	1.942±0.064a	0.972±0.067a	0.930±0.067a	0.969±0.085a	2.824±0.122a	4.766±0.118a
13	0.487±0.040efg	0.535±0.074fgh	1.022±0.113fgh	0.486±0.025ef	0.492±0.025ef	0.487±0.012fg	1.485±0.065h	2.507±0.177fg
14	0.828±0.096ab	0.875±0.109abc	1.703±0.206ab	0.862±0.069ab	0.854±0.069ab	0.828±0.034bc	2.511±0.029c	4.214±0.223b
15	0.736±0.109bc	0.805±0.043bcd	1.541±0.130bc	0.758±0.084bc	0.787±0.084bc	0.736±0.072bcd	2.311±0.051d	3.852±0.180c
16	0.445±0.018gh	0.496±0.079gh	0.941±0.071ghi	0.415±0.050fg	0.464±0.050ef	0.445±0.072gh	1.318±0.075i	2.259±0.118g

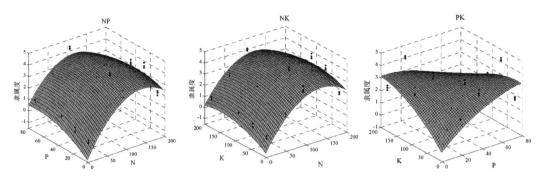

图 2-60　不同施肥处理与影响花芽分化因子的隶属度和的关系

三、讨论

（一）施肥对竹叶花椒枝梢生长和花芽分化的影响

本研究发现，施肥处理直接影响竹叶花椒枝梢长度、粗度和枝条数，8 月至 12 月，枝梢长度增长 68.31 cm，枝梢粗度增长 5.03 mm，枝条数每月增长 27.83 条，节间距缩短。同时施肥处理也提高了花芽数、总芽数和花芽分化率，与未施肥处理相比，施肥后花芽数增加 5.39 个，总芽数增加 2.48 个，花芽分化率提高 14.69%，说明施肥能显著提高花芽分化率，为更多结实创造可能，最佳施肥配比为处理 12（$N_2P_3K_1$）。

（二）施肥对竹叶花椒芽内含营养物质的影响

蛋白质是植物的生命物质，植物机体的每一个细胞和重要组成部分都含有蛋白质（李洪娜等，2015）。糖是一种渗透调节剂，也参与植物的代谢营养活动，更是反映植株抗逆性的重要指标（李经洽等，2015）。POD 作为参与植物体内多种生理活动，与植株抗寒性相关（王景燕等，2015）。本研究发现，施肥能明显增加竹叶花椒体内蛋白质含量和可溶性糖含量，说明施肥后竹叶花椒体内营养增强，也更有利于竹叶花椒芽安全越冬，为花芽分化提供物质营养和保障。

（三）施肥对竹叶花椒芽内源激素的影响

本研究发现，施肥处理能促进竹叶花椒芽 ABA 的积累，抑制竹叶花椒芽 GA 和 IAA 的积累，不同施肥处理的竹叶花椒芽 ABA、GA 和 IAA 含量存在一定的差异。施肥处理后 ABA 的含量均高于不施肥处理，GA 和 IAA 的含量均低于不施肥处理，说明在竹叶花椒越冬休眠期，芽内源激素能够促进花芽分化，保障竹叶花椒安全越冬。

（四）芽内含物与花芽分化的关系

竹叶花椒整个越冬期间的生理过程如下：10 月至 11 月气温波动不大，竹叶花椒积累可溶性糖和可溶性蛋白为其安全越冬提供物质保障，由于温度变化不大，抗寒性酶

POD 活性变化不明显；植株体内合成大量 ABA，GA 开始下降，芽合成的 IAA 略微增多，为老叶脱落和花芽分化作准备。12 月前后，花芽开始分化，温度降低刺激竹叶花椒加速积累可溶性糖和可溶性蛋白，POD 活性上升略明显；11 月后随着老叶的脱落，使运往芽的 ABA 变少，芽内 ABA 含量降低，而由芽产生的 IAA 运出变少使得芽内 IAA 积累。可能花芽分化需要低水平的 GA，所以芽内 GA 骤降。12 月后温度降低，芽开始被迫休眠，开始分解之前储存的能量物质，使得可溶性糖和可溶性蛋白含量降低，推测持续的低温刺激使芽内 POD 活性达到较高水平以增加芽的抗寒性，保障芽安全越冬；休眠期间 ABA 和 IAA 被迫降低，抑制休眠的 GA 略微上升，因为 GA 为休眠抑制物和芽萌发促进物，当芽自然休眠至休眠解除期间 GA 上升。翌年 1～2 月温度基本保持不变，在 2月初开始有变暖的趋势，芽继续消耗体内的营养物质，POD 活性降低。ABA 开始积累，GA 积累明显，而 IAA 含量不增反降，很可能与芽还处在休眠期间有关。2 月后温度回暖，芽解除休眠，继续消耗体内的营养物质，又因为芽旁边新叶的逐渐长大，芽体内有积累，但积累不够多。说明休眠芽的解除和解除休眠后的生长发育需要大量的 ABA、GA和 IAA。

四、结论

通过建立各施肥处理的总花芽数（Y = 12 月枝条数 × 标准枝花芽数）与施肥量（x_1-N；x_2-P_2O_5；x_3-K_2O）的三元二次方程为：

$$Y = 15.963x_1 + 11.808\,6x_2 + 1.671\,1x_3 - 0.020\,5x_1x_2 + 0.021\,9x_1x_3 + 00.052\,1x_2x_3 - 0.072\,1x_1^2$$
$$- 0.158\,6x_2^2 - 0.019\,1x_3^2$$

由方程可知，当施肥量为 99.1 g N/ 株、55.1 g P_2O_5/ 株和 158.9 g K_2O/ 株时，对 3 年生竹叶花椒花芽分化的促进效果最好。

第四节　膨大剂对竹叶花椒产量和品质的影响

膨大剂是一类由人工合成的、具有植物激素生理活性的植物生长调节剂，也叫细胞激动素，它是对植物生长发育起到调节作用的外源物质，其生物作用比天然植物激素更有效和优越（傅华龙等，2008）。在生产中较常见的膨大剂主要有赤霉素（GA-3）、6-苄氨基腺嘌呤（6-BA）、氯吡苯脲（CPPU）以及己酸二乙氨基乙醇酯（DA-6 胺鲜酯）等。它将植物的营养生长转化为生殖生长，加速细胞分裂和分化，促进细胞增大和蛋白质的合成，同时还可以诱导单性结实，提高花粉受孕率，刺激子房膨大，防止落花落果，起到改善果型品质、提高产量的作用（王小艳等，2014），广泛应用在猕猴桃（李圆圆等，2018）、葡萄（董艳等，2017；黄卫东等，2002；肖年湘等，2008；周进华，2016）、黄瓜（Qian 等，2018；江晴，2013）等园艺作物上。目前，关于竹叶花椒施用膨大剂的研究还处于空白阶段，鲜见相关报道，本试验以竹叶花椒为研究对象，分析膨大剂对其产量和品质的影响，以期为竹叶花椒生产栽培中合理使用膨大剂提供技术支撑和参考。

一、材料和方法

（一）试验地及试验材料

试验地位于四川省崇州市四川农业大学林学院教学科研实习基地，选取 4 年生竹叶花椒为供试材料，树形为自然开心形，株行距 2 m × 3 m，无间作，长势，水肥管理等一致，无病虫害。

（二）试验设计

选取的膨大剂种类为氯吡苯脲（CPPU，0.1%，四川兰月科技有限公司生产）和 6-苄氨基腺嘌呤（6-BA，1%，四川兰月科技有限公司生产），采用传统的叶面喷施法。本实验采用单因素多水平设计，每个因素设置 5 个浓度水平，喷施清水作为对照（CK），共计 11 个处理。每个处理 3 次重复，每个重复 5 株椒树。具体浓度如表 2-11 所示。

为减少膨大剂施用对花芽正常分化的影响，试验于 2019 年 4 月中旬开始，将氯吡苯脲（CPPU）和 6- 苄氨基腺嘌呤（6-BA）分别于坐果期和果实膨大期进行喷施。在 4 月中旬果实坐果期选择无风的天气于清晨使用电动喷雾器喷施膨大剂，为确保膨大剂与树体充分接触，保证每棵树均匀喷施 1 L 的药剂，每隔 7 d 喷施一次，共计 2 次；在 5 月上旬至中旬属于果实膨大期，期间果实迅速膨大，选择无风的天气于清晨使用电动喷雾器喷施膨大剂，为确保膨大剂与树体充分接触，保证每棵树均匀喷施 1 L 的药剂，每隔 7 d 喷施一次，共计两次。

表 2-11　膨大剂试验设计

处　理	编　号	浓度水平 /（mg·L⁻¹）
清水（CK）	1	0
氯吡苯脲（CPPU）	2	10
	3	20
	4	40
	5	80
	6	160
6- 苄氨基腺嘌呤（6-BA）	7	20
	8	40
	9	80
	10	160
	11	320

（三）测定指标及其方法

1. 产量测定

坐果率采用标准枝法测定，即在每个处理的每个重复中各植株上选 3 个标准枝，调查从结果开始到果实成熟期间的落果情况；在 2019 年 6 月下旬开始采摘，采摘时以株为单位，测其单株产量；果实性状测其果皮千粒重。

2. 品质测定

选择不含籽的完整竹叶花椒风干果皮作为品质测定的材料，麻味物质采用甲醛快速滴定法测定，挥发油含量采用蒸馏抽提法测定，不挥发性乙醚抽提物含量采用无水乙醚浸提蒸干法测定（GBT 12729.10—2008），醇溶抽提物含量采用乙醇浸提蒸干法测定（GBT 12729.10—2008），总黄酮含量采用试剂盒—C002-96T 分光光度计法测定（上海惠诚科技有限公司），多酚含量采用福林酚法测定。

（四）数据分析与处理

数据采用 Excel 2013 和 SPSS 22.0 进行统计和分析，图形采用 Origin 2018 以及 Matlab 进行绘制，各指标显著性检验采用单因素方差分析和最小显著极差法。

二、结果与分析

（一）膨大剂施用对竹叶花椒产量的影响

1. 单株产量

不同浓度膨大剂处理对竹叶花椒单株产量的影响如图 2-61 所示。CPPU 和 6-BA 各浓度处理的单株产量达到 6.28 ～ 7.67 kg/ 株，与对照处理 1（CK）相比，增加了 0.5% ～ 22.7%。在 CPPU 各浓度处理中，处理 4 株产量最高，处理 2 ～ 处理 6 比 CK 分

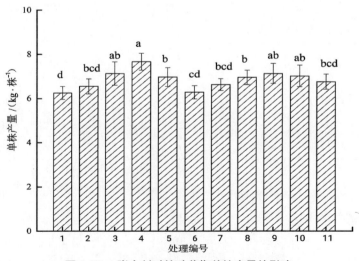

图 2-61　膨大剂对竹叶花椒单株产量的影响

别提高了 4.8%、14.1%、22.7%、11.5% 和 0.5%，除处理 2 和处理 6 外，其余处理单株产量显著高于 CK（$P < 0.05$）。在 6-BA 各浓度处理中，最高值 7.13 kg/ 株出现在处理 9，处理 7 ~ 处理 11 分别比 CK 提高了 6.1%、11.4%、14.1%、12.3% 和 8.2%，除处理 7 和处理 11 外，喷施 6-BA 处理单株产量均显著高于 CK。说明喷施 CPPU 和 6-BA 有利于竹叶花椒单株产量的提高，处理 4 和处理 9 效果最佳，且 CPPU 比 6-BA 效果优。

2. 果皮千粒重

膨大剂不同浓度处理对竹叶花椒果皮千粒重的影响如图 2-62 所示。各处理果皮千粒重达到 20.23 ~ 24.28 g，与 CK 相比，提高了 8.9% ~ 30.7%，除处理 6 外，其余处理均显著高于 CK（$P < 0.05$）。竹叶花椒果皮中千粒重随 CPPU 浓度的升高呈先升高后降低的趋势，处理 4 千粒重达到最高值 22.78 g，处理 2 ~ 处理 6 比 CK 分别提高了 12.2%、16.6%、22.6%、17.2% 和 8.9%，除处理 6 外，其余处理千粒重显著高于 CK。在 6-BA 各浓度处理中，千粒重变化随浓度的增加呈先升高后降低的趋势，最高值 24.28 g 出现在处理 10，处理 7 ~ 处理 11 分别比 CK 提高了 15.7%、23.5%、28.2%、30.7% 和 21.3%，且显著高于 CK（$P < 0.05$）。说明喷施 CPPU 和 6-BA 有利于竹叶花椒千粒重的提高，处理 4 和处理 10 效果最佳，且 6-BA 比 CPPU 效果好。

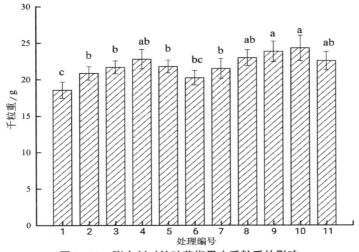

图 2-62　膨大剂对竹叶花椒果皮千粒重的影响

3. 坐果率

膨大剂施用对竹叶花椒坐果率的影响如图 2-63 所示，CPPU 和 6-BA 不同浓度处理坐果率均高于 CK。各处理的坐果率达到 38.7% ~ 46.1%，比 CK 提高了 4.9% ~ 24.9%，除处理 11 外，其余处理均显著高于 CK（$P < 0.05$）。竹叶花椒坐果率随 CPPU 浓度的升高呈先升高后降低的趋势，最高值 46.1% 出现在处理 4，处理 2 ~ 处理 6 比 CK 分别提高了 17.2%、23.8%、24.9%、22.6% 和 11.1%，且显著高于 CK（$P < 0.05$）。在 6-BA 各浓度处理中，坐果率变化随浓度的增加呈先升高后降低的趋势，最高值 44.4% 出现在处理 9，处理 7 ~ 处理 11 比 CK 分别提高了 9.6%、16.2%、20.3%、13.6% 和 4.9%，除处

理 11 外，其余显著高于 CK（$P < 0.05$）。说明喷施 CPPU 和 6–BA 有利于提高竹叶花椒坐果率，处理 9 和处理 4 效果最佳，且 CPPU 比 6–BA 效果好。

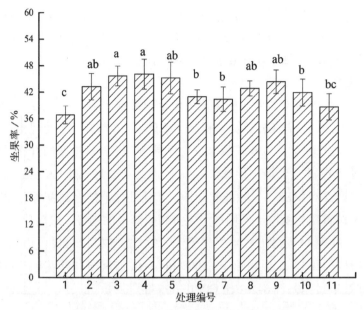

图 2–63　膨大剂对竹叶花椒坐果率的影响

（二）膨大剂施用对竹叶花椒品质的影响

1. 麻味物质含量

膨大剂施用对竹叶花椒果皮中麻味物质含量的影响结果如图 2–64 所示，不同膨大剂各浓度处理的麻味物质含量为 13.10 ~ 15.64 mg/g，与 CK 相比，提高了 6.3% ~ 26.9%，除处理 2 和处理 11 外，其余处理显著高于 CK（$P < 0.05$）。6–BA 浓度为 80 mg/L 的处理 9 中麻味物质含量最高，其次为 CPPU 浓度 40 mg/L 的处理 4。

竹叶花椒果皮中麻味物质含量随着 CPPU 浓度的升高呈先升高后降低的趋势，处理 2 ~ 处理 6 比 CK 分别提高了 6.3%、11.4%、24.2%、17.5% 和 10.8%，除处理 2 外，麻味物质含量均显著高于 CK。在不同浓度的 6–BA 处理下，麻味物质随浓度的升高呈先升高后降低的趋势，处理 7 ~ 处理 11 分别比 CK 提高了 9.0%、21.3%、26.9%、20.5% 和 9.1%，除处理 11 外，均显著高于 CK。说明喷施 CPPU 和 6–BA 有利于竹叶花椒麻味物质含量的提高，处理 9 和处理 4 效果最佳，且 6–BA 比 CPPU 效果好。

2. 挥发油含量

由图 2–64 可知，CPPU 和 6–BA 各浓度处理对竹叶花椒果皮挥发油含量有显著影响。使用膨大剂的各处理果皮挥发油含量达到 14.87 ~ 17.87 mg/g，比 CK 增加了 3.3% ~ 24.2%，处理 3 ~ 处理 6 和处理 9 显著高于 CK，其余处理与 CK 无显著差异（$P < 0.05$）。

随 CPPU 浓度的升高，竹叶花椒果皮中挥发油含量呈先升高后降低的趋势，处理

2 ~ 处理 6 比 CK 分别提高了 5.4%、14.8%、24.2%、21.7% 和 13.6%，除处理 2 外，挥发油含量均显著高于 CK。随着 6-BA 浓度的升高，竹叶花椒果皮中挥发油含量呈先升高后降低的趋势，处理 7 ~ 处理 11 分别比 CK 提高了 3.3%、9.2%、12.1%、10.0% 和 6.2%，除处理 9 外，其余处理与 CK 无显著差异。说明喷施 CPPU 和 6-BA 有利于竹叶花椒挥发油含量的提高，处理 4 和处理 9 效果最佳，且 CPPU 比 6-BA 效果好。

3. 不挥发性乙醚抽提物含量

由图 2-64 可知，喷施 CPPU 和 6-BA 各处理的不挥发性乙醚抽提物含量为 146.71 ~ 169.13 g/kg，比 CK 提高了 5.3% ~ 21.4%，除处理 2 和处理 6 外，其余处理均显著高于 CK（$P < 0.05$）。

竹叶花椒果皮中不挥发性乙醚抽提物含量随 CPPU 浓度的升高呈先升高后降低的趋势，处理 2 ~ 处理 6 比 CK 分别提高了 6.6%、10.8%、16.0%、13.8% 和 5.3%，除处理 2 和处理 6 外，不挥发性乙醚抽提物含量均显著高于 CK。随着 6-BA 浓度的升高，竹叶花椒果皮中不挥发性乙醚抽提物含量呈先升高后降低的趋势，处理 7 ~ 处理 11 比 CK 分别提高了 12.6%、18.2%、21.4%、20.3% 和 16.2%，且显著高于 CK。说明喷施 CPPU 和 6-BA 有利于竹叶花椒不挥发性乙醚抽提物含量的提高，处理 9 和处理 4 效果最佳，且 6-BA 效果好于 CPPU。

4. 醇溶抽提物含量

竹叶花椒果皮中醇溶抽提物含量受膨大剂不同浓度处理的影响如图 2-64 所示，CPPU 和 6-BA 各浓度处理结果中醇溶抽提物含量为 173.49 ~ 221.64 g/kg，较对照 CK 提高了 2.4% ~ 30.8%，除处理 2、处理 6、处理 7 和处理 11 与 CK 无显著差异外，其余处理均显著高于 CK（$P < 0.05$）。

竹叶花椒果皮中醇溶抽提物含量随 CPPU 浓度的升高呈先升高后降低的趋势，处理 2 ~ 处理 6 比 CK 分别提高了 7.4%、17.1%、23.3%、20.3% 和 2.4%，除处理 2 和处理 6 外，醇溶抽提物含量均显著高于 CK。随着 6-BA 浓度的升高，竹叶花椒果皮中醇溶抽提物含量呈先升高后降低的趋势，处理 7 ~ 处理 11 比 CK 分别提高了 5.4%、19.3%、30.8%、21.1% 和 7.3%，除处理 7 和处理 11 外，其余处理均显著高于 CK。说明喷施 CPPU 和 6-BA 有利于竹叶花椒醇溶抽提物含量的增加，处理 9 和处理 4 效果最佳，且 CPPU 比 6-BA 效果好。

5. 总黄酮含量

膨大剂不同浓度处理对竹叶花椒果皮中总黄酮含量的影响如图 2-64 所示，CPPU 和 6-BA 不同浓度处理对总黄酮含量影响差异显著，果皮中总黄酮含量达到 57.49 ~ 78.09 g/mg，与对照 CK 相比，提高了 7.4% ~ 45.8%，除处理 2 和处理 11 外，其余处理均显著高于 CK（$P < 0.05$）。

竹叶花椒果皮中总黄酮含量随 CPPU 浓度的升高呈先升高后降低的趋势，处理 2 ~ 处理 6 比 CK 分别提高了 7.4%、15.6%、29.3%、45.8% 和 15.5%，除处理 2 外，总黄酮含量均显著高于 CK。随着 6-BA 浓度的升高，竹叶花椒果皮中总黄酮含量呈先升高后降低的趋势，处理 7 ~ 处理 11 比 CK 分别提高了 9.9%、15.3%、29.2%、23.3% 和 9.3%，除处理 9 外，其余处理与 CK 无显著差异。说明喷施 CPPU 和 6-BA 有利于竹叶花椒果皮中总黄酮含量的提高，处理 5 效果最佳，处理 9 效果次之。

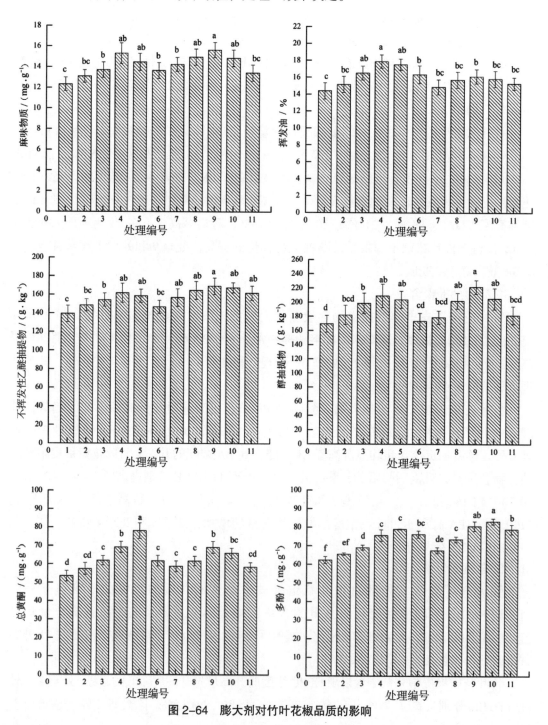

图 2-64　膨大剂对竹叶花椒品质的影响

6. 多酚含量

膨大剂不同浓度处理对竹叶花椒果皮中多酚含量的影响如图 2-64 所示，CPPU 和 6-BA 各浓度处理对多酚含量的影响显著，果皮中多酚含量达到 65.54 ~ 53.24 g/mg，相比 CK，提高了 5.2% ~ 33.5%，除处理 2 外，其余处理均显著高于 CK（$P < 0.05$）。

竹叶花椒单株产量随 CPPU 浓度的升高呈先升高后降低的趋势，最高值出现在处理 5，处理 2 ~ 处理 6 比 CK 分别提高了 5.2%、10.8%、21.2%、26.7% 和 22.3%，除处理 2 外，多酚含量均显著高于 CK。在 6-BA 各浓度处理中，果皮中多酚含量变化随浓度的增加呈先升高后降低的趋势，多酚含量最高值出现在处理 10，处理 7 ~ 处理 11 比 CK 分别提高了 8.4%、18.0%、29.4%、33.5% 和 26.6%，且显著高于 CK。说明喷施 CPPU 和 6-BA 有利于竹叶花椒果皮中多酚含量的提高，处理 10 和处理 5 效果最佳，且 6-BA 比 CPPU 效果好。

7. 果皮品质的综合评价

采用模糊数学隶属函数法对膨大剂 CPPU 和 6-BA 不同浓度处理中的所有品质指标进行综合评价值的转化，能够充分表现出品质的优良程度。由表 2-12 可知，不同膨大剂各浓度处理后竹叶花椒果皮品质综合值排序为：处理 9 ＞处理 5 ＞处理 4 ＞处理 10 ＞处理 8 ＞处理 3 ＞处理 11 ＞处理 6 ＞处理 7 ＞处理 2 ＞处理 1，处理 9 最高，其次为处理 5 和处理 4。

表 2-12　配方施肥对 3 年生竹叶花椒品质的影响

处理	综合品质	处理	综合品质
1	0.15 ± 0.14 c	7	0.38 ± 0.13 b
2	0.30 ± 0.12 bc	8	0.57 ± 0.14 ab
3	0.47 ± 0.08 b	9	0.75 ± 0.14 a
4	0.71 ± 0.17 a	10	0.67 ± 0.13 ab
5	0.72 ± 0.12 a	11	0.46 ± 0.13 b
6	0.43 ± 0.13 b		

三、讨论

（一）膨大剂对竹叶花椒产量的影响

CPPU 喷施能提高坐果率、提早成熟，尤其是在果实增大方面效果非常明显，优于迄今所发现的其他生长调节剂（肖艳等，2002），其原因可能是苯基脲类细胞分裂素和嘌呤类细胞分裂素具有相同的作用位点，并且还可能促进嘌呤类细胞分裂素积累和生物合成（刘勇等，1999）。本研究结果表明，不同浓度下 CPPU 均提高了竹叶花椒的单株产量、千粒重和坐果率。浓度从低到高时，竹叶花椒的产量呈先上升后下降的趋势，并且在 CPPU 为 40 mg/L 时竹叶花椒产量达到最高，单株产量、千粒重、坐果率 3 种产量相关指标影响最大，分别增长了 14.1%、28.2% 和 20.3%。

适宜浓度的 6-BA 可以提高光合速率，并延缓叶片的衰老，6-BA 还可以加快幼果细胞的分裂，增加细胞数量，促进细胞膨大（张平等，2003）。金晓蕾等（2019）在 3 种外源激素对荞麦产量的研究中发现，150 mg/L 的 6-BA 使 4 种不同荞麦单株产量、千粒重、坐果率分别增长了 23%、12% 和 13.3%。在本次研究中，不同浓度的 6-BA 均提高了竹叶花椒的单株产量、千粒重和坐果率，浓度从低到高时，竹叶花椒的产量呈先上升后下降的趋势，并且在 6-BA 为 80 mg/L 时产量达到最高，单株产量、千粒重、坐果率 3 种产量相关指标影响最大，分别增加了 22.7%、22.6% 和 24.9%。

（二）膨大剂对竹叶花椒品质的影响

本研究表明，不同浓度的 CPPU 较 CK 而言，均增加了竹叶花椒的综合品质，说明膨大剂 CPPU 对竹叶花椒有促进作用，CPPU 能提高果实的生长速度，提升果实品质，以 CPPU 80 mg/L 处理的竹叶花椒麻味物质和挥发油的含量最高；不同浓度的 6-BA 较 CK 而言，均增加了竹叶花椒的综合品质，竹叶花椒的麻味素含量、挥发油含量、不挥发性乙醚和醇抽提物这几项重要品质评价指标都不同程度地增加，说明膨大剂 6-BA 对竹叶花椒的品质具有促进作用，且在 6-BA 为 80 mg/L 时综合品质较佳。

四、结论

施用膨大剂能有效促进竹叶花椒增产和提升品质，以 40 mg/L CPPU 对竹叶花椒产量提高效果较佳，以 80 mg/L 6-BA 对竹叶花椒果实品质提升效果较佳。

主要参考文献

[1] Ali S，Perveen A. Pollen vitality and germination capacity in three taxa of the *genus Brassica* L.（Brassicaceae）[J]. Pakistan Journal of Botany，2021，53（3）：1079–1082.

[2] Aremu A O，Plačková L，Masondo N A，et al. Regulating the regulators：responses of four plant growth regulators during clonal propagation of Lachenalia montana[J]. Plant Growth Regulation，2017，82（2）：305–315.

[3] Brunet J，Ziobro R，Osvatic J，et al. The effects of time，temperature and plant variety on pollen viability and its implications for gene flow risk[J]. Plant Biology，2019，21（4）：715–721.

[4] Cao M J，Zhang S，Li M，et al. Discovery of four novel viruses associated with flower yellowing disease of green Sichuan Pepper（*Zanthoxylum Armatum*）by virome analysis[J]. Viruses，2019，11（8）：696.

[5] Chen C J，Zeng Z H，Liu Z R，et al. Small RNAs，emerging regulators critical for the

development of horticultural traits[J]. Horticulture Research，2018，5（1）：63–77.

[6] Chen L，Wang S Y，Zhong M，et al. Effects of pollens from the 10 selected *Actinidia* male genotypes on 4 commercial planting kiwifruit female cultivars in Southern China[J]. New Zealand Journal of Crop & Horticultural Science，2019，47（3）：155–169.

[7] Chung K R，Shilts T，Ert ü rk U，et al. Indole derivatives produced by the fungus *Colletotrichum acutatum* causing lime anthracnose and postbloom fruit drop of citrus[J]. FEMS Microbiology Letters，2003，226（1）：23–30.

[8] Engin H，Gokbayrak Z，Akcal A，et al. Gibberellic acid inhibits floral formation and delays flower differentiation in '0900 Ziraat' sweet cherry cultivar[J]. European Journal of Horticultural Science，2014，79（5）：260–266.

[9] Fei X T，Lei Y，Qi Y C，et al. Small RNA sequencing provides candidate miRNA–target pairs for revealing the mechanism of apomixis in *Zanthoxylum bungeanum*[J]. BMC Plant Biology，2021，21（1）：178–191.

[10] Ferrazzi P，Vercelli M，Chakir A，et al. Pollination effects on antioxidant content of *Perilla frutescens* seeds analysed by NMR spectroscopy[J]. Natural Product Research，2017，31（23）：2705–2711.

[11] Hui W K，Wang J Y，Ma L X，et al. Identification of key genes in the biosynthesis pathways related to terpenoids，alkaloids and flavonoids in fruits of *Zanthoxylum armatum*[J]. Scientia Horticulturae，2021，290：110523.

[12] Iwaizumi M G，Takahashi M. Effects of pollen supply and quality on seed formation and maturation in *Pinus densiflora*[J]. Journal of Plant Research，2012，125（4）：517–525.

[13] Kasahara R D，Notaguchi M，Nagahara S，et al. Pollen tube contents initiate ovule enlargement and enhance seed coat development without fertilization[J]. Science Advances，2016，2（10）：e1600554.

[14] Kavane A，Bishoyi A K，Geetha K A. Assessment of facultative apomixis in *Commiphora wightii*（Burseraceae）：A detailed study by controlled pollination followed by histology and flow cytometry[J]. Flora，2021，281：151854.

[15] Koehler G，Wilson R C，Goodpaster J V. Proteomic study of low–temperature responses in strawberry cultivars（*Fragaria × ananassa*）that differ in cold tolerance（Article）[J]. Plant Physiology，2012，159（4）：1787–1805.

[16] Liang M，Cao Z，Zhu A，et al. Evolution of self–compatibility by a mutant *Sm–RNase* in citrus[J]. Nature Plants，2020，6（2）：131–142.

[17] Liu X D，H Z，Y Z，et al. Auxin controls seed dormancy through stimulation of abscisic acid signaling by inducing ARF–mediated ABI3 activation in *Arabidopsis*[J]. Proc Natl Acad Sci USA，2013，38（110）：15485–15490.

[18] Liu Y S. A Novel mechanism for xenia?[J]. HortScience：a Publication of the American Society for Horticultural Science，2008，43（3）：706.

[19] Novara C，Ascari L，Morgia VL，et al. Viability and germinability in long term storage of *Corylus avellana* pollen[J]. Scientia Horticulturae，2017，214：295-303.

[20] Owens J N，Bennett J，L'Hirondelle S. Pollination and cone morphology affect cone and seed production in lodgepole pine seed orchards[J]. Canadian Journal of Forest Research，2005，35（2）：383-400.

[21] Pathak R K，Taj G，Pandey D，et al. Modeling of the MAPK machinery activation in response to various abiotic and biotic stresses in plants by a system biology approach[J]. Bioinformation，2013，9（9）：443-449.

[22] Peres N A，Mackenzie S J，Peever T L，et al. Postbloom fruit drop of citrus and key lime anthracnose are caused by distinct phylogenetic lineages of *Colletotrichum acutatum*[J]. Phytopathology，2008，98（3）：345-352.

[23] Qian C，Ren N，Wang J，et al. Effects of exogenous application of CPPU，NAA and GA4+7 on parthenocarpy and fruit quality in cucumber（*Cucumis sativus* L.）[J]. Food Chemistry，2018，243：410-413.

[24] Tian，M D，Zhang Y，Liu Y，et al. High temperature exposure did not affect induced 2n pollen viability in Populus[J]. Plant，Cell & Environment，2018，41（6）：1383-1393.

[25] Vale Á，Rojas D，Álavrz J C，et al. Breeding system and factors limiting fruit production in the nectarless orchid *Broughtonia lindenii*[J]. Plant Biology，2011，13：51-61.

[26] Velikova V，Yordanov I T，Edreva A M. Oxidative stress and some antioxidant systems in acid rain-treated bean plants：protective role of exogenous polyamines[J]. Plant Science，2000，151（1）：59-66.

[27] Wang Y，Hao J B，Yuan X L，et al. The complete chloroplast genome sequence of *Zanthoxylum armatum*[J]. Mitochondrial DNA Part B，2019，4（2）：2513-2514.

[28] 艾鹏飞，金晓静，靳占忠，等. 仁用杏抗寒性生理指标评价的研究 [J]. 河北科技大学学报，2013，34（1）：48-53.

[29] 安成立，刘占德，姚春潮，等. 美味猕猴桃控制授粉对果实及种子影响的研究 [J]. 种子，2016，35（1）：72-73，76.

[30] 蔡雪，孙德兰，邢树平. 花椒珠心胚的超微结构及珠心细胞 ATP 酶的细胞化学定位 [J]. 西北植物学报，2002，44（4）：67-71.

[31] 曹尚银，张俊昌，魏立华. 苹果花芽孕育过程中内源激素的变化 [J]. 果树学报，2000，17（4）：244-248.

[32] 董艳，陈磊，张亚红. 4 种膨大剂对葡萄果实生长发育的影响 [J]. 江苏农业科学，2017（17）：65-69.

[33] 段成国，李宪利，高东升，等 . 内源 ABA 和 GA₃ 对欧洲甜樱桃花芽自然休眠的调控 [J].
园艺学报，2004（2）：149–154.

[34] 傅华龙，何天久，吴巧玉 . 植物生长调节剂的研究与应用 [J]. 生物加工过程，2008（4）：
7–12.

[35] 高付凤，毛云飞，张佳腾，等 . 平邑甜茶外源花粉授粉效果和生殖机能研究 [J]. 山东农业
科学，2018，50（1）：23–28.

[36] 高尚，曹小勇，胡选萍，等 . 不同授粉量对天麻果实发育及结实的影响 [J/OL]. 生物学杂
志：1–5 [2022–01–24]. http：//kns.cnki.net/kcms/detail/34.1081.q.20210428.1548.022.html.

[37] 高玉莹，时欢，王云，等 . 文心兰不育花粉粒形态观察及相关基因克隆与表达分析 [J]. 西
北植物学报，2018，38（12）：2165–2174.

[38] 顾岑，王华磊，赵致，等 . 植物生长调节剂对苗药艾纳香产量和品质的影响 [J]. 中药材，
2017，40（5）：1039–1042.

[39] 郝乾坤，张国桢，孙丙寅 . 花椒水肥管理现状的调查研究 [J]. 陕西林业科技，2003（2）：
23–24.

[40] 何敏，谷超，吴巨友，等 . 果树自交不亲和机制研究进展 [J]. 园艺学报，2021，48（4）：
759–777.

[41] 贺红早，陈训，李苇洁 . 顶坛花椒花粉活力及其对 Zn 的响应研究 [J]. 安徽农业科学，
2007，36（27）：8432–8434.

[42] 洪俊彦，黄仁，黄春颖，等 . 植物花粉直感的研究进展及展望 [J]. 植物生理学报，2020，
56（2）：151–162.

[43] 胡启国，刘亚军，王文静，等 . 烯效唑对甘薯产量和生长发育的影响 [J]. 山西农业科学，
2018，46（8）：1299–1301，1395.

[44] 胡绍庆，宣子灿，朱诚，等 . 桂花花芽分化期内源激素含量的变化 [J]. 西北植物学报，
2011，31（2）：398–400.

[45] 黄卫东，张平，李文清 . 6–BA 对葡萄果实生长及碳、氮同化物运输的影响 [J]. 园艺学
报，2002，29（4）：303–306.

[46] 黄秀，柯甫志，孙立方，等 . 不同花粉授粉对温州蜜柑种子形成的影响 [J]. 浙江农业科
学，2021，62（11）：2207–2210.

[47] 江晴 . 植物生长调节剂对黄瓜生长及产量的影响 [J]. 福建农业科技，2013（5）：42–44.

[48] 金晓芳，肖昌龙，张杰，等 . 3 种雌雄异熟樟科植物开花动态的比较研究 [J]. 热带亚热带
植物学报，2021，29（2）：162–170.

[49] 金晓蕾，刘景辉，罗中旺，等 . 外源激素对荞麦结实和产量的影响 [J]. 植物生理学报，
2019，55（8）：1247–1258.

[50] 李翠红，张永茂，冯毓琴，等 . 苹果矮化砧木抗寒性的评价与比较 [J]. 西南农业学报，
2017，30（5）：1183–1188.

[51] 李菲菲，李孟楼，崔俊，等.花椒麻味素（酰胺类）含量的常规检测 [J]. 林业科学，2014，50（2）：121–126.

[52] 李合生.现代植物生理学 [M].北京：高等教育出版社，2002.

[53] 李洪娜，许海港，任饴华，等.不同施氮水平对矮化富士苹果幼树生长、氮素利用及内源激素含量的影响 [J].植物营养与肥料学报，2015，21（5）：1304–1311.

[54] 李经洽，克热木·伊力，艾克拜尔·伊拉洪，等.配方施肥对库尔勒香梨枝条抗寒性的影响 [J].新疆农业科学，2015，52（8）：1460–1466.

[55] 李玲，苏淑钗，寇艳茹.板栗坐果及果实早期发育与内源激素质量分数的关系 [J].东北林业大学学报，2020，48（5）：55–61.

[56] 李佩洪，陈政，曾攀，等.不同成熟度青花椒的品质 [J].贵州农业科学，2021，49（5）：82–87.

[57] 李启辉.不同植物生长调节剂对花生生长及产量的影响 [J].辽宁农业科学，2016（3）：86–88.

[58] 李珊珊，王雪梅，陈波浪，等.植物生长调节剂对库尔勒香梨产量与品质的影响 [J].农业现代化研究，2016，37（2）：374–380.

[59] 李文明，辛建攀，魏驰宇，等.植物抗寒性研究进展 [J].江苏农业科学，2017，45（12）：6–11.

[60] 李先恩，张晓阳.植物生长调节剂对丹参药材产量和品质的影响 [J].中国中药杂志，2014，39（11）：1992–1994.

[61] 李元鹏，张英杰，张京伟，等.月季花芽分化形态观测及遮阴对其进程的影响 [J/OL].分子植物育种：1–7[2022–01–4]. http://kns.cnki.net/kcms/detail/46.1068.S.20210723.1523.016.html.

[62] 李圆圆，罗安伟，李琳，等.采前氯吡脲处理对'秦美'猕猴桃贮藏期间果实硬度及细胞壁降解的影响 [J].食品科学，2018，39（21）：273–278.

[63] 刘峰，李豪，王安，等.14 种切花月季抗寒性比较与评价 [J].湖北农业科学，2018，57（7）：75–79.

[64] 刘国鹏."大红袍"花椒的栽培管理技术 [J].北方园艺，2012（11）：57–58.

[65] 刘善军，刘勇，范国荣，等.柿花粉发芽及人工授粉对果实品质影响的研究 [J].江西农业大学学报，2004，26（6）：885–888.

[66] 刘艳菊，曹红星，张如莲.不同时间下低温胁迫对油棕幼苗生理生化变化的影响 [J].植物研究，2015，35（6）：860–865.

[67] 刘勇，刘善军，张宁珍，等.几种植物生长调节剂对脐橙开花坐果的影响 [J].江西林业科技，1999（2）：22–23.

[68] 罗萍，贺军军，姚艳丽，等.低温对不同耐寒性橡胶树叶片抗氧化能力的影响 [J].西北植物学报，2014，34（2）：311–317.

[69] 马旭东，郭晔红，朱文娟，等.介入授粉对肉苁蓉种子内含物的影响 [J].热带农业工程，

2020，44（4）：84-86.

[70] 马艳芝，客绍英.柴胡幼苗越冬抗寒性及其相关生理指标筛选[J].西北植物学报，2014，34（4）：786-791.

[71] 马玉敏，孙海伟，武志刚，等.大红袍花椒生物学特性观测[J].山东农业科学，2006（3）：40-41.

[72] 莫长明，涂冬萍，黄杰，等.罗汉果花芽分化过程中形态及其激素水平变化特征[J].西北植物学报，2015，35（1）：98-106.

[73] 宁万军，廖康，王国安，等.'新新2'和'温185'核桃授粉坐果规律与无融合生殖研究[J].果树学报，2014，31（2）：245-249.

[74] 宁伟，张建，吴志刚，等.丹东蒲公英专性无融合生殖特性[J].植物学报，2014，49（4）：417-423.

[75] 潘磊，许杰，杨帅，等.不同贮藏温度条件下3个烟草品种花粉活力、形态及生理指标变化[J].作物杂志，2020（2）：112-118.

[76] 齐明芳，李天来，许涛，等.园艺作物器官脱落相关酶的研究进展[J].北方园艺，2007（6）：62-65.

[77] 曲波，张微，陈旭辉，等.植物花芽分化研究进展[J].中国农学通报，2010，26（24）：109-114.

[78] 任俊杰，赵爽，苏彦苹，等.春季低温胁迫对核桃抗氧化酶指标的影响[J].西北农林科技大学学报（自然科学版），2016，44（3）：75-81.

[79] 任文斌，王倩，吴翠翠，等.F型小麦雄性不育系和SQ-1诱导不育植株花粉形态扫描电镜观察[J/OL].作物杂志：1-6[2022-01-24].http://kns.cnki.net/kcms/detail/11.1808.s.20211025.1804.004.html.

[80] 宋毓雪，王雨，孔德章，等.不同植物生长调节剂对甜荞产量的影响[J].四川农业大学学报，2018，36（3）：292-296.

[81] 孙丙寅，康克功，李利平.青花椒与红花椒主要营养成分的比较研究[J].陕西农业科学，2006（3）：29-30.

[82] 孙涌栋，张兴国，侯瑞贤，等.授粉后黄瓜果实膨大相关基因的鉴别[J].植物生理与分子生物学学报，2005，31（4）：403-408.

[83] 唐海龙，龚伟，王景燕，等.氮磷钾不同配比对藤椒产量和品质的影响[J].西北农林科技大学学报（自然科学版），2019，47（10）：18-26.

[84] 王海波，王传增，程来亮，等.花粉直感效应对"富士"苹果套袋果实挥发性成分的影响[J].北方园艺，2016（22）：25-29.

[85] 王海儒，李建贵，杜研，等.人工授粉对红富士苹果坐果率及品质的影响[J].新疆农业科学，2013，50（8）：1456-1461.

[86] 王景燕，龚伟，李伦刚，等.水肥对汉源花椒幼苗抗逆生理的影响[J].西北植物学报，

2015，35（3）：530–539.

[87] 王婧，栾东涛，梁俊，等 . 不同贮藏温度对萱草花粉活力的影响 [J]. 分子植物育种，2019，17（9）：3058–3063.

[88] 王小艳，陈玲 . 膨大剂在果蔬生产中的应用研究现状及对策 [J]. 南方农业，2014，8（30）：51–52.

[89] 王晓静，余乐，殷寿华 . 授粉方式对流苏石斛结实率及种子活力的影响 [J]. 云南大学学报（自然科学版），2009，31（S1）：374–377.

[90] 文晓鹏，仇志浪，洪怡 . 果树落果的生理及分子机制研究进展 [J]. 山地农业生物学报，2018，37（4）：1–17.

[91] 项洪涛，冯延江，郑殿峰，等 . 植物生长调节剂对马铃薯产量和品质的调控研究进展 [J]. 中国农学通报，2018，34（15）：15–19.

[92] 肖年湘，郁松林，王春飞 . 6–BA、玉米素对全球红葡萄果实发育过程中糖分含量和转化酶活性的影响 [J]. 西北农业学报，2008，17（3）：227–231.

[93] 肖艳，黄建昌，赵春香，等 . 植物生长调节剂对香蕉李果实产量和品质的影响 [J]. 仲恺农业技术学院学报，2002（4）：34–37.

[94] 谢琴琴，左同鸿，胡燈科，等 . 甘蓝自交不亲和相关基因 *BoPUB9* 的克隆及表达分析 [J]. 作物学报，2022，48（1）：108–120.

[95] 徐臣善 . 授粉处理对红富士苹果果实品质影响的综合评价 [J]. 广西植物，2013，33（5）：685–690.

[96] 杨国放，姜河，纪志雨，等 . 叶面喷施烯效唑对马铃薯生长及产量的影响 [J]. 辽宁农业科学，2006（2）：81–82.

[97] 杨林，郝艳玲 . 汉源六镇花椒营养成分比较研究 [J]. 北方园艺，2013（21）：18–22.

[98] 杨芩，刘雅兰，张婷淳，等 . 果树花粉直感效应形成机理研究进展 [J]. 经济林研究，2020，38（2）：235–240.

[99] 杨秋雄，马佳平，孙年喜，等 . 川白芷开花物候和繁育系统特征分析 [J/OL]. 分子植物育种：1–17[2022–01–24]. http：//kns.cnki.net/kcms/detail/46.1068.s.20210830.1417.008.html.

[100] 杨瑞丽，齐立军，魏占姣，等 . 不同贮藏条件对花椒麻味物质稳定性的影响 [J]. 中国食品添加剂，2018（9）：113–121.

[101] 苑智华 . 不同授粉方式对草莓生理和果实品质的影响 [J]. 分子植物育种，2021，19（19）：6551–6556.

[102] 岳磊，罗凯，马丽，等 . 不同管理模式对花椒园节肢动物群落结构及稳定性的影响 [J]. 中国生态农业学报，2014，22（4）：464–472.

[103] 张宁，敖妍，苏淑钗，等 . 文冠果花性别分化过程中形态与解剖结构特征和气象因子分析 [J]. 西北植物学报，2018，38（10）：1846–1857.

[104] 张平，郝建军，于洋，等 . GA3 与 6–BA 复合剂对黄瓜产量的影响 [J]. 沈阳农业大学学

报，2003（6）：415-418.

[105] 张如平，詹妮，黄烈健，等 . 马占相思、大叶相思控制授粉方法比较 [J]. 分子植物育种，2020，18（17）：5877-5882.

[106] 赵滢，杨义明，范书田，等 . 木本植物抗寒性的环境调控及响应机制研究进展 [J]. 分子植物育种，2017，15（2）：750-756.

[107] 郑浩，陈至婷，张琮，等 . 不同授粉品种对"初夏绿"梨果实品质的影响 [J]. 中国南方果树，2019，48（2）：102-105.

[108] 周进华 . 赤霉素和氯吡脲对不同葡萄品种果实膨大和品质的影响 [J]. 现代农业科技，2016（20）：55-56.

第三章　水肥耦合对竹叶花椒幼苗生长及抗性生理研究

第一节　水肥耦合对竹叶花椒幼苗生长的影响

竹叶花椒根系发达、固土能力强，是退耕还林中主要的水土保持经济林树种（陈华龙等，2017）。因其香味浓郁，麻味十足，深受消费者青睐，市场前景看好（李佩洪等，2017），种植竹叶花椒已成为带动经济欠发达地区经济增长的新型产业。在竹叶花椒栽培管理过程中，合理的水肥管理是促进其生长和获得高产的基础。已有研究表明，只施加肥料或者增加土壤含水量不能较好地促进植物的生长，而水肥耦合措施可以促进植物生长、提高植物的水肥利用率和防治环境污染（王景燕等，2016；林国祚等，2013；林旭俊等，2015）。因此，为更好地探究水肥耦合对竹叶花椒幼苗生长的影响，本研究通过水肥耦合盆栽试验，研究土壤水分和施肥对竹叶花椒幼苗生长的影响，并探讨最佳水肥耦合比例，以期为生产实际栽培管理提供理论支撑和技术参考。

一、材料和方法

（一）试验地及试验材料

试验材料为竹叶花椒品种汉源葡萄青椒，盆栽试验地位于四川农业大学成都校区温室大棚（103° 52′ E，30° 42′ N），海拔 580 m。

栽植容器为高 23 cm、上口径 22 cm、底径 20 cm 的塑料花盆，每盆取风干土 6.3 kg（相当于 6.0 kg 烘干土），其中 2/3 先装入盆内，剩余 1/3 与需要的肥料充分混匀后再装入盆上部，盆内土壤厚度约 20 cm。

（二）试验设计

水肥耦合处理采用 4 因素 4 水平正交试验设计（表 3-1），共 16 个处理，每个处理均设置 3 个重复，每个重复栽植 3 盆，共栽植 144 盆。

表 3-1　水肥耦合处理组合试验设计

处理号	田间持水量	N/（kg·hm^{-2}）	P$_2$O$_5$/（kg·hm^{-2}）	K$_2$O/（kg·hm^{-2}）
T1	20%	0	0	0
T2	20%	75	30	75
T3	20%	150	60	150
T4	20%	300	120	300
T5	40%	0	30	150
T6	40%	75	0	300
T7	40%	150	120	0
T8	40%	300	60	75
T9	60%	0	60	300
T10	60%	75	120	150
T11	60%	150	0	75
T12	60%	300	30	0
T13	80%	0	120	75
T14	80%	75	60	0
T15	80%	150	30	300
T16	80%	300	0	150

盆栽进行套袋处理，基肥一次性施入，盆内的具体施肥量按照单位面积算。将幼苗移栽到盆后，先以正常水分 50%～60% 进行管理，正常管理 20 d 后，20% 田间持水量（FWC）和 40%FWC 的盆栽停止浇水，7 d 后达到规定水分，60%FWC 的盆栽正常管理，80%FWC 的盆栽增加浇水量，5 d 后达到规定水分，从开始到结束整个过程均采用每日下午 4～5 点运用称重法进行水分调控。所有处理放置于塑料大棚内，防止雨水对试验的影响（大棚内只避雨，不控湿度和温度）。

（三）测定指标及其方法

1. 植物形态及其生物量指标测定

从盆栽种植起，到 2016 年 11 月中旬苗木高生长停止时立即测定植株的地径和苗高，并将 48 盆植株从盆中取出，从根颈处剪断植株，分为地上部分和地下部分，将地上部分鲜样迅速称重，用卷尺、直尺测定株高，用电子游标卡尺测定基径；地下部分轻轻抖去根系表面附着的泥土，迅速称取鲜重；随后将其分开装入牛皮纸，先在 105℃下杀青，后在 80℃下烘干至恒重，自然冷却待温度降到室温后称取干重，上下两部分相加即为植株生物量。

2. 植物生长养分指标测定

植物根茎叶全氮、全磷、全钾——分别采用外加热重铬酸钾氧化法（LY/T 1237-1999）、半微量凯氏法（LY/T 1228-1999）和原子火焰光度法（GB 9836-1988）测定；肥料利用率采用差减法计算。

（四）数据处理

用 SPSS 22.0 和 Excel 2007 对数据进行统计和分析，用 SigmaPlot 12.5 作图；各处理变量间显著性检验采用单因素方差分析（One-way ANOVA）和最小显著差数法（LSD法）多重比较，并用双尾检验法进行各指标的相关性分析。运用隶属函数综合法对每个处理植株的苗高、地径和生物量进行累加，求其平均值，值越大说明植株生长越好。

二、结果与分析

（一）水肥耦合对竹叶花椒生长的影响

1. 苗高

由图 3-1 可知，不同水肥耦合处理对竹叶花椒幼苗的苗高影响显著。各处理中，处理 T12 苗高最大，处理 T1 苗高最小。在 20%FWC 时，各处理苗高平均值表现为 T4 > T3 > T2 > T1，T4、T3、T2 均与 T1 差异显著（$P < 0.05$），T4 最大，与 T1 相比增加了 37.0%；在 40%FWC 时，各处理苗高平均值表现为 T8 > T7 > T6 > T5，T8 最大，与 T1 相比增加 54.8%；在 60%FWC 时，各处理苗高平均值表现为 T12 > T11 > T10 > T9，T12 最大，与 T1 相比增加 76.2%；在 80%FWC 时，各处理苗高平均值均表现为 T15 > T14 > T16 > T13，T15 最大，与 T1 相比增加 58.4%。在 20%FWC、40%FWC、60%FWC 和 80%FWC 处理下，苗高的平均值表现出先增加后下降的趋势，在 60%FWC 时达到最大。

2. 地径

由图 3-2 可知，不同水肥耦合处理对竹叶花椒幼苗的地径影响显著（$P < 0.05$）。各处理中，处理 T12 地径最大，处理 T1 地径最小。在 20%FWC 时，各处理地径平均值表现为 T4 > T3 > T2 > T1，T4 最大，与 T1 相比增加了 60.5%；在 40%FWC 时，各处理地径平均值表现为 T8 > T7 > T6 > T5，T8 最大，与 T1 相比增加了 81.8%；在 60%FWC 时，各处理地径平均值表现为 T12 > T11 > T10 > T9，T12 最大，与 T1 相比增加了 105.5%；在 80%FWC 时，各处理地径平均值均表现为 T15 > T14 > T16 > T13，T15 最大，与 T1 相比增加了 85.6%；在 20%FWC、40%FWC、60%FWC 和 80%FWC 处理下，地径的平均值表现出先增加后下降的趋势，60%FWC 时最大。

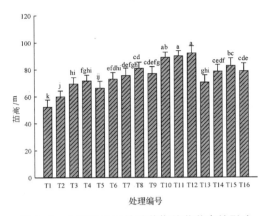

图 3-1　水肥耦合对竹叶花椒幼苗苗高的影响

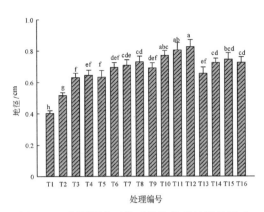

图 3-2　水肥耦合对竹叶花椒幼苗地径的影响

3. 生物量

由图 3-3 可知，不同水肥耦合处理对竹叶花椒幼苗总生物量的影响显著（$P < 0.05$）。各处理中，处理 T12 总生物量最大，处理 T1 总生物量最小。在 20%FWC 时，各处理根、茎、叶总生物量的平均值表现为 T4 > T3 > T2 > T1，T4 最大，与 T1 相比增加了 138.0%；在 40%FWC 时，各处理根、茎、叶的总生物量平均值表现为 T8 > T7 > T6 > T5，T8 最大，与 T1 相比增加了 285.9%；在 60%FWC 时，各处理根、茎、叶总生物量的平均值表现为 T12 > T11 > T10 > T9，T12 最大，与 T1 相比增加了 332.6%；在 80%FWC 时，各处理根、茎、叶总生物量的平均值均表现为 T15 > T14 > T16 > T13，T15 最大，与 T1 相比增加了 299.7%。

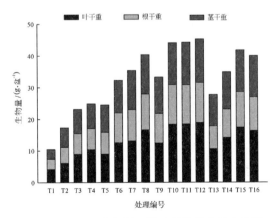

图 3-3　水肥耦合条件下竹叶花椒幼苗的生物量

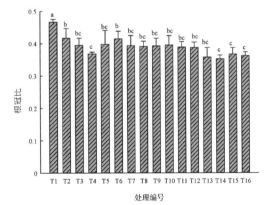

图 3-4　水肥耦合条件下竹叶花椒幼苗的根冠比

4. 根冠比

由图 3-4 可知，竹叶花椒幼苗根冠比与苗高、地径、总生物量的变化规律不同，不同处理间根冠比差异显著（$P < 0.05$）。各处理中，根冠比 T1 最大，T14 最小。在

20%FWC 时，各处理中根冠比表现为 T1 > T2 > T3 > T4，T4 最小，与 T1 相比降低了 21.0%；在 40%FWC 时，各处理中根冠比表现为 T6 > T5 > T7 > T8，T8 最小，与 T1 相比降低了 16.1%；在 60%FWC 时，各处理中根冠比表现为 T10 > T9 > T11 > T12，T12 最小，与 T1 相比降低了 17.0%；在 80%FWC 时，各处理中根冠比表现为 T15 > T16 > T13 > T14，T14 最小，与 T1 相比降低了 24.5%。

（二）水肥耦合对竹叶花椒根茎叶养分吸收的影响

1. 根、茎、叶中氮、磷、钾含量

竹叶花椒幼苗根、茎、叶中氮、磷、钾养分含量最大值分别是处理 T12、处理 T10 和处理 T9，处理 T1 最小。相同处理条件下，氮、磷、钾养分含量均呈现出根 > 叶 > 茎 的变化规律（如图 3-5、图 3-6 和图 3-7）。随着土壤含水量的增加，各处理根、茎、叶的氮含量呈现出先增加后降低的趋势，均为处理 T12 最大，与处理 T1 相比分别增加了 173.7%、102.2% 和 141.1%；随着土壤含水量的增加，各处理根、茎、叶的磷含量变化规律不一致，与 T1 相比分别增加了 87.1%、96.5% 和 96.7%；随着土壤含水量的增加，各处理根、茎、叶中钾含量变化规律不一致，与 T1 相比分别增加了 183.3%、74.9% 和 122.7%。

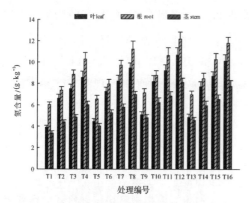

图 3-5　水肥耦合对叶花椒幼苗氮含量的影响

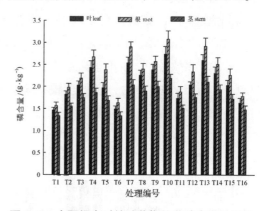

图 3-6　水肥耦合对竹叶花椒幼苗磷含量的影响

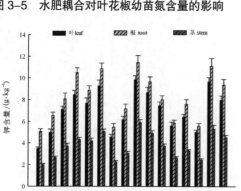

图 3-7　水肥耦合对竹叶花椒幼苗钾含量的影响

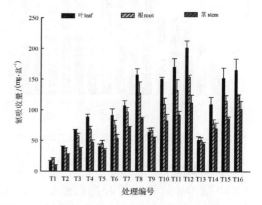

图 3-8　水肥耦合对竹叶花椒幼苗氮吸收量的影响

2. 根、茎、叶中氮、磷、钾养分吸收量

由图 3-8、图 3-9 和图 3-10 可知，各处理中，竹叶花椒幼苗氮、磷、钾养分吸收量的最大值分别为处理 T12、处理 T10 和处理 T15，处理 T1 最小。

由图 3-8 可知，相同水分条件下，竹叶花椒幼苗各部分的氮吸收量随施氮量的增加而增加。

由图 3-9 可知，20%FWC 和 60%FWC 时，竹叶花椒幼苗各部分磷的吸收量随施磷量的增加而增加，40%FWC 时，竹叶花椒幼苗各部分磷的吸收量随着施肥量的增加呈先增加后下降的趋势，在 60 kg/hm² 施磷条件下吸收量达到最大值；80%FWC 时，竹叶花椒幼苗各部分磷的吸收量随着施肥量的增加而减少，在 30 kg/hm² 施磷条件下达到最大值。

由图 3-10 可知，20%FWC 时，竹叶花椒幼苗各部分钾的吸收量随着施肥量的增加而增加；40%FWC 时，与不施钾肥处理相比，竹叶花椒幼苗各部分钾的吸收量表现为随着施肥量的增加呈先增加后降低再增加的趋势，在 300 kg/hm² 施钾条件下最小；在 60%FWC 时，与不施钾肥处理相比，竹叶花椒幼苗各部分钾的吸收量随着施肥量的增加呈现出先增加后降低的趋势，在 150 kg/hm² 施钾条件下吸收量最大；在 80%FWC 时，竹叶花椒幼苗各部分钾的吸收量随着水肥量的增加呈增加的趋势，并在 300 kg/hm² 施钾条件下最大。

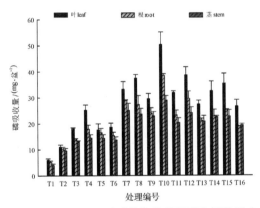 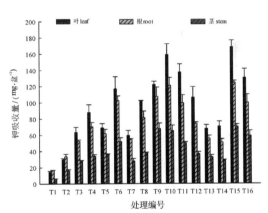

图 3-9　水肥耦合对竹叶花椒幼苗磷吸收量的影响　　图 3-10　水肥耦合对竹叶花椒幼苗磷吸收量的影响

3. 肥料利用率

由图 3-11、图 3-12 和图 3-13 可知，氮肥、磷肥和钾肥在各个水分情况下肥料总的平均利用率均随着施肥量的增加呈下降的趋势。氮肥在不同施肥水平的平均利用效率均差异显著（$P < 0.05$），在施氮量 75 kg/hm² 时最大，为 44.4%，在施氮量 300 kg/hm² 时最小，为 24.5%；磷肥在不同施肥水平的平均利用效率均差异显著（$P < 0.05$），在施磷量 30 kg/hm² 时最大，为 6.6%，在施磷量 120 kg/hm² 时最小，为 3.6%；钾肥在不同施肥水平的平均利用效率均差异显著（$P < 0.05$），在施钾量 75 kg/hm² 时最大，为 29.8%，

在施钾量 300 kg/hm² 时最小，为 15.9%。3 种元素的肥料利用率大小顺序为氮＞钾＞磷。

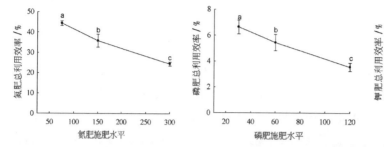

图 3-11 幼苗氮肥总利用效率　　图 3-12 幼苗磷肥总利用效率　　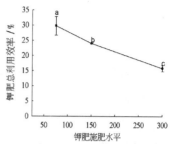图 3-13 幼苗钾肥总利用效率

（三）水肥耦合竹叶花椒生长状况的综合评价

竹叶花椒幼苗的生长状况与植株地径、苗高和生物量密切相关，运用模糊隶属函数法对上述 3 个指标进行综合评价，可以较为精确地反映水肥耦合对竹叶花椒幼苗植株生长的影响。不同水肥耦合竹叶花椒幼苗地径、苗高和生物量的隶属度呈现出相同的变化规律，即 T1 最低，T12 最高。通过回归分析分别建立隶属度与田间持水量、氮肥、磷肥、钾肥的一元二次方程。在不考虑氮肥、磷肥、钾肥的情况下，隶属度（y）与田间持水量（x_1）的回归方程为：$y = -3.225\ 7x_1^2 + 3.974\ 5x_1 - 0.394\ 3$（$R^2 = 0.966\ 2$，$P < 0.01$），田间持水量为 62% 时竹叶花椒幼苗的生长达到最佳；在不考虑田间持水量、磷肥、钾肥的情况下，隶属度（y）与氮肥（x_2）的回归方程为：$y = -6.689\ 7x_2^2 + 3.184\ 3x_2 + 0.404\ 9$（$R^2 = 0.998\ 3$，$P < 0.01$），氮肥施肥量为 238 kg N/hm² 时，竹叶花椒幼苗生长达到最佳；在不考虑田间持水量、氮肥、钾肥的情况下，隶属度（y）与磷肥（x_3）的回归方程为：$y = -8.445\ 6x_3^2 + 1.587\ 7x_3 + 0.581\ 8$（$R^2 = 0.998\ 9$，$P < 0.01$），磷肥施肥量为 94 kg P₂O₅/hm² 时，竹叶花椒幼苗生长达到最佳；在不考虑田间持水量、氮肥、磷肥的情况下，隶属度（y）与钾肥（x_4）的回归方程为：$y = -0.826\ 4x_4^2 + 0.417\ 7x_4 + 0.594\ 8$（$R^2 = 0.997\ 6$，$P < 0.01$），钾肥施肥量为 253 kg K₂O/hm² 时，竹叶花椒幼苗生长达到最佳。

通过以上方程可知，在土壤水分为 62%，氮（N）、磷（P₂O₅）和钾（K₂O）施用量分别为尿素 238 kg /hm²、过磷酸钙为 94 kg/hm² 和硫酸钾 253 kg/hm² 时，有利于促进竹叶花椒幼苗的生长。

三、讨论

（一）肥料利用率

在实际生产过程中，水分和养分是植物生长过程必需的生长元素，当土壤水分和养分供应不足时，一般采用农田灌溉和增施肥料来维持植物的生长，但是单一施肥或者单一灌溉都不能完全改善林木的生长状况。肥料的利用率反映了肥料养分在植物体内的利用效率（韩梅，2017），适当施肥能有效促进植物的吸收，过量反而会起负作用。本研究发现，在 4 种不同土壤水分含量的条件下，竹叶花椒幼苗的氮肥、磷肥、钾肥平均利用效率随施肥量的增加而减少，且利用效率表现为氮肥＞钾肥＞磷肥，原因可能是竹叶花椒幼苗对氮素的需求高于钾肥和磷肥，也可能是由于氮肥和水分的交互作用更优于磷肥、钾肥和水分的交互作用。因此，在今后竹叶花椒苗木实际生产过程中，应注意氮肥、磷肥、钾肥 3 种营养元素的合理配施，更利于吸收和促进其生长。

另外，多数研究发现，通过适度地调控水分和施氮量，可以显著地提高植物对氮、磷、钾三大营养元素的吸收（薛亮等，2014；肖新等，2016）。本试验表明，在 20%FWC 和 40%FWC 条件下，随着施氮量的增加竹叶花椒幼苗磷的吸收量呈现增加的趋势，在 60%FWC 和 80%FWC 条件下，随着施氮量的增加竹叶花椒幼苗磷的吸收量呈先增加后下降的趋势；在 20%FWC 条件下，随着施氮量的增加竹叶花椒幼苗钾的吸收量也增加，在其他水分条件下，竹叶花椒幼苗钾的吸收量均随着施氮量的增加表现出先增加后减低的趋势。造成这种差异的原因可能在于，在水分胁迫下，氮肥能促进竹叶花椒幼苗对磷肥和钾肥的吸收，说明三者之间具有相互作用，另外，在高水分条件下，竹叶花椒幼苗可以吸收大量的营养元素，而相比磷、钾元素，植物对氮的需求更大，氮肥的施用量未超过植物的需求量。

（二）根冠比

根冠比是植物根系与地上部分干重的比值，其大小可以反映出植物的生长情况和周围环境对根系和地上部分生长的影响（Ma 等，2010）。不同施氮水平下，植物根、茎、叶生物量的分配比例会不同（Wright 等，2011）。本研究中，20%FWC 和 40%FWC 条件下，竹叶花椒幼苗根冠比随着氮肥施加量的增加显著降低，60%FWC 条件下，竹叶花椒幼苗根冠比随氮肥施加量的增加而减少，80%FWC 条件下，竹叶花椒幼苗根冠比随氮肥施加量的增加而增加。出现此现象的原因可能是 20%FWC 和 40%FWC 条件下，施氮量的增加使竹叶花椒幼苗过度生长，导致根冠比显著下降；60%FWC 条件下，水分相对较适宜，施氮量的增加未使竹叶花椒幼苗过度生长，因而根冠比略微增加；80%FWC 条件下，水分过多，导致根系缺氧，阻碍竹叶花椒幼苗对氮素进行正常吸收，使氮素营养缺乏，使竹叶花椒幼苗根冠比增加。张向前等（2017）研究发现，植物生长过程中根冠比偏大或者偏小均对植物的生长产生不良的影响，根冠比偏大会导致根部消耗较多的同化物，阻碍植物的产量；过小的根冠比会导致根系不能吸收足够的水分和养分而阻碍植物的生长。因此，在实际施肥过程中，应结合竹叶花椒幼苗对肥料的需求进行肥料类型的选择和合理施肥。

（三）水分的影响

水分作为植物吸收养分过程的有效载体，是植物幼苗生长期间的重要限制因素。水分胁迫是植物最普遍的胁迫形式之一，植物长时间受到逆境胁迫，会影响其生长，严重时还会导致死亡（吕豪豪等，2016）。适量的氮素会促进植物的生长，不同的氮肥量对植物的生长影响具有不同的影响。在本研究中，水分是影响其表观因子的重要因素，在20%FWC、40%FWC、60%FWC、80%FWC 条件下，竹叶花椒幼苗的苗高、地径、生物量均随土壤含水量的增加表现出先增加后减少的趋势，在 60%FWC 时达到最大值，随后降低，并且出现了在 40%FWC 条件下部分处理竹叶花椒幼苗的苗高、地径、生物量高于80%FWC 的情况。出现此现象说明，竹叶花椒幼苗对低水分胁迫的承受力高于高水分胁迫的压力，同时说明适宜的土壤水分环境能促进竹叶花椒幼苗的生长。因为，低含水量的环境抑制了植物根系的生长，降低了根系吸收水分的能力，从而降低了养分的运输，高含水量的环境则反之（古志钦，2009）。

四、结论

植物生长状况的隶属度能较为精确地反映植物生长情况，可用于竹叶花椒生长质量的综合评价。通过建立竹叶花椒幼苗生长状况隶属度田间持水量、氮肥、磷肥、钾肥的一元二次方程，在 62%FWC 和施肥量为 238 kg N/hm^2、94 kg P$_2$O$_5$/hm^2 和 253 kg K$_2$O/hm^2 时，有利于促进竹叶花椒幼苗的生长。

第二节　水肥耦合对竹叶花椒幼苗耐涝性的影响

近年来，全球变暖已经成为世界性的主要环境问题之一，极端天气频繁发生，多地出现洪涝的天气，对植物的生长造成威胁，而农林业是受到全球变暖影响最直接的行业之一（Černe 等，2018）。如何提高植物适应极端天气的能力，维持正常生命活动，是当今农林业的重中之重。植物生长过程中，会遭遇不同的逆境，轻则导致一些植物无法正常生长，重则死亡。但在实际生活中，有些植物能经受住逆境的考验，不断进化，进而产生了抵抗外界的生理机制，这种机制表现为植物的抗逆性（Derevnina 等，2017）。有研究发现，合理的水肥耦合管理模式对提高植株的耐涝性具有重要作用（胡蜀东等，2017），目前有关水肥耦合对竹叶花椒幼苗耐淹性的影响尚未见报道，难以满足当下生产实践的需要。因此，为更好地探究水肥耦合竹叶花椒幼苗的抗逆能力，本研究选取竹叶花椒幼苗，通过水肥耦合盆栽试验，研究土壤水分和施肥对竹叶花椒幼苗耐涝性的影响，并探讨最佳水肥耦合管理，以期为实际农林生产管理提供理论支撑和技术参考。

一、材料和方法

（一）试验地及试验材料

同本章第一节试验地及试验材料部分。

（二）试验设计

1. 水肥耦合试验设计

同本章第一节水肥耦合试验设计部分。

2. 淹水胁迫试验设计

在本章第一节水肥控制试验 4 个多月后，于 2016 年 8 月 22 日取其中 48 盆套袋盆栽（16 个处理，每个处理取长势最相近的 3 盆）进行淹水处理，其余正常控水，将水淹没土层表面 2 ~ 3 cm，每天下午 4 点对各处理盆栽进行水分补充，分别在淹水胁迫后第 0 d（D0）、第 1 d（D1）、第 3 d（D3）和第 5 d（D5）进行采样，采样后进行抗性指标测定。同时观察淹水期间和排水 5 d 后植株叶片表型（叶片脱落、叶色变化、黄叶程度、枯萎卷缩程度等）。参考辣椒涝害症状分级标准，按照竹叶花椒幼苗的生长特性进行涝害性评价（见表 3-2）。

表 3-2　涝害症状分级标准

分级	涝害外形症状
0 级（高度耐涝处理）	叶片无脱落自然舒展，全株绿叶
1 级（耐涝处理）	0 ~ 1/4 叶片掉落，接近水面的叶片部分下垂，真叶呈黄绿色，心叶正常
2 级（中度耐涝处理）	1/4 ~ 1/2 叶片掉落，真叶萎蔫下垂，真叶及心叶呈黄绿色
3 级（不耐涝处理）	1/2 ~ 3/4 的叶片掉落，整株失绿，叶片下垂，边缘枯萎卷缩
4 级（极不耐涝处理）	3/4 以上叶片掉落，全株失绿，叶片焦枯，叶柄水渍状坏死

（三）测定指标及其方法

超氧化物歧化酶（SOD）活性的测定采用氮蓝四唑法，以抑制 NBT 光化还原的 50% 为一个酶活单位 U；过氧化物酶（POD）活性的测定采用愈创木酚法，将 1 min 内 OD 增加 0.01 定义为 1 个酶活单位 U；过氧化氢酶（CAT）活性的测定采用紫外分光光度法，以 1 min 内 OD 减少 0.1 为一个酶活单位 U；丙二醛（MDA）含量的测定采用硫代巴比妥酸加热显色法；可溶性蛋白（SP）含量的测定采用章家恩（2007）考马斯亮蓝染色法；可溶性糖（SS）含量的测定采用李合生（2000）蒽酮比色法；脯氨酸含量采用李合生（2000）茚三酮比色法测定；相对电导率的测定采用电导仪法，以相对电导率表示细胞膜受胁迫伤害程度。

（四）数据处理

同本章第一节数据处理部分。

二、结果与分析

（一）淹水胁迫下水肥耦合对竹叶花椒幼苗生长的影响

1. 淹水前竹叶花椒幼苗的生长情况

淹水前，不同水肥耦合处理对竹叶花椒幼苗地径、苗高的影响见图 3-14 和图 3-15。各处理中苗高和地径处理 T1 最小，处理 T12 最大。与处理 T1 相比，苗高和地径分别增加 45.3% 和 41.6%。不同水肥耦合处理的竹叶花椒幼苗的苗高和地径随着土壤水分含量的增加呈先增大后减小的趋势，并在 60%FWC 时达到最大值。不同水肥耦合竹叶花椒幼苗的地径和苗高均差异显著（$P < 0.05$）。

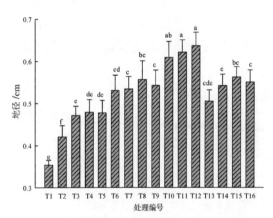

图 3-14　淹水前水肥耦合竹叶花椒幼苗的地径　　图 3-15　淹水前水肥耦合竹叶花椒幼苗的苗高

2. 竹叶花椒幼苗表型变化和涝害等级

淹水 5 d 各处理叶片涝害情况如下：

淹水第 1 d：所有处理植株均表现正常。

淹水第 3 d：处理 T1、T2、T3、T4、T5、T6 和 T13 植株 1/3 株叶片失绿，叶片卷曲下垂，1/3 以上的叶片衰落，为 2 级涝害；处理 T7、T8、T9、T14、T15 和 T16 植株叶片有不同程度的失绿，叶片下垂，边缘皱缩，全株 1/2 ~ 3/4 叶片脱落，为 3 级涝害；处理 T10 和处理 T11 植株叶片失绿程度较轻，叶片下垂，全株 1/4 的叶片脱落，为 1 级涝害；处理 T12 植株表现正常，为 0 级涝害。

淹水第 5 d：处理 T1、T2、T3、T4、T5、T6、T7、T13 和 T14 植株的 3/4 株叶片失绿，叶片卷缩，3/4 以上的叶片衰落，表现为 4 级涝害；处理 T8、T9、T15 和 T16 植株的 2/3 株叶片失绿，叶片卷曲下垂，2/3 以上叶片衰落，表现为 3 级涝害；处理 T10 和

T11 植株 1/2 株叶片失绿，叶片卷缩，少部分脱落，表现为 2 级涝害；处理 T12 植株真叶为黄绿色，靠近水面的叶片下垂，表现为 0 级涝害。

淹水 5 d 后将所有植株进行排水处理，竹叶花椒植株表现情况如下：

排水第 1 d：处理 T12 长势健康，其他处理保持淹水第 5 d 状态。

排水第 2 d：处理 T10 和 T11 的涝害恢复到 1 级，其他处理保持淹水第 5 d 状态。

排水第 3 d：处理 T5、T6、T7、T13、T14、T15 和 T16 死亡，处理 T10 和 T11 长势健康，全部恢复。

排水第 4 d：处理 T8 和 T9 涝害恢复到 3 级，处理 T1、T2、T3 和 T4 仍然无变化。

排水第 5 d：处理 T8 和 T9 的整株长势健康，恢复正常状态，处理 T1、T2、T3 和 T4 死亡。

（二）淹水胁迫下水肥耦合对竹叶花椒幼苗生理指标的影响

1. 过氧化氢酶（CAT）活性和超氧化物歧化酶（SOD）

由图 3-16 可知，不同水肥耦合植株叶片 CAT 活性与对照（淹水 0 d）相比，均随着淹水胁迫时间的延长呈先增加后降低的趋势，但增加的幅度各不相同。各处理中，植株幼苗叶片 CAT 活性均在第 3 d 达到最高值，随后 CAT 活性下降且在第 5 d 时小于对照。从淹水第 1 d 至第 5 d，处理 T12 CAT 活性一直处于最高，且第 3 d 时较第 0 d 时增加 16.4%，而处理 T1 CAT 活性一直处于最低，且第 3 d 时较第 0 d 时增加 28.2%，T1 和 T12 差异显著（$P < 0.05$）。

由图 3-17 可知，不同水肥耦合植株叶片 SOD 活性与各自对照相比，均随着淹水胁迫时间的延长呈增加的趋势，但增加的幅度各不相同。各处理中，处理 T12 SOD 活性最大，处理 T1 SOD 活性最小，两者存在显著差异（$P < 0.05$）。与对照相比，T12 在第 1 d、第 3 d 和第 5 d 分别增加了 10.8%、31.9% 和 33.2%，T1 在第 1 d、第 3 d 和第 5 d 分别增加了 26.8%、39.1% 和 40.5%，且差异显著（$P < 0.05$）。

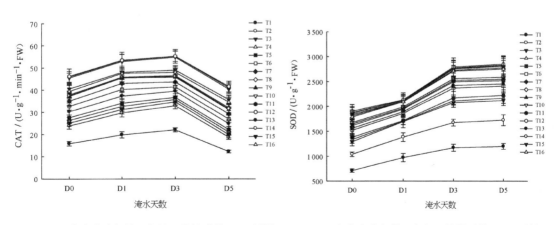

图 3-16　淹水胁迫条件下各处理植株叶片 CAT 活性　图 3-17　淹水胁迫条件下各处理植株叶片 SOD 活性

2. 过氧化物酶（POD）活性和丙二醛（MDA）含量

由图 3-18 可知，随淹水时间的延长，各处理与对照相比均表现出先增加后降低的趋势，但变化的幅度各不相同。各处理中，竹叶花椒幼苗叶片的 POD 活性均在第 3 d 达到最高值，随后 POD 活性下降且在第 5 d 时小于对照。叶片 POD 活性均为处理 T12 最高，且第 3 d 较第 0 d 增加 6.9%，处理 T1 最低，且第 3 d 较第 0 d 增加 11.9%，且各处理与 T1 之间差异均达到显著水平（$P < 0.05$）。

由图 3-19 可知，随着淹水时间的延长，与对照相比，各处理 MDA 含量均呈增加的趋势，但增加的趋势均不相同。各处理中，叶片 MDA 含量 T1 最高，T12 最低。与对照相比，T1 在淹水第 1 d、第 3 d、第 5 d 时分别增加 22.7%、36.4% 和 50.0%，T12 在淹水第 1 d、第 3 d 和第 5 d 时分别增加 8.3%、8.3% 和 16.7%，且差异显著（$P < 0.05$）。

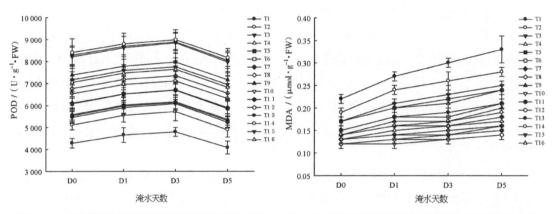

图 3-18　淹水胁迫条件下各处理植株叶片 POD 活性　　图 3-19　淹水胁迫条件下各处理植株叶片 MDA 含量

3. 可溶性糖含量和相对电导率

由图 3-20 可知，不同水肥耦合竹叶花椒幼苗可溶性糖含量与对照相比，均随着淹水胁迫时间的延长呈增加的趋势，但增加的幅度各不相同。各处理中，竹叶花椒幼苗可溶性糖含量均在第 3 d 时达到最高值，随后可溶性糖含量下降且仍大于对照。从淹水第 1 d 至第 5 d，T12 的可溶性糖含量一直处于最高，且第 3 d 时较第 0 d 时增加 13.6%；而 T1 的可溶性糖含量一直处于最低，且第 3 d 时较第 0 d 时增加 39.4%，处理 T1 和 T12 差异显著（$P < 0.05$）。

由图 3-21 可知，不同水肥耦合竹叶花椒幼苗的相对电导率与各自对照相比，均随着淹水时间的延长呈增加的趋势，在第 5 d 到达最大值，但各自增加幅度不同。从淹水第 1 d 到第 5 d，T12 叶片相对电导率最小，且第 5 d 时较第 0 d 时增加 59.6%；而 T1 的相对电导率一直处于最高，且第 5 d 时较第 0 d 时增加 163.6%，T1 和 T12 差异显著（$P < 0.05$）。

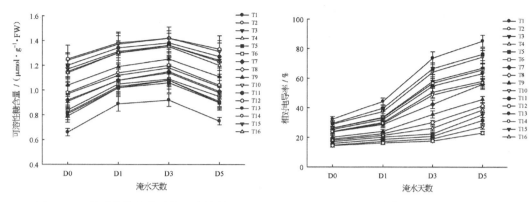

图 3-20　竹叶花椒幼苗叶片可溶性糖　　　图 3-21　竹叶花椒幼苗叶片相对电导率

4. 脯氨酸含量和可溶性蛋白含量

由图 3-22 可知，不同水肥耦合竹叶花椒幼苗脯氨酸含量与各自对照相比，随着淹水时间的延长均呈增加的趋势，但增加的幅度不同。淹水第 1 d 到第 5 d 时，脯氨酸含量在处理 T12 最高，与对照相比，处理 T12 叶片相对电导率在淹水第 1 d、第 3 d 和第 5 d 时分别增加 17.2%、29.3% 和 32.8%；处理 T1 最低，与对照相比，处理 T1 的叶片相对电导率在淹水第 1 d、第 3 d 和第 5 d 时分别增加 35%、60% 和 65%。

由图 3-23 可知，水肥耦合竹叶花椒幼苗叶片可溶性蛋白含量与对照相比，均随着淹水胁迫时间的延长呈先增加再下降的趋势，在第 3 d 时达到最大值，但各自变化幅度不同。不同的淹水时间中，叶片可溶性蛋白含量平均值总体上处理 T12 最高，处理 T1 最低。与对照相比，处理 T12 和 T1 的叶片可溶性蛋白含量在淹水第 1 d 和第 3 d 时分别增加 12.4%、31.39% 和 31.2%、56.7%；在淹水第 5 d 时分别降低 6.0%、11.4%。

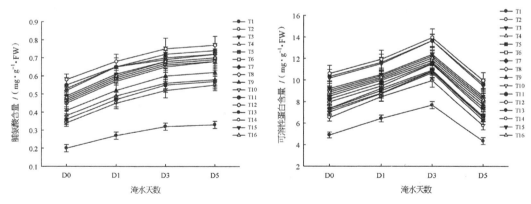

图 3-22　竹叶花椒幼苗叶片脯氨酸含量变化　　　图 3-23　竹叶花椒幼苗叶片可溶性蛋白含量变化

（三）淹水胁迫下水肥耦合对竹叶花椒幼苗耐涝性综合评价

利用综合隶属函数法，对不同水肥耦合竹叶花椒幼苗耐涝性进行综合分析，将淹水胁迫时各抗逆性指标的隶属度值相加为耐涝综合值，值越大耐涝性越强。竹叶花椒幼苗耐涝性综合值（表3-3）评价大小为T12 > T10 > T11 > T15 > T16 > T8 > T9 > T14 > T7 > T6 > T13 > T5 > T4 > T3 > T2 > T1，T12得分最高。在淹水1 d、3 d和5 d后，不同水肥耦合竹叶花椒幼苗叶片综合评价指数及各生理指标平均值的相关性分析结果表明（表3-4），综合评价指数与可溶性蛋白含量和相对电导率呈极显著负相关，与可溶性糖和脯氨酸含量呈极显著正相关；可溶性糖与可溶性蛋白含量和脯氨酸含量呈极显著正相关，与相对电导率呈极显著负相关；相对电导率与可溶性蛋白和脯氨酸呈极显著负相关；脯氨酸含量与可溶性蛋白含量呈极显著负相关。

表3-3　淹水过程中各处理耐淹水能力的综合评价值

处理	SS/($\mu mol \cdot g^{-1}$)	相对电导率 /%	PRO/($mg \cdot g^{-1}$)	SP/($mg \cdot g^{-1}$)	MDA/($\mu mol \cdot g^{-1}$)	SOD/($U \cdot g^{-1}$)	POD/($U \cdot g^{-1}$)	CAT/($U \cdot g^{-1} \cdot min^{-1}$)	综合评价指数	排序
T1	0.08	0.06	0.04	0.06	0.14	0.04	0.06	0.03	0.51	16
T2	0.31	0.24	0.45	0.33	0.32	0.33	0.24	0.28	2.50	15
T3	0.40	0.35	0.51	0.42	0.46	0.54	0.31	0.32	3.30	13
T4	0.46	0.47	0.53	0.49	0.51	0.56	0.33	0.35	3.71	12
T5	0.28	0.19	0.50	0.32	0.49	0.58	0.32	0.38	3.07	14
T6	0.34	0.37	0.72	0.47	0.63	0.69	0.44	0.53	4.17	10
T7	0.41	0.54	0.75	0.57	0.73	0.76	0.44	0.60	4.79	9
T8	0.73	0.75	0.83	0.77	0.78	0.89	0.57	0.68	6.00	6
T9	0.57	0.68	0.61	0.62	0.67	0.75	0.70	0.66	5.26	7
T10	0.84	0.94	0.84	0.87	0.87	0.88	0.87	0.90	7.02	2
T11	0.79	0.89	0.86	0.85	0.83	0.90	0.88	0.91	6.92	3
T12	0.86	0.98	0.92	0.92	0.86	0.91	0.91	0.92	7.27	1
T13	0.30	0.40	0.50	0.40	0.60	0.71	0.44	0.47	3.81	11
T14	0.48	0.50	0.73	0.57	0.71	0.78	0.53	0.67	4.96	8
T15	0.75	0.85	0.78	0.79	0.80	0.87	0.66	0.75	6.26	4
T16	0.71	0.80	0.77	0.76	0.75	0.86	0.63	0.73	6.02	5

为进一步更准确地确定最佳水分控制量、氮肥、磷肥、钾肥施用量，本试验通过回归分析分别建立耐涝性综合值与田间持水量、氮肥、磷肥和钾肥的关系方程。在不考虑氮、磷和钾情况下，耐涝综合值（y）与田间持水量（x_1）的回归方程为：$y = -12.149 x_1^2 + 14.791 x_1 - 2.345\,9$（$R^2 = 0.905\,6$，$P < 0.01$），田间持水量为60.8%时可获得最高耐涝综合值。在不考虑田间持水量、磷肥和钾肥情况下，耐涝综合值（y）与氮肥施用量（x_2）的回归方程为：$y = -29.606 x_2^2 + 14.381 x_2 + 0.287\,1$（$R^2 = 0.981\,7$，$P < 0.01$），氮肥施肥量为243 kg N/hm² 时可获得最高耐涝性综合值。在不考虑田间持水量、氮肥、钾

肥情况下，耐涝综合值（y）与磷肥施用量（x_3）的回归方程为：$y = -185.04\,x_3^2 + 35.952\,x_3 + 0.287\,1$（$R^2 = 0.981\,7$，$P < 0.01$），磷肥施肥量为 97 kg P_2O_5/hm^2 时可获得最高耐涝性综合值。在不考虑田间持水量、氮肥、磷肥情况下，耐涝综合值（y）与钾肥施用量（x_4）的回归方程为：$y = -29.606\,x_4^2 + 14.381\,x_4 + 0.287\,1$（$R^2 = 0.981\,7$，$P < 0.01$），钾肥施肥量为 243 kg K_2O/hm^2 时可获得最高耐涝性综合值。

表 3-4　淹水过程中各指标的相关性分析

指标	CAT	MDA	SS	POD	SOD	相对电导率值	PRO	SP
CAT	1							
MDA	−0.747**	1						
SS	0.817**	−0.553**	1					
POD	0.885**	−0.760**	0.811**	1				
SOD	0.523**	−0.366**	0.667**	0.586**	1			
相对电导率值	−0.636**	0.842**	−0.457**	−0.636**	−0.015	1		
PRO	0.601**	−0.421**	0.736**	0.638**	0.913**	−0.090	1	
SP	0.895**	−0.558**	0.787**	0.789**	0.550**	−0.440**	0.573**	1

注：** 表示差异极显著（$P < 0.01$），下同。

三、讨论

（一）淹水过程中保护酶活性的变化

淹水胁迫条件下，植物在适应环境变化的过程中，会使体内一系列代谢机制发生相应的调整，主要是各种保护性酶系统以及抗氧剂诱导等（齐琳等，2015）。本研究发现，淹水前期第 1～3 d 各水肥处理竹叶花椒幼苗叶片 SOD、POD 和 CAT 活性一直处于增加趋势，且酶活性均高于对照（D0），说明这 3 种酶在消除活性氧方面具有重要作用，但后期 POD 和 CAT 活性下降，且均低于对照，SOD 一直维持较高水平，可能是淹水过程中 SOD 酶是竹叶花椒幼苗体内参与活性氧代谢的主要酶，且与该植物本身的抗逆性较强有关。受害轻微的处理 T12，淹水 5 d 后 SOD、POD 和 CAT 活性一直是 16 个处理中的最高值，说明在淹水胁迫过程中处理 T12 具有较高 SOD 活性和稳定性。

（二）淹水过程中过氧化产物的变化

在淹水胁迫下，植物体内的 MDA 含量增加，其主要原因是酶系统受到损坏，本试验中，水涝胁迫下不同水肥处理的竹叶花椒幼苗 MDA 含量均显著高于对照，且随淹水时间延长，一直呈上升趋势，与此同时，水肥处理竹叶花椒幼苗淹水胁迫后，SOD 活性在第 1～3 d、POD 在第 1～5 d、CAT 在第 1～3 d 有变化的转折点，可推测水肥处理竹叶花椒幼苗伤害顺序为 SOD 活性受到抑制→活性氧增加→ SOD、CAT 和 POD 活性增加→消除活性氧→淹水胁迫加深→活性氧再生→ MDA 积累→ POD 和 CAT 保护酶活性降低→质膜受损。

（三）淹水过程中渗透性物质的变化

前人研究表明，逆境胁迫条件下，植物体内有些物质可以减轻逆境伤害，例如可溶性蛋白和可溶性糖具备两大特点，第一个是可以给植物生长提供必需的能量，其次是可以适当地调节物质代谢（王华等，2013；苏婷等，2012）。本试验中，水肥耦合竹叶花椒叶片可溶性糖含量和可溶性蛋白含量随着淹水时间的延长呈先上升后下降的趋势，各处理和对照相比均显著增加，可见水肥对植物体内可溶性蛋白含量有一定影响。可溶性糖含量上升可能是植物为调节体内代谢平衡，提高细胞体内可溶性糖含量，以此降低细胞渗透势，在一定程度上减少水淹造成的伤害。后期含量降低可能是由于长期的淹水胁迫，导致植物消耗了大量的能量来适应此环境，这些能量主要来源于糖酵解和乙醇发酵（王华等，2013）。

在逆境胁迫下不同的植物为自我保护会做出不同的反应，其中植物体内积累的脯氨酸可以降低原生的渗透势，防止细胞水分的流失，对原生质起到保水的作用，另外还能提高原生质胶体的稳定，维持物质代谢的平衡（王义强等，2005）。本研究发现，所有水肥耦合竹叶花椒幼苗叶片在连续淹水 5 d 情况下，叶片游离脯氨酸的含量均高于对照，且呈上升趋势，说明竹叶花椒幼苗脯氨酸含量对淹水胁迫的响应表现为增加趋势。

（四）淹水过程中细胞膜的变化

在逆境条件下，细胞膜的功能和结构往往会受到伤害，使细胞膜的渗透性增强。细胞膜透性增大时，细胞内溶于水的物质会出现外渗现象，外渗越多，电导率也越大。因此植物体内细胞膜受损的严重程度可以用质膜相对透性的大小来表示（Anitha 等，2016）。本试验中，16 个水肥耦合竹叶花椒幼苗叶片细胞膜透性含量均随着淹水胁迫时间的延长呈递增的趋势，说明其在淹水胁迫下均受到了不同程度的伤害，但是处理 T12 增加幅度显著低于其他处理，可见处理 T12 对竹叶花椒幼苗叶片伤害程度小于其他水肥耦合处理。

（五）水肥耦合竹叶花椒幼苗淹水胁迫忍耐性强弱的综合评价

不同植物对淹水胁迫的敏感性不同，难以用单一的指标来进行评价（Mashaly 等，2018）。本文采用隶属函数法对水肥耦合竹叶花椒幼苗进行耐涝性评价排序，同时将隶属函数指数与可溶性糖含量、可溶性蛋白含量、相对电导率、脯氨酸含量进行了相关性分析发现，隶属函数指数与 4 个生理指标均呈极显著相关。不同水肥耦合竹叶花椒幼苗的生理指标平均值的高低与涝害指数及隶属函数指数排名相吻合。从水分、氮肥、磷肥和钾肥 4 因素通过回归方程分析得出，本试验最佳的田间持水量为 60.8%，最佳氮肥施肥量为 243 kg N/hm²，最佳磷肥施肥量为 97 kg P₂O₅/hm²，最佳钾肥施肥量为 243 kg K₂O/hm²，且均在本试验用量范围内。本试验中，最佳的田间持水量为 60.8%，说明淹水前期的正常管理为竹叶花椒提供了适合生长的水分环境，可能提高了后期抵抗淹水的能力。其次，在前期水分管理一致的情况下，合理的肥料配比可能也是决定竹叶花椒幼苗耐涝性强弱的重要因素。

四、结论

各水肥处理竹叶花椒幼苗在淹水胁迫下，表型变化仅 T12 表现出轻微受害症状，排水 5 d 后 T12、T11、T10 植株表型均恢复到对照前。随着淹水胁迫时间延长，各水肥处理竹叶花椒 SOD 活性和 MDA 含量均呈增加趋势，CAT 和 POD 活性均呈先上升后下降的趋势。水肥耦合处理竹叶花椒幼苗叶片质膜透性和脯氨酸含量均呈增加趋势，可溶性糖和可溶性蛋白均呈先增加后减少的趋势。综合隶属函数法和回归方程法确定了竹叶花椒幼苗的最佳控水量为 60.8%，氮肥施肥量为 243 kg N/hm²，最佳磷肥施肥量为 97 kg P₂O₅/hm²，最佳钾肥施肥量为 243 kg K₂O/hm²。

第三节　水肥耦合对竹叶花椒幼苗低温胁迫的响应

低温灾害将影响竹叶花椒存活率和产量，特别是竹叶花椒幼苗，由于体内营养水平和木质化程度低，其抗性尤为弱，而提高竹叶花椒抗寒性是减免栽培区竹叶花椒遭受低温灾害的重要措施。有研究指出，植物体内的营养水平和水分含量与植株的抗寒性密切相关（宋新红等，2012）。通过合理的水肥管理能够提高植株体内营养和促进各项生理代谢，进而提高植株的抗寒能力（徐呈祥，2012）。本研究以竹叶花椒盆栽幼苗为研究对象，对其水肥处理后的叶片进行人工模拟低温胁迫，通过测定胁迫后叶片保护酶活性和渗透调节物质含量的变化，并利用隶属函数法进行抗寒性综合评价，筛选最佳的水肥处理，为制定合理的水肥管理措施来提高竹叶花椒抵御自然低温的能力提供参考。

一、材料和方法

（一）试验地及试验材料

同本章第二节试验地及试验材料部分。

（二）试验设计

水肥处理试验设计同第二章第二节。

低温处理为在 2017 年 11 月中旬，在每个处理中选择植株中上部相同叶位的完整复叶放入人工智能低温培养箱中进行低温处理，处理温度为 10℃、5℃、0℃、–3℃、–6℃、–9℃和室温 25℃，在低温培养箱为 25℃时放入材料，以 4℃/h 的速度降温，降至目标温度时维持 5 h，然后以同样的速度升温，升温到 25℃时恢复 5 h，然后进行各项指标的测定。

（三）测定指标及其方法

同本章第二节。

（四）数据处理

利用 Excel 2007 和 SPSS 17.0 对数据进行统计和分析，图形采用 Origin 9.0 绘制，图表中数据均为平均值或平均值 ± 标准差，各指标之间的显著性检验采用单因素（ANOVA）方差分析和最小显著极差法（SSR）。

二、结果与分析

（一）不同低温处理对竹叶花椒幼苗保护酶活性的影响

由图 3-24 和图 3-25 可知，竹叶花椒幼苗叶片中 POD 和 CAT 活性随处理温度的降低均呈先增加后减小的变化趋势。在 25 ~ 10℃上升较为缓慢，增幅分别为 8.5% ~ 18.8% 和 9.7% ~ 25.3%；在 10 ~ 0℃上升较快，增幅分别为 26.2% ~ 52.8% 和 31.0% ~ 54.7%；在 0℃时达到峰值，最大值均为处理 T12，分别为 12 241.8 U/（g·min）FW 和 74.3 U/（g·min）FW；在 0℃以下，POD 和 CAT 活性快速下降，并低于原来水平。各温度处理条件下，处理 T1 叶片 POD 和 CAT 活性均低于其他处理，同时由表 3-5 可知，其他处理 POD 和 CAT 活性在各温度下的平均值分别比处理 T1 高 36.5% ~ 129.1% 和 3.9% ~ 51.5%，各处理的 POD 活性与处理 T1 的差异均达到显著水平，除处理 T2 的 CAT 活性与处理 T1 的差异不显著外，其他处理的 CAT 活性与处理 T1 的差异均达到显著水平。

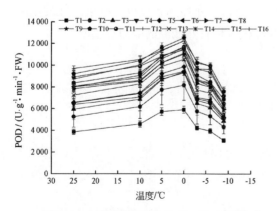
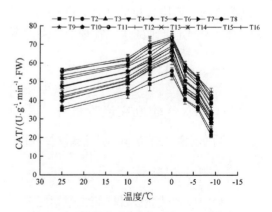

图 3-24　低温胁迫下各处理 POD 活性变化　　　图 3-25　低温胁迫下各处理 CAT 活性变化

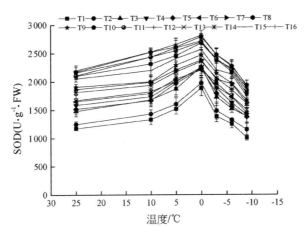

图 3-26　低温胁迫下各处理 SOD 活性变化

各水肥处理条件下，竹叶花椒叶片中 SOD 活性随处理温度的降低均呈先增加后减小的变化趋势（图 3-26）。处理 T10、T11、T12 和 T15 在 25～0℃基本呈线性增长，增幅为 25.6%～28.4%，其他处理在 25～10℃上升较为缓慢，增幅为 4.7%～14.4%；在 10～0℃上升较快，增幅分别为 6.7%～24.6%；在 0℃时达到最大值，处理 T12 值最大，为 2 813.5 U/g FW；在 0℃以下，SOD 活性快速下降，并低于原来水平。由图 3-24 和图 3-25 可以看出，各温度处理下，处理 T1 叶片 POD 和 CAT 活性均低于其他处理，同时从表 3-5 可知，其他处理 SOD 活性在各温度下的平均值分别比处理 T1 高 6.9%～76.8%，差异均达到显著水平。

（二）不同低温处理对竹叶花椒幼苗渗透调节物质的影响

各水肥处理条件下，竹叶花椒幼苗叶片中可溶性蛋白含量和可溶性糖含量随处理温度的降低均呈先增加后减小的变化趋势（图 3-27 和图 3-28）。在 25～10℃上升较为缓慢，增幅分别为 1.3%～16.0% 和 12.6%～21.5%；在 10～0℃之升较快，增幅

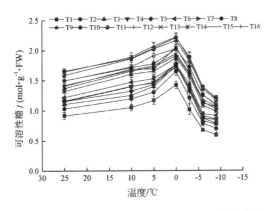

图 3-27　低温胁迫下各处理可溶性糖含量变化

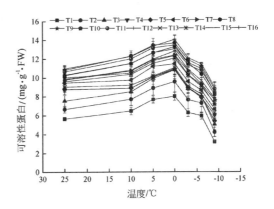

图 3-28　低温胁迫下各处理可溶性蛋白含量变化

分别为 20.9% ~ 44.0% 和 33.1% ~ 59.9%；在 0℃时达到最大值，处理 T12 的值均为最大，分别为 14.05 mg/g FW 和 2.22 mol/g FW；在 0℃以下，可溶性蛋白含量和可溶性糖含量快速下降，并低于原来水平。各温度处理条件下，处理 T1 叶片可溶性蛋白含量和可溶性糖含量均明显低于其他处理，同时从表 3-5 可知，其他处理可溶性蛋白含量和可溶性糖含量在各温度下的平均值分别比处理 T1 高 20.3% ~ 92.3% 和 14.9% ~ 79.0%，差异均达到显著水平。

表 3-5　抗寒生理指标的平均值

处理	POD/ $(U \cdot g^{-1} \cdot min^{-1})$	CAT/ $(U \cdot g^{-1} \cdot min^{-1})$	SOD/ $(U \cdot g^{-1})$	可溶性蛋白 / $(mg \cdot g^{-1})$	可溶性糖 / $(mol \cdot g^{-1})$
T1	4 469.0 ± 170.1j	39.6 ± 1.0h	1 362.6 ± 42.8i	6.17 ± 0.12i	0.97 ± 0.03i
T2	6 101.4 ± 192.4i	41.2 ± 0.6h	1 456.0 ± 22.3h	7.43 ± 0.11h	1.12 ± 0.01h
T3	6 894.6 ± 91.0h	45.6 ± 0.6g	1 701.4 ± 8.1g	8.38 ± 0.08g	1.20 ± 0.02g
T4	7 097.0 ± 169.9gh	47.0 ± 1.2g	1 783.0 ± 40.4fg	8.77 ± 0.26fg	1.26 ± 0.01f
T5	7 408.6 ± 193.1g	45.6 ± 1.3g	1 727.7 ± 29.8g	8.71 ± 0.08fg	1.24 ± 0.01fg
T6	7 347.2 ± 109.3g	48.9 ± 1.8f	1 832.6 ± 52.5f	9.53 ± 0.27e	1.32 ± 0.04e
T7	8 547.9 ± 224.7e	51.7 ± 0.6e	2 008.1 ± 70.6de	10.35 ± 0.20cd	1.49 ± 0.02cd
T8	9 215.9 ± 210.7c	56.1 ± 1.0cd	2 270.7 ± 62.8b	11.11 ± 0.13b	1.58 ± 0.02b
T9	8 972.0 ± 171.1cd	51.7 ± 1.2e	2 064.6 ± 93.4d	10.18 ± 0.39cd	1.52 ± 0.02c
T10	10 208.8 ± 290.4a	58.7 ± 0.9ab	2 394.3 ± 24.3a	11.72 ± 0.34a	1.75 ± 0.02a
T11	9 632.7 ± 401.7b	59.1 ± 0.4a	2 318.4 ± 58.0ab	11.45 ± 0.27ab	1.71 ± 0.04a
T12	10 238.6 ± 169.3a	60.0 ± 0.9a	2 409.3 ± 22.3a	11.87 ± 0.16a	1.75 ± 0.00a
T13	8 136.6 ± 155.7f	47.6 ± 1.5fg	1 840.0 ± 7.1f	9.01 ± 0.28f	1.26 ± 0.03f
T14	8 872.0 ± 52.4de	51.2 ± 1.2e	1 970.0 ± 25.7e	10.01 ± 0.31d	1.44 ± 0.03d
T15	9 836.2 ± 131.3b	57.1 ± 1.2bc	2 342.9 ± 85.5ab	11.14 ± 0.33b	1.60 ± 0.05b
T16	8 703.3 ± 119.2de	54.7 ± 1.3d	2 184.9 ± 58.3c	10.53 ± 0.12c	1.51 ± 0.05c

（三）水肥处理综合评价和相关分析

应用隶属函数法对不同水肥处理竹叶花椒抗寒性进行综合分析，将各处理在各温度下的 POD、CAT、SOD、可溶性糖含量和可溶性蛋白含量采用公式 $U_{ij} = (X_{ij} - X_{jmin}) / (X_{jmax} - X_{jmin})$ 转换。将每个处理各温度下各抗寒生理指标的隶属度值累加后求其平均值，得各温度下的抗寒性综合值，将各温度下的抗寒性综合值求平均得各处理的抗寒性综合值，值越大表示抗寒性越强。由表 3-6 可知，随着处理温度的降低，竹叶花椒各处理的抗寒性综合值呈先增加后减小的变化趋势，均在 0℃时达到最大值，并且处理 T7、T8、T9、T10、T11、T12、T15 和 T16 在 -6℃时的抗寒性综合值依然高于处理 T1 在 0℃时的抗寒性综合值，处理 T6、T13 和 T14 在 -3℃时的抗寒性综合值依然高于处理 T1 在 0℃的抗寒性综合值。说明轻度低温胁迫使竹叶花椒抗寒性增强，而重度低温胁迫则使其抗寒性减弱，同时合理的水肥处理提高了竹叶花椒耐受低温的程度。各处理的抗寒性综合值大小顺序为 T12 ＞ T10 ＞ T11 ＞ T15 ＞ T8 ＞ T16 ＞ T9 ＞ T7 ＞ T14 ＞ T6 ＞ T13 ＞ T4 ＞ T5 ＞ T3 ＞ T2 ＞ T1，以处理 T12 最高（表 3-6）。抗寒性综合值与 POD（$r = 0.981$，$P < 0.01$）、CAT（$r = 0.993$，$P < 0.01$）、SOD（$r = 0.995$，$P < 0.01$）、可溶性蛋白含量（$r = 0.995$，$P < 0.01$）、可溶性糖含量（$r = 0.993$，$P < 0.01$）呈极显著正相关。

为进一步了解适宜土壤水分含量及氮肥、磷肥和钾肥施用量，通过回归分析分别建立抗寒性综合值与田间持水量、氮肥、磷肥、钾肥的关系方程。在不考虑氮肥、磷肥、钾肥的情况下，抗寒性综合值（y）与田间持水量（x_1）回归方程为：$y = -1.779x^2 + 2.194x - 0.029$（$R^2 = 0.954$，$P < 0.01$），田间持水量为 62% 时可获得最高抗寒性综合值。在不考虑田间持水量、磷肥和钾肥的情况下，抗寒性综合值（y）与氮肥施用量（x_2）回归方程：$y = -2.905x_2^2 + 1.463x_2 + 0.428$（$R^2 = 0.999$，$P < 0.01$），氮肥施肥量为 252 kg N/$hm^2$ 时可获得最高抗寒性综合值。在不考虑田间持水量、氮肥、钾肥的情况下，抗寒性综合值（y）与磷肥施用量（x_3）回归方程为：$y = -7.015x_3^2 + 1.218x_3 + 0.503$（$R^2 = 0.965$，$P < 0.01$），磷肥施肥量为 87 kg P_2O_5 /hm^2 时可获得最高抗寒性综合值。在不考虑田间持水量、氮肥和磷肥的情况下，抗寒性综合值（y）与钾肥施用量（x_4）回归方程为：$y = -0.415x_4^2 + 0.197x_4 + 0.52$（$R^2 = 0.998$，$P < 0.01$），钾肥施肥量为 237 kg K_2O/hm^2 时可获得最高抗寒性综合值。

表 3-6　不同处理的抗寒性综合值

处理	不同温度下抗寒性综合值							抗寒性综合值	排名
	25℃	10℃	5℃	0℃	−3℃	−6℃	−9℃		
T1	0.171	0.269	0.370	0.470	0.246	0.158	0.000	0.241	16
T2	0.246	0.358	0.470	0.593	0.340	0.237	0.081	0.332	15
T3	0.327	0.438	0.571	0.709	0.433	0.307	0.158	0.420	14
T4	0.382	0.479	0.601	0.715	0.467	0.332	0.199	0.454	12
T5	0.373	0.466	0.598	0.719	0.454	0.327	0.175	0.445	13
T6	0.423	0.525	0.647	0.733	0.508	0.382	0.232	0.493	10
T7	0.513	0.623	0.733	0.828	0.600	0.479	0.308	0.583	8
T8	0.590	0.710	0.811	0.923	0.703	0.560	0.385	0.669	5
T9	0.528	0.635	0.756	0.867	0.616	0.483	0.315	0.600	7
T10	0.659	0.800	0.905	0.986	0.770	0.644	0.451	0.745	2
T11	0.636	0.772	0.876	0.946	0.740	0.618	0.426	0.716	3
T12	0.677	0.809	0.912	0.994	0.779	0.654	0.464	0.755	1
T13	0.418	0.523	0.631	0.742	0.496	0.380	0.231	0.489	11
T14	0.501	0.610	0.723	0.825	0.591	0.460	0.296	0.572	9
T15	0.611	0.743	0.864	0.934	0.713	0.603	0.412	0.697	4
T16	0.556	0.661	0.770	0.878	0.639	0.521	0.347	0.624	6

三、讨论

（一）模拟低温处理对竹叶花椒保护酶活性的影响

SOD、POD 和 CAT 是细胞内的主要保护酶，能有效消除或减轻活性氧的危害，维持细胞膜结构的完整性和稳定性（王景燕等，2015）。低温胁迫将影响植物细胞保护酶的活性。何西凤等（2009）研究表明，在自然越冬过程中，花椒枝条中 SOD、POD 和 CAT 均呈先升高后降低的趋势。刘淑明等（2010）研究指出，不同种源花椒枝条在模拟低温处理下（4 ~ –2℃），SOD 呈先下降再升高的趋势，POD 先下降后升高再下降。本研究结果表明，随着温度（25 ~ –9℃）的降低，各水肥处理的竹叶花椒叶片 SOD、POD 和 CAT 呈先增加后降低的趋势，最大值出现在 0℃，轻微的低温胁迫可使保护酶活性提高从而有效清除活性氧，而重度胁迫则可能导致活性氧积累加剧致使保护酶活性降低（赵丽英等，2004），这应该是本研究中严重低温胁迫处理下竹叶花椒抗氧化酶活性降低的重要原因。

（二）模拟低温处理对竹叶花椒渗透调节物质的影响

研究表明，模拟低温处理条件下，植物细胞内渗透调节物质变化较大（曲彦婷等，2016；郑元等，2008；李小琴等，2012）。刘淑明等（2010）指出，不同种源花椒枝条在模拟低温处理下（4 ~ –2℃），可溶性蛋白含量不断减少。本研究结果表明，随着温度（25 ~ –9℃）的降低，各水肥处理竹叶花椒叶片中可溶性糖含量和可溶性蛋白含量均呈先增加后减小的变化趋势，峰值出现在 0℃ 的时候。植物耐受低温的能力具有一定的限度，适度的低温胁迫或胁迫初期可以使体内的可溶性糖含量和可溶性蛋白含量增加以抵抗不良低温的危害，但长时间或重度低温胁迫则会影响植物的正常生长代谢而使可溶性糖含量和可溶性蛋白含量降低（王景燕等，2015），这可能是本研究中可溶性糖含量和可溶性蛋白含量随温度的降低呈先增加后降低的原因，也说明 0℃ 以下，竹叶花椒的抗寒能力减弱。

（三）水肥处理对竹叶花椒幼苗抗寒性的影响

土壤水分状况和施肥与植物体内保护酶活性和渗透调节物质含量密切相关（李少锋等，2008；梁李宏等，2008；汪邓民等，2000）。本研究结果表明，与低土壤水分含量和未施肥的处理 T1（20%FWC）相比，增加土壤含量水和配施氮肥、磷肥和钾肥提高了竹叶花椒叶片 SOD、POD 和 CAT 以及可溶性糖含量和可溶性蛋白含量，但不同的水肥处理存在较大差异。综合评价表明，处理 T12 效果较好。

四、结论

通过回归方程估算得到：当田间持水量为 62%，氮肥为 252 kg N/hm^2，磷肥为 87 kg

P_2O_5/hm^2，钾肥为 237 kg K_2O/hm^2 时可获得最佳的抗寒性综合值，适宜的土壤水分与氮肥、磷肥和钾肥处理能显著提高竹叶花椒幼苗叶片的 SOD、POD 和 CAT，可溶性糖含量和可溶性蛋白含量以及耐受低温的程度，对于提高竹叶花椒幼苗抗寒性具有重要的作用和意义。

参考文献

[1] Anitha R，Mary P C N，Purushothaman RS. Biometric and physiological characteristics of sugaecane under waterlogging condition[J]. Plant Arch，2016，16（1）：105–109.

[2] Černe M，Palčić I，Pasković I，et al. Trace metals and radionuclide levels in municipal sludge and its utilization in agriculture[C]. Croatian and，International Symposium on Agriculture，2018.

[3] Derevnina L，Singh D，Park R F. Identification and characterization of seedling and adult plant resistance to Puccinia hordei，in Chinese barley germplasm[J]. Euphytica，2017，213（6）：119.

[4] Ma S C，Li F M，Xu B C，et al. Effect of lowering the root/shoot ratio by pruning roots on water use efficiency and grain yield of winter wheat[J]. Field Crops Research，2010，115（2）：158–164.

[5] Mashaly A F，Alazba A A. Membership function comparative investigation on productivity forecasting of solar still using adaptive neuro - fuzzy inference system approach[J]. Environmental Progress & Sustainable Energy，2018，37（1）：249–259.

[6] Wright M，Jones C. Renal Association Clinical Practice Guideline on nutrition in CKD[J]. Nephron Clinical Practice，2011，118：153.

[7] 陈华龙，黄英栋，唐丽丽. 竹叶花椒根质量标准研究 [J]. 中南药学，2017（11）：1594–1597.

[8] 古志钦. 互花米草对持续淹水胁迫的生理响应 [J]. 环境科学学报，2009，29（4）：876–881.

[9] 韩梅. 不同肥料配比对蚕豆养分吸收分配规律和肥料利用率的影响[J]. 干旱地区农业研究，2017，35（3）：232–237.

[10] 何西凤，杨途熙，魏安智，等. 自然越冬过程中花椒抗寒性生理指标的变化 [J]. 东北林业大学学报，2009，37（5）：67–69.

[11] 胡蜀东，王秀茹. 黑土区肥料运筹对玉米生物性状及水肥利用效率的影响 [J]. 水土保持学报，2017，31（4）：219–226.

[12] 李合生. 植物生理生化实验原理和技术 [M]. 北京：高等教育出版社，2000.

[13] 李佩洪，陈政，龚霞，等. 竹叶花椒嫩芽营养成分研究 [J]. 四川农业科技，2017（12）：32–34.

[14] 李少锋，李志辉，刘友全，等. 水分胁迫对椿叶花椒抗氧化酶活性等指标的影响 [J]. 中南林业科技大学学报，2008（2）：29–34.

[15] 李小琴, 彭明俊, 段安安, 等. 低温胁迫对 8 个核桃无性系抗寒生理指标的影响 [J]. 西北林学院学报, 2012, 27（6）: 12-15, 25.

[16] 梁李宏, 王金辉, 黄伟坚, 等. 氮磷钾肥配施对腰果植株抗寒力的影响 [J]. 生态环境, 2008（3）: 1227-1229.

[17] 林国祚, 谢耀坚, 彭彦. 水肥耦合对尾巨桉苗木生物量的影响 [J]. 桉树科技, 2013（2）: 1-8.

[18] 林旭俊, 欧滨. 水肥耦合对小叶榄仁幼苗生长的影响 [J]. 热带林业, 2015, 43（2）: 10-13.

[19] 刘淑明, 孙丙寅, 刘杜玲. 不同种源花椒抗寒性研究（Ⅱ）[J]. 西北农业学报, 2010, 19（11）: 119-124.

[20] 吕豪豪, 马晓东, 张瑞群, 等. 水分胁迫下不同氮素对多枝柽柳幼苗生长及生理的影响 [J]. 草业学报, 2016, 25（9）: 54-63.

[21] 齐琳, 马娜, 吴雯雯, 等. 无花果品种幼苗淹水胁迫的生理响应与耐涝性评估 [J]. 园艺学报, 2015, 4（7）: 1273-1284.

[22] 曲彦婷, 熊燕, 韩辉, 等. 不同福禄考品种对低温胁迫的生理响应及抗寒性综合评价 [J]. 植物生理学报, 2016, 52（4）: 487-496.

[23] 宋新红, 丰震, 谷衍川, 等. 紫薇秋末水分参数与抗寒性关系 [J]. 中国农学通报, 2012, 28（10）: 202-208.

[24] 苏婷, 史燕山, 骆建霞. 土壤条件对青捺生长及生理特性的影响 [J]. 天津农学院学报, 2012, 19（3）: 15-18.

[25] 汪邓民, 周冀衡, 朱显灵, 等. 磷钙锌对烟草生长、抗逆性保护酶及渗调物的影响 [J]. 土壤, 2000（1）: 35-38, 47.

[26] 王华, 侯瑞贤, 李晓锋, 等. 淹水胁迫对不结球白菜渗透调节物质含量的影响 [J]. 植物生理学报, 2013, 49（1）: 29-33.

[27] 王景燕, 龚伟, 包秀兰, 等. 水肥耦合对汉源花椒幼苗叶片光合作用的影响 [J]. 生态学报, 2016, 36（5）: 1321-1330.

[28] 王景燕, 龚伟, 李伦刚, 等. 水肥对汉源花椒幼苗抗逆生理的影响 [J]. 西北植物学报, 2015, 35（3）: 530-539.

[29] 王义强, 谷文众, 姚水攀, 等. 淹水胁迫下银杏主要生化指标的变化 [J].. 中南林学院学报, 2005, 25（4）: 78-85.

[30] 肖新, 朱伟, 肖靓, 等. 不同水肥管理对水稻分蘖期根系特征和氮磷钾养分累积的影响 [J]. 土壤通报, 2016, 47（4）: 903-908.

[31] 徐呈祥. 提高植物抗寒性的机理研究进展 [J]. 生态学报, 2012, 32（24）: 7966-7980.

[32] 薛亮, 马忠明, 杜少平. 水氮耦合对绿洲灌区土壤硝态氮运移及甜瓜氮素吸收的影响 [J]. 植物营养与肥料学报, 2014, 20（1）: 139-147.

[33] 张向前，曹承富，陈欢，等 . 长期定位施肥对砂姜黑土小麦根系性状和根冠比的影响 [J]. 麦类作物学报，2017，37（3）：382–389.

[34] 章家恩 . 生态学常用实验研究方法与技术 [M]. 北京：化学工业出版社，2007.

[35] 赵丽英，邓西平，山仑 . 持续干旱及复水对玉米幼苗生理生化指标的影响研究 [J]. 中国生态农业学报，2004（3）：64–66.

[36] 郑元，杨途熙，魏安智，等 . 低温胁迫对仁用杏几个抗寒生理指标的影响 [J]. 西北农林科技大学学报（自然科学版），2008（1）：163–167.

第四章 配方施肥对竹叶花椒生长、产量及品质影响研究

竹叶花椒在水热条件较好和海拔较低的低山丘陵区栽植常采用"修剪采收一体化"技术进行栽培管理，即每年果实采收的同时进行枝条的重度修剪。在竹叶花椒果实采收后的较长时期里都在进行营养生长，需从土壤中摄取大量的营养元素，来保证竹叶花椒枝条、新梢和叶片的生长发育以及花芽的分化。因此，必须对椒园进行科学合理的养分补充，以满足竹叶花椒生长、花芽分化和结实时的养分需求，才能保证竹叶花椒的正常生长、开花结实，维持果实产量和品质稳定。

第一节 配方施肥对竹叶花椒生长的影响

大量研究表明，施肥对植株的生长发育及地上地下物质的积累影响巨大，合理施肥能有效促进植株吸收养分，促进其生长发育，增加物质的积累量，提高植株的产量和品质（蔡东升等，2018；柴仲平等，2011；陈凤真，2015；黄岩等，2017）。竹叶花椒是多年生木本植物，与1年生作物的营养特性有较大差异，关于施肥对竹叶花椒枝条及其叶片的生长发育、干物质积累、产量形成等方面的研究较少，难以指导生产实践中的大面积施肥。本研究分别对幼苗、3年生、6年生和9年生竹叶花椒配方施肥进行试验，研究氮、磷和钾配方施肥对竹叶花椒不同林龄生长发育及其干物质积累的影响，并分别建立氮肥、磷肥和钾肥与竹叶花椒干物质积累量的肥料效应函数，获得其最佳施肥参数，为四川低山丘陵区竹叶花椒栽植和椒园营建管理提供科学的理论依据和技术参考。

一、材料和方法

（一）试验地及其试验材料

1. 竹叶花椒幼苗盆栽试验地

试验地位于四川农业大学成都校区（103° 51′ E，30° 42′ N）5教温室大棚，本试验

中温室大棚只避雨不控制温度和湿度。供试土壤为四川省岷江流域冲积土，取自学校周边农田耕层（0～20 cm）。

供试材料为竹叶花椒品种汉源葡萄青椒。

2.3 年生竹叶花椒试验地

试验地位于四川省崇州市四川农业大学教学科研实习基地（103°38′ E，30°35′ N）。

供试竹叶花椒品种为汉源葡萄青椒，在 2016 年春季栽植，株行距为 2 m × 3 m，该地种植竹叶花椒前为农耕地，主要种植作物为水稻（*Oryza sativa* L.）+ 小麦（*Triticum aestivum* L.）。

3.6 年生竹叶花椒试验地

试验地位于四川省东部岳池县长田乡藤椒基地（106°29′ E，30°43′ N），属中亚热带湿润季风气候区，气候温和，试验区土壤为紫色土，土层厚度 40 cm 左右，海拔为 490～540 m，坡度约 12°。

供试竹叶花椒品种为藤椒，6 年生藤椒是 2010 年秋季坡地退耕后种植的，株行距为 2 m × 3 m，从 3 年龄开始采用"修剪采收一体化"技术管理和采收后枝叶还地措施。退耕种植竹叶花椒前的农耕地采用玉米（*Zea mays* L.）+ 油菜（*Brassica campestris* L.）一年两熟种植方式。

4.9 年生竹叶花椒试验地

试验地位于四川省广安区恒升镇退耕还林示范区（106°47′ E，30°42′ N），海拔 600～800 m，坡度 12°～22°，地处四川东部，属亚热带湿润季风气候。试验地土壤为紫色土，退耕种植竹叶花椒前农耕地种植作物为玉米（*Zea mays* L.）和红薯（*Ipomoea batatas* L.）。

供试竹叶花椒品种为广安青花椒，在 2007 年春季种植，株行距为 2 m × 3 m，从 3 年龄开始，每年采用"修剪采收一体化"技术管理和采收后枝叶还地，除草和病虫害防治按常规管理措施进行。

（二）试验设计

1. 竹叶花椒幼苗盆栽试验

采用 4 因素 4 水平正交试验设计（表 4-1），共计 16 个处理，3 次重复，各重复种植 3 盆（每个处理总计 9 盆），共计 144 盆。

盆内具体的施肥量按照单位面积进行折算，所有肥料均一次性施入。栽植前，取风干土 6.3 kg（相当于 6.0 kg 烘干土），其中 2/3 先装入聚乙烯塑料盆（盆口直径 22 cm，盆底直径 20 cm，高 23 cm）中，另外 1/3 与需添加的肥料充分混匀后再装在上部，盆内土壤厚度约 20 cm。在 2016 年 4 月中旬将苗高 10 cm 左右的竹叶花椒幼苗移植于各处理盆栽土壤中。

表 4-1　竹叶花椒幼苗盆栽 4 因素 4 水平正交试验设计

编号	施肥处理	FWC/%	施肥水平			施肥量 / （kg·hm⁻²）		
			N	P	K	N	P_2O_5	K_2O
1	$W_{20}N_0P_0K_0$	20	0	0	0	0	0	0
2	$W_{20}N_{75}P_{30}K_{75}$	20	1	1	1	75	30	75
3	$W_{20}N_{150}P_{60}K_{150}$	20	2	2	2	150	60	150
4	$W_{20}N_{300}P_{120}K_{300}$	20	3	3	3	300	120	300
5	$W_{40}N_0P_{30}K_{150}$	40	0	1	2	0	30	150
6	$W_{40}N_{75}P_0K_{300}$	40	1	0	3	75	0	300
7	$W_{40}N_{150}P_{120}K_0$	40	2	3	0	150	120	0
8	$W_{40}N_{300}P_{60}K_{75}$	40	3	2	1	300	60	75
9	$W_{40}N_0P_{60}K_{300}$	60	0	2	3	0	60	300
10	$W_{60}N_{75}P_{120}K_{150}$	60	1	3	2	75	120	150
11	$W_{60}N_{150}P_0K_{75}$	60	2	0	1	150	0	75
12	$W_{60}N_{300}P_{30}K_0$	60	3	1	0	300	30	0
13	$W_{80}N_0P_{120}K_{75}$	80	0	3	1	0	120	75
14	$W_{80}N_{75}P_{60}K_0$	80	1	2	0	75	60	0
15	$W_{80}N_{150}P_{30}K_{300}$	80	2	1	3	150	30	300
16	$W_{80}N_{300}P_0K_{150}$	80	3	0	2	300	0	150

2. 3 年生竹叶花椒田间试验

由于竹叶花椒树体和产量都处于快速增长期，3 年生竹叶花椒的营养生长和结实产量未达到稳定状态，故采用 3 因素 4 水平正交试验设计（表 4-2），共计 16 个处理，3 次重复，每个重复种植 5 株（每个处理总计 15 株），共计 240 株，竹叶花椒种植株行距为 2 m × 3 m。

肥料按施肥总量的 30%、20%、30% 和 20% 分 4 次，于 2017 年的 7 月和 10 月、2018 年的 2 月和 5 月施入土壤中。

3. 6 年生和 9 年生竹叶花椒田间试验

在竹叶花椒"修剪采收一体化"技术推广应用区的广安市岳池县（岳池县长田乡花椒合作社丰产示范基地）选定 6 年生藤椒，广安市广安区（广安和诚林业开发有限公司丰产示范基地）选定 9 年生广安青花椒。试验区地形、地势和土壤肥力相对一致，选择树龄相同、株形和产量相对一致的竹叶花椒树进行试验，小区采用随机排列。试验前设置好保护行，进行试验地区划。试验采用"3414"设计方案（表 4-3），"3414"是指氮、磷和钾 3 个因素、4 个施肥水平、14 个处理。每个试验点的每个处理 3 个重复，每个处理为 6 m × 6 m 的试验小区，每个小区 6 株，3 次重复。肥料按施肥总量的 30%、

20%、30% 和 20% 分 4 次，于 2016 年的 7 月和 10 月、2017 年的 2 月和 5 月施入土壤中。

表 4-2　3 年生竹叶花椒 3 因素 4 水平正交试验设计

编号	施肥处理	施肥水平			2017 ~ 2018 年施肥量 /（g·株$^{-1}$）		
		N	P	K	N	P_2O_5	K_2O
1	$N_0P_0K_0$	0	0	0	0	0	0
2	$N_0P_1K_1$	0	1	1	0	30	75
3	$N_0P_2K_2$	0	2	2	0	60	150
4	$N_0P_3K_3$	0	3	3	0	120	300
5	$N_1P_0K_1$	1	0	1	75	0	75
6	$N_1P_1K_0$	1	1	0	75	30	0
7	$N_1P_2K_3$	1	2	3	75	60	300
8	$N_1P_3K_2$	1	3	2	75	120	150
9	$N_2P_0K_2$	2	0	2	150	0	150
10	$N_2P_1K_3$	2	1	3	150	30	300
11	$N_2P_2K_0$	2	2	0	150	60	0
12	$N_2P_3K_1$	2	3	1	150	120	75
13	$N_3P_0K_3$	3	0	3	300	0	300
14	$N_3P_1K_2$	3	1	2	300	30	150
15	$N_3P_2K_1$	3	2	1	300	60	75
16	$N_3P_3K_0$	3	3	0	300	120	0

表 4-3　6 年生和 9 年生竹叶花椒 "3414" 施肥处理的试验设计

编号	施肥处理	施肥水平			岳池试验地全年施肥量 /（g·株$^{-1}$）			广安试验地全年施肥量 /（g·株$^{-1}$）		
		N	P	K	N	P_2O_5	K_2O	N	P_2O_5	K_2O
1	$N_0P_0K_0$	0	0	0	0	0	0	0	0	0
2	$N_0P_2K_2$	0	2	2	0	50	200	0	60	200
3	$N_1P_2K_2$	1	2	2	165	50	200	180	60	200
4	$N_2P_0K_2$	2	0	2	330	0	200	360	0	200
5	$N_2P_1K_2$	2	1	2	330	25	200	360	30	200
6	$N_2P_2K_2$	2	2	2	330	50	200	360	60	200
7	$N_2P_3K_2$	2	3	2	330	75	200	360	90	200
8	$N_2P_2K_0$	2	2	0	330	50	0	360	60	0

续表

编号	施肥处理	施肥水平			岳池试验地全年施肥量/（g·株$^{-1}$）			广安试验地全年施肥量/（g·株$^{-1}$）		
		N	P	K	N	P_2O_5	K_2O	N	P_2O_5	K_2O
9	$N_2P_2K_1$	2	2	1	330	50	100	360	60	100
10	$N_2P_2K_3$	2	2	3	330	50	300	360	60	300
11	$N_3P_2K_2$	3	2	2	495	50	200	540	60	200
12	$N_1P_1K_2$	1	1	2	165	25	200	180	30	200
13	$N_1P_2K_1$	1	2	1	165	50	100	180	60	100
14	$N_2P_1K_1$	2	1	1	330	25	100	360	30	100

（三）测定指标及其方法

竹叶花椒盆栽幼苗于 2016 年 11 月中旬，用游标卡尺和卷尺分别测定地径和苗高，枝、叶、根生物量；3 年生竹叶花椒于 2018 年 6 月底，用游标卡尺和卷尺分别测定地径、株高、冠幅和枝、叶、果生物量，在 2017 年 7 月至 11 月每月底测定结果枝条数、枝长和枝粗；6 年生和 9 年生竹叶花椒于 2017 年 6 月底，用游标卡尺和卷尺分别测定地径、株高、冠幅和枝、叶、果生物量。

（四）数据统计与分析

竹叶花椒生长特性是多个相关指标综合反映的结果，为系统评价氮、磷、钾配方施肥对竹叶花椒生长特性的影响差异，采用回归拟合方法，对土壤水分及氮肥、磷肥和钾肥施用量与竹叶花椒各个林分的生物量进行回归拟合，求解得到竹叶花椒各个林龄生长最优的配方施肥组合。

数据采用 Excel 2013 和 SPSS 22.0 进行统计和分析，不同配方施肥处理各指标间的显著性检验采用单因子方差分析（ANOVA）和最小显著极差法（SSR）。根据正交试验设计的特点对数据进行因素间分析；根据"3414"试验设计的特点，固定氮、磷、钾 3 个因素中的 2 个因素在第 2 施肥水平，可对另一个因素的施肥效果进行单因素分析和因素间的分析。

二、结果与分析

（一）配方施肥对竹叶花椒幼苗生长的影响

1. 地径和苗高

由图 4–1 可知，不同水分和氮、磷、钾配方施肥处理对竹叶花椒幼苗的地径和苗高影响显著（$P < 0.05$）。地径和苗高均随土壤含水量的增加呈先增加后降低的变化趋势；在相同水分条件下，各配方施肥处理的地径和苗高均显著高于不施肥处理（CK），且随

施肥量的增加而增加。与 CK 相比，各施肥处理的地径增加 28.5% ~ 105.3%，苗高增加 14.8% ~ 76.2%。各处理中，地径和苗高以处理 12 最大，处理 1（CK）最小。不同水分处理中，60%FWC 条件下竹叶花椒幼苗地径和苗高平均值最高；40%FWC、60%FWC 和 80%FWC 处理与 20%FWC 处理相比，地径分别增加 72.1%、92.3% 和 77.4%，苗高分别增加 41.4%、66.5% 和 48.6%。D^2H 在各水肥处理下的变化规律与地径相似，以处理 12 为最高，比 CK 增加 648.1%。说明 60% FWC 水平土壤含水量及中高量的肥料施用量能有效提高竹叶花椒幼苗的地径和苗高，促进苗木生长。

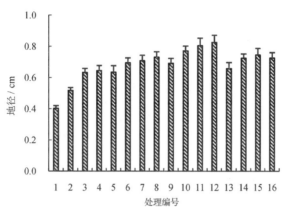

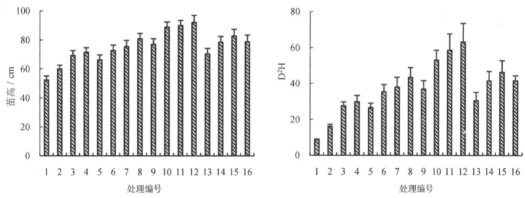

图 4-1　竹叶花椒幼苗的地径和苗高

2. 根、茎、叶生物量

由表 4-4 可知，不同水分和氮、磷、钾配方施肥处理对竹叶花椒幼苗的根、茎和叶干重与生物量的影响显著（$P < 0.05$）。根、茎、叶干重及生物量均随土壤含水量的增加呈先增加后降低的变化趋势；在相同水分条件下，各配方施肥处理的根、茎、叶干重及生物量均显著高于 CK，且随施肥量的增加呈先增加后降低的变化趋势，或呈现快速增加后趋于平稳的变化趋势。与 CK 相比，各施肥处理的根、茎和叶干重分别增加 47.6% ~ 360.0%、53.2% ~ 279.8% 和 103.9% ~ 353.4%，生物量增加 65.6% ~ 332.4%。各处理中，根、茎和叶干重与生物量以处理 12 为最大，处理 1 为

最小。不同水分处理中，60% FWC 条件下竹叶花椒幼苗根、茎和叶干重与生物量平均值最高；40%FWC、60%FWC 和 80%FWC 处理与 20%FWC 处理相比，根干重分别增加 73.5%、130.9% 和 97.7%，茎干重分别增加 74.0%、116.3% 和 76.2%，叶干重分别增加 76.6%、110.3% 和 93.9%，生物量分别增加 74.7%、120.1% 和 90.3%。说明 60% FWC 水平的土壤含水量及中量的肥料施用量能有效提高竹叶花椒幼苗的生物量，促进苗木质量的提高。

根冠比是指植物地下部分与地上部分的鲜重或干重的比值，其大小反映了植物地下部分与地上部分的相关性，也在一定程度上反映竹叶花椒幼苗的质量高低。由表4-4 可知，不同水分和氮、磷、钾配方施肥处理对竹叶花椒幼苗根冠比的影响显著（$P < 0.05$），与竹叶花椒幼苗根、茎和叶干重与生物量的变化规律不同，各处理中，竹叶花椒幼苗根冠比均随土壤含水量的增加而降低；在相同水分条件下，各配方施肥处理的根冠比显著低于 CK，且随施肥量的增加而降低。与 CK 相比，各施肥处理的根冠比降低了 10.6% ~ 25.5%，各处理中根冠比以处理 1 为最大，处理 14 为最小，处理 4、处理 8、处理 11、处理 12、处理 13 和处理 16 无显著差异。不同水分处理中，20% FWC 条件下竹叶花椒幼苗根冠比平均值最高；40% FWC、60% FWC 和 80% FWC 处理与 20% FWC 处理相比，根冠比分别降低 3.6%、4.8% 和 12.7%。说明合理的土壤水分和氮、磷、钾配方施肥能显著降低竹叶花椒幼苗的根冠比，提高苗木质量。

将植株生物量（Y）作为目标变量，土壤含水量（x），氮肥、磷肥和钾肥用量 x_1、x_2 和 x_3 作为自变量，对试验数据回归拟合得到植株生物量和氮肥、磷肥和钾肥的三元二次方程为：

$$Y = -0.012x^2 + 1.536x - 7.258 \ (R^2 = 0.865)$$

$$Y = 12.813 + 0.237\,x_1 - 0.012\,x_2 - 0.003\,x_3 - 3.104 \times 10^{-4}x_1^2 - 0.002\,x_2^2 + 1.630 \times 10^{-4}x_3^2 - 9.720 \times 10^{-4}x_1x_2 - 3.811 \times 10^{-4}x_1x_3 + 3.089 \times 10^{-4}x_2x_3 \ (R^2 = 0.719, F = 10.780, P < 0.01)$$

采用矩阵方程模型进行求解，得到竹叶花椒幼苗生物量最大时的土壤水分含量为 61.9% FWC，氮肥（N）、磷肥（P_2O_5）和钾肥（K_2O）施用量分别为 181.6 kg/hm²、65.4 kg/hm² 和 158.2 kg/hm²。

表4-4　竹叶花椒幼苗的根茎叶生物量

编号	施肥处理	叶干重 /g	茎干重 /g	根干重 /g	生物量 /g	根冠比
1	$W_{20}N_0P_0K_0$	4.10 ± 0.21g	3.03 ± 0.22g	3.33 ± 0.21g	10.46 ± 0.61g	0.47 ± 0.01a
2	$W_{20}N_{75}P_{30}K_{75}$	6.05 ± 0.32f	6.18 ± 0.34f	5.09 ± 0.31f	17.32 ± 0.36f	0.42 ± 0.03b
3	$W_{20}N_{150}P_{60}K_{150}$	8.94 ± 0.61e	7.65 ± 0.44e	6.55 ± 0.34e	23.14 ± 0.38e	0.39 ± 0.02bc
4	$W_{20}N_{300}P_{120}K_{300}$	10.38 ± 0.65e	7.81 ± 0.48e	6.69 ± 0.27e	24.88 ± 1.08e	0.37 ± 0.01cd
5	$W_{40}N_0P_{30}K_{150}$	8.96 ± 0.65e	8.60 ± 0.47e	6.96 ± 0.33e	24.52 ± 1.43e	0.40 ± 0.01bc
6	$W_{40}N_{75}P_0K_{300}$	12.53 ± 0.94d	10.23 ± 0.62d	9.44 ± 0.51d	32.20 ± 0.63d	0.41 ± 0.02b
7	$W_{40}N_{150}P_{120}K_0$	13.05 ± 0.86d	12.31 ± 0.65abc	9.96 ± 0.43cd	35.32 ± 0.76cd	0.39 ± 0.03bc

续表

编号	施肥处理	叶干重 /g	茎干重 /g	根干重 /g	生物量 /g	根冠比
8	$W_{40}N_{300}P_{60}K_{75}$	16.60 ± 0.87bc	12.41 ± 0.63abc	11.34 ± 0.82b	40.35 ± 1.98bc	0.39 ± 0.02bcd
9	$W_{40}N_0P_{60}K_{300}$	12.40 ± 0.67d	11.47 ± 0.85c	9.36 ± 0.50d	33.23 ± 0.51d	0.39 ± 0.04bc
10	$W_{60}N_{75}P_{120}K_{150}$	18.37 ± 0.95ab	13.24 ± 0.77ab	12.49 ± 0.54a	44.10 ± 0.81ab	0.40 ± 0.03bc
11	$W_{60}N_{150}P_0K_{75}$	18.42 ± 1.24ab	13.43 ± 0.57a	12.39 ± 0.84a	44.24 ± 1.74ab	0.39 ± 0.02bcd
12	$W_{60}N_{300}P_{30}K_0$	18.87 ± 1.35a	13.73 ± 0.93a	12.63 ± 0.59a	45.23 ± 0.91ab	0.39 ± 0.02bcd
13	$W_{80}N_0P_{120}K_{75}$	10.53 ± 0.46e	9.88 ± 0.53d	7.28 ± 0.48e	27.69 ± 0.88de	0.36 ± 0.02cd
14	$W_{80}N_{75}P_{60}K_0$	14.08 ± 0.69d	11.66 ± 0.73bc	9.06 ± 0.63d	34.80 ± 1.57cd	0.35 ± 0.01d
15	$W_{80}N_{150}P_{30}K_{300}$	17.37 ± 1.13abc	13.21 ± 0.96ab	11.21 ± 0.77b	41.80 ± 1.30abc	0.37 ± 0.02cd
16	$W_{80}N_{300}P_0K_{150}$	16.29 ± 0.93c	13.08 ± 0.90ab	10.61 ± 0.53bc	39.99 ± 2.29bc	0.36 ± 0.01cd

（二）配方施肥对 3 年生竹叶花椒生长的影响

1. 株高、地径和冠幅

由图 4-2 可知，不同氮、磷和钾配方施肥处理对 3 年生竹叶花椒的地径、株高和冠

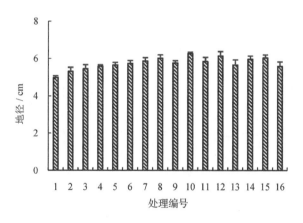

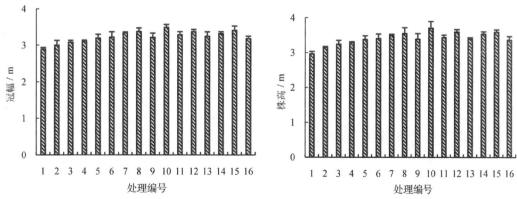

图 4-2　3 年生竹叶花椒的地径、株高和冠幅

幅影响显著（$P < 0.05$）。各配方施肥处理的地径、株高和冠幅均显著高于不施肥处理（CK），且随施肥量的增加呈先增加后降低的趋势。与 CK 相比，各施肥处理的地径增加 2.5% ~ 14.9%，株高增加 0.9% ~ 113.4%，冠幅增加 1.5% ~ 14.4%。各处理中，地径、株高和冠幅均以处理 10 为最大，其次为处理 12 和处理 15，处理 1 最小。说明中高量的氮肥施入水平和中量的磷、钾肥施入水平能有效提高 3 年生竹叶花椒幼树的地径、株高和冠幅，促进 3 年生竹叶花椒树体的营养生长。

2. 枝条生长量

由图 4-3 可知，3 年生竹叶花椒的枝条数随生长时期呈先快速增加，后缓慢增加的趋势。枝条数最多时出现在 2017 年 11 月，16 个配方施肥处理的枝条数平均值为 123.6 枝；

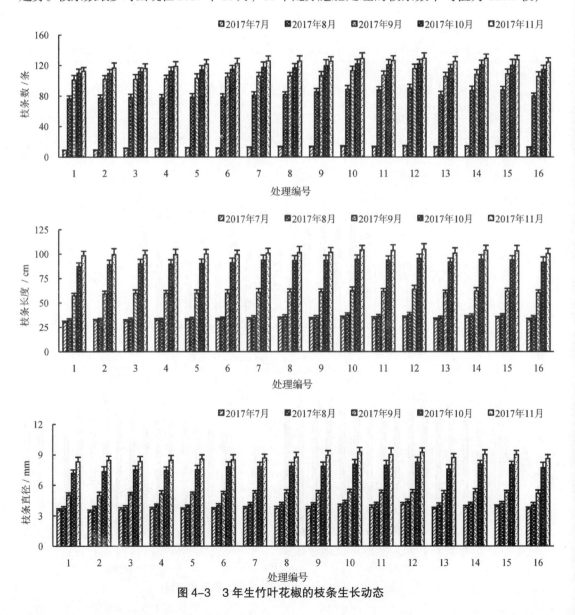

图 4-3　3 年生竹叶花椒的枝条生长动态

2017 年 7 月至 8 月增长最快，是枝条萌发的快速时期。3 年生竹叶花椒的枝条长度和直径随生长时期呈先缓慢增长，中间快速增长，最后趋于稳定的变化趋势。枝条长度和直径最大出现在 2017 年 11 月，16 个配方施肥处理的枝条长度和直径平均值分别为101.3 cm 和 8.7 mm；2017 年 8 月到 9 月增长最快，是枝条伸长生长和增粗生长的快速时期。

　　不同配方施肥处理对 3 年生竹叶花椒的枝条数量、长度和直径的影响显著（表4-5），配方施肥处理的枝条数量、长度和直径显著高于 CK，不同配方施肥处理间的枝条数量、长度和直径差异显著。以 2017 年 11 月枝条数量、长度和直径为例，随着施肥量的增加，枝条数量、长度和直径呈先增加后降低的变化趋势。各配方施肥处理的枝条数量、长度和直径比 CK 升高 3.1% ~ 15.1%、0.8% ~ 6.8% 和 0.6% ~ 11.8%，其中，以处理 12 枝条数量最多、长度最长，处理 10 枝条直径最大。缺氮处理 2、处理 3 和处理 4枝条数量、长度和直径平均值比 CK 增加 4.1%、0.9% 和 1.6%；缺磷处理 5、处理 9 和处理 13 枝条数量、长度和直径平均值比 CK 增加 10.4%、2.8% 和 5.5%；缺钾处理 6、处理11 和处理 16 枝条数量、长度和直径平均值比 CK 增加 10.8%、3.0% 和 5.2%。说明配方施肥中，氮肥、磷肥、钾肥对枝条数量长度和直径的影响为氮肥＞钾肥＞磷肥。

表 4-5　3 年生竹叶花椒 2017 年 11 月的枝条数量、长度和直径

编号	施肥处理	枝条数量 / 条	枝条长度 /cm	枝条直径 /mm
1	$N_0P_0K_0$	112.44 ± 4.98d	98.28 ± 4.62b	8.29 ± 0.48c
2	$N_0P_1K_1$	116.72 ± 6.61bcd	99.21 ± 6.43b	8.45 ± 0.41abc
3	$N_0P_2K_2$	115.89 ± 6.35cd	99.06 ± 4.80b	8.34 ± 0.50bc
4	$N_0P_3K_3$	118.59 ± 6.37bcd	99.33 ± 5.68b	8.47 ± 0.47abc
5	$N_1P_0K_1$	121.56 ± 6.10bcd	100.21 ± 4.64ab	8.58 ± 0.41abc
6	$N_1P_1K_0$	122.67 ± 6.56bcd	99.67 ± 4.23b	8.50 ± 0.50abc
7	$N_1P_2K_3$	125.97 ± 6.33abc	100.89 ± 5.07ab	8.67 ± 0.39abc
8	*$N_1P_3K_2$	125.77 ± 6.72abc	101.50 ± 6.31a	8.76 ± 0.48abc
9	$N_2P_0K_2$	125.56 ± 5.83abc	101.82 ± 4.89a	8.93 ± 0.47abc
10	$N_2P_1K_3$	129.00 ± 7.56ab	104.22 ± 4.61a	9.27 ± 0.45a
11	$N_2P_2K_0$	126.44 ± 6.17abc	103.62 ± 5.86a	9.03 ± 0.62abc
12	$N_2P_3K_1$	129.44 ± 7.12a	104.95 ± 5.73a	9.23 ± 0.43ab
13	$N_3P_0K_3$	125.34 ± 6.24abc	100.94 ± 5.42ab	8.72 ± 0.37abc
14	$N_3P_1K_2$	129.22 ± 5.70a	103.78 ± 5.21a	9.04 ± 0.43abc
15	$N_3P_2K_1$	127.56 ± 5.76abc	103.22 ± 5.52a	9.00 ± 0.41abc
16	$N_3P_3K_0$	124.56 ± 5.29abc	100.52 ± 5.06a	8.62 ± 0.38abc

3. 叶、枝、果生物量

由表4-6可知，不同氮、磷、钾配方施肥处理对3年生竹叶花椒的叶和枝干重的影响显著（$P < 0.05$）。各配方施肥处理的叶和枝干重均显著高于CK，且随施肥量的增加呈先增加后降低的变化趋势。与CK相比，各施肥处理的叶和枝干重分别增加13.5% ~ 45.6%和25.5% ~ 54.3%。各配方施肥处理中，叶和枝干重以处理12最大，除处理2和处理3，其他处理的叶和枝干重无显著差异，处理1最小。说明适量的氮、磷、钾配方施肥能有效提高3年生竹叶花椒的叶和枝干重。

不同氮、磷、钾配方施肥处理对3年生竹叶花椒的椒皮和椒籽干重及收获产物的生物量影响显著（$P < 0.05$）。各配方施肥处理的椒皮和椒籽干重及收获产物的生物量均显著高于CK，且随施肥量的增加呈先增加后降低的变化趋势。与CK相比，各施肥处理的椒皮和椒籽干重分别增加12.5% ~ 42.7%和7.4% ~ 30.1%，生物量增加15.5% ~ 41.5%。各配方施肥处理中，椒皮和椒籽干重及生物量以处理12最大，处理12生物量与处理10无显著差异，处理1最小。说明适量的氮、磷、钾配方施肥能有效提高3年生竹叶花椒幼树的果实干重，增加生物量的积累。

表4-6　3年生竹叶花椒的叶、枝、果生物量

编号	施肥处理	叶干重 / ($g \cdot 株^{-1}$)	枝干重 / ($g \cdot 株^{-1}$)	椒皮干重 / ($g \cdot 株^{-1}$)	椒籽干重 / ($g \cdot 株^{-1}$)	生物量 / g
1	$N_0P_0K_0$	233.93 ± 11.63d	612.09 ± 59.64c	950.36 ± 54.18e	879.87 ± 14.65d	2 676.25 ± 84.15f
2	$N_0P_1K_1$	265.40 ± 26.83c	768.13 ± 28.22b	1 100.91 ± 43.49cd	962.52 ± 38.02cd	3 096.95 ± 104.21e
3	$N_0P_2K_2$	293.82 ± 19.68b	782.66 ± 11.66ab	1 069.48 ± 36.03d	944.66 ± 31.83cd	3 090.63 ± 97.11e
4	$N_0P_3K_3$	312.65 ± 12.99ab	784.43 ± 40.67ab	1 197.38 ± 46.97abc	1 023.09 ± 40.13abc	3 317.56 ± 71.93de
5	$N_1P_0K_1$	330.68 ± 8.43a	823.79 ± 45.67ab	1 127.87 ± 51.52cd	978.59 ± 44.70cd	3 260.94 ± 56.65cde
6	$N_1P_1K_0$	332.02 ± 17.95a	836.20 ± 27.79ab	1 145.80 ± 61.48cd	988.35 ± 53.03cd	3 302.36 ± 122.12cde
7	$N_1P_2K_3$	335.89 ± 10.17a	855.34 ± 62.47ab	1 262.88 ± 58.59abc	1 079.06 ± 50.06abc	3 533.16 ± 130.39bc
8	$N_1P_3K_2$	336.29 ± 6.76a	867.61 ± 49.20ab	1 263.26 ± 90.05abc	1 072.45 ± 76.45abc	3 539.61 ± 131.45bc
9	$N_2P_0K_2$	336.95 ± 8.36a	843.28 ± 41.39ab	1 145.82 ± 81.52cd	978.29 ± 69.60cd	3 304.35 ± 178.81de
10	$N_2P_1K_3$	340.02 ± 8.56a	919.17 ± 76.67ab	1 257.73 ± 45.17abc	1 084.88 ± 38.96abc	3 601.80 ± 71.78abc
11	$N_2P_2K_0$	336.69 ± 10.31a	880.52 ± 38.69ab	1 232.04 ± 42.25abc	1 048.15 ± 35.95abc	3 497.39 ± 63.82bc
12	$N_2P_3K_1$	340.56 ± 5.10a	944.24 ± 72.82a	1 356.47 ± 66.69a	1 144.99 ± 56.29a	3 786.26 ± 63.74a
13	$N_3P_0K_3$	332.28 ± 14.85a	892.93 ± 26.46ab	1 191.94 ± 82.87abc	1 031.20 ± 71.70abc	3 448.36 ± 120.80bcd
14	$N_3P_1K_2$	339.35 ± 6.04a	929.24 ± 64.80ab	1 208.43 ± 46.44abc	1 030.16 ± 39.59abc	3 507.18 ± 55.29bc
15	$N_3P_2K_1$	338.69 ± 14.54a	934.34 ± 99.72a	1 305.89 ± 42.75ab	1 103.37 ± 36.12ab	3 682.29 ± 172.75cde
16	$N_3P_3K_0$	331.35 ± 5.90a	902.24 ± 73.63ab	1 231.82 ± 76.19abc	1 062.93 ± 65.75abc	3 528.34 ± 158.56bc

将植株生物量（Y）作为目标变量，氮肥、磷肥和钾肥用量 x_1、x_2 和 x_3 作为自变量，对试验数据回归拟合得到植株生物量与氮肥、磷肥和钾肥的三元二次方程为：

$$Y = 3\,133.431 - 19.647x_1 + 11.558x_2 + 7.216x_3 + 1.057x_1^2 - 0.020x_2^2 - 0.032x_3^2 - 0.002x_1x_2 - 0.002x_1x_3 + 9.903 \times 10^{-4}x_2x_3 \quad (R^2 = 0.840,\ F = 22.169,\ P < 0.01)$$

采用矩阵方程模型进行求解，得到 3 年生竹叶花椒生物量最大时的氮肥（N）、磷肥（P_2O_5）和钾肥（K_2O）施用量分别为 211.7 g/ 株、91.1 g/ 株和 188.9 g/ 株。

（三）配方施肥对 6 年生竹叶花椒生长的影响

1. 株高、地径和冠幅

由图 4-4 可知，不同氮、磷、钾配方施肥处理对 6 年生竹叶花椒的地径、株高和冠幅影响显著（$P < 0.05$）。各配方施肥处理的地径、株高和冠幅均显著高于 CK，且随施肥量的增加呈先增加后降低的趋势。与 CK 相比，各施肥处理的地径增加 7.3% ~ 27.6%，株高增加 2.3% ~ 17.8%，冠幅增加 3.3% ~ 24.2%。各处理中，地径、株高和冠幅以处理 6 最大，其次为处理 10 和处理 7，处理 1 最小。

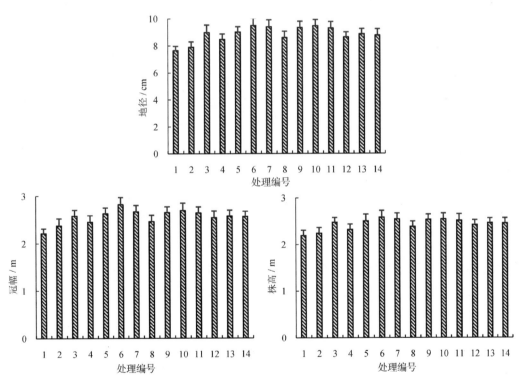

图 4-4　6 年生竹叶花椒的地径、株高和冠幅

2. 叶、枝、果生物量

由表 4-7 可知，不同氮、磷、钾配方施肥处理对 6 年生竹叶花椒叶和枝干重的影响显著（$P < 0.05$）。各配方施肥处理的叶和枝干重均显著高于 CK，且随施肥量

的增加呈先增加后降低的变化趋势。与 CK 相比，各施肥处理的叶和枝干重分别增加 29.6% ~ 181.6% 和 25.1% ~ 139.1%。各配方施肥处理中，叶和枝干重以处理 6 最大，分别为 711.3 g/ 株和 1 499.4 g/ 株，处理 1 最小。说明适量的氮、磷、钾配方施肥能有效提高 6 年生竹叶花椒的叶和枝干重，促进枝和叶的生长。

不同氮、磷、钾配方施肥处理对 6 年生竹叶花椒的椒皮和椒籽干重及收获产物的生物量影响显著（$P < 0.05$）。各配方施肥处理的椒皮和椒籽干重及收获产物的生物量均显著高于 CK，且随施肥量的增加呈先增加后降低的变化趋势。与 CK 相比，各施肥处理的椒皮和椒籽干重分别增加 19.9% ~ 69.1% 和 22.0% ~ 66.1%，生物量增加 22.7% ~ 95.5%。各配方施肥处理中，椒皮和椒籽干重及生物量以处理 6 最大，分别为 1 563.0 g/ 株、1 391.3 g/ 株和 5 165.0 g/ 株，CK 最小。说明适量的氮、磷、钾配方施肥能有效提高 6 年生竹叶花椒果实干重，增加植株地上部分生物量的积累。

将植株生物量（Y）作为目标变量，氮肥、磷肥和钾肥用量 x_1、x_2 和 x_3 作为自变量，对试验数据回归拟合得到植株生物量与氮肥、磷肥和钾肥的三元二次方程为：

$$Y = 2\,629.082 + 6.018x_1 + 18.227x_2 + 5.526x_3 - 0.015x_1{}^2 + 0.438x_2{}^2 - 0.023x_3{}^2 + 0.060x_1x_2 + 0.006x_1x_3 + 0.056x_2x_3 \quad (R^2 = 0.933，F = 49.808，P < 0.01)$$

采用矩阵方程模型进行求解，得到 6 年生竹叶花椒生物量最大时的氮（N）、磷（P_2O_5）和钾（K_2O）肥施用量分别为 265.7 g/ 株、61.3 g/ 株和 142.9 g/ 株。

表 4-7　6 年生竹叶花椒的叶枝果生物量

编号	施肥处理	叶干重 /（g·株$^{-1}$）	枝干重 /（g·株$^{-1}$）	椒皮干重 /（g·株$^{-1}$）	椒籽干重 /（g·株$^{-1}$）	生物量 / g
1	$N_0P_0K_0$	252.57 ± 13.74d	627.20 ± 37.80e	924.20 ± 50.78e	837.50 ± 37.03d	2 641.47 ± 47.87f
2	$N_0P_2K_2$	327.20 ± 29.08c	784.50 ± 37.59d	1 108.13 ± 58.45d	1 022.00 ± 55.3c	3 241.83 ± 129.05e
3	$N_1P_2K_2$	544.10 ± 18.82b	1 221.80 ± 83.21bc	1 375.20 ± 61.69bc	1 231.90 ± 63.43ab	4 373.00 ± 39.52bc
4	$N_2P_0K_2$	329.77 ± 22.43c	818.43 ± 51.78cd	1 259.60 ± 61.05c	1 148.10 ± 77.16bc	3 555.90 ± 138.29d
5	$N_2P_1K_2$	545.53 ± 13.07b	1 284.10 ± 77.16bc	1 406.70 ± 75.79bc	1 277.73 ± 91.02ab	4 514.07 ± 148.25bc
6	$N_2P_2K_2$	711.30 ± 69.61a	1 499.40 ± 65.69a	1 563.00 ± 71.82a	1 391.30 ± 100.02a	5 165.00 ± 246.79a
7	$N_2P_3K_2$	597.80 ± 14.82b	1 301.70 ± 56.46bc	1 484.60 ± 78.15ab	1 349.80 ± 100.90ab	4 733.90 ± 233.01b
8	$N_2P_2K_0$	372.03 ± 17.99c	925.20 ± 48.46d	1 302.70 ± 61.02bc	1 185.17 ± 78.42bc	3 785.10 ± 116.79d
9	$N_2P_2K_1$	569.50 ± 37.67b	1 294.60 ± 78.36bc	1 415.60 ± 72.47bc	1 260.20 ± 66.24ab	4 539.90 ± 200.61bc
10	$N_2P_2K_3$	616.63 ± 49.08b	1 347.40 ± 64.35b	1 468.90 ± 105.25ab	1 312.40 ± 72.57ab	4 745.33 ± 96.31b
11	$N_3P_2K_2$	565.80 ± 50.21b	1 228.80 ± 45.76bc	1 380.67 ± 115.39bc	1 276.30 ± 55.77ab	4 451.57 ± 221.52bc
12	$N_1P_1K_2$	538.00 ± 41.36b	1 238.43 ± 89.61bc	1 295.13 ± 76.69bc	1 179.80 ± 57.91bc	4 251.37 ± 234.11c
13	$N_1P_2K_1$	543.20 ± 33.33b	1 185.53 ± 65.64bc	1 273.70 ± 62.77bc	1 166.30 ± 76.09bc	4 168.73 ± 223.08c
14	$N_2P_1K_1$	522.80 ± 22.16b	1 131.70 ± 79.34c	1 343.90 ± 95.07bc	1 245.40 ± 71.73ab	4 243.80 ± 263.94c

（四）配方施肥对9年生竹叶花椒生长的影响

1. 株高、地径和冠幅

由图4-5可知，不同氮、磷、钾配方施肥处理对9年生竹叶花椒的地径、株高和冠幅影响显著（$P < 0.05$）。各配方施肥处理地径、株高和冠幅均显著高于CK，且随施肥量的增加呈先增加后降低的趋势。与CK相比，各施肥处理地径增加7.3% ~ 17.7%，株高增加2.5% ~ 20.3%，冠幅增加3.4% ~ 25.2%。各处理中，地径和株高以处理7最大，其次为处理10和处理7；冠幅以处理6最大，其次为处理7和处理10，处理1最小。

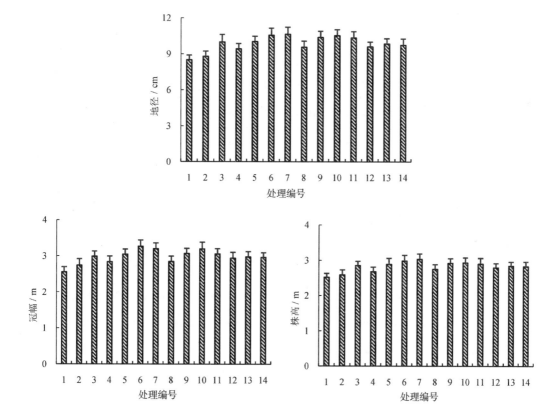

图4-5　9年生竹叶花椒的地径、株高和冠幅

2. 叶、枝、果生物量

由表4-8可知，不同氮、磷、钾配方施肥处理对9年生竹叶花椒的叶和枝干重影响显著（$P < 0.05$）。各配方施肥处理的叶和枝干重均显著高于CK，且随施肥量的增加呈先增加后降低的变化趋势。与CK相比，各施肥处理的叶和枝干重分别增加26.6% ~ 171.8%和26.4% ~ 1 141.6%。各配方施肥处理中，叶和枝干重以处理6最大，分别为896.2 g/株和1 367.5 g/株，处理1最小。说明适量的氮、磷、钾配方施肥能有效提高9年生竹叶花椒的叶和枝干重，促进枝叶的生长。

不同氮、磷、钾配方施肥处理对9年生竹叶花椒的椒皮和椒籽干重及收获产物的生物量影响显著（$P < 0.05$）。各配方施肥处理的椒皮和椒籽干重及收获产物的生物量均显著高于 CK，且随施肥量的增加呈先增加后降低的变化趋势。与 CK 相比，各施肥处理的椒皮和椒籽干重分别增加 31.0% ~ 106.0% 和 33.2% ~ 113.6%，生物量增加 30.6% ~ 124.9%。各配方施肥处理中，椒皮和椒籽干重及生物量以处理 6 最大，分别为 1 926.3 g/株、1 841.0 g/株和 6 030.9 g/株，处理 1 最小。说明适量的氮、磷和钾配方施肥能有效提高 9 年生竹叶花椒的果实干重，增加植物地上部分生物量的积累。

将植株生物量（Y）作为目标变量，氮肥、磷肥和钾肥用量 x_1、x_2 和 x_3 作为自变量，对试验数据回归拟合得到植株生物量和氮肥、磷肥和钾肥的三元二次方程为：

$$Y = 2\ 686.940 + 5.798x_1 + 23.170x_2 + 8.031x_3 - 0.015x_1^2 - 0.364x_2^2 - 0.035x_3^2 + 0.057x_1x_2 + 0.014x_1x_3 + 0.033x_2x_3\ (R^2 = 0.961,\ F = 86.980,\ P < 0.01)$$

采用矩阵方程模型进行求解，得到 9 年生竹叶花椒生物量最大时的氮肥（N）、磷肥（P_2O_5）和钾肥（K_2O）施用量分别为 234.8 g/株、77.1 g/株和 237.6 g/株。

表 4-8　9 年生竹叶花椒的叶、枝、果生物量

编号	施肥处理	叶干重 /（g·株$^{-1}$）	枝干重 /（g·株$^{-1}$）	椒皮干重 /（g·株$^{-1}$）	椒籽干重 /（g·株$^{-1}$）	生物量 /（g·株$^{-1}$）
1	$N_0P_0K_0$	318.10 ± 26.20f	566.02 ± 32.92g	935.26 ± 68.63h	861.87 ± 68.16h	2 681.25 ± 160.32g
2	$N_0P_2K_2$	412.27 ± 36.64e	715.46 ± 34.28f	1 225.32 ± 37.09g	1 148.12 ± 35.87g	3 501.18 ± 13.10f
3	$N_1P_2K_2$	685.57 ± 23.72bc	1 114.28 ± 75.88cd	1 472.82 ± 56.50f	1 391.11 ± 57.31f	4 663.78 ± 47.25d
4	$N_2P_0K_2$	415.51 ± 28.26e	746.41 ± 47.23ef	1 432.65 ± 69.89f	1 352.13 ± 71.48f	3 946.70 ± 100.45e
5	$N_2P_1K_2$	687.37 ± 16.46bc	1 171.10 ± 70.37bc	1 700.23 ± 17.60c	1 617.65 ± 16.82c	5 176.35 ± 83.24c
6	$N_2P_2K_2$	896.24 ± 87.71a	1 367.45 ± 59.91a	1 926.27 ± 39.69a	1 840.95 ± 40.99a	6 030.92 ± 74.11a
7	$N_2P_3K_2$	776.96 ± 61.84b	1 228.83 ± 58.69bc	1 833.23 ± 33.40ab	1 748.91 ± 31.62a	5 587.92 ± 157.81b
8	$N_2P_2K_0$	468.76 ± 22.67e	843.78 ± 44.20ef	1 439.70 ± 31.70f	1 355.69 ± 31.22f	4 107.94 ± 87.73e
9	$N_2P_2K_1$	717.57 ± 47.46bc	1 180.68 ± 71.47bc	1 673.45 ± 51.61cd	1 588.26 ± 50.99cd	5 159.95 ± 171.6c
10	$N_2P_2K_3$	597.80 ± 14.82d	1 301.70 ± 56.46ab	1 806.98 ± 67.39ab	1 724.39 ± 71.63ab	5 430.87 ± 136.99b
11	$N_3P_2K_2$	712.91 ± 63.26bc	1 120.67 ± 41.74cd	1 740.14 ± 34.69bc	1 650.23 ± 39.31bc	5 223.94 ± 169.63c
12	$N_1P_1K_2$	677.88 ± 52.11bc	1 129.45 ± 81.72cd	1 555.99 ± 44.46e	1 472.60 ± 48.68e	4 835.91 ± 40.10d
13	$N_1P_2K_1$	684.43 ± 42.00bc	1 081.21 ± 59.86cd	1 585.90 ± 23.95e	1 502.16 ± 26.67e	4 853.70 ± 38.84d
14	$N_2P_1K_1$	658.73 ± 27.93cd	1 032.11 ± 72.36d	1 610.63 ± 19.3de	1 523.91 ± 16.48de	4 825.38 ± 105.01d

三、讨论

土壤养分含量及养分运输和反应的重要媒介物质水分是植株生长的基础，栽培和

管理过程中合理的养分管理和水分保障措施能显著促进植株生长。本试验对竹叶花椒幼苗生长进行研究发现，土壤含水量过低过高都会影响竹叶花椒幼苗的植株生长，在60%FWC时竹叶花椒幼苗的地径、苗高和D^2H达到最大值。刘杜玲等（2010）研究发现，轻度的干旱胁迫有利于花椒幼苗叶片叶绿素的合成，增加光合产物的形成和积累，促进植株的生长。这可能是因为本研究的竹叶花椒幼苗为长期水分梯度处理，而刘杜玲等（2010）的研究为短期水分胁迫处理。王景燕等（2016）通过建立汉源花椒幼苗生长隶属度与水肥关系的方程，预测适宜汉源花椒幼苗生长和提高苗木质量的施肥量。本研究通过建立方程，预测竹叶花椒幼苗植株生物量最大时的氮（N）、磷（P_2O_5）和钾（K_2O）肥施用量分别为181.6 kg/hm^2、65.4 kg/hm^2 和158.2 kg/hm^2，此时竹叶花椒幼苗的生长最佳。

根冠比作为植物根系与地上部分干重的比值，根冠比的大小可间接反映植株幼苗的质量以及对氮、磷、钾配方施肥的响应，根冠比越小，植株的生长越好（Ma等，2010）。在不同施肥管理水平下，增施氮肥可使植物根、茎和叶的生物量显著提升，且三者之间的分配比例也会发生变化（郭新亮，2019；高玉尧等，2018）。张向前等（2017）对小麦的施肥研究发现，植株生长过程中根冠比偏大或者偏小均对植物的生长产生不良的影响，根冠比偏大会导致根部消耗较多的同化物，从而影响植物的产量；根冠比过小会导致根系无法吸收足够的水分和养分，阻碍植物的生长。本试验对竹叶花椒幼苗的根冠比进行研究发现，20%FWC和40%FWC条件下的竹叶花椒幼苗根冠比随着氮肥施加量的增加而显著降低，60%FWC条件下的竹叶花椒幼苗根冠比随氮肥施入量的增加而减少，80%FWC条件下竹叶花椒幼苗的根冠比随氮肥施入量的增加而增加，这可能是由于20%FWC和40%FWC条件下，施氮量的增加使竹叶花椒地下部分过度生长，导致根冠比显著下降；60%FWC条件下，施氮量的增加使竹叶花椒地上和地下部分均显著生长，导致根冠比略微增加；80%FWC条件下，水分过多导致根系部分缺氧，阻碍竹叶花椒对氮素的正常吸收，使氮素营养缺乏，竹叶花椒的根冠比增加。因此，实际生产管理中施肥应结合植物养分需求，合理地配置肥料的比例和施入量，以保证土壤水分在正常范围。

同时，氮、磷和钾养分元素作为植物生长的必需大量元素（徐嘉科等，2015），尤其对收获型农作物和经济林等很重要。本试验研究发现，不同配方施肥处理下，氮、磷和钾配施对竹叶花椒生长促进最大，影响作用为氮肥＞磷肥＞钾肥，表明氮肥是影响植株生长发育的主要养分元素，磷肥和钾肥其次。这可能是因为氮肥中的氮元素是除了碳、氢和氧元素外，植物生长代谢活动中最为重要的元素。因此，在植物营养生长时期，适当增加氮肥施入量能显著促进植物的生长发育（郑元等，2016），也要适当配施磷肥、钾肥和其他的微量肥料，补充相应的养分元素。

氮、磷和钾施肥或者配方施肥能显著改善土壤养分条件，促进树木生长发育，是提高产量与品质的重要手段（郝龙飞等，2012），特别是化学肥料的施入，能快速补充植株所需的营养元素。本试验对 3 年生、6 年生和 9 年生竹叶花椒植株的氮、磷和钾的配方施肥研究发现，氮肥、磷肥和钾肥配施能显著提高植株地径、株高和冠幅，相应植株的枝、叶、果生物量也得到极大地提升，与不施肥或不均衡施肥相比，氮、磷、钾配方施肥对植株的生长影响更显著。因此，氮、磷、钾配方施肥有利于促进竹叶花椒的生长。

四、结论

适宜的氮肥、磷肥和钾肥的配比和施入量能促进竹叶花椒的生长，增加枝、叶、果各部分的生物量。

竹叶花椒幼苗生物量最大的氮、磷和钾配比施入量分别为：181.6 kg/hm^2、65.4 kg/hm^{2}和 158.2 kg/hm^2。

3 年生竹叶花椒生物量最大的氮、磷和钾配比施入量分别为：211.7 g/株、91.1 g/株和188.9 g/株。

6 年生竹叶花椒生物量最大的氮、磷和钾配比施入量分别为：265.7 g/株、61.3 g/株和142.9 g/株。

9 年生竹叶花椒生物量最大的氮、磷和钾配比施入量分别为：234.8 g/株、77.1 g/株和237.6 g/株。

第二节　配方施肥对竹叶花椒生理、生化指标的影响

近年来，竹叶花椒的栽培面积急剧增加，由于科学的施肥管理未能同步化，致使竹叶花椒林生长较差、病虫害严重和树体早衰等现象发生，严重降低种植竹叶花椒的经济效益和生态效益。不合理的施肥，偏施氮肥或其他元素的肥料，会造成养分不平衡、肥害和土壤污染等问题，也会抑制花椒植株的生长发育及其抗寒、抗旱和抗病虫害等能力，导致花椒果实产量和品质降低，从而严重打击椒农对竹叶花椒种植和管理的积极性（何立新等，2009；何友军等，2008；李安定等，2011）。有关配方施肥对竹叶花椒生理、生化特性及抗逆性方面的研究尚未见报道，本研究以竹叶花椒为材料，采用不同配方施肥处理对竹叶花椒各个林龄的叶片生理、生化特性进行动态测定和比较研究，探索配方施肥对竹叶花椒生理、生化特性的影响及其对竹叶花椒抗逆性的作用，筛选出最佳配方施肥量，为制定科学合理的施肥管理提供科学参考。

一、材料和方法

（一）试验地及试验材料

详见本章第一节试验地及其试验材料部分。

（二）试验设计

详见本章第一节试验设计部分。

（三）测定指标及其方法

为测定竹叶花椒 3 年生、6 年生和 9 年生林分的生理、生化特性，于展叶期（3 月 29 日）、初果期（4 月 24 日）、膨大期（5 月 15 日）和成熟期（7 月 5 日），分别在各处理竹叶花椒树的东、西、南、北 4 个方向采集从枝条顶端向下的第 5 ~ 7 片叶子。

测定指标和方法为：相对电导率（RH）采用电导法，丙二醛（MDA）含量采用硫代巴比妥酸加热显色法，可溶性糖（SS）含量采用蒽酮比色法，可溶性蛋白（SP）含量采用考马斯亮蓝 G–250 染色法，游离脯氨酸（PRO）含量采用茚三酮比色法，过氧化物酶（POD）活性采用愈创木酚法，过氧化氢酶（CAT）活性采用紫外光吸收法，多酚氧化酶（PPO）活性采用邻苯二酚法，超氧化物歧化酶（SOD）活性采用氮蓝四唑（NBT）显色法。

（四）数据统计与分析

为了系统评价氮、磷、钾配方施肥对竹叶花椒生理、生化特性的影响，采用隶属函数法，对每个处理竹叶花椒生理、生化特性对应指标进行转换，其中成负相关的相对电导率和丙二醛含量指标数据转换公式为：$X（u）=1-（X-X_{min}）/（X_{max}-X_{min}）$，其余正相关的过氧化物酶、过氧化氢酶、多酚氧化酶和超氧化物歧化酶，可溶性糖、可溶性蛋白和游离脯氨酸含量指标数据转换公式为：$X（u）=（X-X_{min}）/（X_{max}-X_{min}）$，将转化后的竹叶花椒生理、生化特性各指标的隶属函数值累加，分别求其综合值，值越大表示土壤肥力越高。采用回归拟合氮肥、磷肥和钾肥施用量，与竹叶花椒各个林分的生理、生化特性综合值进行回归拟合，求解得到竹叶花椒各个林龄生理、生化特性最优的配方施肥组合。

采用 Excel 2013 和 SPSS 22.0 进行竹叶花椒生理、生化指标数据的统计和分析，不同施肥处理各指标间的显著性检验采用单因子方差分析（ANOVA）和最小显著极差法（SSR）。

二、结果与分析

（一）配方施肥对 3 年生竹叶花椒生理、生化特性的影响

1. 细胞抗氧化保护酶活性

由图 4–6 可知，3 年生竹叶花椒叶片中 SOD、POD、CAT 和 PPO 活性随生长期的延长呈整体升高的趋势。SOD 活性从展叶期到初果期升高较快，初果期到成熟期升高较为平缓；POD 和 PPO 活性从展叶期到成熟期均在不断升高；CAT 活性从展叶期到膨大期上

升较为平缓，膨大期到成熟期上升较快。叶片中 SOD、POD、CAT 和 PPO 活性的最高峰均出现在成熟期，16 个处理的 SOD、POD、CAT 和 PPO 活性均值为 778.9 U/（g·min）、1 359.0 U/（g·min）、282.7 U/（g·min）和 31.9 U/（g·min）。

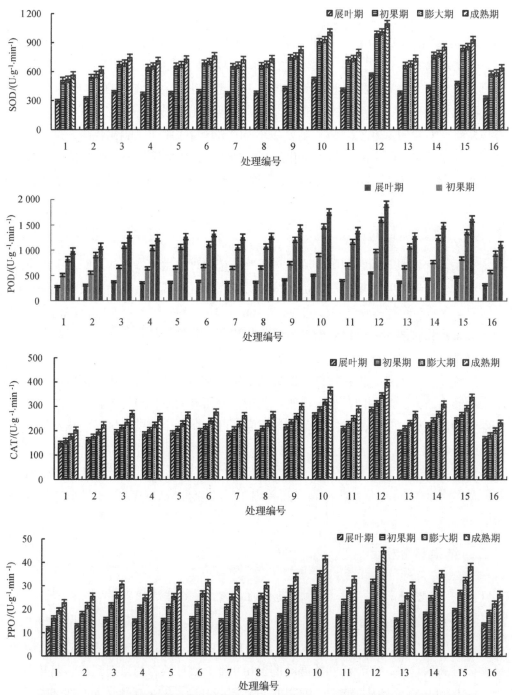

图 4-6　3 年生竹叶花椒超氧化物歧化酶、过氧化物酶、过氧化氢酶和多酚氧化酶活性

与展叶期各细胞保护酶活性最低时相比，初果期、膨大期和成熟期各处理 SOD 活性平均值分别增加 73.8%、78.1% 和 91.8%；POD 活性比展叶期分别增加 77.9%、188.0% 和 234.6%；CAT 活性比展叶期分别增加 7.9%、18.0% 和 38.6%；PPO 活性比展叶期分别增加 36.9%、61.5% 和 91.7%。

不同配方施肥处理对 3 年生竹叶花椒叶片中 SOD、POD、CAT 和 PPO 活性的影响显著，配方施肥处理 SOD、POD、CAT 和 PPO 活性显著高于 CK，不同配方施肥处理间 SOD、POD、CAT 和 PPO 活性的差异显著。以成熟期 SOD、POD、CAT 和 PPO 活性为例，随施肥量的增加，SOD、POD、CAT 和 PPO 活性均呈先增加后降低的变化趋势。各配方施肥处理的 SOD、POD、CAT 和 PPO 活性比 CK 升高 8.5% ~ 93.1%、9.1% ~ 90.7%、10.7% ~ 95.1% 和 11.6% ~ 96.4%，其中，以处理 12 的 SOD、POD、CAT 和 PPO 活性最高，其次为处理 10，分别比 CK 增加 78.8%、78.8%、80.6% 和 82.9%。缺氮处理 2、处理 3 和处理 4 的 SOD、POD、CAT 和 PPO 活性平均值比 CK 增加 21.6%、22.8%、21.9% 和 25.2%；缺磷处理 5、处理 9 和处理 13 的 SOD、POD、CAT 和 PPO 活性平均值比 CK 增加 34.3%、36.1%、37.9% 和 38.2%；缺钾处理 6、处理 11 和处理 16 的 SOD、POD、CAT 和 PPO 活性平均值比 CK 增加 29.0%、29.0%、30.2% 和 31.1%。说明氮肥、磷肥、钾肥对 SOD、POD、CAT 和 PPO 活性的影响为氮肥＞钾肥＞磷肥。

2. 膜脂过氧化产物

由图 4-7 可知，3 年生竹叶花椒叶片 RH 值随生长期的变化较为稳定。MDA 含量在生长时期均降低，在展叶期到初果期 MDA 含量下降较慢，初果期到膨大期急剧下降，膨大期到成熟期下降变缓。RH 值最大值出现在成熟期，最小值出现在膨大期；MDA 含量最大值出现在展叶期，最小值出现在成熟期。16 个配方施肥处理 RH 值和 MDA 含量平均最小值分别为 27.1% 和 0.076 mmol/g FW。与展叶期 RH 值和 MDA 含量相比，初果期和膨大期的各处理 RH 平均值分别降低 3.1% 和 3.6%，成熟期则增加 0.2%，初果期、膨大期和成熟期 MDA 含量比展叶期分别降低 3.1%、15.6% 和 17.1%。

不同配方施肥处理对 3 年生竹叶花椒叶片中 RH 值和 MDA 含量的影响显著，除处理 16 的 MDA 含量增加 4.1% 外，其他配方施肥处理的 RH 值和 MDA 含量低于 CK，不同配方施肥处理间 RH 值和 MDA 含量的差异显著。以成熟期 RH 值和 MDA 含量为例，随施肥量的增加，RH 值和 MDA 含量均呈先降低后升高的变化趋势。各配方施肥处理的 RH 值和 MDA 含量比 CK 降低 5.2% ~ 45.9% 和 6.9% ~ 41.4%。其中，以处理 10 的 RH 值含量最低，其次为处理 12，分别比 CK 降低 45.9% 和 43.7%；处理 12 的 MDA 含量最低，处理 10 其次，分别比 CK 降低 41.4% 和 40.7%。缺氮处理 2、处理 3 和处理 4 的 RH 值和 MDA 含量平均值比 CK 降低 9.4% 和 10.9%；缺磷处理 5、处理 9 和处理 13 的 RH 值和 MDA 含量平均值比 CK 降低 18.7% 和 17.8%；缺钾处理 6、处理 11 和处理 16 的 RH 值和 MDA 含量平均值比 CK 降低 22.3% 和 16.1%。说明氮肥、磷肥、钾肥对 RH 值影响为氮肥＞磷肥＞钾肥，对 MDA 含量的影响为氮肥＞钾肥＞磷肥。

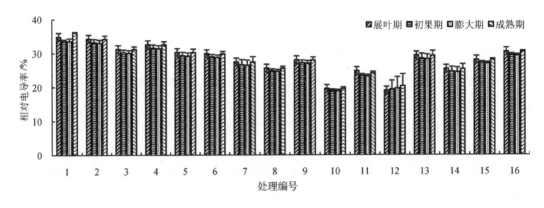

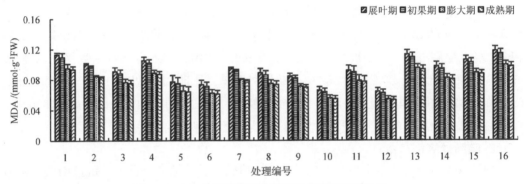

图4-7　3年生竹叶花椒相对电导率和丙二醛含量

3. 渗透调节物质积累

由图4-8可知，3年生竹叶花椒叶片中SS含量随生长时期降低，SP含量随生长时期变化缓慢，PRO含量随生长时期呈先急速下降后缓慢升高的变化趋势。16个配方施肥处理的SS、SP和PRO含量最大值均在展叶期，平均值分别为2.7 mg/g、9.1 mg/g和1.4 mg/g。与展叶期SS含量最高时相比，初果期、膨大期和成熟期各处理SS含量平均值分别降低20.3%、2.8%和33.7%；SP含量比展叶期分别对应降低7.9%、5.1%和0.6%；PRO含量比展叶期分别对应降低24.3%、20.9%和17.0%。

不同配方施肥处理对3年生竹叶花椒叶片中SS、SP和PRO含量影响显著，配方施肥处理的SS、SP和PRO含量显著高于CK，不同配方施肥处理间SS、SP和PRO含量的差异显著。以成熟期SS、SP和PRO含量为例，随施肥量的增加，SS、SP和PRO含量呈先增加后降低的变化趋势。各配方施肥处理的SS、SP和PRO含量比CK升高18.2% ~ 60.9%、0.3% ~ 37.6%和0.7% ~ 37.9%，其中，以处理12的SS、SP和PRO含量最高，其次为处理10。缺氮处理2、处理3和处理4的SS、SP和PRO含量平均值比CK增加25.9%、6.7%和7.1%；缺磷处理5、处理9和处理13的SS、SP和PRO含量平均值比CK增加26.1%、7.0%和7.8%；缺钾处理6、处理11和处理16的SS、SP和

PRO 含量平均值比 CK 增加 28.3%、9.7% 和 8.4%。说明氮肥、磷肥、钾肥对 SS 和 SP 含量的影响为氮肥＞钾肥＞磷肥，对 PRO 含量的影响为氮肥＞磷肥＞钾肥。

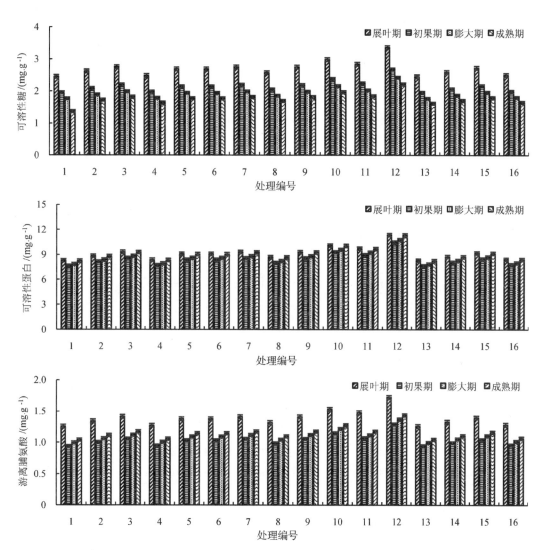

图 4-8　3 年生竹叶花椒可溶性糖、可溶性蛋白和游离脯氨酸含量

4. 生理、生化综合评价

利用模糊数学的隶属度函数法综合评价 3 年生竹叶花椒的生理、生化特性。由表 4-9 可知，氮、磷和钾配方施肥对 3 年生竹叶花椒的膜脂产物、渗透物质、细胞保护酶和生理、生化特性综合值影响显著，配方施肥处理能显著提高各指标含量，各配方施肥处理的膜脂产物、渗透物质、细胞保护酶和生理、生化特性综合值均高于 CK，分别是 CK 的 2.1 ~ 10.0 倍、1.4 ~ 12.5 倍、3.7 ~ 26.7 倍和 2.7 ~ 15.2 倍。处理 12 和处理 10 的膜脂产物和细胞保护酶综合值显著高于其他处理，且两者之间无显著差异；处理 12 的渗透物质和生理、生化特性综合值显著高于其他处理，其次为处理 10。缺氮肥、缺磷肥和缺钾

肥处理的竹叶花椒生理、生化特性综合值也显著高于 CK，其生理、生化特性综合值分别是 CK 的 3.3 倍、4.2 倍和 4.0 倍；缺氮肥、缺磷肥和缺钾肥处理的竹叶花椒的生理、生化特性综合值显著低于生理、生化特性综合值最高的处理 12，分别低 72.2%、61.2% 和 63.1%。说明氮、磷和钾合理配比施用能更好地改善竹叶花椒的生理、生化指标状况。

表 4-9 3 年生竹叶花椒生理、生化综合评价

编号	施肥处理	膜脂产物综合值	渗透物质综合值	细胞保护酶综合值	生理生化特性综合值
1	$N_0P_0K_0$	0.18 ± 0.04f	0.22 ± 0.12f	0.13 ± 0.03g	0.54 ± 0.08g
2	$N_0P_1K_1$	0.43 ± 0.04e	0.75 ± 0.11de	0.50 ± 0.10fg	1.67 ± 0.07f
3	$N_0P_2K_2$	0.75 ± 0.05cd	1.13 ± 0.23bcd	1.32 ± 0.07de	3.2 ± 0.20e
4	$N_0P_3K_3$	0.45 ± 0.04e	0.37 ± 0.08def	1.11 ± 0.25def	1.93 ± 0.28f
5	$N_1P_0K_1$	1.02 ± 0.08b	0.94 ± 0.25de	1.21 ± 0.30def	3.17 ± 0.50e
6	$N_1P_1K_0$	1.10 ± 0.06b	0.94 ± 0.22de	1.43 ± 0.50def	3.47 ± 0.60de
7	$N_1P_2K_3$	0.90 ± 0.09bc	1.12 ± 0.32bcd	1.17 ± 0.17def	3.19 ± 0.32e
8	$N_1P_3K_2$	1.10 ± 0.12b	0.63 ± 0.16de	1.24 ± 0.19def	2.97 ± 0.27e
9	$N_2P_0K_2$	1.03 ± 0.07b	1.12 ± 0.21bcd	1.84 ± 0.45cd	3.98 ± 0.19cd
10	$N_2P_1K_3$	1.80 ± 0.05a	1.76 ± 0.39b	3.01 ± 0.25ab	6.57 ± 0.14b
11	$N_2P_2K_0$	1.11 ± 0.14b	1.34 ± 0.54bc	1.66 ± 0.46d	4.11 ± 0.11cd
12	$N_2P_3K_1$	1.80 ± 0.09a	2.79 ± 0.27a	3.57 ± 0.58a	8.16 ± 0.62a
13	$N_3P_0K_3$	0.51 ± 0.15e	0.30 ± 0.28ef	1.27 ± 0.37def	2.09 ± 0.27f
14	$N_3P_1K_2$	0.98 ± 0.10b	0.67 ± 0.44de	2.02 ± 0.43cd	3.67 ± 0.76cde
15	$N_3P_2K_1$	0.70 ± 0.10d	1.03 ± 0.14cde	2.52 ± 0.33bc	4.25 ± 0.14c
16	$N_3P_3K_0$	0.38 ± 0.09e	0.43 ± 0.25def	0.64 ± 0.36efg	1.46 ± 0.54f

将植株生理、生化特性综合值（Y）作为目标变量，氮肥、磷肥和钾肥用量 x_1、x_2 和 x_3 作为自变量，对试验数据回归拟合得到生理、生化特性综合值与氮肥、磷肥和钾肥的三元二次方程为：

$$Y = 12.813 + 0.237x_1 - 0.012x_2 - 0.003x_3 - 3.104 \times 10^{-4}x_1^2 - 0.002x_2^2 + 1.630 \times 10^{-4}x_3^2 - 9.720 \times 10^{-4}x_1x_2 - 3.811 \times 10^{-4}x_1x_3 + 3.089 \times 10^{-4}x_2x_3 \ (R^2 = 0.719, F = 10.780, P < 0.01)$$

采用矩阵方程模型进行求解，得到 3 年生竹叶花椒生理、生化特性综合值最大时的氮肥（N）、磷肥（P_2O_5）和钾肥（K_2O）施用量分别为 181.6 g/株、65.4 g/株和 158.2 g/株。

（二）配方施肥对 6 年生竹叶花椒生理、生化特性的影响

1. 细胞抗氧化保护酶活性

由图 4-9 可知，6 年生竹叶花椒叶片中 SOD、POD、CAT 和 PPO 活性随生长期的延长呈整体升高的趋势。SOD 活性从展叶期到成熟期匀速升高；POD、CAT 和 PPO 活性从

展叶期到初果期升高较为缓慢，初果期到膨大期快速升高，膨大期到成熟期升高减慢，呈现慢—快—慢的升高趋势。

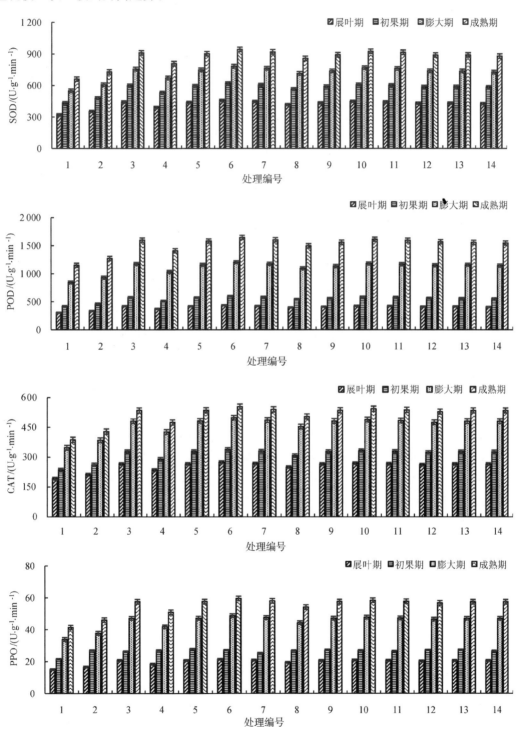

图4-9 6年生竹叶花椒超氧化物歧化酶、过氧化物酶、过氧化氢酶和多酚氧化酶活性

叶片中 SOD、POD、CAT 和 PPO 活性的最高峰均出现在成熟期，各处理 SOD、POD、CAT 和 PPO 活性均值为 866.2 U/（g·min）、1 513.8 U/（g·min）、512.6 U/（g·min）和 55.1 U/（g·min）。与展叶期各细胞保护酶活性最低时相比，初果期、膨大期和成熟期各处理的 SOD 活性平均值分别增加 35.5%、70.8% 和 105.8%；POD 活性比展叶期分别对应增加 36.9%、178.1% 和 279.0%；CAT 活性比展叶期分别对应增加 23.3%、80.9% 和 101.3%；PPO 活性比展叶期分别对应增加 33.7%、127.7% 和 178.1%。

不同配方施肥处理对 6 年生竹叶花椒叶片中 SOD、POD、CAT 和 PPO 活性的影响显著，配方施肥处理的 SOD、POD、CAT 和 PPO 活性显著高于 CK，不同配方施肥处理间 SOD、POD、CAT 和 PPO 活性的差异显著。以成熟期 SOD、POD、CAT 和 PPO 活性为例，随施肥量的增加，SOD、POD、CAT 和 PPO 活性均呈先增加后降低的变化趋势。各配方施肥处理 SOD、POD、CAT 和 PPO 活性比 CK 升高 10.5% ~ 42.9%、10.6% ~ 43.2%、10.0% ~ 43.3% 和 11.1% ~ 43.9%，其中，以处理 6 的 SOD、POD、CAT 和 PPO 活性最高，其次为处理 10 和处理 7。按 "3414" 设计的特点，氮肥、磷肥、钾肥各控制在第 2 水平，缺氮处理 2 的 SOD、POD、CAT 和 PPO 活性平均值比 CK 增加 10.5%、10.6%、10.7% 和 11.1%；缺磷处理 4 的 SOD、POD、CAT 和 PPO 活性平均值比 CK 增加 22.4%、22.6%、22.6% 和 23.2%；缺钾处理 8 的 SOD、POD、CAT 和 PPO 活性平均值比 CK 增加 30.0%、30.2%、30.3% 和 30.9%。说明氮肥、磷肥、钾肥对 SOD、POD、CAT 和 PPO 活性的影响为氮肥＞钾肥＞磷肥。

2. 膜脂过氧化产物

由图 4-10 可知，6 年生竹叶花椒叶片 RH 值随生长时期下降，MDA 含量随生长时期上升。RH 值的最大值出现在展叶期，最小值出现在成熟期；MDA 含量最大值出现在成熟期，最小值出现在展叶期。16 个配方施肥处理 RH 值和 MDA 含量平均最小值分别为 20.2% 和 0.10 mmol/g FW。与展叶期 RH 值和 MDA 含量相比，初果期、膨大期和成熟期各处理 RH 平均值分别降低 12.0%、23.3% 和 32.3%；相反，初果期、膨大期和成熟期 MDA 含量比展叶期分别升高 15.2%、19.3% 和 34.9%。

不同配方施肥处理对 6 年生竹叶花椒叶片中 RH 值和 MDA 含量的影响显著，配方施肥处理的 RH 值和 MDA 含量低于 CK，不同配方施肥处理间 RH 值和 MDA 含量的差异显著。以成熟期的 RH 值和 MDA 含量为例，随着施肥量的增加，RH 值和 MDA 含量均呈先降低后升高的变化趋势。各配方施肥处理 RH 值和 MDA 含量比 CK 降低 8.6% ~ 39.8% 和 9.1% ~ 40.1%，其中，以处理 6 的 RH 值和 MDA 含量最低，其次为处理 10 和处理 7。按 "3414" 设计的特点，氮肥、磷肥、钾肥各控制在第 2 水平，缺氮处理 2 的 RH 值和 MDA 含量平均值比 CK 降低 5.6% 和 9.1%；缺磷处理 4 的 RH 值和 MDA 含量平均值比 CK 降低 18.5% 和 19.0%；缺钾处理 8 的 RH 值和 MDA 含量平均值比 CK 降低 20.2% 和 20.7%。说明氮肥、磷肥和钾肥对 RH 值和 MDA 含量的影响为氮肥＞磷肥＞钾肥。

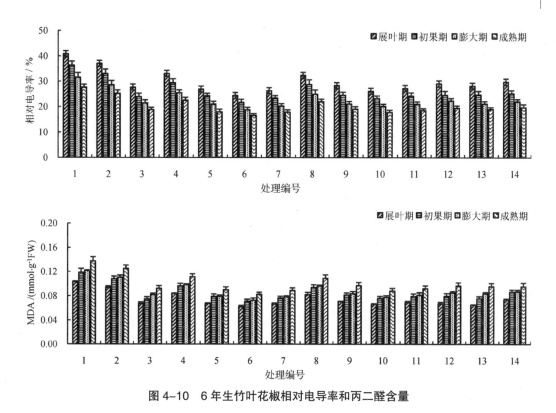

图 4-10 6 年生竹叶花椒相对电导率和丙二醛含量

3.渗透物调节质的积累

由图 4-11 可知，6 年生竹叶花椒叶片中 SS、SP 和 PRO 含量随生长时期呈先降低后升高的变化趋势。从展叶期到初果期，其含量均急速降低；初果期到成熟期，含量则持续升高；最高值均出现在成熟期。16 个配方施肥处理的 SS、SP 和 PRO 含量平均值分别为 3.6 mg/g、12.1 mg/g 和 2.0 mg/g。与展叶期相比，SS 含量初果期降低 13.4%，膨大期和成熟期各处理 SS 含量平均值分别增加 2.4% 和 9.7%；与展叶期相比，SP 含量初果期降低 2.9%，膨大期和成熟期各处理 SP 含量平均值分别增加 12.8% 和 27.1%；与展叶期相比，PRO 含量在初果期和膨大期分别降低 19.6% 和 7.7%，成熟期各处理 SS 含量平均值增加 4.0%。

不同配方施肥处理对 6 年生竹叶花椒叶片中 SS、SP 和 PRO 含量的影响显著，配方施肥处理的 SS、SP 和 PRO 含量显著高于 CK，不同配方施肥处理间 SS、SP 和 PRO 含量的差异显著。以成熟期 SS、SP 和 PRO 含量为例，随着施肥量的增加，SS、SP 和 PRO 含量呈先增加后降低的变化趋势。各配方施肥处理 SS、SP 和 PRO 含量比 CK 升高 12.8% ~ 53.4%、13.1% ~ 53.8% 和 13.2% ~ 53.9%，其中，以处理 6 的 SS、SP 和 PRO 含量最高，其次为处理 13 和处理 10。按 "3414" 设计的特点，氮肥、磷肥、钾肥各控制在第 2 水平，缺氮处理 2 的 SS、SP 和 PRO 含量平均值比 CK 增加 12.8%、13.1% 和 13.2%；缺磷处理 4 的 SS、SP 和 PRO 含量平均值比 CK 增加 22.4%、22.7% 和 22.9%；

缺钾处理 8 的 SS、SP 和 PRO 含量平均值比 CK 增加 26.3%、26.5% 和 26.7%。说明氮肥、磷肥和钾肥对 SS、SP 和 PRO 含量的影响为氮肥＞钾肥＞磷肥。

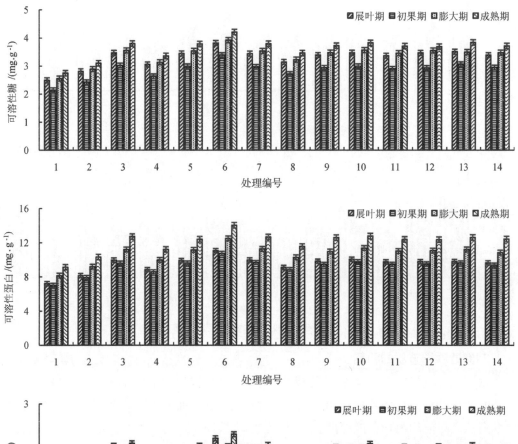

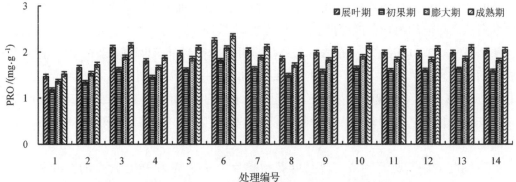

图 4-11　6 年生竹叶花椒可溶性糖、可溶性蛋白和游离脯氨酸含量

4. 生理、生化综合评价

由表 4-10 可知，氮、磷和钾配方施肥对 6 年生竹叶花椒的膜脂产物、渗透物质、细胞保护酶和生理、生化特性综合值影响显著，配方施肥处理能显著提高 6 年生竹叶花椒的膜脂产物、渗透物质、细胞保护酶和生理、生化特性综合值，各配方施肥处理的膜脂产物、渗透物质、细胞保护酶和生理、生化特性综合值均高于 CK，分别是 CK 的 7.0 ~ 27.0 倍、1.9 ~ 4.8 倍、1.7 ~ 3.4 倍和 2.0 ~ 4.9 倍。处理 6 的膜脂产物、渗透物

质、细胞保护酶和生理、生化特性综合值显著高于其他处理，其次为处理10、处理7、处理3、处理5和处理13，且这5个处理间无显著差异。缺氮肥、缺磷肥和缺钾肥的处理2、处理4和处理8，竹叶花椒的生理、生化特性综合值也显著高于CK，其生理、生化特性综合值分别是CK的2.0倍、2.9倍和3.3倍。说明氮、磷和钾合理配比和施用能显著提高6年生竹叶花椒的膜脂产物、渗透物质、细胞保护酶和生理、生化特性综合值，且能更好地改善竹叶花椒的生理、生化指标状况。

表4-10　6年生竹叶花椒生理、生化综合评价

编号	施肥处理	膜脂产物综合值	渗透物质综合值	细胞保护酶综合值	生理生化特性综合值
1	$N_0P_0K_0$	0.07 ± 0.09g	0.58 ± 0.05e	0.96 ± 0.06f	1.62 ± 0.08h
2	$N_0P_2K_2$	0.49 ± 0.06f	1.11 ± 0.07d	1.58 ± 0.15e	3.18 ± 0.26g
3	$N_1P_2K_2$	1.59 ± 0.05bc	2.17 ± 0.09b	3.02 ± 0.06b	6.78 ± 0.10bc
4	$N_2P_0K_2$	0.93 ± 0.03e	1.50 ± 0.10c	2.20 ± 0.05d	4.64 ± 0.12f
5	$N_2P_1K_2$	1.62 ± 0.01bc	2.10 ± 0.11b	3.01 ± 0.15b	6.72 ± 0.26bc
6	$N_2P_2K_2$	1.89 ± 0.09a	2.78 ± 0.17a	3.28 ± 0.17a	7.95 ± 0.25a
7	$N_2P_3K_2$	1.68 ± 0.07b	2.15 ± 0.04b	3.08 ± 0.10b	6.91 ± 0.09bc
8	$N_2P_2K_0$	1.01 ± 0.10e	1.66 ± 0.08c	2.60 ± 0.13c	5.27 ± 0.21e
9	$N_2P_2K_1$	1.49 ± 0.04cd	2.04 ± 0.11b	2.94 ± 0.18b	6.47 ± 0.25cd
10	$N_2P_2K_3$	1.70 ± 0.03b	2.20 ± 0.11b	3.14 ± 0.05b	7.03 ± 0.19b
11	$N_3P_2K_2$	1.58 ± 0.08bc	2.02 ± 0.24b	3.05 ± 0.13b	6.65 ± 0.29bc
12	$N_1P_1K_2$	1.47 ± 0.10cd	2.05 ± 0.10b	2.91 ± 0.07b	6.43 ± 0.10cd
13	$N_1P_2K_1$	1.55 ± 0.05bc	2.13 ± 0.08b	2.95 ± 0.15b	6.63 ± 0.23bcd
14	$N_2P_1K_1$	1.38 ± 0.05e	2.01 ± 0.12b	2.89 ± 0.10b	6.29 ± 0.14d

将植株生理、生化特性综合值（Y）作为目标变量，氮肥、磷肥和钾肥用量x_1、x_2和x_3作为自变量，对试验数据回归拟合得到生理、生化特性综合值和氮肥、磷肥和钾肥的三元二次方程为：

$$Y = 1.640 + 0.014x_1 + 0.091x_2 + 0.015x_3 - 4.139 \times 10^{-5}x_1^2 - 0.001x_2^2 - 6.110 \times 10^{-5}x_3^2 +$$
$$1.183 \times 10^{-4}x_1x_2 + 3.575 \times 10^{-5}x_1x_3 - 2.858 \times 10^{-5}x_2x_3 \ (R^2 = 0.976,\ F = 147.126,\ P < 0.01)$$

采用矩阵方程模型进行求解，得到6年生竹叶花椒生理、生化特性综合值最大时的氮肥（N）、磷肥（P_2O_5）和钾肥（K_2O）施用量分别为228.8 g/株、49.7 g/株和204.9 g/株。

（三）配方施肥对9年生竹叶花椒生理生化特性的影响

1. 细胞抗氧化保护酶活性

由图4-12可知，9年生竹叶花椒叶片中SOD、POD、CAT和PPO活性随生长期延长呈升高的趋势，其变化趋势与6年生竹叶花椒基本相似。SOD活性从展叶期到成熟期

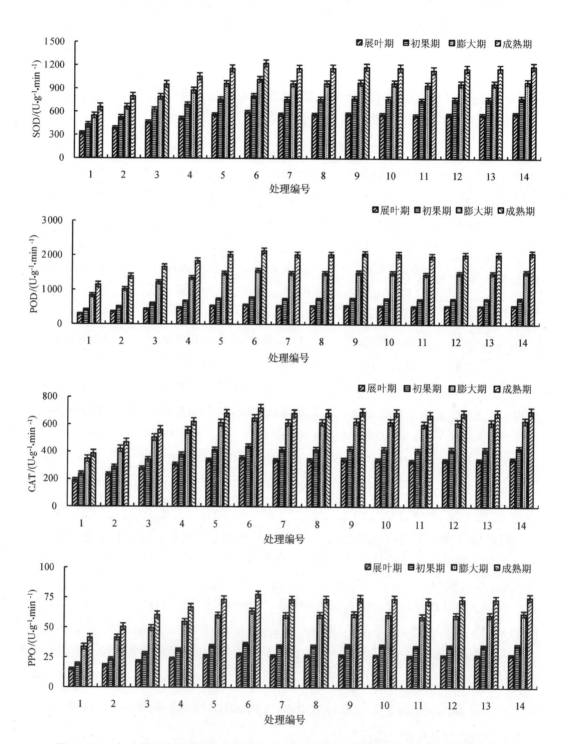

图 4-12 9 年生竹叶花椒超氧化物歧化酶、过氧化物酶、过氧化氢酶和多酚氧化酶活性

不断升高；POD、CAT 和 PPO 活性从展叶期到初果期升高较为缓慢，初果期到膨大期快速升高，膨大期到成熟期升高减慢，呈现慢—快—慢的升高趋势。叶片中 SOD、POD、CAT 和 PPO 活性的最高峰均出现在成熟期，16 个处理 SOD、POD、CAT 和 PPO 活性均值为 1 085.1 U/（g·min）、1 892.9 U/（g·min）、638.1 U/（g·min）和 68.8 U/（g·min）。与展叶期各细胞保护酶活性最低时相比，初果期、膨大期和成熟期的各处理 SOD 活性平均值分别增加 35.4%、71.1% 和 106.9%；POD 活性比展叶期分别增加 37.4%、177.8% 和 268.7%；CAT 活性比展叶期分别增加 23.9%、81.0% 和 101.6%；PPO 活性比展叶期分别增加 30.4%、128.8% 和 177.9%。

不同配方施肥处理对 9 年生竹叶花椒叶片中 SOD、POD、CAT 和 PPO 活性的影响显著，配方施肥处理的 SOD、POD、CAT 和 PPO 活性显著高于 CK，不同配方施肥处理间 SOD、POD、CAT 和 PPO 活性差异显著。以成熟期的 SOD、POD、CAT 和 PPO 活性为例，随着施肥量的增加，SOD、POD、CAT 和 PPO 活性均呈先增加后降低的变化趋势。各配方施肥处理的 SOD、POD、CAT 和 PPO 活性比 CK 升高 20.9% ~ 85.9%、21.2% ~ 86.3%、21.3% ~ 86.5% 和 22.2% ~ 87.9%，其中，以处理 6 的 SOD、POD、CAT 和 PPO 活性最高，其次为处理 14 和处理 9。按"3414"设计的特点，氮肥、磷肥、钾肥各控制在第 2 水平，缺氮处理 2 的 SOD、POD、CAT 和 PPO 活性平均值比 CK 增加 20.9%、21.3%、21.3% 和 22.2%；缺磷处理 4 的 SOD、POD、CAT 和 PPO 活性平均值比 CK 增加 60.0%、60.4%、60.6% 和 61.7%；缺钾处理 8 的 SOD、POD、CAT 和 PPO 活性平均值比 CK 增加 76.5%、76.9%、77.1% 和 78.4%。说明氮肥、磷肥、钾肥对 SOD、POD、CAT 和 PPO 活性的影响为氮肥＞磷肥＞钾肥。

2. 膜脂过氧化产物

由图 4-13 可知，9 年生竹叶花椒叶片 RH 值和 MDA 含量随生长时期均呈现先下降后上升的变化趋势。RH 值最大出现在成熟期，最小出现在初果期；MDA 含量最大值出现在成熟期，最小值出现在展叶期。16 个配方施肥处理的 RH 值和 MDA 含量平均最小值分别为 20.7% 和 0.076 mmol/g FW。与展叶期 RH 值和 MDA 含量相比，初果期 RH 值和 MDA 含量分别降低 11.7% 和 12.8%；相反，膨大期和成熟期 RH 值比展叶期分别升高 15.3% 和 29.6%，MDA 含量比展叶期分别升高 2.6% 和 16.0%。

不同配方施肥处理对 9 年生竹叶花椒叶片中 RH 值和 MDA 含量的影响显著，配方施肥处理的 RH 值和 MDA 含量低于 CK，不同配方施肥处理间 RH 值和 MDA 含量差异显著。以成熟期 RH 值和 MDA 含量为例，随着施肥量的增加，RH 值和 MDA 含量均呈先降低后升高的变化趋势。各配方施肥处理的 RH 值和 MDA 含量比 CK 降低 9.3% ~ 40.2% 和 9.1% ~ 40.2%，其中，以处理 6 的 RH 值和 MDA 含量最低，其次为处理 14 和处理 9。按"3414"设计的特点，氮肥、磷肥、钾肥各控制在第 2 水平，缺氮处理 2 的 RH 值和 MDA 含量平均值比 CK 降低 9.3% 和 9.1%；缺磷处理 4 的 RH 值和 MDA 含量平均值比 CK 降低 19.1% 和 18.9%；缺钾处理 8 的 RH 值和 MDA 含量平均值比 CK 降低 20.8% 和 20.7%。说明氮肥、磷肥和钾肥对 RH 值和 MDA 含量的影响为氮肥＞磷肥＞钾肥。

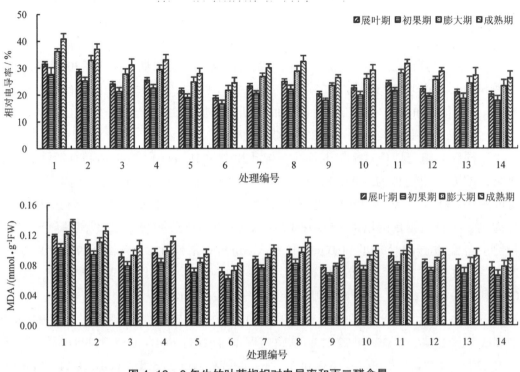

图 4-13　9 年生竹叶花椒相对电导率和丙二醛含量

3. 渗透调节物质的积累

由图 4-14 可知，9 年生竹叶花椒叶片中 SS、SP 和 PRO 含量随生长时期延长均呈先降低后升高的变化趋势。从展叶期到初果期 SS、SP 和 PRO 含量均降低，初果期到成熟期 SS、SP 和 PRO 含量则持续升高。SS、SP 和 PRO 含量最高值均出现在成熟期，16 个配方施肥处理的 SS、SP 和 PRO 含量平均值分别为 3.6 mg/g、11.8 mg/g 和 2.0 mg/g。与展叶期相比，SS 含量初果期降低 13.7%，膨大期和成熟期各处理 SS 含量平均值分别增加 2.7% 和 10.2%；与展叶期相比，SP 含量初果期降低 2.9%，膨大期和成熟期各处理 SP 含量平均值分别增加 12.9% 和 26.8%；与展叶期比，PRO 含量在初果期和膨大期分别降低 19.5% 和 7.6%，成熟期各处理 SS 含量平均值增加 3.9%。

不同配方施肥处理对 9 年生竹叶花椒叶片中 SS、SP 和 PRO 含量影响显著，配方施肥处理 SS、SP 和 PRO 含量显著高于 CK，不同配方施肥处理间 SS、SP 和 PRO 含量差异显著。以成熟期 SS、SP 和 PRO 含量为例，随着施肥量的增加，SS、SP 和 PRO 含量呈先增加后降低的变化趋势。各配方施肥处理的 SS、SP 和 PRO 含量比 CK 分别升高 12.7% ~ 53.4%、13.5% ~ 51.8% 和 13.3% ~ 54.1%，其中，以处理 6 的 SS、SP 和 PRO 含量最高，其次为处理 9 和处理 14。按"3414"设计的特点，氮肥、磷肥、钾肥各控制在第 2 水平，缺氮处理 2 的 SS、SP 和 PRO 含量平均值比 CK 增加 11.6%、13.0% 和

13.1%；缺磷处理 4 的 SS、SP 和 PRO 含量平均值比 CK 增加 26.3%、26.5% 和 26.7%；缺钾处理 8 的 SS、SP 和 PRO 含量平均值比 CK 增加 29.0%、29.3% 和 29.5%。说明氮肥、磷肥、钾肥对 SS、SP 和 PRO 含量的影响为氮肥＞钾肥＞磷肥。

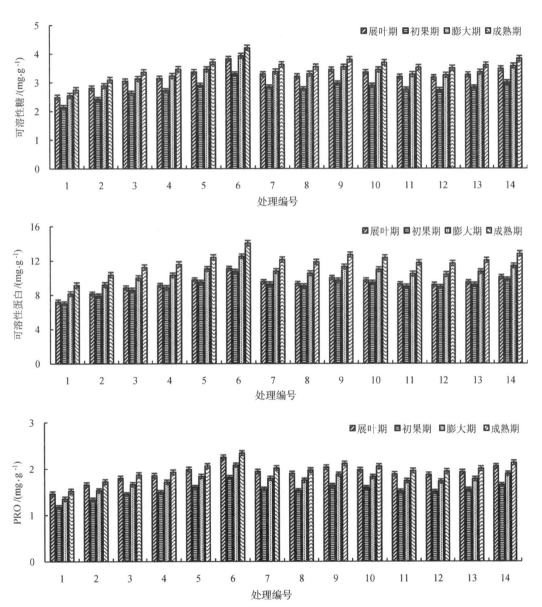

图 4-14　9 年生竹叶花椒可溶性糖、可溶性蛋白和游离脯氨酸含量

4. 生理、生化综合评价

由表 4-11 可知，氮、磷和钾配方施肥对 9 年生竹叶花椒的膜脂产物、渗透物质、细胞保护酶和生理、生化特性综合值影响显著，配方施肥处理能显著提高 9 年生竹叶花椒的膜脂产物、渗透物质、细胞保护酶和生理、生化特性综合值，各配方施肥处理的

膜脂产物、渗透物质、细胞保护酶和生理、生化特性综合值均高于 CK，分别是 CK 的 7.8 ～ 29.4 倍、2.3 ～ 5.5 倍、1.6 ～ 4.4 倍和 2.2 ～ 5.9 倍。处理 6 的膜脂产物、渗透物质、细胞保护酶和生理、生化特性综合值显著高于其他处理，其次为处理 14、处理 10、处理 9、处理 7 和处理 5，且这 5 个处理间无显著差异。缺氮肥、缺磷肥、缺钾肥的处理 2、处理 4、处理 8 的生理、生化特性综合值也显著高于 CK，其生理、生化特性综合值分别是 CK 的 2.2 倍、3.8 倍和 4.2 倍。说明氮、磷和钾合理配比和施用能显著提高 9 年生竹叶花椒的膜脂产物、渗透物质、细胞保护酶和生理、生化特性综合值，氮肥、磷肥、钾肥对生理、生化特性综合值的影响为氮肥＞磷肥＞钾肥，且能更好地改善竹叶花椒生理、生化指标状况。

表 4-11　9 年生竹叶花椒生理、生化综合评价

编号	施肥处理	膜脂产物综合值	渗透物质综合值	细胞保护酶综合值	生理、生化特性综合值
1	$N_0P_0K_0$	0.06 ± 0.02g	0.51 ± 0.03g	0.85 ± 0.09f	1.43 ± 0.05g
2	$N_0P_2K_2$	0.50 ± 0.17f	1.19 ± 0.21f	1.40 ± 0.37e	3.08 ± 0.30f
3	$N_1P_2K_2$	1.13 ± 0.15cde	1.58 ± 0.25e	2.46 ± 0.22d	5.17 ± 0.56e
4	$N_2P_0K_2$	0.60 ± 0.16e	1.69 ± 0.05de	3.19 ± 0.25c	5.48 ± 0.34e
5	$N_2P_1K_2$	0.81 ± 0.18bcd	2.08 ± 0.14bcd	3.36 ± 0.55ab	6.25 ± 0.35bc
6	$N_2P_2K_2$	1.89 ± 0.11a	2.80 ± 0.17a	3.76 ± 0.24a	8.45 ± 0.08a
7	$N_2P_3K_2$	1.17 ± 0.25cde	2.15 ± 0.15de	3.27 ± 0.18ab	6.59 ± 0.09bc
8	$N_2P_2K_0$	0.86 ± 0.09de	1.93 ± 0.17de	3.22 ± 0.30ab	6.01 ± 0.26d
9	$N_2P_2K_1$	1.25 ± 0.18ab	2.33 ± 0.06bc	3.44 ± 0.35ab	7.02 ± 0.45bc
10	$N_2P_2K_3$	0.78 ± 0.12cd	2.15 ± 0.10de	3.17 ± 0.28ab	6.11 ± 0.25bc
11	$N_3P_2K_2$	0.98 ± 0.21de	1.93 ± 0.09de	3.07 ± 0.28b	5.98 ± 0.15d
12	$N_1P_1K_2$	0.80 ± 0.18cd	1.83 ± 0.12de	3.28 ± 0.16ab	5.91 ± 0.35cd
13	$N_1P_2K_1$	0.88 ± 0.11abc	2.02 ± 0.08de	3.34 ± 0.40ab	6.25 ± 0.43bc
14	$N_2P_1K_1$	1.09 ± 0.14ab	2.41 ± 0.17b	3.42 ± 0.28ab	6.92 ± 0.09b

将植株生理、生化特性综合值（Y）作为目标变量，氮肥、磷肥和钾肥用量 x_1、x_2 和 x_3 作为自变量，对试验数据回归拟合得到生理、生化特性综合值和氮肥、磷肥和钾肥的三元二次方程为：

$$Y = 1.453 + 0.021x_1 + 0.069x_2 + 0.010x_3 - 3.742 \times 10^{-5}x_1^2 - 8.050 \times 10^{-4}x_2^2 - 5.204 \times 10^{-5}x_3^2 + 3.834 \times 10^{-5}x_1x_2 + 1.743 \times 10^{-5}x_1x_3 + 2.910 \times 10^{-5}x_2x_3 \quad (R^2 = 0.901, \ F = 32.452, \ P < 0.01)$$

采用矩阵方程模型进行求解，得到植株生理、生化特性综合值最大时的氮肥（N）、磷肥（P_2O_5）和钾肥（K_2O）施用量分别为 248.4 g/株、51.7 g/株和 159.0 g/株。

三、讨论

氮、磷和钾 3 种元素是植株生长和结实最重要的养分元素，且氮、磷和钾为植株的生理生化代谢提供了重要的物质合成及代谢调节物质，是植株体内不可缺少的重要大量元素（颜晓艺等，2016）。本研究发现，3 年生、6 年生和 9 年生竹叶花椒的叶片细胞保护酶 SOD、POD、CAT 和 PPO 活性均随氮、磷和钾各自施肥量的增加呈先增加后降低的趋势；随生长物候期的延长，叶片细胞保护酶 SOD、POD、CAT 和 PPO 活性均增加，可能是适量的施肥能使竹叶花椒叶片细胞保护酶活性保持较高的状态，维持竹叶花椒植株的抗逆性，植株从展叶期到成熟期叶片的细胞保护酶活性持续增加，抗逆性也随之增强（张明锦，2015）。说明叶片细胞保护酶 SOD、POD、CAT 和 PPO 活性的升高可显著提高竹叶花椒的生理要、生化特性和抗逆性，合理氮、磷、钾配比施肥能显著提高叶片细胞保护酶的活性。

氮元素对营养生长和抗逆性的构建等有重要作用，磷元素对植株分枝和根系生长等有重大作用，钾元素可提高植物的抗逆性，增强植物的抗旱性和抗寒性（孙少兴等，2014）。本研究发现，随氮、磷和钾施肥量的增加，叶片相对电导率和 MDA 含量呈现先增加后降低的趋势，说明适宜的施肥量可增强细胞膜抗性，降低相对电导率和 MDA 含量。随生长物候期的延长，叶片相对电导率呈先降低后升高的趋势，叶片 MDA 含量与细根相对电导率 MDA 含量均逐渐降低，说明从展叶期到成熟期，植株抗逆性较强，生长环境稳定，未受到病虫害和极端气候的胁迫。

可溶性糖和可溶性蛋白是细胞重要的渗透调节物质，其含量的增加有利于提高植物对逆境胁迫的耐受能力，增强植物对环境胁迫的适应性（蔡雅桥等，2016）。游离脯氨酸可作为解毒剂，防止蛋白质受到氧化物的攻击后变性，提高其溶解度、防止聚沉，消除活性氧，增加植株抗逆性（廖兴国等，2014）。本研究发现，竹叶花椒叶片的可溶性糖、可溶性蛋白和游离脯氨酸含量均随氮、磷和钾配方施肥量的增加呈先增加后降低的趋势；随生长物候期的延长，叶片可溶性糖、可溶性蛋白和游离脯氨酸含量呈现先降低后升高的趋势，说明适宜的氮、磷、钾配方施肥能显著增加植株抗逆性，且对生长逆境的适应性反应较为灵敏。

四、结论

合理的氮、磷和钾配方施肥有利于植物的生长发育和结实，还能有效增强植株的抗逆性，提高竹叶花椒的叶片细胞保护酶活性，增加渗透调节物质的积累，降低膜脂产物的形成。

3 年生竹叶花椒植株生理、生化特性综合值最大时的氮肥（N）、磷肥（P_2O_5）和钾肥（K_2O）施用量分别为 181.6 g/株、65.4 g/株和 158.2 g/株。

6 年生竹叶花椒生植株生理、生化特性综合值最大时的氮肥（N）、磷肥（P_2O_5）和钾肥（K_2O）肥施用量分别为 228.8 g/株、49.7 g/株和 204.9 g/株。

9 年生竹叶花椒植株生理、生化特性综合值最大时的氮肥（N）、磷肥（P_2O_5）和钾肥（K_2O）施用量分别为 248.4 g/株、51.7 g/株和 159.0 g/株。

第三节　配方施肥对竹叶花椒养分吸收与利用的影响

氮、磷和钾是植物生长发育必不可少的肥料三要素，对植物生长发育以及植株的形成有显著的影响，植株的营养特性是科学施肥的主要依据，并且肥料的合理利用又是植物高产优质栽培中重要的栽培措施（黄岩等，2017）。施肥对作物氮、磷和钾含量及其养分吸收和分配的研究表明，氮、磷和钾及其配合施用能明显促进作物的生长发育，提高植株养分含量，增加其养分吸收和积累（郭强等，2015；李祥栋等，2021；景立权等，2013；黄宁等，2020）。根据对四川竹叶花椒园的土壤分析和施肥习惯调查发现，大部分椒园存在氮肥、磷肥、钾肥和其他中微量元素施入不平衡，以及长期偏施氮肥等问题，导致土壤养分不均衡，植株对氮、磷和钾养分的吸收受影响，从而影响植株的生长和产量。目前对竹叶花椒养分吸收利用的研究主要集中在幼苗的盆栽试验，缺乏对田间试验的系统研究。为此，本研究采用 3 因素 4 水平的正交试验设计和"3414"试验设计方法，系统研究氮、磷和钾配方施肥对竹叶花椒幼苗、幼树到盛产期成年树各阶段养分吸收的影响，明确竹叶花椒幼苗、幼树和成年树的枝（茎）、叶和果实中氮、磷、钾养分的含量，从而揭示竹叶花椒各个不同林龄生长时期的养分吸收、分配和利用率等特性，为竹叶花椒氮、磷、钾施肥提供依据。

一、材料和方法

（一）试验地及试验材料

详见本章第一节试验地及试验材料部分。

（二）试验设计

详见本章第一节试验设计部分。

（三）测定指标及其方法

竹叶花椒幼苗根、茎、叶的养分测定在 2016 年 11 月中旬采样烘干后进行，分别测定各部分的干物质质量，并测定植株根、茎、叶的氮、磷和钾元素含量，待测液采用硫酸—高氯酸消煮法制备，氮用半微量凯氏法测定，磷用钼锑抗比色法测定，钾用 TAS-986 原子分光光度计测定。

竹叶花椒 3 年生、6 年生和 9 年生林分的枝、叶、根的养分测定分别于 2018 年 7 月初、2017 年 7 月初和 2017 年 7 月初进行，采集竹叶花椒修剪下来的结果枝，分别测定枝条和叶片的干物质质量，并测定其氮、磷和钾元素含量。最后采用差减法计算竹叶花椒的肥料利用率，计算公式为：

$$肥料利用率（FUE）= \frac{（施肥区植物吸收养分量 - 不施肥区植物吸收养分量）}{施入肥料养分量} \times 100\%$$

（四）数据统计与分析

采用 Excel 2013 和 SPSS 22.0 进行竹叶花椒枝、叶、果（或根、茎、叶）养分含量及吸收量等数据的统计和分析，不同施肥处理的各指标间的显著性检验采用单因子方差分析（ANOVA）和最小显著极差法（SSR）。

二、结果与分析

（一）配方施肥对竹叶花椒幼苗植株养分的吸收与利用

1. 叶、茎、根养分含量

由图 4-15 可知，竹叶花椒幼苗叶、茎和根的氮养分含量分别随土壤含水量的增加呈先增加后降低的趋势。处理 12 的叶、茎和根的氮养分含量最大，与相同土壤水分不施氮肥处理相比，处理 12 的叶、茎和根的氮含量分别增加 109.6%、68.3% 和 70.8%；叶、茎和根的磷含量最大值均出现在处理 11，分别比相同土壤水分不施磷肥处理增加 57.9%、44.9% 和 63.8%；叶、茎和根的钾含量最大值均为处理 9，分别比相同土壤水分不施钾肥处理增加 75.4%、122.8% 和 94.7%。

竹叶花椒幼苗叶、茎和根的氮养分含量分别随氮肥施入量的增加而增加，各处理间叶、茎和根的氮养分含量差异显著，施氮处理的叶、茎和根的氮养分含量均高于不施肥处理。叶、茎和根的磷或钾养分含量也呈现与氮养分含量相似的变化趋势。同一氮磷钾配方处理下，叶、茎和根的氮、磷、钾养分含量均呈现出根＞叶＞茎的变化规律。各配方施肥处理的叶、茎和根的氮含量分别比不施肥处理增加 14.1% ~ 173.7%、19.9% ~ 141.1% 和 8.8% ~ 102.2%；叶、茎和根的磷含量分别比不施肥处理增加 1.8% ~ 87.1%、0.4% ~ 63.8% 和 4.2% ~ 96.5%；叶、茎和根的钾含量分别比不施肥处理增加 30.9% ~ 183.3%、14.4% ~ 198.5% 和 8.5% ~ 126.6%。说明在中等土壤水分含量（40% ~ 60%FWC）时，合理的氮、磷和钾配施，能提高竹叶花椒幼苗氮、磷和钾养分含量。

2. 根、茎、叶养分吸收量

由图 4-16 可知，根、茎、叶干重及生物量均随土壤含水量的增加呈先增加后降低的变化趋势；在相同水分条件下，各配方施肥处理的根、茎、叶干重及生物量均显著高于不施肥处理，且随施肥量的增加呈先增加后降低的变化趋势，或呈现快速增加后趋于平稳的变化趋势。各配方施肥处理中，竹叶花椒幼苗氮、磷和钾养分吸收量的最大值分别出现在处理12、处理10和处理9。与相同土壤水分不施氮肥处理相比，处理12的根、茎和叶氮吸收量分别增加293.2%、147.3%和202.5%；根、茎和叶的磷吸收量分别比相同土壤水分不施磷肥处理增加84.0%、42.6%和80.8%；根、茎和叶的钾吸收量分别比相同土壤水分不施钾肥处理增加135.0%、100.7%和117.9%。氮、磷和钾养分总的吸收量比同土壤水分不施肥处理增加217.1%、69.5%和121.7%。

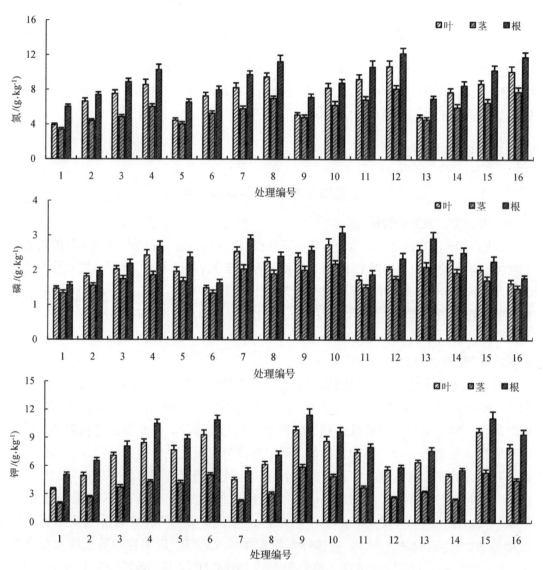

图4-15　竹叶花椒幼苗根、茎、叶的氮、磷、钾含量

竹叶花椒幼苗根、茎和叶的氮养分含量分别随氮肥施入量的增加而增加，各处理间根、茎和叶的氮养分吸收量差异显著，施氮处理的根、茎和叶的氮养分吸收量均高于不施肥处理。根、茎和叶的磷或钾养分吸收量也呈现与氮养分含量相似的变化趋势。同一氮、磷、钾配方处理条件下，根、茎和叶的氮、磷和钾养分吸收量均呈现出叶＞根＞茎的变化规律。各配方施肥处理的根、茎和叶的氮吸收量分别比不施肥处理增加149.2%～1 155.0%、167.7%～998.2%和87.0%～666.0%；根、茎和叶的磷吸收量分别比不施肥处理增加83.5%～737.5%、137.0%～613.5%和93.6%～635.7%；根、茎和叶的钾吸收量分别比不施肥处理增加109.8%～1 077.1%、173.6%～1 075.8%和99.1%～641.7%。氮、磷和钾养分总的吸收量分别比不施肥处理增加126.5%～908.5%、101.1%～669.9%和115.3%～879.8%。说明在中等土壤水分含量（40%～60%FWC）时，合理的氮、磷和钾配施，能显著提高竹叶花椒幼苗氮、磷和钾养分的吸收量。

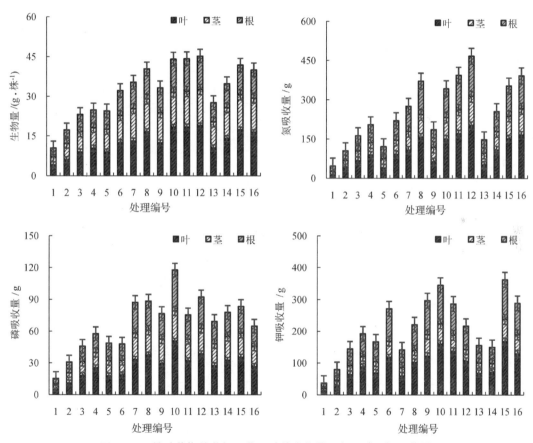

图4-16 竹叶花椒幼苗根、茎、叶的生物量及氮、磷、钾吸收量

3. 氮、磷、钾养分利用率

由图4-17可知，氮肥、磷肥和钾肥在相同的土壤水分条件下，平均肥料利用率均随施肥量的增加呈下降趋势。氮、磷和钾配方施肥各处理中，处理10的氮肥的肥料利用率最高，为64.9%；处理8的磷肥的肥料利用率最高，为10.4%；处理16的钾肥的肥料利用率最高，为33.7%。这3个肥料利用率最高的处理，分别对应氮、磷和钾的最低施肥水平。

氮肥不同施肥水平的平均利用效率均差异显著（$P < 0.05$），氮肥的肥料利用率在施氮量 75 kg/hm² 时最大，为 44.4%，在施氮量 300 kg/hm² 时最小，为 24.5%。磷肥和钾肥不同水肥处理的平均利用效率均差异显著，磷肥的肥料利用率在施磷量 30 kg/hm² 时最大，为 6.6%，在施磷量 120 kg/hm² 时最小，为 3.6%；钾肥的肥料利用率在施钾量 75 kg/hm² 时最大，为 29.8%，在施钾量 300 kg/hm² 时最小，为 15.9%。3 种元素的肥料利用率大小顺序为氮肥＞钾肥＞磷肥。

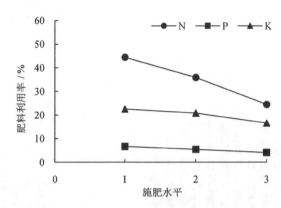

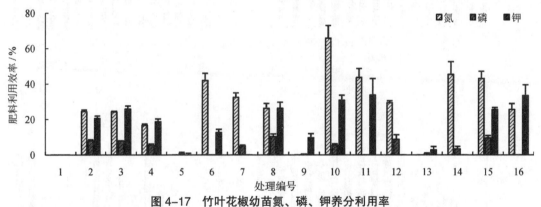

图 4-17　竹叶花椒幼苗氮、磷、钾养分利用率

（二）配方施肥对 3 年生竹叶花椒的养分吸收与利用

1. 叶、枝、果养分含量

由图 4-18 可知，竹叶花椒叶、枝、椒皮和椒籽的氮养分含量分别随氮肥施入量的增加而增加，各处理间叶、枝、椒皮和椒籽的氮养分含量差异显著（$P < 0.05$），施氮处理的叶、枝、椒皮和椒籽的氮养分含量均高于 CK。叶、枝、椒皮和椒籽的磷或钾养分含量也呈现与氮养分含量相似的变化趋势，其中不施氮肥的处理 2、处理 3 和处理 4 的椒籽氮含量低于 CK，比 CK 氮含量低 0.5% ~ 8.7%；不施磷肥的处理 5 的椒籽钾含量低于 CK，比 CK 氮含量低 2.4%。同一氮、磷、钾配方处理条件下，叶、枝、椒皮和椒籽的氮、磷、钾养分含量均呈现出椒皮＞椒籽＞叶 ＞枝的变化规律。各配方施肥处理叶、枝、椒皮和椒籽的氮含量分别比 CK 增加 3.7% ~ 78.0%、6.1% ~ 97.8%、5.1% ~ 67.5%

和 23.7% ~ 54.2%；叶、枝、椒皮和椒籽的磷含量分别比 CK 增加 3.1% ~ 52.7%、6.7% ~ 74.6%、7.2% ~ 52.3% 和 2.1% ~ 45.3%；叶、枝、椒皮和椒籽的钾含量分别比 CK 增加 5.1% ~ 48.9%、8.2% ~ 48.6%、8.1% ~ 43.8% 和 1.4% ~ 38.0%。说明合理的氮、磷、钾配施，有利于提高 3 年生竹叶花椒氮、磷和钾养分的含量。

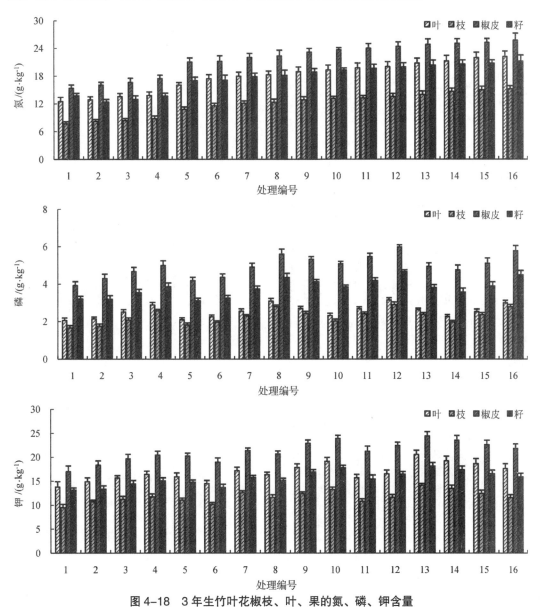

图 4-18　3 年生竹叶花椒枝、叶、果的氮、磷、钾含量

2. 枝、叶、果养分吸收量

由图 4-19 可知，各配方施肥处理的叶、枝、椒皮和椒籽的干重及生物量均显著高于 CK，且随施肥量的增加呈先增加后降低的变化趋势。施氮处理的叶、枝、椒皮和椒籽的氮养分吸收量均高于 CK。叶、枝、椒皮和椒籽的磷或钾养分吸收量也呈现与氮养

分吸收量相似的变化趋势。同一氮、磷、钾配方处理条件下，叶、枝、椒皮和椒籽的氮、磷、钾养分吸收量均呈现出椒皮＞枝＞椒籽＞叶的变化规律。各配方施肥处理的叶、枝、椒皮和椒籽的氮吸收量分别比 CK 增加 16.8% ~ 154.2%、33.4% ~ 197.5%、21.1% ~ 126.5% 和 1.4% ~ 89.5%；叶、枝、椒皮和椒籽的磷吸收量分别比 CK 增加 18.6% ~ 122.4%、33.8% ~ 170.5%、26.7% ~ 117.8% 和 7.6% ~ 89.3%；叶、枝、椒皮和椒籽的钾吸收量分别比 CK 增加 22.0% ~ 111.5%、42.4% ~ 117.7%、25.1% ~ 87.9% 和 11.1% ~ 66.8%。氮、磷和钾养分总的吸收量分别比 CK 增加 14.5% ~ 125.5%、20.9% ~ 144.7% 和 23.2% ~ 85.2%。说明合理的氮、磷、钾配施，有利于提高 3 年生竹叶花椒氮、磷和钾养分的吸收和固定。

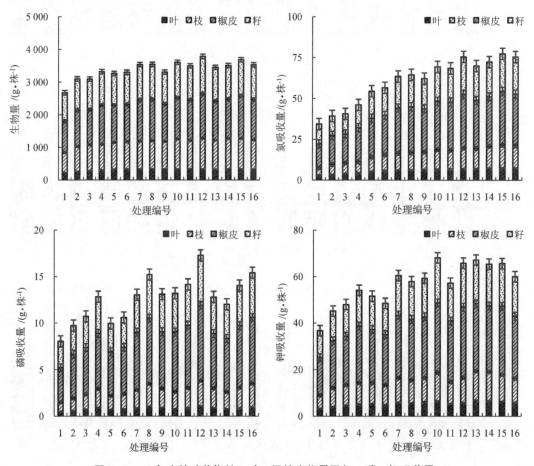

图 4-19　3 年生竹叶花椒枝、叶、果的生物量及氮、磷、钾吸收量

3. 氮、磷、钾养分利用率

由图 4-20 可知，氮肥、磷肥和钾肥在配方施肥各处理中，处理 8 的氮肥的肥料利用率最高，为 40.3%；处理 10 的磷肥的肥料利用率最高，为 39.4%；处理 15 的钾肥的肥料利用率最高，为 44.9%。这 3 个肥料利用率最高的处理，分别对应氮、磷和钾的最低施肥水平。

氮肥不同施肥水平的平均利用效率均差异显著（$P < 0.05$），氮肥的肥料利用率在施氮量 75 g/株时最大，为 4.0%，在施氮量 300 g/株时最小，为 13.2%。磷肥和钾肥不同施肥水平的平均利用效率均差异显著，磷肥的肥料利用率在施磷量 30 g/株时最大，为 25.5%，在施磷量 120 g/株时最小，为 13.60%；钾肥的肥料利用率在施钾量 75 g/株时最大，为 30.9%，在施钾量 300 g/株时最小，为 9.9%。3 种元素的肥料利用率在低水平分别为 75 g/株、30 g/株和 75 g/株时的顺序为氮＞钾＞磷；其他 2 个施肥水平的肥料利用率大小顺序为氮＞磷＞钾。

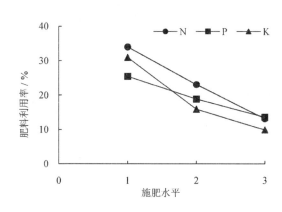

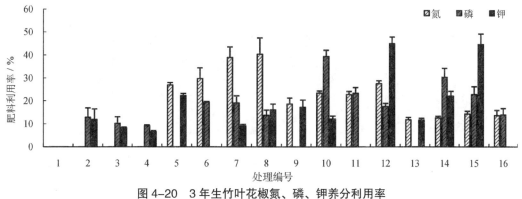

图 4-20 3 年生竹叶花椒氮、磷、钾养分利用率

（三）配方施肥对 6 年生竹叶花椒的养分吸收与利用

1. 枝、叶、果养分含量

由图 4-21 可知，竹叶花椒叶、枝、椒皮和椒籽的氮养分含量分别随氮肥施入量的增加而增加，各处理间叶、枝、椒皮和椒籽的氮养分含量差异显著，施氮处理的叶、枝、椒皮和椒籽的氮养分含量均高于 CK。叶、枝、椒皮和椒籽的磷或钾养分含量也呈现与氮养分含量相似的变化趋势。同一氮、磷、钾配方处理条件下，叶、枝、椒皮和椒籽的氮、磷、钾养分含量均呈现出椒皮＞叶＞椒籽＞枝，或者叶＞椒皮＞椒籽＞枝的变化规律。各配方施肥处理的叶、枝、椒皮和椒籽的氮含量分别比 CK 增加 5.7% ~ 94.8%、

6.3% ~ 89.2%、7.3% ~ 101.1% 和 2.0% ~ 78.9%；叶、枝、椒皮和椒籽的磷含量分别比 CK 增加 6.9% ~ 126.8%、10.8% ~ 132.9%、3.1% ~ 68.1% 和 1.5% ~ 78.2%；叶、枝、椒皮和椒籽的钾含量分别比 CK 增加 2.6% ~ 83.6%、2.6% ~ 102.9%、3.2% ~ 49.6% 和 2.6% ~ 68.3%。说明合理的氮、磷和钾配施，能显著提高 6 年生竹叶花椒氮、磷和钾养分的含量。

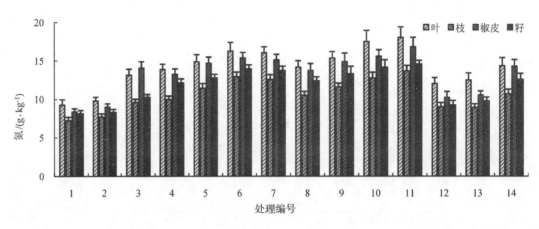

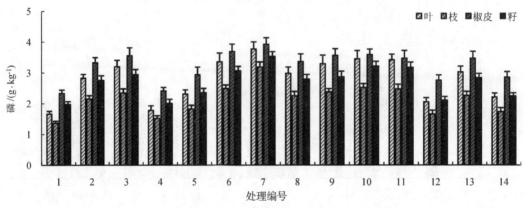

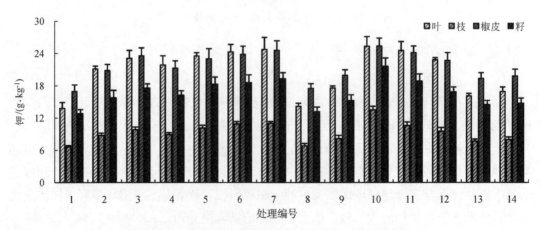

图 4-21　6 年生竹叶花椒枝、叶、果的氮、磷、钾含量

2. 枝、叶、果养分吸收量

由图 4-22 可知，各配方施肥处理的叶、枝、椒皮和椒籽的干重及生物量均显著高于 CK，且随施肥量的增加呈先增加后降低的变化趋势。施氮处理的叶、枝、椒皮和椒籽的氮养分吸收量均高于 CK。叶、枝、椒皮和椒籽的磷或钾养分吸收量也呈现与氮养分吸收量相似的变化趋势。同一氮、磷、钾配方处理条件下，叶、枝、椒皮和椒籽的氮、磷、钾养分吸收量均呈现出椒皮＞枝＞椒籽＞叶的变化规律。各配方施肥处理的叶、枝、椒皮和椒籽的氮吸收量分别比 CK 增加 36.4% ~ 392.3%、32.6% ~ 326.8%、28.8% ~ 211.0% 和 24.3% ~ 183.2%；叶、枝、椒皮和椒籽的磷吸收量分别比 CK 增加 39.4% ~ 468.3%、44.5% ~ 382.9%、40.5% ~ 170.2% 和 38.6% ~ 186.7%；叶、枝、椒皮和椒籽的钾吸收量分别比 CK 增加 51.0% ~ 393.1%、51.2% ~ 335.4%、45.3% ~ 137.5% 和 45.5% ~ 164.4%。氮、磷和钾养分总的吸收量分别比 CK 增加 29.0% ~ 246.5%、40.5% ~ 233.3% 和 46.6% ~ 191.6%。说明合理的氮、磷和钾配施，能显著提高 6 年生竹叶花椒氮、磷和钾养分的吸收和固定。

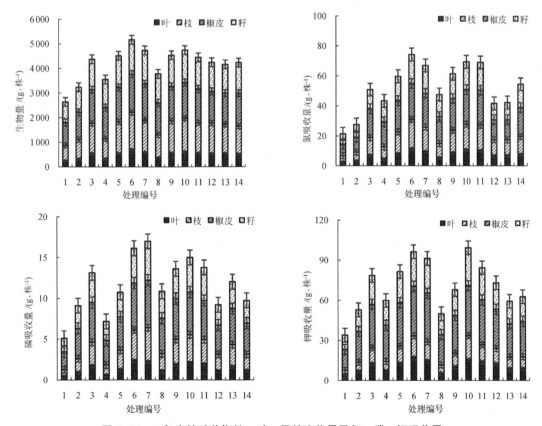

图 4-22　6 年生竹叶花椒枝、叶、果的生物量及氮、磷、钾吸收量

3. 氮、磷、钾养分利用率

由图 4-23 可知，氮肥、磷肥和钾肥在配方施肥各处理中，处理 3 的氮肥的肥料利

用率最高，为 17.8%；处理 5 的磷肥的肥料利用率最高，为 51.8%；处理 9 的钾肥的肥料利用率最高，为 40.9%。这 3 个肥料利用率最高的处理，分别对应氮、磷和钾的最低施肥水平。

氮肥不同施肥水平的平均利用效率均差异显著（$P < 0.05$），按 "3414" 试验设计的特点，分别固定氮、磷和钾施肥水平在第 2 水平，氮肥的肥料利用率在施氮量 165 g/株时最大，为 17.8%，在施氮量 495 g/株时最小，为 9.6%。磷肥和钾肥不同施肥水平的平均利用率均差异显著，磷肥的肥料利用率在施磷量 25 g/株时最大，为 51.8%，在施磷量 75 g/株时最小，为 36.3%；钾肥的肥料利用率在施钾量 100 g/株时最大，为 40.9%，在施钾量 300 g/株时最小，为 26.2%。3 种元素的肥料利用率大小顺序为磷＞钾＞氮。

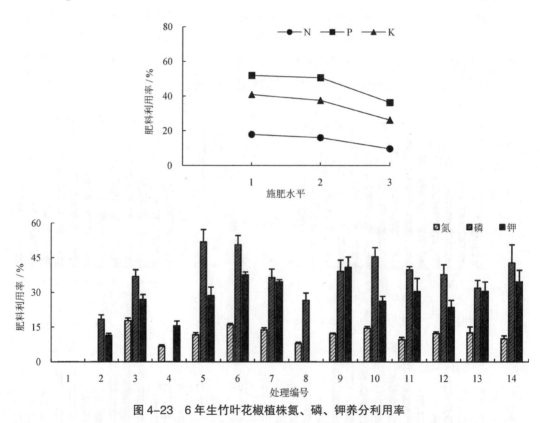

图 4-23 6 年生竹叶花椒植株氮、磷、钾养分利用率

（四）配方施肥对 9 年生竹叶花椒的养分吸收与利用

1. 枝、叶、果养分含量

由图 4-24 可知，竹叶花椒叶、枝、椒皮和椒籽的氮养分含量分别随氮肥施入量的增加而增加，各处理间叶、枝、椒皮和椒籽的氮养分含量差异显著，施氮处理的叶、枝、椒皮和椒籽的氮养分含量均高于 CK。叶、枝、椒皮和椒籽的磷或钾养分含量也呈现出与氮养分含量相似的变化趋势，其中不施氮肥的处理 2、处理 3 和处理 4 的椒籽氮含量低于 CK，比 CK 氮含量低 0.6% ~ 9.8%；不施磷肥的处理 5 的椒籽钾含量低于

CK，比 CK 氮含量低 3.3%。同一氮、磷、钾配方处理条件下，叶、枝、椒皮和椒籽的氮、磷、钾养分含量均呈现出椒皮＞椒籽＞叶＞枝的变化规律。各配方施肥处理的叶、枝、椒皮和椒籽氮含量分别比 CK 增加 3.3%～68.4%、6.4%～82.2%、4.3%～59.7% 和 14.9%～45.5%；叶、枝、椒皮和椒籽的磷含量分别比 CK 增加 2.0%～28.4%、59%～44.5%、6.6%～39.6% 和 12.0%～29.8%；叶、枝、椒皮和椒籽的钾含量分别比 CK 增加 4.4%～41.7%、7.7%～38.0%、5.2%～37.9% 和 0.2%～30.4%。说明合理配方施肥，有利于提高 9 年生竹叶花椒氮、磷和钾养分的含量。

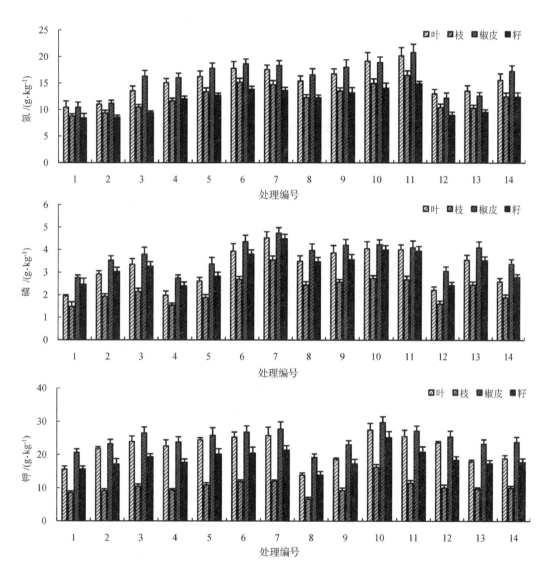

图 4-24　9 年生竹叶花椒枝、叶、果的氮、磷、钾含量

2. 枝、叶、果养分吸收量

由图 4-25 可知，各配方施肥处理的叶、枝、椒皮和椒籽的干重及生物量均显著高

于 CK，且随施肥量的增加呈先增加后降低的变化趋势。施氮处理的叶、枝、椒皮和椒籽的氮养分吸收量均高于 CK。叶、枝、椒皮和椒籽的磷或钾养分吸收量也呈现与氮养分吸收量相似的变化趋势。同一氮、磷、钾配方处理条件下，叶、枝、椒皮和椒籽的氮、磷、钾养分吸收量均呈现出椒皮＞枝＞椒籽＞叶的变化规律。各配方施肥处理的叶、枝、椒皮和椒籽的氮吸收量分别比 CK 增加 8.3%～84.2%、9.3%～98.4%、24.6%～286.0% 和 0.6%～309.5%；叶、枝、椒皮和椒籽的磷吸收量分别比 CK 增加 9.0%～42.7%、9.1%～59.7%、25.6%～238.3% 和 10.4%～282.1%；叶、枝、椒皮和椒籽的钾吸收量分别比 CK 增加 9.1%～53.5%、10.9%～50.2%、24.9%～229.8% 和 8.4%～292.4%。氮、磷和钾养分总吸收量分别比 CK 增加 11.9%～172.4%、15.2%～133.6% 和 13.4%～106.0%。说明合理的氮、磷和钾配施，能提高 9 年生竹叶花椒氮、磷和钾养分的吸收和固定。

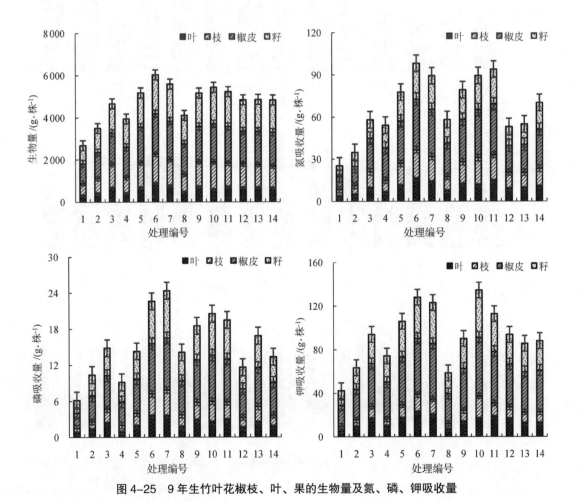

图 4-25　9 年生竹叶花椒枝、叶、果的生物量及氮、磷、钾吸收量

3. 氮、磷、钾养分利用率

由图 4-26 可知，氮肥、磷肥和钾肥在配方施肥各处理中，处理 6 的氮肥的肥料利

用率最高，为 22.1%；处理 5 的磷肥的肥料利用率最高，为 54.5%；处理 9 的钾肥的肥料利用率最高，为 57.5%。这 3 个肥料利用率最高的处理分别对应氮的第 2 施肥水平和磷、钾的最低施肥水平。

氮肥不同施肥水平的平均利用效率均差异显著（$P < 0.05$），按"3414"试验设计的特点，分别固定氮、磷和钾施肥水平在第 2 水平，氮肥的肥料利用率在施氮量 180 g/株时最大，为 22.1%，在施氮量 540 g/株时最小，为 13.9%。磷肥和钾肥不同施肥水平的平均利用效率均差异显著，磷肥的肥料利用率在施磷量 30 g/株时最大，为 54.5%，在施磷量 90 g/株时最小，为 43.8%；钾肥的肥料利用率在施钾量 100 g/株时最大，为 57.5%，在施钾量 300 g/株时最小，为 37.0%。3 种元素的肥料利用率在低水平（180 g/株、30 g/株和 100 g/株）时的顺序为钾＞磷＞氮；其他 2 个施肥水平的肥料利用率大小顺序为磷＞钾＞氮。

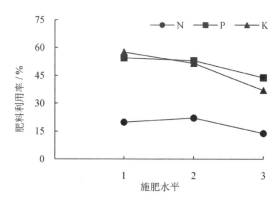

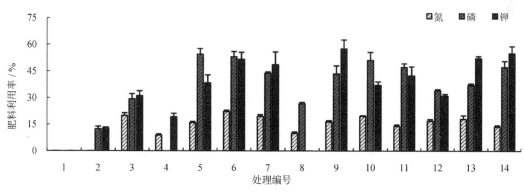

图 4-26　9 年生竹叶花椒植株氮、磷、钾养分利用率

（五）配方施肥对竹叶花椒各林龄的肥料利用率

由图 4-27 可知，不同林龄的竹叶花椒氮肥、磷肥和钾肥的肥料利用率差异显著（$P < 0.05$）。3 种肥料利用率均随施肥水平的增加而降低。氮肥利用率中，竹叶花椒幼苗氮肥的肥料利用率最高，6 年生竹叶花椒氮肥的肥料利用率最低，氮肥平均利用率大小顺序为幼苗＞3 年生＞9 年生＞6 年生，磷肥利用率中，9 年生竹叶花椒磷肥的肥料利用率最高，竹叶花椒幼苗磷肥的肥料利用率最低，磷肥平均利用率大小顺序为 9 年生

＞6年生＞3年生＞幼苗。钾肥利用率中，9年生竹叶花椒钾肥的肥料利用率最高，第1施肥水平时，竹叶花椒幼苗钾肥的肥料利用率最低，第2和第3施肥水平时，3年生竹叶花椒钾肥的肥料利用率最低，钾肥平均利用率大小顺序为9年生＞6年生＞幼苗＞3年生。

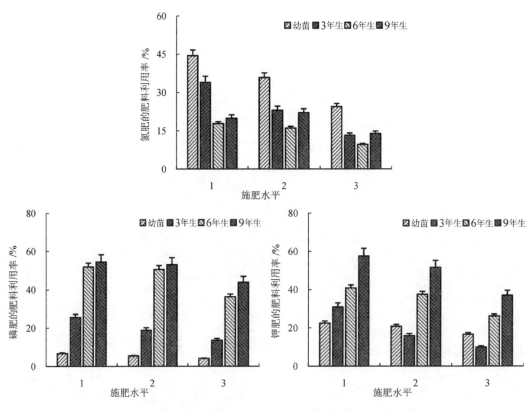

图4-27　竹叶花椒不同林龄的氮、磷、钾养分利用率

三、讨论

氮、磷和钾配方施肥能显著促进植株的生长发育，提高产量，并促进植株对土壤矿质养分的吸收（王东光等，2014）。本研究对竹叶花椒幼苗根、茎、叶养分含量研究发现，竹叶花椒幼苗叶、茎和根的氮养分含量分别随土壤含水量的增加呈先增加后降低的趋势。竹叶花椒幼苗叶、茎和根的氮养分含量分别随氮肥施入量的增加而增加，各处理间叶、茎和根的氮养分含量差异显著，施氮处理叶、茎和根的氮养分含量均高于不施肥处理。叶、茎和根的磷或钾养分含量也呈现与氮养分含量相似的变化趋势。同一氮、磷、钾配方处理条件下，叶、茎和根的氮、磷、钾养分含量均呈现出根＞叶＞茎的变化规律。对3年生、6年生和9年生竹叶花椒枝、叶、果的养分含量研究发现，竹叶花椒叶、枝、椒皮和椒籽的氮养分含量分别随氮肥、磷肥、钾肥施入量的增加而增加，同一氮、磷和钾配方处理条件下，氮、磷和钾养分含量均呈现椒皮＞叶＞椒籽＞枝，或者叶＞椒皮＞椒籽＞枝的变化规律。说明竹叶花椒的植株器官中，叶片和椒皮是养分吸收固定的重要场所。

大量研究也发现，施肥措施下不同植株器官对氮、磷和钾等养分的吸收和固定差异较大。施肥能提高各生长器官的养分含量，不同肥料对各生长器官的影响效应不同，不同配方施肥影响植物对氮、磷、钾养分的积累和分配（范川，2015；郭盛磊等，2005）。王景燕等（2015）对汉源花椒幼苗的研究发现，汉源花椒各部分氮、磷和钾养分含量均随施肥量的增加而提高，且均呈现出叶＞根＞茎的规律，说明施肥能提高汉源花椒幼苗植株各部分养分的含量，本试验研究结果与其研究结果相似，在3年生、6年生和9年生竹叶花椒3个器官中，叶或椒皮的养分含量最高，其原因可能是叶片是植物制造养分，供树体生长发育的重要器官，对于营养元素吸收较为敏感，叶片吸收的氮、磷、钾又直接作用于果实的生长发育（严江勤等，2016），椒皮作为竹叶花椒果实最重要的组成部分，在成熟期应该吸收和固定更多的养分。

本研究对竹叶花椒幼苗、3年生、6年生和9年生养分吸收和利用发现，同一氮、磷、钾配方处理条件下，竹叶花椒幼苗根、茎和叶的氮、磷、钾养分吸收量均呈现出叶＞根＞茎的变化规律，且养分固定量大小为氮＞钾＞磷。3年生、6年生和9年生竹叶花椒的氮、磷、钾养分含量均呈现椒皮＞叶＞椒籽＞枝，或者叶＞椒皮＞椒籽＞枝的变化规律，养分固定量同样为氮＞钾＞磷。出现这一规律的原因可能是，相对磷肥而言，氮肥和钾肥在土壤当中能形成更易溶解的化合物，容易被植物直接吸收利用。磷肥进入土壤后，经过一系列反应形成难溶解的化合物。此外，可溶性的磷元素在短期内也会被土壤固定，使磷养分的有效性越来越低，难以被植物吸收利用（Dordas，2009）。因此，出现了本试验中竹叶花椒植株养分固定量为氮＞钾＞磷的结果。

肥料利用率反映了肥料养分在植物体内的利用效率，一般情况下，适当施肥能有效促进植物的吸收，过量反而会起负作用（韩梅，2017）。生产实践过程中，在保证土壤水分的前提下，氮、磷、钾等养分是植物生长过程必需的生长元素，当土壤水分和养分供应不足时，应进行适当的水分灌溉和施入合理的氮、磷、钾等养分来满足植株生长发育和结实的养分需求。本试验研究发现，竹叶花椒幼苗3种元素肥料利用率顺序为氮＞钾＞磷；3年生竹叶花椒3种元素肥料利用率在低水平（75 g/株、30 g/株和75 g/株）时，顺序为氮＞钾＞磷；其他2个施肥水平肥料利用率顺序为氮＞磷＞钾；6年生竹叶花椒3种元素肥料利用率顺序为磷＞钾＞氮；9年生竹叶花椒3种元素肥料利用率在低水平（180 g/株、30 g/株和100 g/株）时，顺序为钾＞磷＞氮；其他2个施肥水平肥料利用率顺序为磷＞钾＞氮。出现这一现象的原因可能是，氮是植物生命过程中需求量最大的养分元素，合理的氮、磷、钾配方施肥对植物具有促进作用，竹叶花椒幼苗和早期营养生长时，对氮肥的需求高于钾肥和磷肥。在3年生、6年生和9年生竹叶花椒出现磷肥利用率和钾肥利用率较高的现象，这可能是因为本试验中采用"修剪采收一体化"技术和枝、叶还田的管理措施，3年生、6年生和9年生竹叶花椒枝、叶还田量巨大，计算养分利用率时未将还田部分计算为肥料施入，从而导致磷肥和钾肥利用率偏高。结合竹叶花椒幼苗、3年生、6年生和9年生竹叶花椒养分吸收、固定和利用率的研究结果，说明在竹叶花椒大田生产过程中，应注意氮、磷、钾3种营养元素的合理配施，才有利于吸收和促进其生长。

四、结论

通过对竹叶花椒幼苗、3年生、6年生和9年生氮、磷、钾配方施肥试验研究发现，配方施肥能显著提高竹叶花椒氮、磷、钾养分含量。

竹叶花椒幼苗对氮肥的肥料利用率为24.5% ~ 44.4%，磷肥和钾肥分别为3.6% ~ 6.6%和15.9% ~ 29.8%。

3年生竹叶花椒对氮肥、磷肥和钾肥的肥料利用率分别为13.2% ~ 34.0%、13.6% ~ 25.5%和9.9% ~ 30.9%。

6年生竹叶花椒对氮肥、磷肥和钾肥的肥料利用率分别为9.6% ~ 17.8%、36.3% ~ 51.8%和26.2% ~ 40.9%。

9年生竹叶花椒对氮肥、磷肥和钾肥的肥料利用率分别为13.9% ~ 22.1%、43.8% ~ 54.5%和37.0% ~ 57.5%。

第四节　配方施肥对竹叶花椒产量和品质的影响

氮、磷和钾是植物生长发育必需的3种营养元素，对其长势、产量和品质具有重要作用。植物吸收利用的氮、磷和钾除土壤本身所固持的养分外，很大程度依靠外界氮肥、磷肥以及钾肥的补充。已有研究发现，施肥是作物产量形成的重要影响因子，合理的氮肥、磷肥和钾肥配比和施用量能显著增强植株对养分的吸收、提高产量和品质（刘宇航等，2022；史建硕等，2022；苏利荣等，2020；张会丽等，2020；刘杜玲等，2018；田润泉等，2016）。然而，大部分椒园处于粗放式管理或不科学管理状态，对竹叶花椒的施肥基本是按照传统种植经验进行，氮、磷和钾配比不当或施肥过多，影响产量和品质的提高，并造成潜在的环境污染。有关氮肥、磷肥和钾肥配施对竹叶花椒品质的研究鲜见报道，为此，本研究以竹叶花椒为对象，研究氮、磷和钾配方施肥对3年生、6年生和9年生不同林龄竹叶花椒产量和品质的影响，并利用隶属函数对不同配比施肥效果进行综合评价，筛选出最优氮、磷和钾配比施肥量，以期为竹叶花椒科学施肥和提高竹叶花椒产量和品质提供参考。

一、材料和方法

（一）试验地及试验材料

详见本章第一节试验地及其试验材料部分。

（二）试验设计

同本章第一节试验设计部分。

（三）测定指标及其方法

2018 年 6 月底，以株为单位采收后直接测定 3 年生竹叶花椒鲜重，统计单株产量；椒皮产量为风干并分离花椒籽和杂质后的质量。

计算 3 年生竹叶花椒的肥料利用率、增产率、地力贡献率、肥料贡献率、肥料农学效率等。肥料利用率采用差减法，参照 Manna（2005）和谢军等（2016）的方法计算竹叶花椒增产率（YIR）、地力贡献率（PCR）、肥料贡献率（FCR）和肥料农学效率（AE）。

3 年生竹叶花椒果实品质指标测定用风干花椒直接测定，挥发性芳香油采用蒸馏抽提法测定，麻味物质含量采用甲醇浸提—紫外分光光度法测定，醇溶抽提物含量采用乙醇浸提蒸干法测定（GBT 12729.10-2008），不挥发性乙醚抽提物采用无水乙醚浸提蒸干法测定（GBT 12729.10-2008）。

6 年生和 9 年生竹叶花椒单株产量、千粒重、折干率和果实品质（挥发性芳香油、麻味物质、醇溶抽提物和不挥发性乙醚抽提物含量）等采样方法、采样时间和测定方法同 3 年生竹叶花椒。

（四）数据统计与分析

采用隶属函数法，对每个处理竹叶花椒产量和果实品质对应指标进行转换，将转化后的各处理竹叶花椒果实品质各指标的隶属函数值累加，分别求其综合值，值越大表示竹叶花椒品质越高。采用回归拟合氮肥、磷肥和钾肥施用量，与竹叶花椒各个林分的产量和品质综合值进行回归拟合，求解得到竹叶花椒各个林龄产量最大和品质最优的配方施肥组合。

采用 Excel 2013 和 SPSS 22.0 对竹叶花椒产量和品质等数据进行统计分析，采用 Matlab 8.3 绘制氮肥、磷肥、钾肥效的三维图，不同施肥处理竹叶花椒各指标间的显著性检验采用单因子方差分析（ANOVA）和最小显著极差法（SSR）。

二、结果与分析

（一）配方施肥对 3 年生竹叶花椒产量品质的形成

1. 产量效应

由表 4-12 可知，配方施肥对 3 年生竹叶花椒的坐果率提升显著，氮、磷、钾配比施肥均能有效提高 3 年生竹叶花椒的坐果率。各配方施肥处理的坐果率为 42.0% ~ 54.9%，比 CK 提高 0.8% ~ 30.9%，其中以处理 10 坐果率为最高，比 CK 提高

30.9%。方差分析可知，除处理 2 和处理 1 外，其他各处理的坐果率无显著差异。缺氮处理 2、处理 3 和处理 4 的平均坐果率比 CK 增加 10.1%；缺磷处理 5、处理 9 和处理 13 的平均坐果率比 CK 增加 23.1%；缺钾处理 6、处理 11 和处理 16 的平均坐果率比 CK 增加 23.1%，说明氮肥、磷肥、钾肥对 3 年生竹叶花椒坐果率的影响为氮肥＞钾肥＞磷肥。

表 4-12　配方施肥对 3 年生竹叶花椒产量的影响

编号	施肥处理	坐果率 / %	鲜椒产量 / （g·株⁻¹）	果皮产量 / （g·株⁻¹）	鲜椒增产率 / %	地力贡献率 / %
1	$N_0P_0K_0$	41.95 ± 1.30c	4 680.00 ± 266.79g	950.36 ± 54.18e	–	100.00
2	$N_0P_1K_1$	42.27 ± 21.52c	5 443.33 ± 215.02ef	1 100.91 ± 43.49cd	16.31	85.98
3	$N_0P_2K_2$	48.39 ± 2.88ab	5 400.00 ± 181.93f	1 069.48 ± 36.03d	15.38	86.67
4	$N_0P_3K_3$	47.91 ± 1.66ab	5 816.67 ± 228.16bcd	1 197.38 ± 46.97abc	24.29	80.46
5	$N_1P_0K_1$	50.01 ± 2.01ab	5 543.33 ± 253.20def	1 127.87 ± 51.52cd	18.45	84.43
6	$N_1P_1K_0$	50.34 ± 3.21ab	5 591.67 ± 300.01cde	1 145.80 ± 61.48cd	19.48	83.70
7	$N_1P_2K_3$	53.01 ± 2.41ab	6 068.33 ± 281.53abc	1 262.88 ± 58.59abc	29.67	77.12
8	$N_1P_3K_2$	53.65 ± 3.10a	6 075.00 ± 433.04abc	1 263.26 ± 90.05abc	29.81	77.04
9	$N_2P_0K_2$	53.47 ± 1.91a	5 520.00 ± 392.71ef	1 145.82 ± 81.52cd	17.95	84.78
10	$N_2P_1K_3$	54.92 ± 4.32a	6 115.00 ± 219.60abc	1 257.73 ± 45.17abc	30.66	76.53
11	$N_2P_2K_0$	54.33 ± 3.11a	5 861.67 ± 201.02bcd	1 232.04 ± 42.25abc	25.25	79.84
12	$N_2P_3K_1$	54.41 ± 1.81ab	6 433.33 ± 316.28a	1 356.47 ± 66.69a	37.46	72.75
13	$N_3P_0K_3$	51.46 ± 2.35ab	5 871.67 ± 408.24bcd	1 191.94 ± 82.87bcd	25.46	79.70
14	$N_3P_1K_2$	54.52 ± 0.72ab	5 778.33 ± 222.05bcd	1 208.43 ± 46.44abc	23.47	80.99
15	$N_3P_2K_1$	54.73 ± 0.86a	6 173.33 ± 202.07ab	1 305.89 ± 42.75ab	31.91	75.81
16	$N_3P_3K_0$	50.23 ± 3.21a	5 993.33 ± 370.72bc	1 231.82 ± 76.19abc	28.06	78.09

　　氮肥、磷肥和钾肥配施对 3 年生竹叶花椒的鲜椒产量影响显著，施用氮肥、磷肥和钾肥的处理的平均鲜椒产量均显著高于 CK，鲜椒产量增加 15.4% ~ 37.5%，其中以处理 12 的平均产量为最高，比 CK 增加 37.5%，其次为处理 15、处理 10、处理 8 和处理 7，分别比 CK 增加 31.9%、30.0%、29.8% 和 29.7%。氮、磷和钾均衡施肥各处理的鲜椒产量均显著高于 CK。缺氮处理 2、处理 3 和处理 4 的新鲜花椒平均产量比 CK 增加 18.7%，较平衡施肥最高产量处理 12 降低 13.7%；缺磷处理 5、处理 9 和处理 13 的新鲜花椒平均产量比 CK 增加 20.6%，较平衡施肥最高产量处理 12 降低 12.3%；缺钾处理 6、处理 11 和处理 16 的新鲜花椒平均产量比 CK 增加 24.3%，较平衡施肥最高产量处理 12 降低 9.6%。椒皮产量与鲜椒产量变化规律基本一致。

　　各配方施肥处理的地力贡献率为 72.8% ~ 86.7%，缺氮肥的处理 2 和处理 3、缺磷肥的处理 5 和处理 9 的地力贡献率均明显高于其他施肥处理，分别达 86.0%、86.7%、

84.4% 和 84.8%。对氮、磷和钾不同施肥水平的肥料贡献率和肥料农学效率分析可知（图 4-28），随施用量的增加，氮肥、磷肥和钾肥的贡献率均呈先增加后降低的趋势，平均肥料贡献率分别为 26.5%、26.0% 和 25.1%，贡献率为氮肥＞磷肥＞钾肥。随施肥用量的增加，氮和磷肥的肥料农学效率均下降，钾肥的肥料农学效率呈先增加后降低的变化趋势，氮肥、磷肥和钾肥的平均肥料农学效率分别为 9.4 kg/kg、8.9 kg/kg 和 9.1 kg/kg，肥料农学效率为氮肥＞钾肥＞磷肥。说明合理的氮肥、磷肥和钾肥配比施入，能提高 3 年生竹叶花椒产量和肥料贡献率，降低产量对土壤肥力的依赖性。

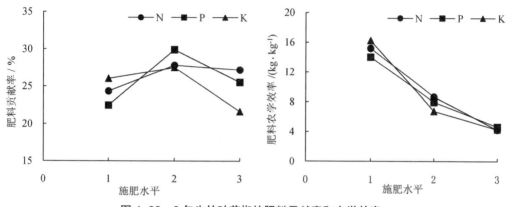

图 4-28　3 年生竹叶花椒的肥料贡献率和农学效率

2. 果实品质

由表 4-13 可知，氮、磷和钾配方施肥对 3 年生竹叶花椒品质各指标影响显著，氮肥、磷肥和钾肥处理的果皮千粒重、挥发性芳香油、麻味物质、醇溶抽提物和乙醚抽提物含量均高于 CK，较 CK 分别增加 2.8%～16.4%、5.0%～20.4%、8.0%～64.0%、11.2%～25.4% 和 4.8%～35.8%。缺氮肥、缺磷肥和缺钾肥处理竹叶花椒的果皮千粒重比 CK 分别增加 4.5%、9.7% 和 10.6%。挥发性芳香油、醇溶抽提物和乙醚抽提物含量对氮、磷和钾配方施肥的响应规律与千粒重基本相同，缺氮肥、缺磷肥和缺钾肥处理的果皮挥发性芳香油含量比 CK 分别增加 8.7%、14.2% 和 15.2%，醇溶抽提物含量比 CK 分别增加 13.1%、17.1% 和 17.8%，乙醚抽提物含量比 CK 分别增加 8.2%、18.5% 和 19.2%。各施肥处理的竹叶花椒麻味物质含量显著高于 CK，施肥之间无显著差异。缺氮肥、缺磷肥和缺钾肥处理竹叶花椒的果皮麻味物质含量比 CK 分别增加 13.1%、32.5% 和 33.9%。

氮、磷和钾配方施肥对 3 年生竹叶花椒品质综合值的影响显著，配方施肥处理能显著提高 3 年生竹叶花椒的品质综合值，各配方施肥处理的品质综合值均高于 CK，为 CK 的 2.41～7.43 倍。处理 10 和处理 12 的品质综合值显著高于其他处理。缺氮肥、缺磷肥和缺钾肥处理竹叶花椒品质综合值也显著高于 CK，其品质综合值分别是 CK 的 3.14 倍、4.90 倍和 5.13 倍；缺氮肥、缺磷肥和缺钾肥处理竹叶花椒品质综合值显著低于品质综合值最高的处理 10，分别低 57.8%、34.1% 和 31.0%。说明氮、磷、钾合理配比和施用能显著提高 3 年生竹叶花椒的果皮千粒重、挥发性芳香油、麻味物质、醇溶抽提物和乙醚抽提物含量，且能大幅度提升 3 年生竹叶花椒的品质。

表 4-13　配方施肥对 3 年生竹叶花椒品质的影响

编号	施肥处理	千粒重/g	挥发性芳香油/%	麻味物质/（mg·g^{-1}）	醇溶抽提物/%	乙醚抽提物/%	品质综合值
1	$N_0P_0K_0$	17.84 ± 0.42g	13.51 ± 0.71h	10.13 ± 0.70b	15.88 ± 0.53e	11.86 ± 0.86f	0.58 ± 0.02f
2	$N_0P_1K_1$	18.36 ± 0.44f	14.19 ± 0.49g	10.94 ± 0.30ab	17.66 ± 0.39e	12.43 ± 0.88ef	1.40 ± 0.11ef
3	$N_0P_2K_2$	18.76 ± 0.86de	15.08 ± 0.79ef	12.14 ± 0.74ab	18.45 ± 0.90de	12.99 ± 0.41def	2.16 ± 0.05cde
4	$N_0P_3K_3$	18.79 ± 0.70e	14.78 ± 0.70f	11.53 ± 1.38ab	17.76 ± 1.52cde	13.09 ± 0.38def	1.90 ± 0.05de
5	$N_1P_0K_1$	19.04 ± 0.81cde	15.46 ± 0.94e	12.73 ± 0.79ab	18.47 ± 1.61cde	13.49 ± 0.34cde	2.51 ± 0.04cd
6	$N_1P_1K_0$	19.44 ± 0.72cde	15.43 ± 1.14e	12.60 ± 0.83ab	18.53 ± 0.72cde	13.45 ± 0.53cde	2.59 ± 0.07cd
7	$N_1P_2K_3$	20.13 ± 0.74bcd	15.64 ± 0.76d	13.56 ± 1.33ab	18.87 ± 2.07bcd	14.32 ± 0.47bcd	3.16 ± 0.06bcd
8	$N_1P_3K_2$	19.91 ± 0.94bcd	15.58 ± 0.86d	13.89 ± 1.47ab	18.87 ± 1.23bcd	14.36 ± 0.56bcd	3.13 ± 0.07bcd
9	$N_2P_0K_2$	20.13 ± 1.11bcd	15.70 ± 0.85c	14.62 ± 1.12ab	19.05 ± 0.74bc	15.05 ± 0.57bc	3.47 ± 0.07bcd
10	$N_2P_1K_3$	20.45 ± 0.85a	16.26 ± 1.44a	16.63 ± 0.88a	19.88 ± 1.18a	16.11 ± 0.51a	4.31 ± 0.06a
11	$N_2P_2K_0$	20.24 ± 1.24bc	15.94 ± 1.39bc	15.01 ± 1.09a	19.27 ± 1.37bc	15.42 ± 1.00bc	3.72 ± 0.12bc
12	$N_2P_3K_1$	20.77 ± 0.77a	16.26 ± 0.77a	16.17 ± 1.57a	19.91 ± 0.18ab	15.94 ± 0.97ab	4.30 ± 0.12a
13	$N_3P_0K_3$	19.52 ± 0.55de	15.12 ± 0.95e	12.91 ± 1.30ab	18.27 ± 1.09cde	13.61 ± 0.49cde	2.54 ± 0.06cd
14	$N_3P_1K_2$	20.25 ± 0.87ab	16.10 ± 1.07ab	15.88 ± 0.94a	19.67 ± 0.88ab	15.68 ± 0.59ab	4.00 ± 0.07ab
15	$N_3P_2K_1$	20.34 ± 0.56bc	16.00 ± 0.74b	15.48 ± 0.78a	19.38 ± 1.19bc	15.60 ± 0.49bc	3.88 ± 0.08ab
16	$N_3P_3K_0$	19.50 ± 0.56cde	15.31 ± 0.94de	13.07 ± 0.95ab	18.32 ± 0.98cde	13.54 ± 0.80cde	2.61 ± 0.05cd

3. 高产优质推荐施肥量

根据 3 因素 4 水平正交试验设计的特点，用氮磷、氮钾和磷钾肥两因素组合，对鲜椒产量和品质综合值的交互作用进行拟合分析，将氮肥（N）、磷肥（P_2O_5）和钾肥（K_2O）施用量分别固定在 150 g/株、60 g/株和 150 g/株，利用 Matlab 插值回归拟合方程后绘制两因素间的交互作用曲面图，如图 4-29。氮磷互作效应中，鲜椒产量和品质综合值均随氮磷施用量的增加呈先增加后降低的趋势，鲜椒产量达到最大值的氮（N）、磷（P_2O_5）施用量分别为 161.6 g/株和 112.6 g/株，品质综合值达最大值的氮（N）、磷（P_2O_5）施用量分别为 191.9 g/株和 121.2 g/株。氮钾互作效应中，鲜椒产量和品质综合值的变化规律与氮磷互作效应规律相似，鲜椒产量达到最大值的氮（N）、钾（K_2O）施用量分别为 216.1 g/株和 222.8 g/株，品质综合值达最大值的氮（N）、钾（K_2O）施用量分别为 215.4 g/株和 237.2 g/株。磷钾互作效应中，鲜椒产量和品质综合值均随磷钾施用量的增加呈先增加后下降的变化规律，鲜椒产量达到最大值的磷（P_2O_5）、钾（K_2O）施用量分别为 103.5 g/株和 208.1 g/株，品质综合值达最大值的磷（P_2O_5）、钾（K_2O）施用量分别为 112.6 g/株和 227.3 g/株。说明氮磷、氮钾和磷钾互作在一定范围内促进 3 年生竹叶花椒产量和品质的提升，过量则有抑制作用。

将鲜椒产量（Y_Y）作为目标变量，氮肥、磷肥和钾肥用量 x_1、x_2 和 x_3 作为自变量，对试验数据回归拟合得到竹叶花椒产量与氮肥、磷肥和钾肥的三元二次方程为：

$$Y_Y = 4\ 855.742 + 6.056x_1 + 11.425x_2 + 1.387x_3 - 0.017x_1^2 - 0.050x_2^2 - 0.003x_3^2 + 0.006x_1x_2 + 0.005x_1x_3 + 0.003x_2x_3\ (R^2 = 0.818,\ F = 8.526,\ P < 0.01)$$

同理，将品质综合值（Y_Q）作为目标变量，氮肥、磷肥和钾肥用量作为自变量，回归得到的方程为：

$$Y_Q = 0.528 + 0.026x_1 + 0.022x_2 + 0.006x_3 - 6.941 \times 10^{-5}x_1^2 - 1.961 \times 10^{-4}x_2^2 - 2.619 \times 10^{-5}x_3^2 + 1.740 \times 10^{-5}x_1x_2 + 9.081 \times 10^{-5}x_1x_3 + 4.843 \times 10^{-3}x_2x_3\ (R^2 = 0.785,\ F = 15.450,\ P < 0.01)$$

采用矩阵方程模型进行求解，得到鲜椒产量最大时的氮肥（N）、磷肥（P_2O_5）和钾肥（K_2O）施用量分别为 202.8 g/株、109.2 g/株和 192.5 g/株，品质综合值最大时的氮肥（N）、磷肥（P_2O_5）和钾肥（K_2O）施用量分别为 219.3 g/株、98.0 g/株和 254.5 g/株。

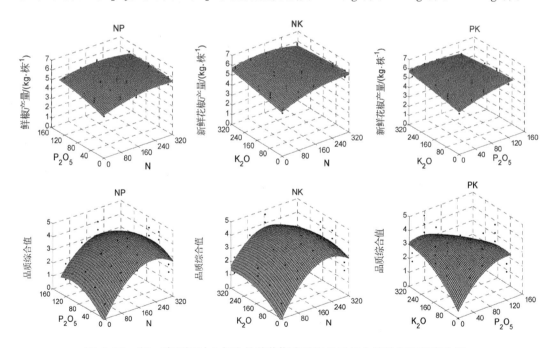

图 4-29 氮、磷和钾对 3 年生竹叶花椒产量和品质综合值的相互效应分析

（二）配方施肥对 6 年生竹叶花椒产量品质的形成

1. 产量效应

由表 4-14 可知，氮肥、磷肥和钾肥配施对 6 年生竹叶花椒鲜椒产量影响显著，施用

氮肥、磷肥和钾肥的处理平均鲜椒产量均显著高于 CK，鲜椒产量增加 24.4% ~ 74.7%，其中以处理 6 的平均产量最高，比 CK 增加 74.7%，其次为处理 10 和处理 7，分别比 CK 增加 63.6% 和 59.3%。氮、磷和钾均衡施肥处理 3、处理 5、处理 9、处理 11、处理 12、处理 13 和处理 14 的鲜椒产量无显著差异。缺氮处理 2 的鲜椒产量比 CK 增加 24.4%，较平衡施肥处理 6 降低 28.8%；缺磷处理 4 的鲜椒产量比 CK 增加 37.4%，较平衡施肥处理 6 降低 21.3%；缺钾处理 8 的鲜椒产量比 CK 增加 42.2%，较平衡施肥处理 6 降低 18.6%。椒皮产量与鲜椒产量变化规律基本一致。

各施肥处理的地力贡献率为 57.3% ~ 80.4%，缺氮肥、缺磷肥和缺钾肥的处理 2、处理 4 和处理 8 的地力贡献率均明显高于其他施肥处理，分别达 80.4%、72.8% 和 70.3%。对氮、磷和钾不同施肥水平的肥料贡献率和肥料农学效率分析可知（图 4–30），随施用量的增加，氮肥、磷肥和钾肥的肥料贡献率均呈先增加后降低的趋势，平均肥料贡献率分别为 22.7%、16.0% 和 13.5%，肥料贡献率为氮肥＞磷肥＞钾肥。随施肥量的增加，氮肥和磷肥的肥料农学效率均下降，钾肥的肥料农学效率呈先增加后降低的变化趋势，氮肥、磷肥和钾肥的平均肥料农学效率分别为 4.9 kg/kg、22.5 kg/kg 和 4.5 kg/kg，肥料农学效率为磷肥＞氮肥＞钾肥。说明合理的氮肥、磷肥和钾肥配比施入，能显著提高 6 年生竹叶花椒产量，提高肥料贡献率，降低产量对土壤肥力的依赖性。

表 4–14　氮、磷和钾不同配比对 6 年生竹叶花椒产量的影响

编号	施肥处理	鲜椒产量 / （g·株$^{-1}$）	果皮产量 / （g·株$^{-1}$）	鲜椒增产率 /%	地力贡献率 /%
1	$N_0P_0K_0$	3 653.6 ± 198.1f	924.2 ± 50.8f	–	100.0
2	$N_0P_2K_2$	4 545.7 ± 204.8e	1 108.1 ± 58.5e	24.4	80.4
3	$N_1P_2K_2$	5 684.4 ± 419.0bc	1 375.2 ± 61.7bcd	55.6	64.3
4	$N_2P_0K_2$	5 020.8 ± 388.1de	1 259.6 ± 61.0d	37.4	72.8
5	$N_2P_1K_2$	5 758.5 ± 329.1abc	1 406.7 ± 75.8bcd	57.6	63.5
6	$N_2P_2K_2$	6 380.9 ± 452.0a	1 563.0 ± 71.8a	74.7	57.3
7	$N_2P_3K_2$	5 821.4 ± 355.6abc	1 484.6 ± 78.1ab	59.3	62.8
8	$N_2P_2K_0$	5 195.9 ± 376.3cd	1 302.7 ± 61.0cd	42.2	70.3
9	$N_2P_2K_1$	5 704.2 ± 394.3bc	1 415.6 ± 72.5bc	56.1	64.1
10	$N_2P_2K_3$	5 977.4 ± 312.0ab	1 468.9 ± 105.2ab	63.6	61.1
11	$N_3P_2K_2$	5 637.0 ± 311.6bcd	1 380.7 ± 115.4bcd	54.3	64.8
12	$N_1P_1K_2$	5 616.4 ± 319.5bcd	1 295.1 ± 76.7cd	53.7	65.1
13	$N_1P_2K_1$	5 787.7 ± 329.2abc	1 273.7 ± 62.8cd	58.4	63.1
14	$N_2P_1K_1$	5 614.4 ± 349.3bcd	1 343.9 ± 95.1bcd	53.7	65.1

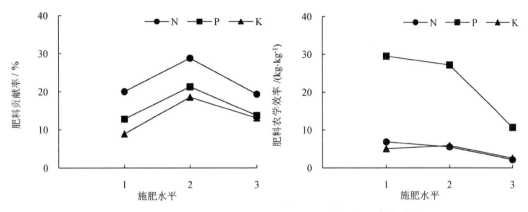

图4-30 氮、磷和钾不同施肥水平的肥料贡献率和农学效率

2. 果实品质

表4-15显示，氮肥、磷肥和钾肥配施对6年生竹叶花椒品质影响显著，氮肥、磷肥和钾肥处理的果皮千粒重、挥发性芳香油、麻味物质、醇溶抽提物和乙醚抽提物含量均高于CK，分别较CK增加7.5%～21.6%、10.1%～40.2%、19.8%～60.7%、6.3%～32.3%和15.7%～48.1%。缺肥处理2、处理4和处理8的果皮千粒质量均低于氮、磷和钾均衡施肥的10个处理，较千粒重最高的处理6分别降低11.6%、10.8%和9.3%，且氮、磷和钾均衡施肥的10个处理千粒重无显著差异。挥发性芳香油和醇溶抽提物含量对氮、磷和钾配方施肥的响应规律与千粒重基本相同。处理6和处理10的麻味物质含量明显高于其他处理，且两者之间无显著差异。缺肥处理2、处理4和处理8的麻味物质含量均低于均衡施肥处理，且缺氮处理2的麻味物质含量最低，缺磷处理4和缺钾处理8的麻味物质含量之间无显著差异，较麻味物质含量最高的处理6分别降低25.4%、19.0%和19.8%。缺钾处理8的乙醚抽提物含量与均衡施肥处理间无显著差异；缺氮处理2和缺磷处理4的乙醚抽提物含量均低于均衡施肥处理，较乙醚抽提物含量最高的处理6分别降低21.9%和15.2%。

表4-15 氮、磷和钾不同配比对6年生竹叶花椒品质的影响

编号	施肥处理	千粒重 /g	挥发性芳香油 /%	麻味物质 /（mg·g^{-1}）	醇溶抽提物	乙醚抽提物 /%	品质综合值
1	$N_0P_0K_0$	16.57 ± 0.88d	10.48 ± 0.54d	8.77 ± 0.50f	16.28 ± 0.76d	10.85 ± 0.48d	0.50 ± 0.11e
2	$N_0P_2K_2$	17.81 ± 0.87cd	11.54 ± 0.53cd	10.51 ± 0.49e	17.30 ± 0.83cd	12.55 ± 0.64c	1.59 ± 0.26d
3	$N_1P_2K_2$	19.36 ± 0.93abc	13.94 ± 0.68ab	12.93 ± 0.67bc	20.70 ± 1.18ab	15.01 ± 0.79ab	3.53 ± 0.24b
4	$N_2P_0K_2$	17.97 ± 1.06bcd	11.83 ± 0.56cd	11.41 ± 0.53de	18.92 ± 0.92bc	13.63 ± 0.68bc	2.19 ± 0.17cd
5	$N_2P_1K_2$	19.59 ± 1.00ab	14.13 ± 0.68ab	12.83 ± 0.70bc	20.44 ± 1.10ab	14.96 ± 0.76ab	3.55 ± 0.20b
6	$N_2P_2K_2$	20.15 ± 0.80a	14.69 ± 0.80a	14.09 ± 0.82a	21.53 ± 1.26a	16.07 ± 0.85a	4.27 ± 0.55a

续表

编号	施肥处理	千粒重/g	挥发性芳香油/%	麻味物质/（mg·g⁻¹）	醇溶抽提物	乙醚抽提物/%	品质综合值
7	N₂P₃K₂	19.60 ± 0.92ab	14.27 ± 0.62ab	12.89 ± 0.70bc	20.58 ± 1.3ab	15.40 ± 0.89ab	3.67 ± 0.26ab
8	N₂P₂K₀	18.43 ± 0.75bc	12.44 ± 0.58bc	11.76 ± 0.48cd	19.23 ± 0.96b	14.05 ± 0.81ab	2.56 ± 0.21c
9	N₂P₂K₁	19.33 ± 0.99abc	13.61 ± 0.86ab	12.71 ± 0.73bc	20.20 ± 0.92ab	14.70 ± 0.83ab	3.32 ± 0.59b
10	N₂P₂K₃	19.82 ± 0.96a	14.38 ± 0.62a	13.29 ± 0.59ab	20.79 ± 1.20ab	15.53 ± 0.75ab	3.84 ± 0.30ab
11	N₃P₂K₂	19.56 ± 0.85ab	14.22 ± 0.92ab	12.60 ± 0.82bcd	20.45 ± 0.97ab	15.06 ± 0.72ab	3.54 ± 0.58b
12	N₁P₁K₂	19.05 ± 0.91abc	13.67 ± 0.57ab	12.56 ± 0.64bcd	20.09 ± 1.22ab	14.87 ± 0.65ab	3.26 ± 0.29b
13	N₁P₂K₁	19.40 ± 0.79abc	13.88 ± 0.85ab	12.72 ± 0.58bc	20.22 ± 0.89ab	14.96 ± 0.68ab	3.42 ± 0.09b
14	N₂P₁K₁	19.11 ± 0.76abc	13.53 ± 0.54ab	12.44 ± 0.68bcd	20.00 ± 1.15ab	14.66 ± 0.71ab	3.18 ± 0.57b

施肥处理能显著提高 6 年生竹叶花椒的品质综合值，处理 6、处理 7 和处理 10 的品质综合值明显高于其他施肥处理，且这 3 个处理间品质综合值无显著差异，其品质综合值分别是 CK 的 8.5 倍、7.3 倍和 7.7 倍。说明氮、磷和钾合理配比和施用能显著提高 6 年生竹叶花椒的果皮千粒重、挥发性芳香油、麻味物质、醇溶抽提物和乙醚抽提物含量，且能大幅度提升其品质。

3. 高产优质推荐施肥量

根据 "3414" 试验设计，用氮磷肥、氮钾肥和磷钾肥两因素，对 6 年生竹叶花椒鲜椒产量和品质综合值的交互作用进行拟合分析，分别将氮肥（N）、磷肥（P₂O₅）和钾肥（K₂O）施用量分别固定在 330 g/株、50 g/株和 200 g/株，利用 Matlab 插值回归拟合方程后绘制两因素间的交互作用曲面图，结果如图 4-31。氮磷互作效应中，鲜椒产量和品质综合值均随氮磷施用量的增加呈先增加后降低的趋势，鲜椒产量达最大值的氮（N）、磷（P₂O₅）施用量分别为 313.8 g/株和 51.8 g/株，品质综合值达最大值的氮（N）、磷（P₂O₅）施用量分别为 334.2 g/株和 53.9 g/株。氮钾互作效应中，鲜椒产量和品质综合值的变化规律与氮磷互作效应规律相似，鲜椒产量达最大值的氮（N）和钾（K₂O）施用量分别为 309.8 g/株和 234.8 g/株，品质综合值达最大值的氮（N）和钾（K₂O）施用量分别为 331.1 g/株和 251.1 g/株。磷钾互作效应中，鲜椒产量和品质综合值均随磷钾施用量的增加呈先增加后下降的变化规律，鲜椒产量达最大值的磷（P₂O₅）和钾（K₂O）施用量分别为 49.2 g/株和 310.1 g/株，品质综合值达最大值的磷（P₂O₅）和钾（K₂O）施用量分别为 45.0 g/株和 285.1 g/株。说明氮磷、氮钾和磷钾互作在一定范围内促进 6 年生竹叶花椒产量和品质的提升，过量则有抑制作用。

将鲜椒产量（Y_Y）作为目标变量，氮肥、磷肥和钾肥用量 x_1、x_2 和 x_3 作为自变量，对试验数据回归拟合得到竹叶花椒产量和氮肥、磷肥、钾肥的三元二次方程为：

$$Y_Y = 3\ 663.258 + 6.208\,x_1 + 41.549\,x_2 + 4.394\,x_3 - 0.016\,x_1^2 - 0.475\,x_2^2 - 0.021\,x_3^2 + 0.019\,x_1$$

$x_2 + 0.015\,x_1\,x_3 - 0.005\,x_2\,x_3$（$R^2 = 0.910$，$F = 17.111$，$P < 0.01$）

同理，将品质综合值（Y_Q）作为目标变量，氮肥、磷肥和钾肥用量作为自变量，回归得到的方程为：

$Y_Q = 0.514 + 0.008x_1 + 0.057x_2 + 0.007x_3 - 2.256 \times 10^{-5}x_1^2 - 7.446 \times 10^{-4}x_2^2 - 3.346 \times 10^{-5}x_3^2 + 5.442 \times 10^{-5}x_1x_2 + 2.284 \times 10^{-5}x_1x_3 + 2.070 \times 10^{-6}x_2x_3$（$R^2 = 0.905$，$F = 33.757$，$P < 0.01$）

采用矩阵方程模型进行求解，得到 6 年生竹叶花椒鲜椒产量最大时的氮肥（N）、磷肥（P_2O_5）和钾肥（K_2O）施用量分别为 323.4 g/株、49.0 g/株和 214.1 g/株，品质综合值最大时的氮肥（N）、磷肥（P_2O_5）和钾肥（K_2O）肥施用量分别为 346.7 g/株、51.3 g/株和 227.6 g/株。

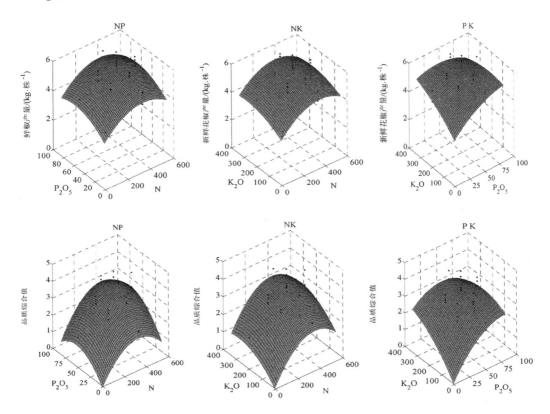

图 4-31　氮、磷、钾对 6 年生竹叶花椒产量和品质综合值的相互效应分析

（三）配方施肥对 9 年生竹叶花椒产量品质的形成

1. 产量效应

由表 4-16 可知，氮肥、磷肥和钾肥配施对 9 年生竹叶花椒鲜椒产量影响显著，施用氮肥、磷肥和钾肥的处理平均鲜椒产量均显著高于 CK，鲜椒产量增加 35.7% ~ 111.8%，其中以处理 6 的平均产量最高，比 CK 增加 111.8%，其次为处理 7 和处理 11，分别比 CK 增加 103.8% 和 100.1%。缺氮处理 2 的鲜椒产量比 CK 增加 35.7%，较平衡施肥处理 6 降低 35.9%；缺磷处理 4 鲜椒产量比 CK 增加 66.8%，较平衡施肥处理 6 降低 21.2%；缺钾处理 8 鲜椒产量比 CK 增加 67.2%，较平衡施肥处理 6 降低 21.0%。椒皮产量与鲜椒产量变化规律基本一致。

本研究中，各施肥处理的地力贡献率为 47.2% ~ 73.7%，缺氮肥、缺磷肥和缺钾肥处理 2、处理 4 和处理 8 的地力贡献率均明显高于其他施肥处理，分别达 73.7%、60.0% 和 59.8%。对氮、磷和钾不同施肥水平的肥料贡献率和肥料农学效率分析可知（图 4-32），随着施用量的增加，氮肥、磷肥和钾肥的肥料贡献率均呈先增加后降低的趋势，平均肥料贡献率分别为 29.2%、17.6% 和 16.2%，贡献率为氮肥＞磷肥＞钾肥。随施肥量的增加，氮肥和磷肥的肥料农学效率均下降，钾肥的肥料农学效率呈先增加后降低的变化趋势，氮肥、磷肥和钾肥的平均肥料农学效率分别为 7.2 kg/kg、31.3 kg/kg 和 7.2 kg/kg，肥料农学效率为磷肥＞氮肥＞钾肥。说明合理的氮肥、磷肥和钾肥配比施入，能显著提高 9 年生竹叶花椒产量，提高肥料贡献率，降低产量对土壤肥力的依赖。

表 4-16 氮、磷和钾不同配比对 9 年生竹叶花椒产量的影响

编号	施肥处理	鲜椒产量 /（g·株$^{-1}$）	果皮产量 /（g·株$^{-1}$）	鲜椒增产率 /%	地力贡献率 /%
1	$N_0P_0K_0$	3 879.6 ± 269.3h	888.6 ± 69.4h	–	100.0
2	$N_0P_2K_2$	5 264.3 ± 154.4g	1 225.3 ± 37.1g	35.7	73.7
3	$N_1P_2K_2$	6 528.7 ± 215.8f	1 472.8 ± 56.5f	68.3	59.4
4	$N_2P_0K_2$	6 471.3 ± 151.8f	1 432.7 ± 69.9f	66.8	60.0
5	$N_2P_1K_2$	7 465.4 ± 171.1cd	1 700.2 ± 17.6c	92.4	52.0
6	$N_2P_2K_2$	8 215.1 ± 298.3a	1 926.3 ± 39.7a	111.7	47.2
7	$N_2P_3K_2$	7 904.6 ± 81.5b	1 833.2 ± 33.4ab	103.7	49.1
8	$N_2P_2K_0$	6 487.1 ± 147.7f	1 439.7 ± 31.7f	67.2	59.8
9	$N_2P_2K_1$	7 395.5 ± 164.3cd	1 673.5 ± 51.6cd	90.6	52.5
10	$N_2P_2K_3$	7 649.9 ± 154.6bc	1 807.0 ± 67.4ab	97.2	50.7
11	$N_3P_2K_2$	7 763.9 ± 172.2bc	1 740.1 ± 34.7bc	100.1	50.0
12	$N_1P_1K_2$	6 825.4 ± 120.2df	1 556.0 ± 44.5e	75.9	56.8
13	$N_1P_2K_1$	6 963.9 ± 107.1e	1 585.9 ± 24.0e	79.5	55.7
14	$N_2P_1K_1$	7 128.5 ± 98.1de	1 610.6 ± 19.3de	83.7	54.4

2. 果实品质

由表 4-17 可知，氮肥、磷肥和钾肥配施对 9 年生竹叶花椒各品质指标影响显著，氮肥、磷肥和钾肥处理的果皮千粒重、挥发性芳香油、麻味物质、醇溶抽提物和乙醚抽提物含量均高于 CK，分别较 CK 增加 6.0% ~ 19.9%、10.1% ~ 40.2%、19.8% ~ 62.9%、0.1% ~ 43.1% 和 15.7% ~ 57.3%。缺肥处理 2、处理 4 和处理 8 的果皮千粒重均低于氮、磷和钾均衡施肥的其他 10 个处理，较千粒重最高的处理 6 分别降低 10.8%、11.6%

和 7.4%。挥发性芳香油和醇溶抽提物含量对氮、磷和钾配方施肥的响应规律与千粒重基本一致。处理 6 的麻味物质含量明显高于其他处理，缺肥处理 2、处理 4 和处理 8 的麻味物质含量均低于均衡施肥处理，且缺氮处理 2 的麻味物质含量最低，缺磷处理 4 和缺钾处理 8 的麻味物质含量之间无显著差异，较麻味物质含量最高的处理 6 分别降低 26.5%、20.2% 和 17.7%。乙醚抽提物含量对氮、磷和钾配方施肥的响应规律与麻味物质含量基本相同，缺肥处理 2、处理 4 和处理 8 较乙醚抽提物含量最高的处理 6 分别降低 26.5%、20.1% 和 17.8%。

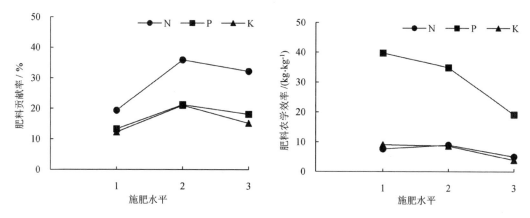

图 4-32　氮、磷、钾不同施肥水平的肥料贡献率和农学效率

施肥处理能显著提高 9 年生竹叶花椒的品质综合值，处理 6 的品质综合值明显高于其他施肥处理，其次为处理 11、处理 14、处理 9、处理 10 和处理 7，且这 5 个处理间品质综合值无显著差异，其品质综合值分别是 CK 的 6.4 倍、6.3 倍、6.1 倍和 5.9 倍。说明氮、磷和钾的合理配比和施用能显著提高竹叶花椒的果皮千粒重、挥发性芳香油、麻味物质、醇溶抽提物和乙醚抽提物含量，且能大幅度地提升 9 年生竹叶花椒品质。

表 4-17　氮、磷和钾不同配比对 9 年生竹叶花椒品质的影响

编号	施肥处理	千粒重/g	挥发性芳香油/%	麻味物质/（mg·g⁻¹）	醇溶抽提物/%	乙醚抽提物/%	品质综合值
1	$N_0P_0K_0$	16.80 ± 1.07e	10.48 ± 1.18f	8.77 ± 0.24h	17.28 ± 1.01e	10.85 ± 1.18g	0.54 ± 0.04h
2	$N_0P_2K_2$	17.97 ± 0.35d	11.54 ± 1.15ef	10.51 ± 0.51g	17.30 ± 0.83e	12.55 ± 0.61f	1.43 ± 0.03g
3	$N_1P_2K_2$	18.43 ± 0.44cd	12.24 ± 0.72cde	11.41 ± 0.48f	19.50 ± 1.31d	13.63 ± 0.58e	2.22 ± 0.28f
4	$N_2P_0K_2$	17.81 ± 0.29de	11.83 ± 0.98ef	11.76 ± 0.43ef	19.22 ± 1.06de	14.05 ± 0.51de	2.30 ± 0.46f
5	$N_2P_1K_2$	18.81 ± 0.13bcd	12.77 ± 0.83cde	12.60 ± 0.26bc	20.54 ± 0.83cd	15.06 ± 0.30bcd	3.01 ± 0.07cde
6	$N_2P_2K_2$	20.02 ± 0.64ab	14.61 ± 0.55a	14.29 ± 0.52a	23.68 ± 0.96ab	17.07 ± 0.62a	4.48 ± 0.25a
7	$N_2P_3K_2$	19.56 ± 0.57abc	13.44 ± 1.05bc	12.31 ± 0.29cde	22.41 ± 2.67bc	14.70 ± 0.34cde	3.17 ± 0.23bcd
8	$N_2P_2K_0$	18.65 ± 0.63cd	13.12 ± 0.62bcd	12.02 ± 0.57dfe	19.49 ± 0.92d	14.36 ± 0.68cde	2.67 ± 0.48def

续表

编号	施肥处理	千粒重 /g	挥发性芳香油 /%	麻味物质 /（mg·g⁻¹）	醇溶抽提物 /%	乙醚抽提物 /%	品质综合值
9	$N_2P_2K_1$	19.28 ± 0.87abc	13.83 ± 0.86ab	12.89 ± 0.32bc	20.88 ± 0.92cd	15.40 ± 0.38bc	3.36 ± 0.37bc
10	$N_2P_2K_3$	19.49 ± 0.67abc	14.22 ± 0.96ab	12.53 ± 0.39cde	21.04 ± 1.22cd	14.96 ± 0.47bcd	3.27 ± 0.32bc
11	$N_3P_2K_2$	20.15 ± 1.02a	14.69 ± 0.51a	11.94 ± 0.12def	24.73 ± 0.78a	14.26 ± 0.14de	3.45 ± 0.08b
12	$N_1P_1K_2$	19.00 ± 0.75bcd	13.28 ± 0.39bcd	11.86 ± 0.28def	19.23 ± 0.47de	14.17 ± 0.34de	2.59 ± 0.18ef
13	$N_1P_2K_1$	19.06 ± 0.14bcd	13.61 ± 0.57bc	12.23 ± 0.25cde	19.82 ± 0.41d	14.61 ± 0.30cde	2.89 ± 0.21cde
14	$N_2P_1K_1$	19.6 ± 0.77abc	14.27 ± 0.50ab	12.99 ± 0.62b	19.90 ± 0.88d	15.53 ± 0.74b	3.39 ± 0.38bc

3. 高产优质推荐施肥量

根据"3414"试验设计，对氮磷、氮钾和磷钾肥两因素组合下9年生竹叶花椒鲜椒产量和品质综合值的交互作用进行拟合分析，将氮肥（N）、磷肥（P_2O_5）和钾肥（K_2O）肥的施用量分别固定在360 g/株、60 g/株和200 g/株，利用 Matlab 插值回归拟合方程后绘制两因素间的交互作用曲面图，如图4-33。氮磷互作效应中，鲜椒产量和品质综合值均随氮磷施用量的增加呈先增加后降低的趋势，鲜椒产量达最大值的氮（N）、磷（P_2O_5）施用量分别为383.1 g/株和55.2 g/株，品质综合值达最大值的氮（N）、磷（P_2O_5）施用量分别为404.2 g/株和57.2 g/株。氮钾互作效应中，鲜椒产量和品质综合值的变化规律与氮磷互作效应规律相似，鲜椒产量达最大值的氮（N）、钾（K_2O）施用量分别为399.5 g/株和194.6 g/株，品质综合值达最大值的氮（N）、钾（K_2O）施用量分别为401.5 g/株和171.6 g/株。磷钾互作效应中，鲜椒产量和品质综合值均随磷钾施用量的增加呈先增加后下降的变化规律，鲜椒产量达最大值的磷（P_2O_5）、钾（K_2O）施用量分别为69.7 g/株和210.4 g/株，品质综合值达最大值的磷（P_2O_5）、钾（K_2O）施用量分别为59.2 g/株和205.2 g/株。说明氮磷、氮钾和磷钾互作在一定范围内可促进9年生竹叶花椒产量和品质的提升，过量则有抑制作用。

将鲜椒产量（Y_Y）作为目标变量，氮肥、磷肥和钾肥用量 x_1、x_2 和 x_3 作为自变量，对试验数据回归拟合得到竹叶花椒产量和氮肥、磷肥、钾肥的三元二次方程为：

$$Y_Y = 3\,901.348 + 6.208\,x_1 + 8.135\,x_2 + 31.042\,x_3 - 9.403\,x_1^2 - 0.015\,x_2^2 - 0.033\,x_3^2 + 0.033\,x_1 x_2 + 0.014\,x_1 x_3 - 0.013\,x_2 x_3 \quad (R^2 = 0.977,\ F = 151.377,\ P < 0.01)$$

同理，将品质综合值（Y_Q）作为目标变量，氮肥、磷肥、钾肥用量作为自变量，回归得到的方程为：

$$Y_Q = 0.553 + 0.009x_1 + 0.032x_2 + 0.003x_3 - 1.261 \times 10^{-5}x_1^2 - 4.170 \times 10^{-4}x_2^2 - 2.921 \times 10^{-5}x_3^2 + 3.838 \times 10^{-5}x_1 x_2 + 1.019 \times 10^{-5}x_1 x_3 + 7.539 \times 10^{-6}x_2 x_3 \quad (R^2 = 0.893,\ F = 29.683,\ P < 0.01)$$

采用矩阵方程模型进行求解，得到鲜椒产量最大时的氮肥（N）、磷肥（P_2O_5）和钾肥（K_2O）施用量分别为 375.0 g/株、57.2 g/株和 229.7 g/株，品质综合值最大时的氮肥（N）、磷肥（P_2O_5）和钾肥（K_2O）施用量分别为 343.7 g/株、58.6 g/株和 197.0 g/株。

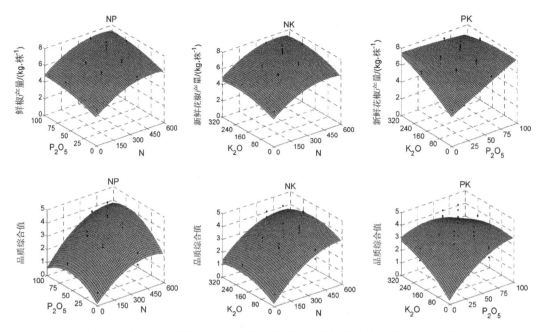

图 4-33　氮、磷和钾对 9 年生竹叶花椒产量和品质综合值的相互效应分析

三、讨论

适当施氮肥、磷肥和钾肥均能提高植株生物量或产量，且氮、磷和钾配施能显著促进植株生长，增加产量（Dordas，2009）。配方施肥在植物上的大量研究也表明，氮肥、磷肥和钾肥配施能够促进植株的生长发育，促进其增产（段祥光等，2018；蔡雅桥等，2016）。崔云玲等（2006）对花椒园的氮、磷和钾配方施肥研究发现，氮、磷、钾与氮、磷、钾和硼配施可使花椒产量提高 888.4 ~ 936.4 kg/hm²，此时产值也达到最佳，对花椒的结实量性状也有一定的影响。孙丙寅等（2006）对花椒施肥研究发现，不同配方施肥对花椒产量、含水量、出皮率及千粒重的影响也不同，合理的配方下花椒的产量、出皮率、千粒重等指标均较大，含水量则较低。本研究发现，不同施肥处理对 3 年生、6 年生和 9 年生竹叶花椒的单株产量的影响差异显著，且各施肥处理均比不施肥处理单株产量高，通过对其坐果率、千粒重等果实性状发现，施肥处理与不施肥处理（CK）相比，坐果率、千粒重等果实性状均有不同程度地提高，表明配方施肥能提高竹叶花椒的单株产量。可能是因为氮肥、磷肥和钾肥的合理配方施入提供了平衡的养分供应，且提高了氮肥、磷肥和钾肥的肥料利用率（朱菜红等，2010；李鸣等，2015），这对竹叶花椒养分吸收利用、植株生长以及产量均有显著的提升。

氮元素对植物生长发育起到重要作用，直接影响植株的产量和品质；磷元素参与植物体内的碳水化合物、蛋白质以及脂肪代谢；钾参与光合作用、同化产物运输、碳水化合物代谢以及蛋白质合成等过程（王平等，2016；王东光等，2016）。氮肥、磷肥和钾肥参与植物整个营养生长和开花结实过程，对植株生长发育以及植株产量的影响效应不同。本研究结果表明，氮、磷和钾配方施肥对 3 年生、6 年生和 9 年生竹叶花椒产量的影响不同，氮肥对产量作用最为显著，磷肥次之，钾肥最小；通过对氮肥、磷肥和钾肥相互作用分析发现，在施肥量较低时氮磷、氮钾和磷钾对产量均具有正交互促进作用，在达到最高值后产量随氮、磷和钾施用量的增加而降低。

本研究发现，施用氮肥、磷肥和钾肥均能提高竹叶花椒的产量，3 年生、6 年生和 9 年生竹叶花椒的肥料贡献率均为氮肥＞磷肥＞钾肥，能获得最大产量和最大品质综合值的氮肥（N）、磷肥（P_2O_5）和钾肥（K_2O）施用量分别随氮、磷和钾施入量的增加呈先增加后减小的变化趋势，说明存在一个施肥量阈值。这一阈值效应与孟庆翠等（2009）在花椒上的研究结果相似，与其推荐施肥量有一定差异，可能与花椒栽培品种以及花椒对养分的吸收利用效率差异有关。申建波等（2011）指出，土壤的基础肥力越高，作物的生产潜力就越大，越容易获得高产。本研究中基础地力贡献率均大于 50%，说明试验竹叶花椒林地在"修剪采收一体化"和枝叶还地管理的措施下，能维持较高的土壤肥力。按生长期分次施肥，能及时补充竹叶花椒生长结实所需养分，增加竹叶花椒树势和产量，提高肥料利用率和肥料农学效率。因此，在生产实践过程中，配方施肥必须结合当地土壤状况、管理措施和植物自身需肥特点以及氮、磷、钾肥合理搭配，才能显著提高竹叶花椒产量，实现节约成本，增加肥料效率，减少肥料浪费。

研究发现，配方施肥可以显著改善果实的品质（狄彩霞等，2004），如曾慧杰等（2017）对金银花的研究发现，氮肥、磷肥和钾肥配方施肥处理对金银花品质影响显著，氮肥、磷肥和钾肥的协同作用能大幅提高木犀草苷含量；史祥宾等（2022）连续 3 年检测红地球葡萄发现，同步全营养配方施肥处理显著提高了果实的可溶性固形物含量、维生素 C 含量和果实硬度；罗庆华等（2017）对水蜜桃的研究发现，配方施肥对水蜜桃果实品质有促进作用，各配方施肥处理下的单果质量、可溶性固形物含量、总糖含量等均显著高于不施肥处理；李经沿等（2016）对库尔勒香梨的研究发现，配方施肥能提高果实中的 VC 含量和还原糖含量，降低果实中的总酸含量及果实硬度，改善果实品质。竹叶花椒品质中，外观色泽可通过研究分辨色泽来判断，果粒大小和椒皮厚度可通过千粒质量来反映，竹叶花椒挥发性芳香油和麻味物质含量等可更为精确、直观地反映其芳香度、含油量和麻味程度等（Tao et al.，2017）。研究表明，氮、磷、钾配方施肥能显著提高土壤养分含量，增强植株养分吸收、光合能力和抗性，提高果实品质（袁晶晶等，2017）。本研究发现，氮、磷和钾配方施肥均能明显增加竹叶花椒千粒质量、挥发性芳香油、麻味物质、醇溶抽提物、乙醚抽提物含量以及品质综合值，随氮肥、磷肥和钾肥施用量的增加均呈先增加后降低的趋势变化，说明合理的配方施肥对提高品质具有重要作用。

合理施肥是作物生产过程中重要的栽培管理措施（Wang等，2018），养分间交互作用使各营养元素之间的关系复杂，要明确不同养分间交互作用的方向，找出适宜的养分配比，才能充分发挥肥料的作用（曹鲜艳等，2012）。本研究分别对氮磷、氮钾和磷钾之间的交互作用进行分析发现，在一定施肥量范围内氮水平的提高有利于磷钾肥效的发挥，过量施用氮肥则抑制磷钾肥效，磷肥对氮钾肥效和钾肥对氮磷肥效的交互作用趋势相同。氮磷、氮钾和磷钾的互作效应在一定范围内相互促进竹叶花椒产量和品质的提升，过量施用氮肥、磷肥和钾肥则有抑制作用。

四、结论

3年生竹叶花椒鲜椒产量最大时的氮肥（N）、磷肥（P_2O_5）和钾肥（K_2O）肥施用量分别为202.8 g/株、109.2 g/株和192.5 g/株，品质综合值最大时的氮肥（N）、磷肥（P_2O_5）和钾肥（K_2O）施用量分别为219.3 g/株、98.0 g/株和254.5 g/株。

6年生竹叶花椒鲜椒产量最大时的氮肥（N）、磷肥（P_2O_5）和钾肥（K_2O）施用量分别为323.4 g/株、49.0 g/株和214.1 g/株，品质综合值最大时的氮肥（N）、磷肥（P_2O_5）和钾肥（K_2O）施用量分别为346.7 g/株、51.3 g/株和227.6 g/株。

9年生竹叶花椒鲜椒产量最大时的氮肥（N）、磷肥（P_2O_5）和钾肥（K_2O）施用量分别为375.0 g/株、57.2 g/株和229.7 g/株，品质综合值最大时的氮肥（N）、磷肥（P_2O_5）和钾肥（K_2O）施用量分别为343.7 g/株、58.6 g/株和197.0 g/株。

第五节　配方施肥对竹叶花椒土壤肥力的影响

施肥是经济林种植及其土壤管理的基本措施，合理的施肥能快速增加土壤养分、提高土壤肥力、改善土壤环境，从而促进植株的生长。土壤养分是土壤化学性质和土壤肥力的关键基础部分，直接影响植物的生长发育和结实量，其养分含量的高低也和土壤肥力呈正相关。土壤微生物是土壤环境和生态系统的生物动力，促进土壤养分的转化和植株对养分的吸收，土壤微生物的数量和生物量群落结构的复杂程度直接影响着土壤肥力；土壤酶作为土壤环境和生态圈的催化剂，酶活性的高低影响着土壤的生物活性和土壤中生物化学等反应的强度（Lehmann等，2011）。土壤肥力是土壤为植物生长供肥的能力强弱的体现，是水分物理性质、矿质化学含量和土壤生物特性等的综合反映（孙琛梅等，2022）。

合理的配方施肥及水分是植株生长，提高其产量、品质和水肥利用效率的关键因素。合理的水肥管理能改善土壤环境，增加土壤微生物数量和活力，提高土壤酶活性，土壤酶能催化土壤中复杂的有机物质转化为简单的无机化合物，利于植物吸收利用（Yao et al.，2006）。土壤潜在的有效化养分和土壤胶体吸收性离子的有效程度，均与土壤酶活性密切相关（王莹等，2013）。研究发现，土壤酶中的蔗糖酶、脲酶和磷酸酶等水解酶能够催化加快土壤碳、氮、磷和钾等养分的循环状况，过氧化氢酶、多酚氧化酶、过氧化物酶等氧化还原酶也常被认为是土壤有机质和微生物活性的有效性指标（Li et al.，2017）。在一定程度上，土壤酶活性的高低能表征土壤肥力的高低及土壤耕作管理措施的优劣（邱现奎等，2010）。良好的土壤水肥条件能促进植物生长，增加土壤酶活性；较高土壤酶活性能促进土壤养分无机化，增加土壤供肥能力和植物生长。大量研究表明，合理的配方施肥处理能显著提高土壤酶活性和土壤微生物数量，促进土壤养分矿化，利于植株吸收利用，促进作物生长和提高产量（周罕觅等，2015；陈鸿飞等，2017；张艾明等，2016；韦泽秀等，2009）。本研究以竹叶花椒为对象，通过配方施肥试验研究氮、磷和钾配方施肥对其土壤肥力的影响，筛选适宜的肥料施用量，促进竹叶花椒林分土壤肥力的提高。

一、材料和方法

（一）试验地及试验材料

详见本章第一节试验地及试验材料部分。

（二）试验设计

详见本章第一节试验设计部分。

（三）测定指标及其方法

分别于 2016 年 11 月中旬、2018 年 7 月初、2017 年 7 月初和 2017 年 7 月初用土钻采集竹叶花椒幼苗盆栽、3 年生、6 年生和 9 年生竹叶花椒试验 0 ~ 20 cm 的土壤，采用蛇形 5 点法取样，采集的混合土壤一部分直接装入无菌袋中，带回实验室用于测定土壤微生物数量和土壤酶活性；另一部分混合土壤装入普通透气袋，带回实验室测定土壤养分含量。

土壤有机质含量采用重铬酸钾氧化—外加热法测定，土壤全氮含量采用半微量凯氏法测定，碱解氮含量采用碱解—扩散法测定，有效磷含量采用 Olsen 法测定，速效钾含量采用乙酸铵浸提—火焰光度法测定。微生物数量采用平板法测定。蔗糖酶活性采用 3，5- 二硝基水杨酸比色法测定，脲酶活性采用苯酚—次氯酸钠比色法测定，磷酸酶活性采用磷酸苯二钠比色法测定，过氧化氢酶活性采用 $KMnO_4$ 滴定法测定，多酚氧化酶和过氧化物酶活性采用邻苯三酚比色法测定。

（四）数据统计与分析

采用隶属函数法，对每个处理竹叶花椒土壤肥力对应指标进行转换，将转化后的各处理土壤肥力的各指标的隶属函数值累加，分别求得土壤肥力综合值，值越大表示竹叶花椒林分土壤肥力越高。采用回归拟合氮肥、磷肥和钾肥施用量，与竹叶花椒各个林龄土壤肥力综合值进行回归拟合，求解得到竹叶花椒各个林龄土壤肥力效果最优的配方施肥组合。

采用 Excel 2013 和 SPSS 22.0 进行土壤养分、土壤酶及土壤微生物数量的数据统计和分析，不同施肥处理各指标间的显著性检验采用单因子方差分析（ANOVA）和最小显著极差法（SSR）。

二、结果与分析

（一）配方施肥对竹叶花椒盆栽幼苗土壤肥力的影响

1. 土壤养分

由图 4-34 可知，不同水肥处理下土壤碱解氮、有效磷和速效钾含量差异显著，与 CK 相比，各处理有效养分含量均显著增加，土壤碱解氮、有效磷和速效钾含量均随氮、磷、钾施肥量的增加而增加。处理 12 的碱解氮含量最高，比 CK 增加 51.3%；处理 10 的有效磷含量最高，比 CK 增加 39.7%；处理 15 的速效钾含量最高，比 CK 增加 37.9%。

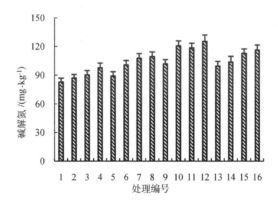

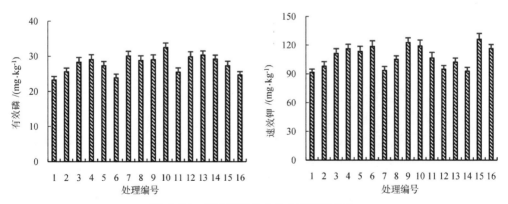

图 4-34　竹叶花椒幼苗的土壤速效养分

利用隶属函数对碱解氮、有效磷和速效钾含量进行转化，三者之和为土壤养分隶属度。由多因素方差分析可知，土壤水分和氮肥、磷肥、钾肥施入量对土壤养分隶属度影响显著（$P < 0.05$），说明适当地增加土壤施肥量可提高土壤有效养分含量。

2. 土壤酶活性

由图 4-35 可知，不同水肥耦合处理对土壤蔗糖酶、脲酶和中性磷酸酶活性影响显著，其活性均随土壤含水量的增加呈先增加后降低的变化趋势。各施肥处理的土壤酶活性均显著高于 CK，土壤酶活性随施氮量的增加而增加，随施磷或钾量的增加呈先增加后降低的变化趋势。与 CK 相比，各施肥处理的蔗糖酶活性增加 5.0% ~ 51.3%，脲酶增加 2.7% ~ 39.6%，中性磷酸酶增加 1.5% ~ 37.8%。各处理中，处理 12 和处理 11 的蔗糖酶活性显著高于其他处理，处理 12 的脲酶和中性磷酸酶活性显著高于其他处理，CK 处理的 3 种水解酶活性均最小。不同水分处理条件下，60%FWC 时土壤蔗糖酶、脲酶和中性磷酸酶活性均值最高；40%FWC、60%FWC 和 80%FWC 处理与 20%FWC 处理相比，蔗糖酶活性分别增加 66.2%、176.1% 和 81.7%，脲酶活性分别增加 46.9%、71.6% 和 56.3%，中性磷酸酶活性分别增加 49.7%、78.3% 和 54.0%。说明适宜的土壤水分及磷肥和钾肥施用，以及较高的氮肥施用能促进土壤蔗糖酶、脲酶和中性磷酸酶活性的提高。

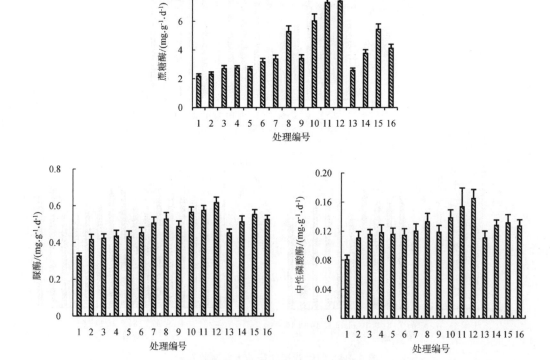

图 4-35　竹叶花椒幼苗的土壤水解酶活性

由图4-36可知，不同水肥耦合处理对土壤过氧化氢酶、多酚氧化酶和过氧化物酶活性影响显著，其活性均随土壤含水量的增加呈先增加后降低的变化趋势；各施肥处理酶活性平均值均显著高于CK，酶活性平均值随施氮量的增加而增加，随施磷或施钾量的增加呈先增加后降低的变化趋势。与CK相比，各施肥处理的过氧化氢酶活性增加41.2% ~ 310.9%，多酚氧化酶增加46.2% ~ 271.6%；过氧化物酶增加43.4% ~ 208.2%。各处理中，处理12、处理11和处理10的过氧化氢酶活性均显著高于其他处理，处理12和处理11的多酚氧化酶活性均显著高于其他处理，处理12的过氧化物酶活性显著高于其他处理，处理1的3种氧化还原酶活性最低。不同水分处理中，60%FWC条件下过氧化氢酶、多酚氧化酶和过氧化物酶活性平均值均最高；40%FWC、60%FWC和80%FWC处理与20%FWC处理相比，过氧化氢酶活性分别增加35.4%、62.0%和49.3%，多酚氧化酶分别增加64.6%、102.8%和88.4%，过氧化物酶分别增加39.0%、75.7%和47.9%。说明适宜的土壤水分、氮肥和磷肥，以及较高的钾肥能促进土壤过氧化氢酶、多酚氧化酶和过氧化物酶活性的提高。

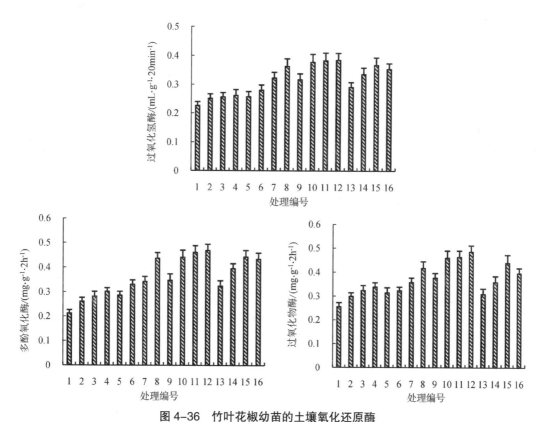

图4-36 竹叶花椒幼苗的土壤氧化还原酶

3. 土壤微生物数量

由图4-37可知，不同水肥处理土壤细菌、放线菌、真菌和总微生物数量差异显著。与CK相比，各处理细菌、放线菌、真菌和总微生物数量均显著增加。细菌和总微生物数量以处理 11 最高，分别比 CK 增加 341.9% 和 307.5%；放线菌和真菌数量以处理 12 最高，分别比 CK 增加 271.6% 和 208.2%。利用隶属函数对细菌、放线菌、真菌和总微生物数量进行转化，相加之和为土壤微生物隶属度。由多因素方差分析可知，土壤水分和氮肥施入量对土壤微生物隶属度影响显著（$P < 0.05$），说明提高竹叶花椒土壤微生物数量的措施是在保证磷、钾养分充足的基础上，着重调节土壤水分和氮肥施入量。

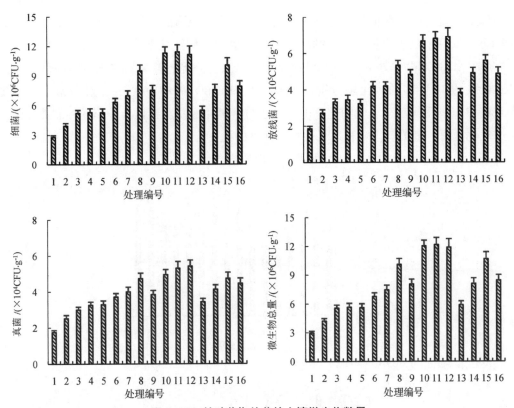

图 4-37　竹叶花椒幼苗的土壤微生物数量

4. 幼苗最佳配方施肥组合筛选

由表 4-18 可知，不同水肥处理对竹叶花椒幼苗的养分、土壤酶、微生物和土壤肥力综合值影响显著。养分、土壤酶、微生物和土壤肥力综合值均随土壤水分含量的增加呈先增加后降低的变化趋势；各施肥处理养分、土壤酶、微生物和土壤肥力综合值均显著高于 CK，随氮肥、磷肥或钾肥施用量的增加呈先增加后降低的变化趋势。各处理中，处理 10 的养分综合值显著高于其他处理，处理 12 和处理 11 的酶活性隶属度显著高于其他处理，处理 11、处理 12 和处理 10 的微生物综合值显著高于其他处理，处理 12 和处理 10 的土壤肥力综合值显著高于其他处理。

表 4-18　竹叶花椒幼苗土壤肥力综合值

编号	施肥处理	养分综合值	土壤酶综合值	微生物综合值	土壤肥力综合值
1	$W_{20}N_0P_0K_0$	0.22 ± 0.13g	0.34 ± 0.10h	0.07 ± 0.04h	0.63 ± 0.07h
2	$W_{20}N_{75}P_{30}K_{75}$	0.64 ± 0.24f	1.35 ± 0.16g	0.66 ± 0.08g	2.66 ± 0.48g
3	$W_{20}N_{150}P_{60}K_{150}$	1.23 ± 0.14de	1.67 ± 0.11fg	1.16 ± 0.03f	4.07 ± 0.19f
4	$W_{20}N_{300}P_{120}K_{300}$	1.54 ± 0.13cde	1.89 ± 0.16ef	1.26 ± 0.12f	4.69 ± 0.31e
5	$W_{40}N_0P_{30}K_{150}$	1.18 ± 0.06e	1.68 ± 0.14fg	1.22 ± 0.06f	4.08 ± 0.08f
6	$W_{40}N_{75}P_0K_{300}$	1.22 ± 0.05de	2.12 ± 0.08e	1.73 ± 0.08e	5.06 ± 0.06e
7	$W_{40}N_{150}P_{120}K_0$	1.31 ± 0.14de	2.74 ± 0.32d	1.94 ± 0.12de	5.99 ± 0.42e
8	$W_{40}N_{300}P_{60}K_{75}$	1.50 ± 0.20cde	3.99 ± 0.09c	2.86 ± 0.22b	8.34 ± 0.03c
9	$W_{40}N_0P_{60}K_{300}$	1.76 ± 0.23bc	2.73 ± 0.08d	2.13 ± 0.13cd	6.63 ± 0.41de
10	$W_{60}N_{75}P_{120}K_{150}$	2.33 ± 0.08a	4.51 ± 0.07b	3.52 ± 0.10a	10.36 ± 0.17ab
11	$W_{60}N_{150}P_0K_{75}$	1.42 ± 0.22cde	5.00 ± 0.27a	3.66 ± 0.17a	10.08 ± 0.22b
12	$W_{60}N_{300}P_{30}K_0$	1.65 ± 0.13bcd	5.36 ± 0.04a	3.65 ± 0.29a	10.66 ± 0.28a
13	$W_{80}N_0P_{120}K_{75}$	1.38 ± 0.08cde	1.96 ± 0.15ef	1.42 ± 0.09f	4.75 ± 0.15e
14	$W_{80}N_{75}P_{60}K_0$	1.15 ± 0.15e	3.14 ± 0.04cd	2.22 ± 0.22cd	6.52 ± 0.37de
15	$W_{80}N_{150}P_{30}K_{300}$	1.91 ± 0.32b	4.19 ± 0.38c	3.02 ± 0.22b	9.12 ± 0.16bc
16	$W_{80}N_{300}P_0K_{150}$	1.53 ± 0.14cde	3.59 ± 0.22cd	2.37 ± 0.08c	7.50 ± 0.15d

通过对土壤肥力综合值（Y）与土壤含水量（x）、氮肥（x_1）、磷肥（x_2）和钾肥（x_3）的多元回归，分别拟合得到方程为：

$Y = -0.003x^2 + 0.410x - 4.152$（$R^2 = 0.702$）

$Y = 1.150 + 0.075x_1 - 0.014x_2 - 0.005x_3 - 1.109 \times 10^{-4}x_1^2 - 2.663 \times 10^{-4}x_2^2 + 4.061 \times 10^{-5}x_3^2 - 2.905 \times 10^{-4}x_1x_2 - 1.228 \times 10^{-4}x_1x_3 - 2.319 \times 10^{-4}x_2x_3$（$R^2 = 0.846$，$F = 10.672$，$P < 0.01$）

建立竹叶花椒土壤肥力综合值与土壤水分和氮、磷、钾配方施肥的关系，通过以上方程预测得到土壤水分含量为 60.4%，氮肥、磷肥、钾肥施用量分别为 253.0 kg/hm²、55.0 kg/hm² 和 81.1 kg/hm² 时，对竹叶花椒幼苗的土壤肥力促进作用最佳。

（二）配方施肥对 3 年生竹叶花椒土壤肥力的影响

1. 土壤养分

由图 4-38 可知，不同氮、磷、钾配方施肥处理下土壤碱解氮、有效磷和速效钾含量差异显著。与 CK 相比，除处理 6 的有效磷减少，其他各处理的有效养分含量均显著增加，土壤碱解氮、有效磷和速效钾含量均随氮、磷、钾施肥量的增加而增加。土壤碱解氮、有效磷和速效钾含量分别比 CK 增加 41.6% ~ 104.0%、0.2% ~ 31.7% 和 52.1% ~ 119.2%。处理 15 的碱解氮含量最高，比 CK 增加 104.0%；处理 7 的有效磷含量最高，比 CK 增加 31.7%；处理 15 的速效钾含量最高，比 CK 增加 119.2%。试验结果表明适当增加土壤氮、磷、钾施肥量可提高土壤有效养分含量。

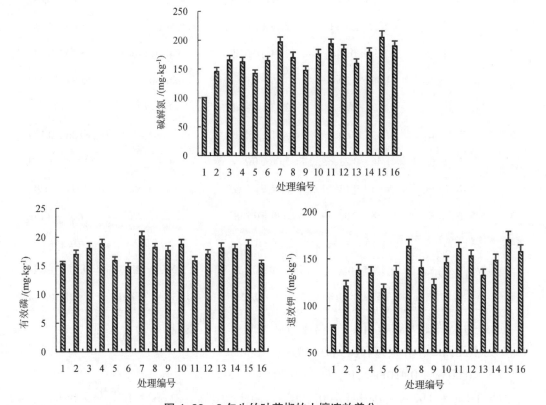

图 4-38 3 年生竹叶花椒的土壤速效养分

2. 土壤酶活性

由图 4-39 可知，不同氮、磷、钾配方施肥处理对土壤蔗糖酶、脲酶和中性磷酸酶活性影响显著，各施肥处理土壤酶活性均显著高于 CK，土壤酶活性随氮、磷或钾肥施入量的增加呈先增加后降低的变化趋势。与 CK 相比，各施肥处理的蔗糖酶活性增加 6.1% ~ 238.6%，脲酶活性增加 21.6% ~ 88.7%，中性磷酸酶活性增加 35.2% ~ 104.1%。各处理中，处理 12、处理 11 和处理 10 的蔗糖酶和脲酶活性均显著高于其他处理，处理 8、处理 13、处理 12 和处理 11 的中性磷酸酶活性均显著高于其他处理，CK 的 3 种水解酶活性均最小。试验结果表明适宜的磷肥和钾肥施用，以及较高的氮肥施用能促进土壤蔗糖酶、脲酶和中性磷酸酶活性的提高。

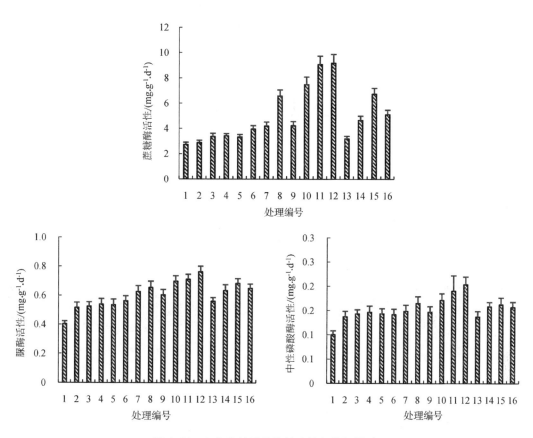

图 4-39　3 年生竹叶花椒的土壤氧化还原酶

由图 4-40 可知，不同氮、磷、钾配方施肥处理对土壤过氧化氢酶、多酚氧化酶和过氧化物酶活性影响显著，各施肥处理的土壤酶活性均显著高于 CK，土壤酶活性随氮、磷或钾肥施入量的增加呈先增加后降低的变化趋势。与 CK 相比，各施肥处理的过氧化氢酶活性增加 9.9% ~ 70.5%，多酚氧化酶活性增加 21.5% ~ 122.5%，过氧化物酶活性增加 17.1% ~ 85.1%。各处理中，处理 11、处理 12 和处理 13 的过氧化氢酶活性均显著高于其他处理，处理 12 和处理 13 的多酚氧化酶活性均显著高于其他处理，处理 11、处理 12、处理 13 的过氧化物酶活性显著高于其他处理，CK 的 3 种氧化还原酶活性最小。试验结果表明适宜的磷肥和钾肥施用，以及中量的氮肥施用能促进土壤蔗糖酶、脲酶和中性磷酸酶活性的提高。

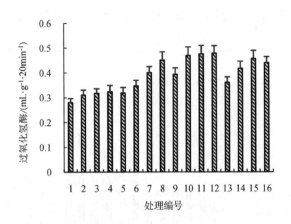

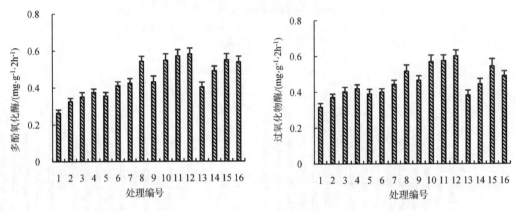

图 4-40　3 年生竹叶花椒的土壤氧化还原酶

3. 土壤微生物数量

由图 4-41 可知，不同氮、磷和钾配方施肥处理土壤细菌、放线菌、真菌和总微生物数量差异显著。与 CK 相比，其他各处理细菌、放线菌、真菌和总微生物数量均显著增加。与 CK 相比，各施肥处理细菌数量增加 41.2% ~ 310.9%，放线菌数量增加 44.2% ~ 271.6%，真菌数量增加 46.2% ~ 200.1%，总微生物数量增加 41.5% ~ 307.5%。其中，处理 11、处理 12 和处理 10 的细菌、放线菌和总微生物数量显著高于其他处理；处理 11 和处理 12 的真菌数量显著高于其他处理。试验结果表明提高竹叶花椒土壤微生物数量的措施为在保证氮养分充足的基础上，着重调节土壤磷、钾肥施入量。

4. 最佳配方施肥组合筛选

由表 4-19 可知，不同水肥处理对 3 年生竹叶花椒的土壤养分、土壤酶、微生物和土壤肥力的综合值影响显著。土壤养分、土壤酶、微生物和土壤肥力的综合值均随土壤水分含量的增加呈先增加后降低的变化趋势；各施肥处理土壤养分、土壤酶、微生物和土壤肥力的综合值均显著高于 CK，随氮肥、磷肥或钾肥施用量的增加呈先增加后降低的变化趋势。各处理中，处理 10 的土壤养分综合值显著高于其他处理，处理 10 和处理 11 的土壤酶活性隶属度显著高于其他处理，处理 11、处理 12 和处理 10 的微生物综合值显著高于其他处理，处理 12 和处理 10 的土壤肥力综合值显著高于其他处理。

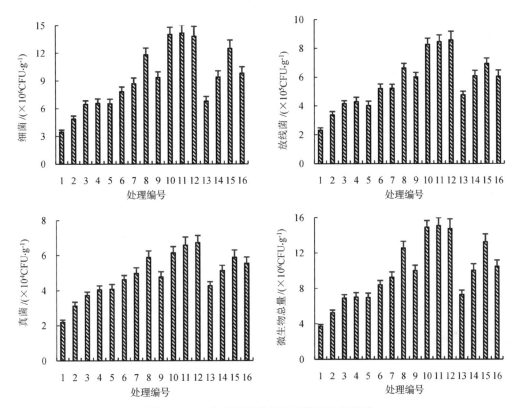

图 4-41 3 年生竹叶花椒的土壤微生物数量

表 4-19 3 年生竹叶花椒土壤肥力综合值

编号	施肥处理	土壤养分综合值	土壤酶综合值	微生物综合值	土壤肥力综合值
1	$N_0P_0K_0$	0.18 ± 0.05e	0.34 ± 0.10h	0.07 ± 0.04h	0.59 ± 0.15h
2	$N_0P_1K_1$	1.23 ± 0.07d	1.35 ± 0.16g	0.66 ± 0.08g	3.24 ± 0.29g
3	$N_0P_2K_2$	1.71 ± 0.14b	1.67 ± 0.11fg	1.16 ± 0.03f	4.55 ± 0.18e
4	$N_0P_3K_3$	1.78 ± 0.03b	1.89 ± 0.16ef	1.26 ± 0.12f	4.93 ± 0.18e
5	$N_1P_0K_1$	1.01 ± 0.17de	1.68 ± 0.14fg	1.22 ± 0.06f	3.92 ± 0.18f
6	$N_1P_1K_0$	1.22 ± 0.17cd	2.12 ± 0.08ef	1.73 ± 0.08e	5.07 ± 0.20e
7	$N_1P_2K_3$	2.54 ± 0.10a	2.74 ± 0.32e	1.94 ± 0.12de	7.22 ± 0.35c
8	$N_1P_3K_2$	1.79 ± 0.20b	3.99 ± 0.09bc	2.86 ± 0.22b	8.63 ± 0.36bc
9	$N_2P_0K_2$	1.34 ± 0.05cd	2.73 ± 0.08e	2.13 ± 0.13cd	6.21 ± 0.26d

续表

编号	施肥处理	土壤养分综合值	土壤酶综合值	微生物综合值	土壤肥力综合值
10	$N_2P_1K_3$	1.98 ± 0.09b	4.51 ± 0.07b	3.52 ± 0.10a	10.01 ± 0.14b
11	$N_2P_2K_0$	1.85 ± 0.12b	5.00 ± 0.27a	3.66 ± 0.17a	10.51 ± 0.20a
12	$N_2P_3K_1$	1.86 ± 0.24b	5.36 ± 0.04a	3.65 ± 0.29a	10.87 ± 0.49a
13	$N_3P_0K_3$	1.61 ± 0.01bc	1.96 ± 0.15ef	1.42 ± 0.09f	4.99 ± 0.18e
14	$N_3P_1K_2$	1.91 ± 0.18b	3.14 ± 0.04d	2.22 ± 0.22cd	7.28 ± 0.26c
15	$N_3P_2K_1$	2.43 ± 0.16a	4.19 ± 0.38bc	3.02 ± 0.22b	9.64 ± 0.16b
16	$N_3P_3K_0$	1.72 ± 0.22b	3.59 ± 0.22c	2.37 ± 0.08c	7.68 ± 0.23c

通过对土壤肥力综合值（Y）与土壤含水量（x）、氮肥（x_1）、磷肥（x_2）和钾肥（x_3）的多元回归，分别拟合得到方程为：

$$Y = 0.182 + 0.060x_1 + 0.101x_2 + 0.003x_3 - 1.656 \times 10^{-4} x_1^2 - 5.967 \times 10^{-4} x_2^2 - 2.434 \times 10^{-5} x_3^2 + 3.209 \times 10^{-5} x_1 x_2 + 3.325 \times 10^{-5} x_1 x_3 + 5.545 \times 10^{-5} x_2 x_3 \ (R^2 = 0.945, \ F = 72.787, \ P < 0.01)$$

建立竹叶花椒土壤肥力综合值与土壤水分及氮、磷和钾配方施肥的关系，通过以上方程预测得到氮肥、磷肥、钾肥施用量分别为 226.7 g/株、107.1 g/株和 244.8 g/株时，对 3 年生竹叶花椒土壤肥力的促进作用最佳。

（三）配方施肥对 6 年生竹叶花椒土壤肥力的影响

1. 土壤养分

由图 4-42 可知，不同氮、磷、钾配方施肥处理下土壤碱解氮、有效磷和速效钾含量差异显著，与 CK 相比，除不施氮肥的处理 2 碱解氮含量减少，不施磷肥的处理 4 有效磷含量减少，不施钾肥的处理 8 及处理 13 和处理 14 速效钾含量减少外，其他各处理的有效养分含量均显著增加，土壤碱解氮、有效磷和速效钾含量均随氮、磷、钾施肥量的增加而增加。处理 11 的碱解氮含量最高，比 CK 增加 61.9%；处理 7 的有效磷含量最高，比 CK 增加 133.9%；处理 10 的速效钾含量最高，比 CK 增加 32.8%。试验结果表明适当增加土壤施肥量可显著提高土壤有效养分含量。

2. 土壤酶活性

由图 4-43 可知，不同氮、磷、钾配方施肥处理对土壤蔗糖酶、脲酶和中性磷酸酶活性影响显著，各施肥处理土壤酶活性均显著高于 CK，土壤酶活性随氮、磷或钾肥施入量的增加呈先增加后降低的变化趋势。与 CK 相比，各施肥处理的蔗糖酶活性增加 12.6% ~ 45.3%，脲酶活性增加 9.5% ~ 15.8%，中性磷酸酶活性增加 9.7% ~ 45.7%。各处理中，处理 6 和处理 7 的蔗糖酶和脲酶活性均显著高于其他处理，处理 6、处理 7 和处理 14 的中性磷酸酶活性均显著高于其他处理，CK 的 3 种水解酶活性均最小。试验结果表明适宜的磷肥和钾肥施用，以及较高的氮肥施用能促进土壤蔗糖酶、脲酶和中性磷酸酶活性的提高。

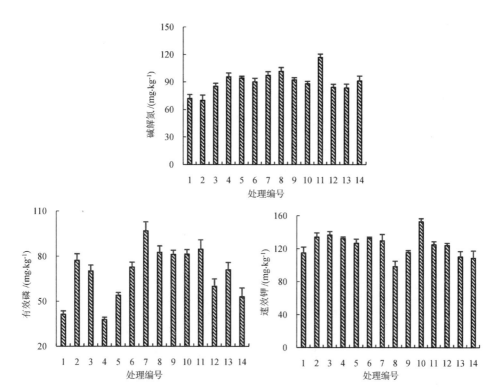

图 4-42　6 年生竹叶花椒的土壤速效养分

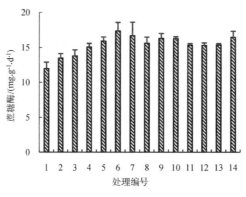

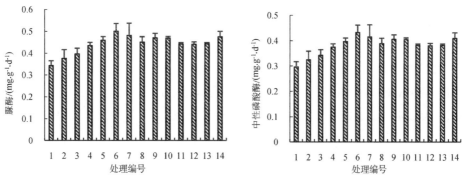

图 4-43　6 年生竹叶花椒的土壤水解酶活性

由图 4-44 可知，不同氮、磷、钾配方施肥处理对土壤过氧化氢酶、多酚氧化酶和过氧化物酶活性影响显著，各施肥处理土壤酶活性均显著高于 CK，土壤酶活性随氮、磷或钾肥施入量的增加呈先增加后降低的变化趋势。与 CK 相比，各施肥处理的过氧化氢酶活性增加 12.2% ~ 45.4%，多酚氧化酶活性增加 10.3% ~ 43.5%，过氧化物酶活性增加 12.5% ~ 45.3%。各处理中，处理 6、处理 7 和处理 14 的过氧化氢酶、多酚氧化酶和过氧化物酶活性均显著高于其他处理，CK 的 3 种氧化还原酶活性最小。试验结果表明适宜的磷肥和钾肥施用，以及中量的氮肥施用能促进土壤蔗糖酶、脲酶和中性磷酸酶活性的提高。

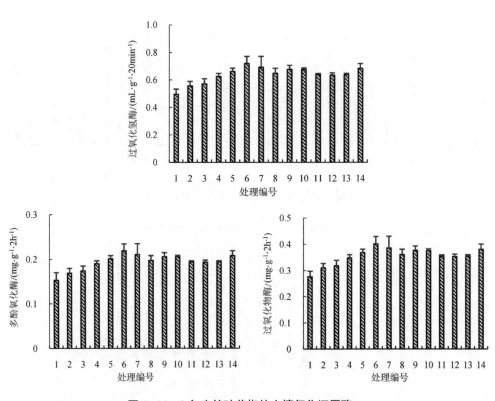

图 4-44　6 年生竹叶花椒的土壤氧化还原酶

3. 土壤微生物数量

由图 4-45 可知，不同氮、磷、钾配方施肥处理的土壤细菌、放线菌、真菌和总微生物数量差异显著。与 CK 相比，各处理细菌、放线菌、真菌和总微生物数量均显著增加。与 CK 相比，各施肥处理的细菌数量增加 11.4% ~ 45.6%，放线菌数量增加 10.8% ~ 45.7%，真菌数量增加 9.7% ~ 46.8%，总微生物数量增加 3.9% ~ 35.8%。其中，处理 6 和处理 7 的土壤细菌、放线菌、真菌和总微生物数量均显著高于其他处理。试验结果表明提高竹叶花椒土壤微生物数量的措施是在保证磷和钾养分充足的基础上，着重调节土壤氮肥施入量。

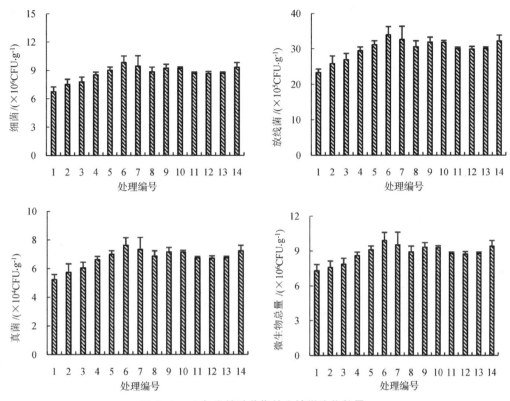

图 4-45　6 年生竹叶花椒的土壤微生物数量

4. 最佳配方施肥组合筛选

由表 4-20 可知，不同水肥处理对 6 年生竹叶花椒土壤养分、土壤酶、微生物和土壤肥力综合值影响显著。土壤养分、土壤酶、微生物和土壤肥力的综合值均随土壤水分含量的增加呈先增加后降低的变化趋势；各施肥处理土壤养分、土壤酶、微生物和土壤肥力的综合值均显著高于 CK，随氮肥、磷肥或钾肥施用量的增加呈先增加后降低的变化趋势。各处理中，处理 7、处理 10 和处理 11 的养分综合值显著高于其他处理，处理 5、处理 6、处理 7、处理 9、处理 10 和处理 14 的酶活性隶属度显著高于其他处理，处理 5 ~ 处理 10 和处理 14 的微生物综合值显著高于其他处理，处理 6 和处理 7 的土壤肥力综合值显著高于其他处理。

通过对土壤肥力综合值（Y）与氮肥（x_1）、磷肥（x_2）和钾肥（x_3）的多元回归，分别拟合得到方程为：

$$Y = 1.828 + 0.026x_1 + 0.005x_2 + 0.007x_3 - 3.502 \times 10^{-5}x_1^2 - 2.640 \times 10^{-4}x_2^2 - 2.014 \times 10^{-5}x_3^2 + 6.290 \times 10^{-5}x_1x_2 + 1.535 \times 10^{-5}x_1x_3 + 1.531 \times 10^{-4}x_2x_3 \ (R^2 = 0.753, \ F = 10.798, \ P < 0.01)$$

建立竹叶花椒土壤肥力综合值与土壤水分及氮、磷和钾配方施肥的关系，通过以上方程预测得到氮肥、磷肥和钾肥施用量分别为 326.0 g/株、71.6 g/株和 230.1 g/株时，对竹叶花椒土壤肥力的促进作用最佳。

表 4-20　6 年生竹叶花椒幼苗土壤肥力综合值

编号	施肥处理	土壤养分综合值	土壤酶综合值	微生物综合值	土壤肥力综合值
1	$N_0P_0K_0$	0.60 ± 0.18f	0.73 ± 0.37e	0.44 ± 0.32d	1.77 ± 0.48g
2	$N_0P_2K_2$	1.39 ± 0.210bcd	1.74 ± 0.73de	1.00 ± 0.58cd	4.13 ± 1.10f
3	$N_1P_2K_2$	1.60 ± 0.13bc	2.09 ± 0.69cd	1.29 ± 0.48bcd	4.98 ± 1.26ef
4	$N_2P_0K_2$	1.23 ± 0.10cde	3.08 ± 0.40bc	1.97 ± 0.28bc	6.28 ± 0.66de
5	$N_2P_1K_2$	1.36 ± 0.14cde	3.74 ± 0.44ab	2.43 ± 0.30ab	7.52 ± 0.62cd
6	$N_2P_2K_2$	1.66 ± 0.14b	4.82 ± 0.92a	3.18 ± 0.64a	9.67 ± 1.54a
7	$N_2P_3K_2$	2.10 ± 0.23a	4.31 ± 1.47ab	2.82 ± 1.02a	9.24 ± 2.45ab
8	$N_2P_2K_0$	1.48 ± 0.14bcd	3.50 ± 0.66b	2.27 ± 0.46ab	7.25 ± 1.10cd
9	$N_2P_2K_1$	1.56 ± 0.12bcd	4.02 ± 0.54ab	2.63 ± 0.38a	8.21 ± 0.85bcd
10	$N_2P_2K_3$	2.07 ± 0.06a	3.99 ± 0.21ab	2.61 ± 0.15a	8.67 ± 0.38bc
11	$N_3P_2K_2$	2.20 ± 0.11a	3.30 ± 0.17b	2.13 ± 0.12bc	7.63 ± 0.19cd
12	$N_1P_1K_2$	1.24 ± 0.12cde	3.26 ± 0.29b	2.10 ± 0.2bc	6.59 ± 0.37de
13	$N_1P_2K_1$	1.17 ± 0.16de	3.31 ± 0.16b	2.14 ± 0.11bc	6.62 ± 0.33de
14	$N_2P_1K_1$	1.01 ± 0.21e	4.14 ± 0.66ab	2.71 ± 0.46a	7.87 ± 1.33bcd

（四）配方施肥对 9 年生竹叶花椒土壤肥力的影响

1. 土壤养分

由图 4-46 可知，不同氮、磷和钾配方施肥处理下土壤碱解氮、有效磷和速效钾含量差异显著，与 CK 相比，除不施氮肥的处理 2 碱解氮含量减少，不施磷肥的处理 4 有效磷含量无差异，处理 13 和处理 14 速效钾含量减少，不施钾肥的处理 8 和处理 9 速效钾含量无差异外，其他各处理的有效养分含量均显著增加，土壤碱解氮、有效磷和速效钾含量均随氮、磷和钾施肥量的增加而增加。处理 8 的碱解氮含量最高，比 CK 增加40.8%；处理 7 的有效磷含量最高，比 CK 增加 126.6%；处理 10 的速效钾含量最高，比CK 增加 26.0%。试验结果表明适当的增加土壤施肥量可提高土壤有效养分含量。

2. 土壤酶活性

由图 4-47 可知，不同氮、磷、钾配方施肥处理对土壤蔗糖酶、脲酶和中性磷酸酶活性影响显著，除处理 11 的蔗糖酶活性比 CK 低外，其他配方施肥处理的土壤酶活性均显著高于 CK，土壤酶活性随氮、磷或钾肥施入量的增加呈先增加后降低的变化趋势。与 CK 相比，各施肥处理（除处理 11）蔗糖酶活性增加 10.6% ～ 47.5%，脲酶活性增加8.5% ～ 95.5%，中性磷酸酶活性增加 10.2% ～ 89.2%。各处理中，处理 6 和处理 7 的蔗糖酶活性均显著高于其他处理，处理 11 的脲酶活性显著高于其他处理，处理 10 的中性磷酸酶活性显著高于其他处理。试验结果表明适宜的氮肥施用，以及较高的磷肥和钾肥施用能促进土壤蔗糖酶、脲酶和中性磷酸酶活性的提高。

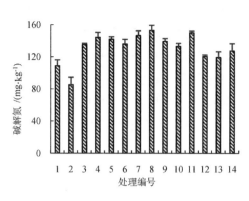

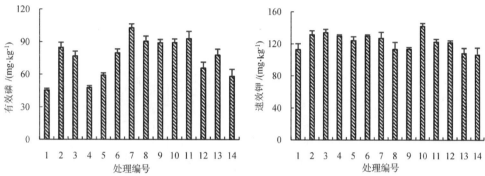

图 4-46 9 年生竹叶花椒的土壤速效养分

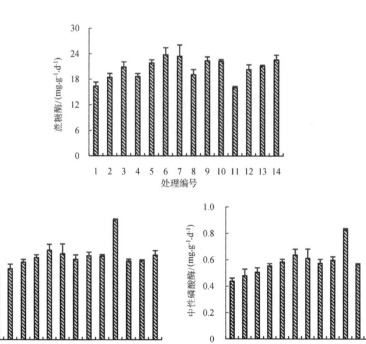

图 4-47 9 年生竹叶花椒的土壤水解酶活性

由图 4-48 可知，不同氮、磷、钾配方施肥处理对土壤过氧化氢酶、多酚氧化酶和过氧化物酶活性影响显著，处理 2 和处理 7 土壤酶、过氧化氢酶活性低于 CK，处理 11 的多酚氧化酶与 CK 无差异，处理 8 和处理 11 的过氧化物酶活性与 CK 无差异，其他配方施肥处理的土壤酶活性均显著高于 CK，土壤酶活性随氮肥、磷肥或钾肥施入量的增加呈先增加后降低的变化趋势。与 CK 相比，各施肥处理的过氧化氢酶活性（除处理 2 和处理 7）增加 15.7% ~ 46.1%，多酚氧化酶活性增加 0.4% ~ 45.6%，过氧化物酶活性增加 5.0% ~ 46.4%。各处理中，处理 6 和处理 14 的过氧化氢酶活性均显著高于其他处理，处理 6、处理 7 和处理 14 的多酚氧化酶和过氧化物酶活性均显著高于其他处理。试验结果表明适宜的氮肥和钾肥施用，以及中高量的磷肥施用能促进土壤蔗糖酶、脲酶和中性磷酸酶活性的提高。

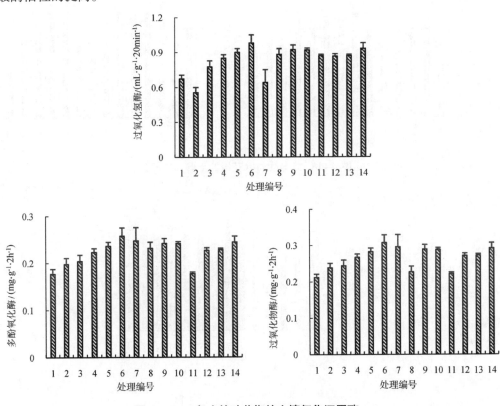

图 4-48　9 年生竹叶花椒的土壤氧化还原酶

3. 土壤微生物数量

由图 4-49 可知，不同氮、磷、钾配方施肥处理土壤细菌、放线菌、真菌和总微生物的数量差异显著。与 CK 相比，除处理 11 的真菌数量低于 CK 外，其他各配方施肥处理的细菌、放线菌、真菌和总微生物的数量均显著增加。与 CK 相比，各施肥处理的细菌数量增加 10.9% ~ 64.3%，放线菌数量增加 4.9% ~ 46.8%，真菌数量（除处理 11）增加 9.7% ~ 45.9%，总微生物数量增加 4.9% ~ 54.3%。试验结果表明提高竹叶花椒土壤微生物数量的措施是在保证磷、钾养分充足的基础上，着重调节土壤氮肥施入量。

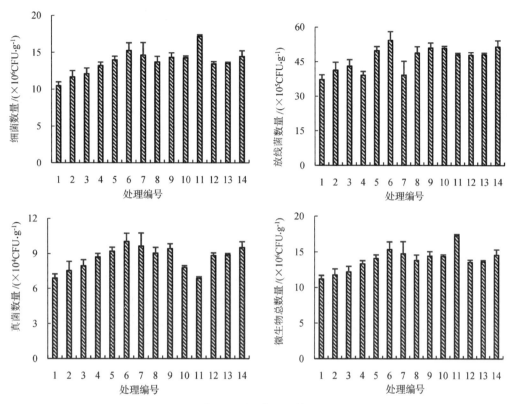

图 4-49 9 年生竹叶花椒的土壤微生物数量

4.最佳配方施肥组合筛选

由表 4-21 可知，不同水肥处理对 9 年生竹叶花椒土壤养分、土壤酶、微生物和土壤肥力的综合值影响显著。土壤养分、土壤酶、微生物和土壤肥力的综合值均随土壤水分含量的增加呈先增加后降低的变化趋势，各施肥处理土壤养分、土壤酶、微生物和土壤肥力的综合值均显著高于 CK，随氮肥、磷肥或钾肥施用量的增加呈先增加后降低的变化趋势。各处理中，处理 7 和处理 10 的养分综合值显著高于其他处理，处理 6、处理 10 和处理 14 的酶活性隶属度显著高于其他处理，处理 6、处理 9、处理 11 和处理 14 的微生物综合值显著高于其他处理，处理 6 和处理 10 的土壤肥力综合值显著高于其他处理。

通过对土壤肥力综合值（Y）与氮肥（x_1）、磷肥（x_2）和钾肥（x_3）的多元回归，分别拟合得到方程为：

$$Y = 1.620 + 0.023x_1 + 0.005x_2 + 0.038x_3 - 3.219 \times 10^{-5}x_1^2 - 5.819 \times 10^{-4}x_2^2 - 1.419 \times 10^{-5}x_3^2$$
$$+ 4.123 \times 10^{-5}x_1x_2 + 2.355 \times 10^{-6}x_1x_3 + 1.244 \times 10^{-4}x_2x_3 \ (R^2 = 0.786, \ F = 13.098, \ P < 0.01)$$

建立竹叶花椒土壤肥力综合值与土壤水分和氮、磷、钾配方施肥的关系，通过以上方程预测得到氮肥、磷肥、钾肥施用量分别为 342.7 g/株、68.9 g/株和 266.6 g/株时，对竹叶花椒土壤肥力的促进作用最佳。

表 4-21　9 年生竹叶花椒幼苗土壤肥力综合值

编号	施肥处理	土壤养分综合值	土壤酶综合值	微生物综合值	土壤肥力综合值
1	$N_0P_0K_0$	0.69 ± 0.19g	0.64 ± 0.03g	0.28 ± 0.2e	1.61 ± 0.03g
2	$N_0P_2K_2$	1.44 ± 0.19de	1.18 ± 0.61fg	0.86 ± 0.58de	3.48 ± 1.08f
3	$N_1P_2K_2$	1.98 ± 0.1bc	2.03 ± 0.6ef	1.15 ± 0.47d	5.17 ± 1.17e
4	$N_2P_0K_2$	1.54 ± 0.07de	2.53 ± 0.35de	1.48 ± 0.28cd	5.55 ± 0.62de
5	$N_2P_1K_2$	1.57 ± 0.18de	3.29 ± 0.38bcd	2.28 ± 0.3bc	7.14 ± 0.54cd
6	$N_2P_2K_2$	1.95 ± 0.15bc	4.24 ± 0.81a	3.03 ± 0.64a	9.23 ± 1.42a
7	$N_2P_3K_2$	2.38 ± 0.2ab	3.28 ± 1.29bcd	2.11 ± 1.01bc	7.77 ± 2.29bc
8	$N_2P_2K_0$	1.96 ± 0.25bc	2.50 ± 0.58de	2.12 ± 0.46bc	6.57 ± 0.8cde
9	$N_2P_2K_1$	1.77 ± 0.14cd	3.54 ± 0.47bcd	2.48 ± 0.37ab	7.79 ± 0.77bc
10	$N_2P_2K_3$	2.33 ± 0.07a	4.07 ± 0.18a	2.09 ± 0.14bc	8.48 ± 0.29ab
11	$N_3P_2K_2$	2.17 ± 0.04bc	2.29 ± 0.15de	2.58 ± 0.12ab	7.04 ± 0.22cd
12	$N_1P_1K_2$	1.36 ± 0.09e	2.81 ± 0.25cde	1.95 ± 0.20bc	6.12 ± 0.36cde
13	$N_1P_2K_1$	1.23 ± 0.32ef	2.92 ± 0.14cde	1.99 ± 0.11bc	6.14 ± 0.33cde
14	$N_2P_1K_1$	0.98 ± 0.18f	3.65 ± 0.58ab	2.57 ± 0.46ab	7.20 ± 1.21cd

三、讨论

土壤水分作为土壤微生物活动的关键因子，其含量过高或过低均会对土壤微生物产生胁迫（Landesman 等，2010）。微生物作为土壤生态过程的直接参与者，促进土壤能量流动和物质循环，提高土壤养分含量。本研究对竹叶花椒幼苗试验发现，随着土壤水分含量的增加，土壤细菌、放线菌、真菌和总微生物数量均增加，超过 60% 土壤含水量后，又呈现降低趋势，说明适宜的水分条件能促进植物生长，加快土壤熟化，为土壤微生物提供充足的营养，使土壤微生物数量增加（Taylor 等，2002）。土壤水分含量过高，土壤孔隙被水分子占据，土壤中的氧含量降低，引起土壤 pH 值和还原性离子浓度的增加，使土壤微生物数量降低（Guo 等，2011）。本研究还发现，土壤碱解氮含量随土壤含水量的增加呈先增加后减少的变化趋势，在 60% 土壤含水量时达到最大值，有效磷和速效钾含量随土壤含水量的增加无显著差异，可能是由于盆栽试验条件下，土壤养分淋失较慢，且本研究土壤养分供给量超过竹叶花椒生长所需的量。

施肥是作物种植和土壤管理的基本措施，适量施肥能快速增加土壤养分、改善土壤环境和促进作物生长（代景忠等，2017）。微生物作为土壤生化反应的参与者，对土壤环境变化极为敏感，与施肥种类及施肥量关系密切（李慧杰等，2012）。本试验对竹叶花椒幼苗，3 年生、6 年生和 9 年生竹叶花椒的研究发现，施肥处理后土壤细菌、放线菌、真菌和总微生物数量均显著高于不施肥处理，且配方施肥土壤微生物数量更高，随氮、磷、钾施肥量的增加，土壤微生物数量呈先增加后降低的变化趋势，土壤有效养分随施肥量的增加而增加。代景忠等（2017）研究发现，施肥显著增加土壤中真菌的数量，随施肥水平的增加，真菌和放线菌数量逐渐增大，细菌数量则逐渐减小。这可能与本研究中的土壤特性和施肥量梯度有关。也有研究发现，随施肥水平的增加，土壤微生物数量降低，可能与土壤 pH 值降低和土壤表层板结有关（马亚娟等，2015；刘赛等，2011），且肥料偏施导致土壤养分失衡，抑制植物生长和微生物繁殖（Ying 等，2017）。因此，合理的配方施肥比例和施肥量是提高土壤有效养分含量和微生物数量的关键，从而促进土壤肥力的提高。

土壤含水量是影响土壤酶活性的主要因子，在一定范围内酶活性随土壤湿度的增大而增强，而湿度过高时会降低土壤酶活性，水涝和干旱均会改变土壤生态环境，影响土壤酶的释放，并胁迫土壤中还原态或氧化态离子浓度增加而抑制土壤酶活性（曹莉等，2012）。本研究发现，土壤蔗糖酶、脲酶、中性磷酸酶、过氧化氢酶、多酚氧化酶和过氧化物酶活性均随土壤含水量的增加呈先增加后降低的变化趋势，说明土壤水分含量与土壤酚氧化酶和过氧化物酶活性呈极显著相关。与玛伊努尔·依克木等（2013）的研究结果有一定差异，可能与本研究中土壤含水量设置梯度较大（20% ~ 80%FWC）有关。本研究中土壤含水量较低时，植株苗高、地径和生物量均较低，可能是由于较低的土壤水分含量形成干旱胁迫所致，也导致土壤酶活性降低；土壤含水量较高时，植株生长指标值也较低，其原因可能与土壤孔隙多被水占据，土壤通气性不好，引起植株生长不良和减弱土壤性质的改善作用使土壤酶活性降低有关（Lü 等，2013）。本研究还发现，土壤含水量为 60%FWC 时，土壤水解酶和氧化还原酶活性达到最高，说明在竹叶花椒幼苗栽培管理中，应注意土壤水分管理，以促进植株生长，提高土壤酶活性及土壤肥力。

土壤酶有较强的专一性，水解酶催化土壤中各种有机、无机化合物水解，蔗糖酶催化有机质等分解，脲酶催化氮化合物转化，磷酸酶加速磷化物的脱磷，利于植物和微生物吸收利用（Rutigliano 等，2009）；土壤氧化还原酶促进土壤复杂物质的转化和腐殖质的形成，过氧化氢酶促进过氧化氢等的分解，多酚氧化酶参与芳香族化合物的转化，减缓对生物体的毒害作用，过氧化物酶氧化有机质，加速土壤腐殖质的形成（张丽莉等，2005）。农林经营过程中，有机肥和化肥的施入将改变土壤中各种有机、无机化合物的含量，直接影响土壤酶活性。本试验对竹叶花椒幼苗，3 年生、6 年生和 9 年生竹叶花椒的研究发现，土壤蔗糖酶、脲酶、中性磷酸酶、过氧化氢酶、多酚氧化酶和过氧化物酶活性随施氮量的增加而增加，随施磷或钾量的增加呈先增加后降低的变化趋势。

土壤酶活性与土壤物质循环转化，以及植物吸收矿质元素的强弱关系密切，是土壤生物活性与土壤肥力的重要组成部分，广泛应用于土壤管理措施和施肥效果的评价（张传更等，2018）。水肥管理是现阶段农作物和经济林等获得高产优质的关键性生产经营管理措施（柳渊博等，2021；谭宏伟等，2019）。本研究发现，水肥耦合对于竹叶花椒幼苗，配方施肥能显著提高3年生、6年生和9年生竹叶花椒土壤酶活性，相关分析表明土壤蔗糖酶、脲酶、中性磷酸酶、过氧化氢酶、多酚氧化酶和过氧化物酶活性与竹叶花椒幼苗地径、苗高和根茎叶生物量均呈极显著正相关，说明土壤酶活性的增加在一定程度上能提高土壤肥力，且与植株生长关系密切。

四、结论

水肥耦合能较好地促进竹叶花椒苗木生长和提高土壤酶活性，通过对氮肥、磷肥和钾肥施入量和土壤肥力综合值的拟合，在土壤水分含量为60.4%、氮肥施肥量为253.0 kg/hm^2、磷肥施肥量为55.0 kg/hm^{2}和钾肥施肥量为81.1 kg/hm^{2}时，竹叶花椒幼苗的土壤肥力综合值最高。

3年生竹叶花椒土壤肥力综合值最大的氮肥（N）、磷肥（P$_2$O$_5$）和钾肥（K$_2$O）施用量分别为226.7 g/株、107.1 g/株和244.8 g/株。

6年生竹叶花椒土壤肥力综合值最大的氮肥（N）、磷肥（P$_2$O$_5$）和钾肥（K$_2$O）施用量分别为326.0 g/株、71.6 g/株和230.1 g/株。

9年生竹叶花椒土壤肥力综合值最大的氮肥（N）、磷肥（P$_2$O$_5$）和钾肥（K$_2$O）施用量分别为342.7 g/株、68.9 g/株和266.6 g/株。

参考文献

[1] Dordas C. Foliar application of manganese increases seed yield and improves seed quality of cotton grown on calcareous soils[J]. Journal of Plant Nutrition，2009，32（1）：160–176.

[2] Guo P，Wang C Y，Feng X G，et al. Mixed Inorganic and Organic Nitrogen Addition Enhanced Extracellular Enzymatic Activities in a Subtropical Forest Soil in East China[J]. Water Air & Soil Pollution，2011，216（14）：229–237.

[3] Landesman W J，Dighton J. Response of soil microbial communities and the production of plant–available nitrogen to a two–year rainfall manipulation in the New Jersey Pinelands.[J]. Soil Biology & Biochemistry，2010，42（10）：1751–1758.

[4] Lehmann J，Rillig M C，Thies J，et al. Biochar effects on soil biota A review [J]. Soil Biology & Biochemistry，2011，43（9）：1812–1836.

[5] Li D D，Fan J J，Zhang X Y，et al. Hydrolase kinetics to detect temperature–related changes in the rates of soil organic matter decomposition[J]. European Journal of Soil Biology，2017，81：108–115.

[6] Lü Y N，Wang C Y，Wang F Y，et al. Effects of nitrogen addition on litter decomposition，soil microbial biomass，and enzyme activities between leguminous and non–leguminous forests[J]. Ecological

Research，2013，28（5）：793–800.

[7] Ma S C，Li F M，Xu B C，et al. Effect of lowering the root/shoot ratio by pruning roots on water use efficiency and grain yield of winter wheat[J]. Field Crops Reasearch，2010，115（2）：158.

[8] Manna M C，Swarup A，Wanjari R H，et al. Long–term effect of fertilizer and manure application on soil organic carbon storage，soil quality and yield sustainability under sub–humid and semi–arid tropical India[J]. Field Crops Research，2005，93（2/3）：264–280.

[9] Rutigliano F A，Castaldi S，D'Ascoli R，et al. Soil activities related to nitrogen cycle under three plant cover types in Mediterranean environment[J]. Applied Soil Ecology，2009，43（1）：40–46.

[10] Tao X B，Peng W，Xie D S，et al. Quality evaluation of Hanyuan Zanthoxylum bungeanum Maxim. using computer vision system combined with artificial neural network：a novel method[J]. International Journal of Food Properties，2017，20（12）：3056–3063.

[11] Taylor J P，Wilson B，Mills M S，et al. Comparison of microbial numbers and enzymatic activities in surface soils and subsoils using various techniques.[J]. Soil Biology & Biochemistry，2002，34（3）：387–401.

[12] Wang L F，Sun J T，Zhang Z B，et al. Winter wheat grain yield in response to different production practices and soil fertility in northern China[J]. Soil & Tillage Research，2018，176：10–17.

[13] Yao X H，Jin S，Lü Z H，et al. Influence of acetamiprid on soil enzymatic activities and respiration[J]. European Journal of Soil Biology，2006，42（2）：120–126.

[14] Ying J Y，Li X X，Wang N N，et al. Contrasting effects of nitrogen forms and soil pH 值 on ammonia oxidizing microorganisms and their responses to long–term nitrogen fertilization in a typical steppe ecosystem[J]. Soil Biology & Biochemistry，2017，107：10–18.

[15] 蔡东升，李建明，李惠，等 . 营养液供应量对番茄产量、品质和挥发性物质的影响 [J]. 应用生态学报，2018，29（3）：921–930.

[16] 蔡雅桥，许德琼，陈松，等 . 配方施肥对钩栗生长和生理特性的影 [J]. 中南林业科技大学学报，2016，36（3）：33–37，95.

[17] 曹莉，秦舒浩，张俊莲，等 . 垄沟覆膜栽培方式对马铃薯土壤酶活性及土壤微生物数量的影响 [J]. 甘肃农业大学学报，2012，47（3）：42–46.

[18] 曹鲜艳，徐福利，王渭玲，等 . 黄芩产量和黄芩苷含量对氮磷钾肥料的响应 [J]. 应用生态学报，2012，23（8）：2171–2177.

[19] 曾慧杰，王晓明，乔中全，等 . 测土配方施肥对金银花产量和质量的影响 [J]. 核农学报，2017（12）：161–167.

[20] 柴仲平，王雪梅，孙霞，等 . 不同氮磷钾配比滴灌对灰枣产量与品质的影响 [J]. 果树学报，2011，28（2）：229–233.

[21] 陈凤真 . 氮磷钾用量及配比对黄瓜矿质元素吸收和产量的影响 [J]. 西北农林科技大学学报（自然科学版），2015，43（6）：174–180.

[22] 陈鸿飞，庞晓敏，张仁，等 . 不同水肥运筹对再生季稻根际土壤酶活性及微生物功能多样性的影响 [J]. 作物学报，2017，43（10）：1507-1517.

[23] 崔云玲，郭天文，李娟，等 . 花椒平衡施肥技术研究 [J]. 西部林业科学，2006，（35）4：112-114.

[24] 代景忠，闫瑞瑞，卫智军，等 . 短期施肥对羊草草甸刈割草场土壤微生物的影响 [J]. 生态学杂志，2017，36（9）：2431-2437.

[25] 狄彩霞，王正银 . 影响花椒产量和品质的因素 [J]. 中国农学通报，2004，（3）：179-181，189.

[26] 段祥光，张利霞，刘伟，等 . 施氮量对油用牡丹'凤丹'光合特性及产量的影响 [J]. 南京林业大学报（自然科学版），2018，24（1）：48-54.

[27] 范川，黄复兴，李晓清，等 . 施肥对盆栽香樟幼苗不同根序细根养分的影响 [J]. 广西植物，2015，35（4）：507-514.

[28] 高玉尧，刘洋，许文天，等 . 不同施肥处理对橡胶草生物量积累与分配变化及相关性分析 [J]. 分子植物育种，2018，16（9）：2979-2986.

[29] 郭强，于玲玲，贺娇娇 . 不同氮磷钾配比控释肥对糯玉米产量性状及经济效益的影响 [J]. 江苏农业科学，2015，43（11）：104-107.

[30] 郭盛磊，阎秀峰，白冰，等 . 落叶松幼苗碳素和氮素的获取与分配对供氮水平的响应 [J]. 植物生态学报，2005，（4）：550-558.

[31] 郭新亮 . 施肥措施对鳄嘴花（*Clinacanthus nutans*）生物量的影响 [J]. 中国野生植物资源，2019，38（2）：29-35，47.

[32] 韩梅 . 不同肥料配比对蚕豆养分吸收分配规律和肥料利用率的影响 [J]. 干旱地区农业研究，2017，35（3）：232-237.

[33] 郝龙飞，王庆成，张彦东，等 . 指数施肥对山桃稠李播种苗生物量及养分动态的影响 [J]. 林业科学，2012，48（3）：33-39.

[34] 何立新，何友军，李少锋 . 椿叶花椒幼苗施肥的生理特性响应 [J]. 中南林业科技大学学报，2009，29（3）：26-32.

[35] 何友军，刘友全，李少锋，等 . 配方施肥对椿叶花椒苗木生长和生理指标的影响 [J]. 中南林业科技大学学报，2008，28（5）：42-46.

[36] 黄宁，王朝辉，王丽，等 . 中国主要麦区主栽高产品种产量差异及其与产量构成和氮磷钾吸收利用的关系 [J]. 中国农业科学，2020，53（1）：81-93.

[37] 黄岩，多田琦，遇瑶，等 . 施肥对提高秣食豆产量和饲用品质的影响 [J]. 草业学报，2017，26（4）：211-217.

[38] 景立权，赵福成，王德成，等 . 不同施氮水平对超高产夏玉米氮磷钾积累与分配的影响 [J]. 作物学报，2013，39（8）：1478-1490.

[39] 李安定，杨瑞，林昌虎，等 . 典型喀斯特区不同覆盖下顶坛花椒林地生态需水量研究 [J].

南京林业大学学报（自然科学版），2011，35（1）：57-61.

[40] 李慧杰，徐福利，林云，等.施用氮磷钾对黄土丘陵区山地红枣林土壤酶与土壤肥力的影响 [J].干旱地区农业研究，2012，30（4）：53-59.

[41] 李经洽，克热木·伊力，艾克拜尔·伊拉洪，等.配方施肥对库尔勒香梨果实品质及叶片矿质营养含量的影响 [J].新疆农业科学，2016，53（2）：232-239.

[42] 李鸣，王力，胡刁，等.核桃生长、产量及叶片养分对配施有机肥的响应 [J].果树学报，2015，32（5）：923-928.

[43] 李祥栋，戴燚，潘虹，等.薏苡氮磷钾养分吸收分配及利用特征 [J].中国农学通报，2021，37（9）：9-15.

[44] 廖兴国，郭圣茂，赖娴，等.配方施肥对桔梗抗氧化酶活性的影响 [J].贵州农业科学，2014，42（10）：144-147.

[45] 刘杜玲，刘淑明.不同花椒品种抗旱性比较研究 [J].干旱地区农业研究，2010，28（6）：183-189.

[46] 刘杜玲，张博勇，彭少兵，等.氮磷钾配方施肥对核桃产量和品质指标的影响 [J].西北林学院学报，2018，33（6）：113-117.

[47] 刘赛，徐荣，陈君，等.宁夏中宁不同施肥方式下土壤肥力及枸杞子品质比较研究 [J].中国中药杂志，2011，36（19）：2641-2644.

[48] 刘宇航，邓远苇，刘亚敏，等.氮磷钾配施对多花黄精产量品质及养分吸收的影响 [J].西北农林科技大学学报（自然科学版），2022，50（10）：1-10.

[49] 柳渊博，王静，朱学杰，等.不同水肥管理模式对烤烟养分积累及烟叶品质的影响 [J].中国农业科技导报，2021，23（9）：193-201.

[50] 罗庆华，唐敦义，曹庆良，等.测土配方施肥对水蜜桃桃园土壤理化性质和果实品质的影响 [J].北方园艺，2017，（22）：113-119.

[51] 马亚娟，徐福利，王渭玲，等.氮磷提高华北落叶松人工林地土壤养分和酶活性的作用 [J].植物营养与肥料学报，2015，21（3）：664-674.

[52] 玛伊努尔·依克木，张丙昌，买买提明·苏来曼.古尔班通古特沙漠生物结皮中微生物量与土壤酶活性的季节变化 [J].中国沙漠，2013，33（4）：1091-1097.

[53] 孟庆翠，刘淑明，孙丙寅.配方施肥对花椒产量的影响 [J].西北林学院学报，2009，24（3）：105-108.

[54] 邱现奎，董元杰，万勇善，等.不同施肥处理对土壤养分含量及土壤酶活性的影响 [J].土壤，2010，42（2）：249-255.

[55] 申建波，毛达如.植物营养研究方法 [M].北京：中国农业大学出版社，2011.

[56] 史建硕，郭丽，王丽英，等.优化配方施肥对华北地区露地辣椒产量、品质和养分吸收利用的影响 [J].中国土壤与肥料，2022，（2）：86-92.

[57] 史祥宾，姚成盛，张金亮，等.配方施肥对红地球葡萄果实产量和品质以及矿质元素含

量的影响 [J]. 中国果树，2022，（9）：46–50.

[58] 苏利荣，秦芳，曾成城，等 . 不同施肥水平对核桃产量品质及叶片养分的影响 [J]. 中国南方果树，2020，49（6）：111–115，120.

[59] 孙丙寅，邓振义，康克功，等 . 不同配方施肥对花椒产量和质量的影响 [J]. 陕西农业科学，2006（1）：7–11.

[60] 孙琛梅，程冬冬，杨越超，等 . 土壤肥力质量与苹果生长、产量及品质关系的研究进展 [J]. 中国土壤与肥料，2022，（2）：207–215.

[61] 孙少兴，姚延梼 . 不同施肥水平对柠条生理指标的影响 [J]. 山西农业科学，2014，42（7）：683–685.

[62] 谭宏伟，周柳强，谭俊杰，等 . 广西优质高产柑橘水肥管理技术研究 [J]. 南方农业学报，2019，50（6）：1290–1296

[63] 田润泉，吕闰强 . 配方施肥对茶园土壤养分状况及茶鲜叶产量品质的影响 [J]. 茶叶学报，2016，57（3）：149–152.

[64] 王东光，尹光天，杨锦昌，等 . 磷肥对闽楠苗木生长及叶片氮磷钾浓度的影响 [J]. 南京林业大学学报（自然科学版），2014，38（3）：40–44.

[65] 王景燕，龚伟，李伦刚，等 . 水肥对汉源花椒幼苗抗逆生理的影响 [J]. 西北植物学报，2015，35（3）：530–539.

[66] 王景燕，唐海龙，龚伟，等 . 水肥耦合对汉源花椒幼苗生长、养分吸收和肥料利用的影响 [J]. 南京林业大学学报（自然科学版），2016，40（3）：33–40.

[67] 王平，陈举林 . 植物氮素吸收过程研究进展 [J]. 安徽农业科学，2016，44（1）：33–35.

[68] 王莹，刘淑英，王平，等 . 不同土地利用方式对秦王川灌区土壤酶活性及土壤养分的影响 [J]. 甘肃农业大学学报，2013，48（5）：107–113.

[69] 韦泽秀，梁银丽，井上光弘，等 . 水肥处理对黄瓜土壤养分、酶及微生物多样性的影响 [J]. 应用生态学报，2009，20（7）：1678–1684.

[70] 谢军，赵亚南，陈轩敬，等 . 有机肥氮替代化肥氮提高玉米产量和氮素吸收利用效率 [J]. 中国农业科学，2016，49（20）：3934–3943.

[71] 徐嘉科，陈闻，王晶，等 . 不同施肥方式对红楠生长及营养特性的影响 [J]. 生态学杂志，2015，34（5）：1241–1245.

[72] 严江勤，曹永庆，姚小华，等 . 油茶春梢发育期叶片和果实中氮磷钾元素的动态变化 [J]. 中南林业科技大学学报，2016，36（2）：50–55.

[73] 颜晓艺，林凤莲，吴承祯，等 . 不同施肥处理对桂花品种'浦城丹桂'幼苗生长和生理的影响及施肥成本分析 [J]. 植物资源与环境学报，2016，25（3）：52–61.

[74] 袁晶晶，同延安，卢绍辉，等 . 生物炭与氮肥配施对土壤肥力及红枣产量、品质的影响 [J]. 植物营养与肥料学报，2017，23（2）：468–475.

[75] 张艾明，刘云超，李晓兰，等 . 水肥耦合对紫花苜蓿土壤磷酸酶活性的影响 [J]. 生态学杂

志，2016，35（11）：2896–2902.

[76] 张传更，高阳，张立明，等 . 水分管理措施对施用有机肥麦田土壤酶活性和微生物群落结构的影响 [J]. 灌溉排水学报，2018，37（2）：38–44.

[77] 张会丽，贾耀林 . 不同配方施肥对苹果果实品质的影响研究 [J]. 果树资源学报，2020，1（5）：11–13.

[78] 张丽莉，陈利军，张玉兰，等 . 土壤氧化还原酶催化动力学研究进展 [J]. 应用生态学报，2005，（2）：371–374.

[79] 张明锦，胡相伟，徐睿，等 . 水分胁迫及施肥对巨能草（*Puelia sinese Roxb*）生理生化特性的影响 [J]. 干旱区资源与环境，2015，29（9）：97–101.

[80] 张向前，曹承富，陈欢，等 . 长期定位施肥对砂姜黑土小麦根系性状和根冠比的影响 [J]. 麦类作物学报，2017，37（3）：382–389.

[81] 郑元，唐军荣，高柱，等 . 不同施肥处理对木棉叶片光合特性和幼苗生长的影响 [J]. 植物资源与环境学报，2016，25（2）：55–64.

[82] 周罕觅，张富仓，Roger Kjelgren，等 . 水肥耦合对苹果幼树产量、品质和水肥利用的效应 [J]. 农业机械学报，2015，46（12）：173–183.

[83] 朱莱红，董彩霞，沈其荣，等 . 配施有机肥提高化肥氮利用效率的微生物作用机制研究 [J]. 植物营养与肥料学报，2010，16（2）：282–288.

第五章 竹叶花椒修剪采收和覆盖除草轻简化栽培研究

第一节 夏剪时间和强度对竹叶花椒产量和品质的影响

修剪是经济林木栽培管理中最为基础的措施，修剪方式及修剪时间对树体生长结实的影响显著，合理修剪可改善冠层通风透光环境、调控树体营养生长与生殖生长平衡，为果实优质高产稳产创造良好条件（朱雪荣等，2013；张翔等，2014；张秉宇，2014；孙慧娟等，2019）。但传统精细修剪需要了解足够多的修剪知识和拥有丰富的实践经验，才能根据枝梢生长情况进行合理整形修剪，盲目修剪反而减弱树势、降低产量，甚至导致植株死亡，不修剪造成冠层郁闭，使得竹叶花椒产量和品质不理想，出现大小年现象。

目前在四川和重庆地区大规模推广的"修剪采收一体化"技术就是在采收竹叶花椒果实时进行树体修剪，取代传统竹叶花椒采收和修剪分开进行的方式，大大减少了工作量，降低了采收难度和采收成本（周星宇等，2020）。但"修剪采收一体化"技术的树体常因没有树冠枝叶遮阴而出现日灼现象，枝干表面被灼伤导致树林干裂死亡，随着全球气候变暖导致高温日数的持续增加，"修剪采收一体化"技术对竹叶花椒树体的损伤可能会更大。因此，研究科学的采收修剪方式对于改善竹叶花椒栽培管理、提高产量和品质是非常有必要的。基于此，本研究以汉源葡萄青椒为研究对象，探索竹叶花椒修剪采收管理，研究其对植株生长结果的影响，分析竹叶花椒外在的生长指标和内在的生理指标之间的联系，以期得出竹叶花椒夏剪采收的最佳时间和最佳强度，为提高竹叶花椒产量和品质提供参考。

一、材料和方法

（一）试验地及试验材料

试验地位于四川省崇州市四川农业大学林学院教学科研实习基地，试验材料为竹叶花椒品种汉源葡萄青椒，试验开展时树龄 3 a。试验椒树从栽植起每年进行统一的正常生产经营管理，植株生长健壮。

（二）试验设计

1. 夏剪强度

夏剪强度试验采用单因素试验设计，设置 4 个夏剪强度处理。

① 处理 1（P0）：常规"修剪采收一体化"，选留不同方向 3 ～ 5 个的健壮主干，长度为 80 ～ 100 cm，不留枝条，只留 30 ～ 40 个 10 cm 左右的桩头。

② 处理 2（P15）：修剪后留 15 根枝条，保留 15 ～ 25 个 10 cm 左右的桩头。

③ 处理 3（P30）：修剪后留 30 根枝条，保留 10 个 10 cm 左右的桩头。

④ 处理 4（P45）：修剪后留 45 根枝条，不保留桩头。

具体修剪时将外伸枝条保留，使其留长并向外延长，保留枝条基径为 7 ～ 8 mm，长度为 60 ～ 80 cm 的健壮一级结果枝，保留枝条数量交错均匀分布在每根主干上。病害枝、弱枝、内膛枝条进行重短截或疏除，使其通风透光。

本试验共计 4 个处理，在 7 月 5 日进行修剪，每个处理设置 3 个重复，每个重复 5 株。除修剪强度不同外，其他田间日常管理均相同。

2. 夏剪时间

夏剪时间试验采用单因素试验设计，在 2019 年竹叶花椒果实采摘期进行预试验，在 6 月中旬至 8 月设置 4 个修剪时间处理，处理时间间隔 15 d，修剪日期为：6 月 20 日（D620），7 月 5 日（D705），7 月 20 日（D720），8 月 5 日（D805），对 4 个不同采收时间的竹叶花椒测定品质，经制样后测定椒皮千粒重及灰分、挥发性芳香油、麻味物质、醇溶提取物和不挥发性乙醚抽提物含量。测定结果表明，竹叶花椒果实品质随采收时间的延迟而升高，因此，在翌年同一时间采收夏剪时间试验各处理的竹叶花椒果实。夏剪时间试验采用"修剪采收一体化"技术将主要结竹叶花椒的全部枝条从基部 10 cm 剪下，并对主干短截，主干长度 80 ～ 100 cm，在修剪下枝条的同时，对枝条上的果实进行采样。本试验共计 4 个处理，每个处理设置 3 个重复，每个重复 5 株，试验除修剪采收时间不同外，其他田间日常管理均相同。

（三）测定指标及其方法

1. 生长及光合指标测定

生长指标测定：于 2019 年 12 月使用游标卡尺、卷尺等测量记录树高、冠幅及结果枝数量、基径和长度。在 2020 年 7 月将枝、叶、果称量烘干，记为生物量。

光合指标测定：在 2019 年 10 月中旬选择晴朗无云的一天早上 9：00 ～ 11：30，采用 Li-6800 光合作用仪测定每个处理的每个重复中的 3 株竹叶花椒，选择相同方向上部第 4 ～ 6 片叶测定净光合速率（P_n）、蒸腾速率（T_r）、气孔导度（G_s）、胞间 CO_2 浓度

（C_i）、叶面水汽压亏缺（V_{pdl}），并计算水分利用效率（WUE = P_n/T_r）。剪取测定光合后的叶片放入冰盒带回实验室，剪碎后用 10 mL 乙醇：丙酮 = 1 ∶ 1 配液提取至无色，用分光光度计测定，根据朗伯比尔定律计算叶绿素含量。

2. 花芽分化期指标的测定

观察夏剪时间 4 个处理花芽外观形态变化，在 10 月和 11 月的花芽快速分化期每 7 d 采取枝条中部花芽，采用改良后石蜡切片法观察不同夏剪时间处理的花芽分化差异。夏剪时间和强度试验的 8 个处理叶片氮、磷、钾和多糖含量的测定：在 10 月和 11 月每 7 d 采取花芽的同时采集附近叶片杀青后烘干，分别采用全自动间断化学分析仪（smartchem 200，AMS 集团）、钒钼黄比色法、原子火焰光度计法和重铬酸钾外加热法测定全氮、全磷、全钾和全碳含量（LY/T 1271–1999，1999）。采用硫酸—蒽酮比色法测定淀粉、可溶性糖、蔗糖和果糖含量，并计算非结构性碳水化合物含量（NSC，包括淀粉和可溶性糖的总和）。

3. 果实品质和产量的测定

根据当地竹叶花椒采摘时间，在 2020 年 7 月 5 日按照处理采用"修剪采收一体化"技术采摘花椒，测定单株鲜椒产量。将采回的鲜椒分为两部分，一部分鲜椒根据 GB T30385–2013 中规定的方法测定竹叶花椒挥发油含量，其余置于 40℃烘箱中烘干后分离果皮粉碎密封保存待测。根据 GB T12729.7–1991 测定竹叶花椒总灰分含量，根据 GB T12729.10–2008 中的规定测定醇溶抽提物含量，根据 GB T12729.12–2008 中的规定测定不挥发性乙醚抽提物的含量。麻味物质（总酰胺）含量根据李菲菲等（2014）和熊汝琴等（2020）改良的甲醛滴定法进行测定计算。

（四）数据统计与分析

用 Excel 2010 数据处理软件对试验测得数据进行整理及图表制作；用 Origin 2018 软件进行作图；利用 SPSS 20.0 统计分析软件采用 LSD 法进行差异显著性分析；采用 Pearson 法进行各测定指标的相关性分析。

二、结果与分析

（一）不同夏剪时间对竹叶花椒颗粒大小与品质的影响

由图 5-1 可知，2019 年进行的预试验结果表明，采收时间对竹叶花椒颗粒大小和品质有显著的影响，且颗粒大小和品质均随竹叶花椒采收时间的延迟而提高。

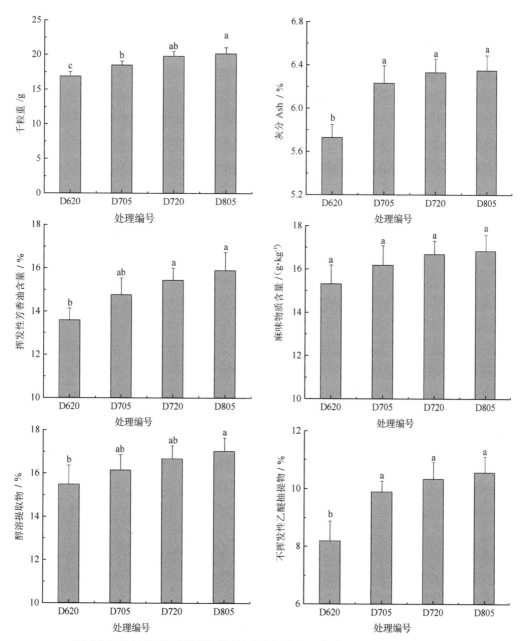

不同小写字母表示不同夏剪时间处理之间差异显著（$P < 0.05$），下同。

图 5-1 不同采收时间竹叶花椒颗粒大小与品质

与处理 D620 相比，其他 3 个采收时间竹叶花椒皮千粒重增加 9.7% ~ 19.4%，处理 D805、处理 D720 和处理 D705 均显著高于处理 D620；灰分含量增加 8.8% ~ 10.9%，处理 D805、处理 D720 和处理 D705 差异不显著，但三者均显著高于处理 D620；挥发性芳香油含量增加 8.7% ~ 17.0%，处理 D620 与处理 D705 差异不显著，但处理 D620 显著低于处理 D805 和处理 D720；麻味物质含量增加 5.7% ~ 10.0%，但各采收时间处理间差异不显著；醇溶抽提物含量增加 4.2% ~ 10.0%，处理 D620 显著低于处理 D805，但处理 D620 与处理 D705 和处理 D720 处理差异不显著；不挥发性乙醚抽提物含量增加 8.7% ~ 17.0%，处理 D805、处理 D720 和处理 D705 差异不显著，但三者均显著高于处理 D620。试验结果表明果实采收时间对竹叶花椒颗粒大小和品质具有重要的影响，一定程度范围内适度延迟采收可有效提高竹叶花椒的产量和品质。

（二）夏剪时间和强度对竹叶花椒树体生长的影响

1. 枝条数量、长度和基径

不同夏剪时间和强度对枝条数量、长度和基径有显著影响（图 5-2）。夏剪时间对新梢数量影响显著，夏剪时间越早，抽生枝梢数量越多，各夏剪时间处理新梢数量达 57.3 ~ 73.2 根，夏剪时间处理 D620 平均新梢数量最多，显著高于其他处理。处理 D805 枝数最少，与处理 D805 相比，处理 D620、处理 D705 和处理 D720 分别增加了 27.8%、14.0% 和 8.2%。各夏剪强度处理枝条数量达 65.2 ~ 85.3 根，处理 P45 平均枝条数量最多，处理 P0 最少，显著低于处理 P30 和处理 P45，但与处理 P15 差异不显著。与处理 P45 相比，处理 P0、处理 P15 和处理 P45 枝条数量分别降低了 23.6%、20.7% 和 3.3%。但各夏剪强度处理抽生新梢数量达 40.3 ~ 57.3 根，且各处理新梢数量排序为 P0 > P15 > P30 > P45。不同夏剪时间处理的竹叶花椒新梢长度如图 5-2 所示，夏剪时间显著影响新梢长度，夏剪时间越早，新梢长度越长，反之，夏剪时间越晚，新梢长度越短。处理 D620 平均新梢长度最大达 78.8 cm，处理 D805 新梢长度最短为 57.6 cm，各处理间新梢长度差异显著。与处理 D805 相比，处理 D620、处理 D705 和处理 D720 新梢长度分别增加了 36.9%、27.1% 和 12.8%。夏剪强度试验中，夏剪强度越大，新梢长度越短，处理 P0 的新梢最短为 73.2 cm，处理 P45 新梢最长达 100.6 cm，各处理间差异显著。与处理 P45 相比，处理 P0、处理 P15 和处理 P30 新梢长度分别降低了 27.3%、17.9% 和 11.6%。

由图 5-2 可知，夏剪时间对新梢基径影响显著，夏剪时间越早，新梢越粗，处理 D620 平均新梢基径最大达 7.1 mm，显著高于其他处理，处理 D805 基径最小，相比于处理 D805，处理 D620、处理 D705 和处理 D720 新梢基径分别增加了 23.0%、16.0% 和 10.6%。各夏剪强度处理新梢基径达 6.7 ~ 8.1 mm，夏剪强度越小，新梢平均基径越大，夏剪强度四个处理间新梢基径差异显著，与处理 P45 相比，处理 P0、处理 P15 和处理 P30 枝梢基径分别降低了 17.1%、13.3% 和 6.2%。说明夏剪时间与夏剪强度对枝梢的生长影响显著，夏剪时间越早，新生枝梢数量越多，基径和长度更大；夏剪强度越大，新生枝梢数量越多，但长度和基径小于轻度夏剪的树体。因此，延迟夏剪不利于枝梢生长。

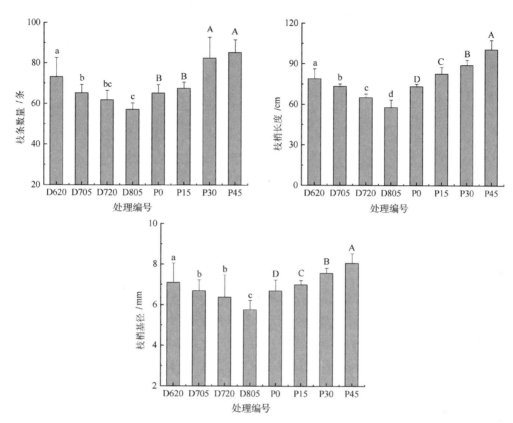

不同大写字母表示不同夏剪强度处理之间差异显著（$P < 0.05$），下同。

图5-2 不同夏剪时间和强度对竹叶花椒枝梢生长的影响

2. 树高和冠幅

不同夏剪时间和强度对树高有显著影响（图5-3）。各夏剪时间处理树高达202.9～259.9 cm，随夏剪时间的推迟，树高越低，处理D620树高最高，显著高于其他3个处理，处理D805树高显著低于其他处理。与处理D805相比，处理D620、处理D705和处理D720树高分别增加了28.1%、13.2%和9.6%。各夏剪强度处理树高达229.6～308.9 cm，随夏剪强度的加大，树高越低，处理P0的树高显著低于其他处理。处理P45树高最大，与处理P45相比，处理P0、处理P15和处理P30树高分别降低了25.7%、14.0%和9.0%。

由图5-3可知，各夏剪时间处理冠幅随夏剪时间推迟而减小，除处理D805显著低于其他处理外，其他各处理间无显著差异。与处理D805相比，处理D620、处理D705和处理D720处理冠幅分别增加了17.4%、14.7%和5.8%。各夏剪强度处理冠幅呈随修剪强度的增强而减小，处理P0冠幅显著低于其他处理，处理P15、处理P30、处理P45间的平均冠幅无显著差异。相比于处理P45，处理P0、处理P15和处理P30平均冠幅分别降低了26.5%、11.3%和5.1%。试验结果表明明延迟夏剪和重度修剪可以有效控制竹叶花椒的树高和冠幅。

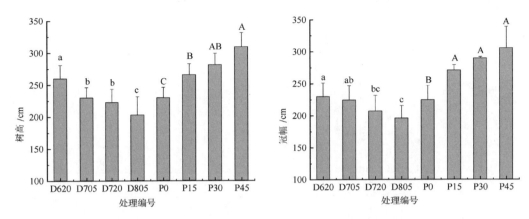

图 5-3　不同夏剪时间和强度对竹叶花椒树高和冠幅的影响

3. 枝、叶、果生物量

不同夏剪时间和强度对枝、叶、椒皮及种子的干重和生物量影响显著（图 5-4）。各夏剪时间处理的枝、叶、椒皮及种子的干重和生物量大小顺序均为 D620 ＞ D705 ＞ D720 ＞ D805，均随夏剪时间的推迟而降低。各夏剪时间处理平均每株收获干椒皮 548.8 ～ 1 293.6 g，处理 D620 收获干椒皮显著高于其他处理，处理 D705、处理 D720 和处理 D805 分别比处理 D620 降低了 22%、44.9% 和 57.6%。平均每株收获种子 411.6 ～ 1 036.8 g，各处理间差异显著。各夏剪时间处理枝干重 2 176.0 ～ 4 590.9 g，显著高于其他 3 个处理，与处理 D620 相比，其他处理降低了 25.3% ～ 52.6%。各夏剪时间处理叶干重达 1 711.4 ～ 2 998.9 g，处理 D620 平均叶干重最大，与处理 D620 相比，其他处理降低了 15.7% ～ 42.9%。处理 D620 生物量最高达 9 920.30 g，显著高于其他处理，与处理 D620 相比，处理 D705、处理 D720 和处理 D805 分别降低了 21.5%、35.8% 和 51.1%。

不同夏剪强度对枝、叶、椒皮及种子的干重和生物量影响显著（图 5-4）。各处理椒皮和椒籽干重大小顺序为 P15 ＞ P0 ＞ P30 ＞ P45，处理 P15 显著高于处理 P45，夏剪强度处理平均每株收获椒皮和椒籽分别为 920.6 ～ 1 093.5 g 和 770.8 ～ 882.4 g。相比处理 P45，处理 P0、处理 P15 和处理 P30 椒皮分别增加了 9.7%、18.8% 和 7.4%，椒籽分别增加了 7.2%、14.5% 和 4.8%。枝和叶干重大小顺序均为 P45 ＞ P30 ＞ P15 ＞ P0，均随夏剪强度增加而降低。与处理 P0 相比，处理 P15、处理 P30 和处理 P45 的枝干重分别增加 16.9%、24.6% 和 43.2%，叶干重分别增加 11.1%、24.4% 和 46.2%，生物量分别增加 12.8%、18.2% 和 32.2%。试验结果表明夏剪时间和夏剪强度对枝、叶和果的影响显著，提前夏剪和适当重剪有利于果实干重的增加。

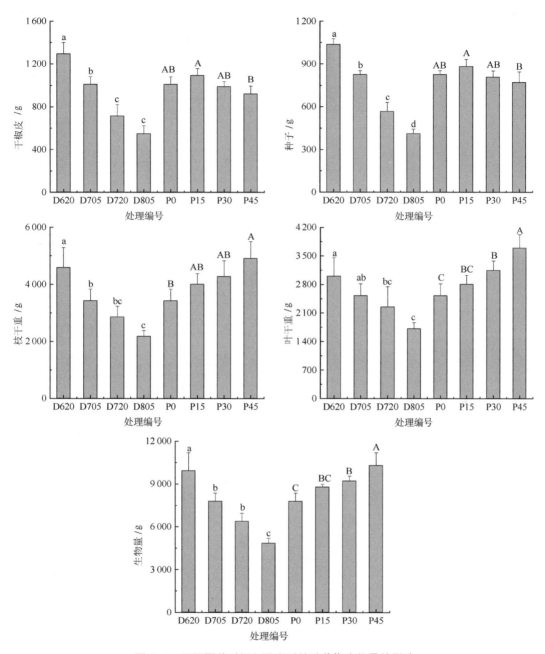

图5-4 不同夏剪时间和强度对竹叶花椒生物量的影响

（三）夏剪时间和强度对竹叶花椒花芽分化的影响

1. 花芽分化时期的划分

竹叶花椒的花是聚伞状圆锥花序，是不完全花，没有花瓣，从9月开始花芽分化，在翌年3月开花。本试验采用改良的石蜡切片法，对不同采收修剪时间处理的竹叶花椒花芽分化过程进行观察，从图 5-5 可以清晰、明确地观察到花芽结构，花芽分化可分为 6 个不同时期：

（1）未分化期（Ⅰ）：生长锥尖而小，染色深，细胞排列整齐紧密，被叶原基包裹。

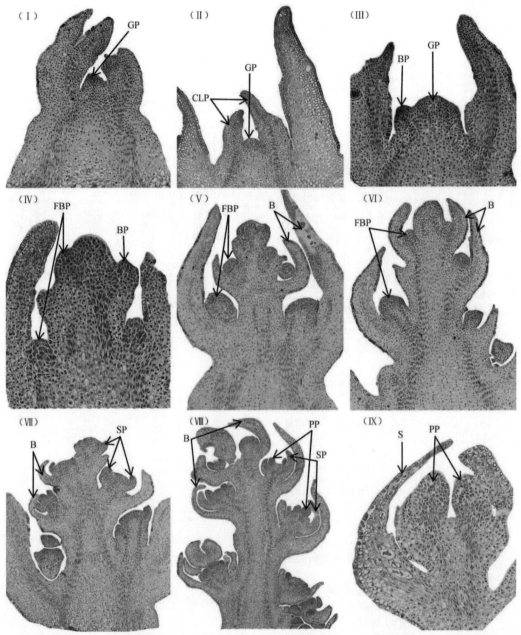

GP- 生长点；CLP- 复叶原基；BP- 苞片原基；FBP- 花蕾原基；SP- 萼片原基；PP- 雌蕊原基；B- 苞片；S- 萼片。

图 5-5　竹叶花椒花芽石蜡切片图

（2）分化初期（Ⅱ）：生长锥变大，变圆，由圆锥形变成平缓的弧形，包裹生长点的叶原基被撑开。

（3）花序轴分化期（Ⅲ）：生长锥继续向上生长形成花序总轴原基，呈半球形，侧边形成不对称的半球形小凸起即苞片原基。

（4）花蕾分化期（Ⅳ、Ⅴ和Ⅵ）：生长锥开始横向和纵向同时生长，苞片原基内侧分化形成半球形的花蕾原基，而花序轴伸长生长的同时也形成多个凸起，这些都是苞片原基和花蕾原基，这个时期持续时间长。

（5）萼片分化期（Ⅶ）：花蕾原基逐渐变宽，两端凸起并逐渐向内侧弯曲生长形成萼片原基。

（6）雌蕊分化期（Ⅷ和Ⅸ）：萼片伸长生长，像苞片原基一样向中心弯曲包裹，中心半球形，生长点中间向下凹陷，两端向上凸起生长成指形雌蕊原基，竹叶花椒花芽会以此形态越冬。

不同夏剪时间处理对花芽分化时间的影响不同（表5-1）。花芽分化开启的时间随夏剪采摘时间的推迟而延迟，处理D620的花芽分化开始最早，处理D805的花芽分化开始最晚，相差大约一个月。夏剪采摘的时间越早，分化开始时间越早，分化越慢，而采收修剪时间越晚，分化开始时间越晚，分化越快，所以在12月上旬各处理的分化进程均到达雌蕊分化期。从芽体外观形态来看，花芽分化前期芽体较小、较尖、较嫩，外部包裹嫩绿色幼叶和鳞片，花芽此时应在分化初期和花序轴分化期。分化后期芽体变大，顶端变宽变圆呈红色，外部包裹鳞片呈黑褐色，此时在花蕾分化期和萼片分化期，在12月初时各处理花芽外的鳞片被撑开，露出里面嫩黄绿色苞片，逐渐可见初具花序形态的花芽，根据切片观察判断其在雌蕊分化期。

表5-1　不同夏剪时间对竹叶花椒花芽分化期的影响

处理	分化始期	花序轴分化期	花蕾分化期	萼片分化期	雌蕊分化期
D620	9月中旬	10月初	10月中旬	11月中旬	12月上旬
D705	9月下旬	10月上旬	10月下旬	11月中旬	12月上旬
D720	10月上旬	10月中旬	10月下旬	11月中旬	12月上旬
D805	10月中旬	10月下旬	10月底	11月下旬	12月上旬

2. 花芽分化期叶片碳、氮、磷和钾的变化

夏剪时间和强度对花芽分化期叶片碳、氮、磷和钾含量变化的影响如图5-6所示，在花芽分化初期、花序轴分化期及花蕾分化期，竹叶花椒叶片碳、氮、磷和钾含量变化幅度较大，不同夏剪时间和夏剪强度处理的波峰、波谷不同，而在萼片分化期后变化幅度较小。各夏剪时间处理的叶片全碳含量10月变化幅度较大，11月趋于平缓。处理D620的全碳含量呈先下降后升高趋势，在10月15日含量最低为355.9 g/kg，处于花蕾分化期；处理D705、处理D720呈先升高后降低的趋势，均在10月23日达到最高，点分别为 456.6 g/kg 和 411.3 g/kg；处理 D805 叶片全碳含量先上升，在 10 月 15 日达到最高点后又急剧下降，在 10 月 23 日达到最低点后先急剧上升再趋于平缓。各夏剪强度处理在 10 月的变化幅度较大，11 月趋于平缓。处理 P0 和处理 P15 叶片全碳含量在 10 月呈先升高后降低的变化趋势，处理 P0 的峰值出现较处理 P15 晚，处理 P15 呈先降低后升高的趋势，在 10 月 15 日出现峰值，达 449.9 g/kg。处理 P30 呈较平缓的上升变化趋势，处理 P45 全碳含量在 10 月处于较低的状态，在 10 月底迅速上升。

除处理 D705 外，处理 D620、处理 D720 和处理 D805 叶片氮含量大体呈先升高后降低的趋势，均在 10 月 30 日出现最高氮含量，分别为 30.20 g/kg、31.41 g/kg 和 32.86 g/kg。处理 D705 叶片氮含量呈 "双峰型"，分别出现在 10 月 15 日和 10 月 30 日，分别达 29.54 g/kg 和 29.80 g/kg。各夏剪强度处理叶片氮含量 10 月变化较剧烈，处理 P0 和处理 P15 呈 "双峰型"，均出现在 10 月 15 日和 10 月 30 日，处理 P30 和处理 P45 呈降低—升高—降低的趋势，分别在 10 月 30 日和 10 月 23 日含量最高，为 29.99 g/kg 和 30.91 g/kg。

各夏剪时间各处理花芽分化期叶片磷含量在 10 月总体呈上升趋势，在 11 月后呈较平缓的波动。除处理 D705 在 10 月 23 日含量降低，其他处理叶片磷含量均呈升高趋势。处理 D620 在 10 月 15 日达峰值 3.60 g/kg，处理 D705、处理 D720 和处理 D805 均在 10 月 30 日达到峰值，分别为 3.54 g/kg、3.93 g/kg 和 4.06 g/kg。各夏剪强度处理叶片磷含量在 10 月变化剧烈，除处理 P0 外，其余处理呈迅速下降和上升后再平缓波动的趋势，在 10 月 15 日出现最低含量，分别为 2.86 g/kg、2.87 g/kg 和 2.48 g/kg，处理 P0 呈迅速上升—下降—上升再趋于平缓变化的趋势，在 10 月 23 日出现最低含量，为 3.09 g/kg。

各夏剪时间处理花芽分化期钾含量呈先上升后下降的趋势，各处理最高含量出现在不同时间。处理 D620 和处理 D720 在 10 月 30 日含量最高，分别达 21.55 g/kg 和 21.20 g/kg，处理 D705 和处理 D805 叶片钾含量在 10 月中下旬出现迅速升高又降低的现象，处理 D705 在 10 月 15 日出现最高含量，为 22.15 g/kg，处理 D805 在 10 月 23 日含量最高，达 22.48 g/kg。夏剪强度处理 P15 和处理 P30 钾含量总体呈先升高后降低的变化趋势，在 10 月 30 日含量最高，分别达 21.76 g/kg 和 21.82 g/kg。处理 P0 和处理 P45 呈现出迅速升高—降低—升高—降低的变化趋势，分别在 10 月 15 日和 10 月 30 日含量最高，为 22.15 g/kg 和 21.94 g/kg。说明竹叶花椒花芽分化过程中叶片中碳、氮、磷和钾含量在发生变化。

由图 5-7 可知，夏剪时间和夏剪强度对竹叶花椒花芽分化期的叶片平均碳、氮、磷和钾含量影响显著。夏剪时间和夏剪强度对竹叶花椒花芽分化期的叶片平均全碳含量影响显著，夏剪时间处理 D705 含量最高，达 414.3 g/kg，显著高于处理 D720 和处理 D805，与处理 D620 无显著差异。处理 D805 全碳含量最低，与处理 D805 相比，其他夏剪时间处理叶片平均全碳含量提高了 9.3% ~ 11.4%。各夏剪强度处理的叶片平均全碳含量大小顺序为 P15 > P0 > P30 > P45，处理 P15 显著高于其他处理，处理 P45 则显著低于其他处理，相比于处理 P45，其他夏剪强度处理叶片平均全碳含量提高了 3.1% ~ 5.1%。

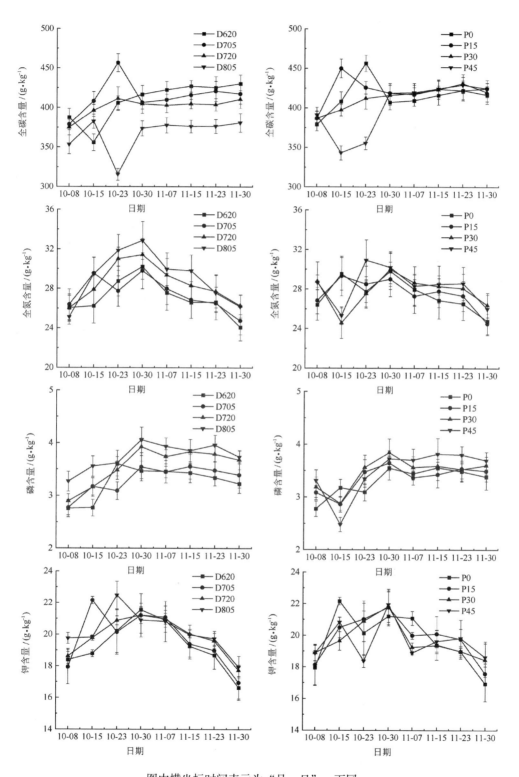

图中横坐标时间表示为"月-日",下同。

图 5-6 不同夏剪时间和强度条件下叶片碳、氮、磷和钾含量

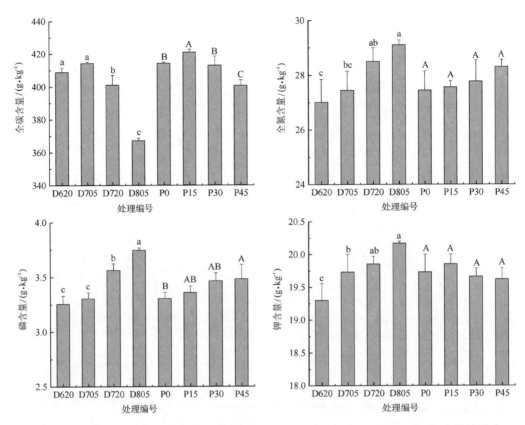

图 5-7　不同夏剪时间和强度对竹叶花椒花芽分化期叶片平均全碳、全氮、磷和钾含量的影响

花芽分化期平均叶片全氮、磷和钾含量处理 D805 > D720 > D705 > D620，表现为随夏剪时间的延迟而升高，处理 D805 平均氮、磷和钾含量最高，分别达 29.1 g/kg、3.75 g/kg 和 20.17 g/kg，处理 D620 平均氮、磷和钾含量最低，与处理 D620 相比，各处理分别提高 1.6% ~ 7.7%、1.5% ~ 15.1% 和 2.2% ~ 4.5%。各夏剪强度处理的平均氮、磷含量随夏剪强度的加大而降低，均为 P45 > P30 > P15 > P0，处理 P0 含量最低，相比于处理 P0，其他处理氮和磷含量分别提高 0.4% ~ 3.1% 和 1.6% ~ 5.3%，各处理间氮含量无显著差异，处理 P45 磷含量显著高于处理 P0，与其他处理无显著差异。各夏剪强度处理的平均钾含量随夏剪强度的加大呈先增加后降低的变化趋势，处理 P15 含量最高，处理 P45 含量最低，与处理 P45 相比，处理 P0、处理 P15 和处理 P30 分别增加了 0.6%、1.2% 和 0.2%，各处理间无显著差异。说明夏剪强度和夏剪时间影响碳、氮、磷和钾的积累。

3. 花芽分化期叶片碳水化合物及 C/N 的变化

花芽分化期叶片可溶性糖、蔗糖和果糖含量变化如图 5-8 所示，各处理叶片可溶性糖含量变化呈先升高后降低再缓慢升高的趋势，但夏剪时间和夏剪强度大大改变了波峰和波谷的位置和大小。夏剪时间处理 D620 和处理 D705 可溶性糖含量变化趋势一致，但处理 D620 的含量始终高于处理 D705。处理 D720 和处理 D805 可溶性糖含量分别在 10

月 15 日和 10 月 23 日达到峰值，分别为 10.93% 和 9.52%。夏剪强度处理 P0 和处理 P15 变化趋势一致，处理 P0 可溶性糖含量始终高于处理 P15。处理 P30 和处理 P45 在 10 月 15 日和 10 月 23 日的可溶糖含量较高，在 10 月 15 日达到最高值，分别为 12.17% 和 10.74%。

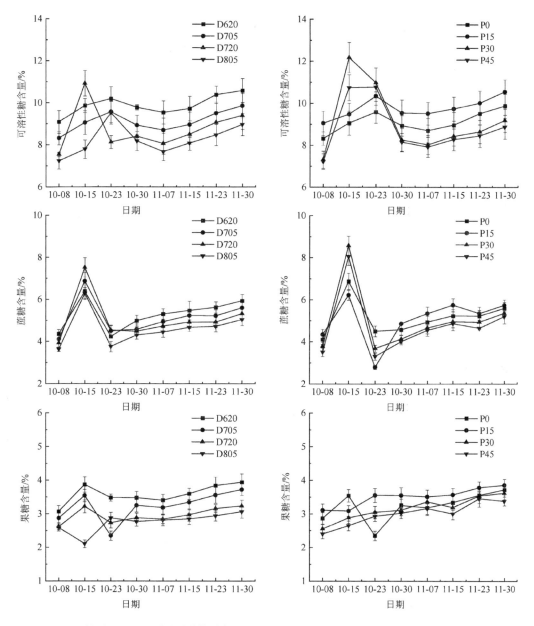

图 5-8　不同夏剪时间和强度对竹叶花椒花芽分化期叶片可溶性糖含量、蔗糖含量、果糖含量变化的影响

各夏剪时间和强度处理花芽分化期叶片蔗糖含量变化趋势相同，均呈先迅速上升和下降后再缓慢升高的趋势，但各处理的最高值、最低值不同。夏剪时间对叶片果糖含量变化影响显著，除处理 D805 外，各夏剪时间处理果糖含量变化呈上升—下降—上升的趋势，但不同时间的夏剪导致果糖变化的波峰和波谷的大小和位置不同。处理 D620、处理 D705 和处理 D720 分别在 10 月 15 日出现最高值，分别达 3.87%、3.54% 和 3.22%，之后迅速下降，处理 D705 和处理 D720 在 10 月 23 日到达波谷，处理 D620 含量始终高于其他处理。处理 D805 果糖含量呈下降—上升—下降—上升的变化趋势，波峰与波谷位置与处理 D705、处理 D720 的相反，分别出现在 10 月 23 日和 10 月 15 日。各夏剪强度处理除处理 P0 外，其他 3 个处理变化较平缓，处理 P30 和处理 P45 在 11 月 15 日出现一个小波谷，总体呈上升趋势。

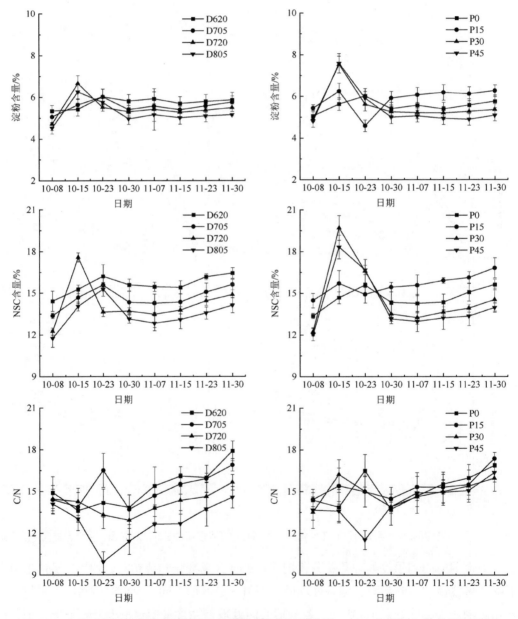

图 5-9　不同夏剪时间和强度对竹叶花椒花芽分化期叶片淀粉、NSC 含量和 C/N 变化的影响

夏剪时间和夏剪强度对花芽分化期叶片淀粉含量、非结构性碳水化合物（NSC）含量和 C/N 变化影响如图 5-9 所示，各处理在花芽分化始期、花序轴分化期及花蕾分化期变化幅度较大。夏剪时间处理 D620 和处理 D705 的淀粉含量呈较小幅度的波动，处理 D620 淀粉含量最高值和最低值分别为 6.01% 和 5.33%，处理 D705 分别为 6.01% 和 5.05%。处理 D720 和处理 D805 淀粉含量在 10 月 8 日至 10 月 23 日间迅速上升和下降，在 10 月 15 日达到最高值，分别为 6.65% 和 6.25%。夏剪强度处理 P0 相较于其他处理，变化幅度不大，处理 P15、处理 P30 和处理 P45 在 10 月 8 日至 10 与 30 日间叶片淀粉含量迅速上升和下降，在 10 月 15 日达到峰值，分别为 6.25%、7.54% 和 7.59%。

各夏剪时间处理的 NSC 含量在花芽分化期呈先迅速增加降低再平缓增加的趋势，处理 D620、处理 D705 和处理 D805 均在 10 月 23 日达峰值，分别为 16.21%、15.59% 和 15.27%，处理 D720 在 10 月 15 日达到峰值为 17.58%。处理 D620 的 NSC 含量始终高于处理 D705 和处理 D805。夏剪强度处理 P30 和处理 P45 的 NSC 含量在花芽分化前期呈迅速增加，之后又迅速降低的变化趋势，在 10 月 15 日达到峰值，分别为 19.70% 和 18.32%，处理 P0 和处理 P15 呈较平缓的波动趋势。

夏剪时间对花芽分化期叶片 C/N 影响显著，处理 D620 和处理 D720 呈先降低再升高的趋势，总体变化较平缓；处理 D705 在 10 月呈迅速升高再迅速降低的变化趋势，在 10 月 23 日达到峰值；处理 D805 的 C/N 相比处理 D705 在 10 月呈相反的变化趋势，即迅速降低再升高，在 10 月 23 日出现最低值。夏剪强度处理 P0、处理 P15 和处理 P30 呈先升高后降低的变化趋势，但处理 P0 峰值出现时间在 10 月 23 日，处理 P15 和处理 P30 峰值出现在 10 月 15 日，处理 P45 呈先降低后升高的变化趋势，最低值出现在 10 月 23 日。各夏剪时间和夏剪强度处理在 11 月均呈缓慢升高的趋势。说明花芽分化需要碳水化合物的大量积累，且夏剪时间和夏剪强度对花芽分化时间产生影响。

由图 5-10 可知，夏剪时间和夏剪强度对花芽分化期的叶片平均可溶性糖含量影响显著，各夏剪时间处理平均可溶性糖含量大小顺序为 D620 ＞ D705 ＞ D720 ＞ D805，处理 D620 叶片平均可溶性糖含量达 9.9%，显著高于其他 3 个处理。与处理 D805 相比，其他夏剪时间处理叶片平均可溶性糖含量提高 6.2% ~ 20.2%。各夏剪强度处理的叶片平均可溶性糖含量大小顺序为 P15 ＞ P30 ＞ P0 ＞ P45，处理 P15 含量达 9.77%，显著高于其他处理，处理 P0、处理 P30 和处理 P45 间差异不显著。相比于处理 P45，其他夏剪强度处理叶片平均可溶性糖含量提高了 3.6% ~ 11.1%。

各夏剪时间处理果糖、蔗糖含量大小顺序均为 D620 ＞ D705 ＞ D720 ＞ D805，相比于处理 D805，其他夏剪时间处理叶片平均果糖、蔗糖含量分别提高 7.5% ~ 30.3% 和 9.6% ~ 14.9%。各夏剪时间处理间果糖含量差异显著，处理 D620 蔗糖含量显著高于其他处理，处理 D805 显著低于其他处理，处理 D705 和处理 D720 间无显著差异。各夏剪强度处理的叶片平均果糖含量大小顺序为 P15 ＞ P0 ＞ P30 ＞ P45，处理 P15 显著高于其他处理，处理 P45 则显著低于其他处理。各夏剪强度处理的叶片平均蔗糖含量大小顺序为 P10 > P15 > P30 > P45，处理 P0、处理 P15 和处理 P30 间无显著差异，但均显著高于处理 P45。相比于处理 P45，其他夏剪强度处理叶片平均果糖和蔗糖含量分别提高 5.2% ~ 6.1% 和 5.1% ~ 7.1%。

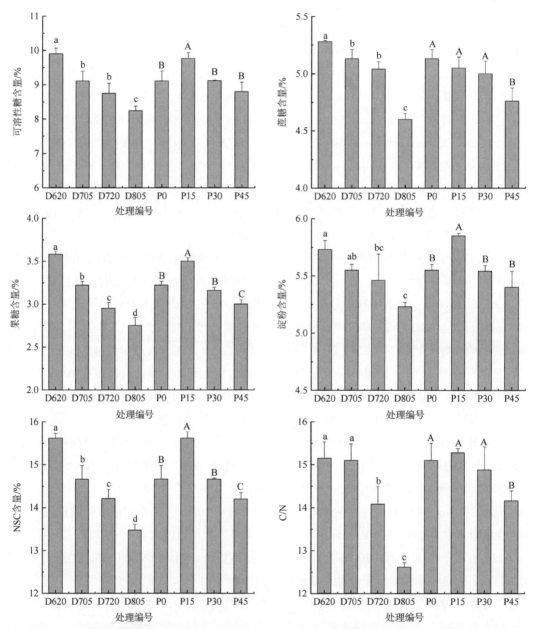

图 5-10　不同夏剪时间和强度对竹叶花椒花芽分化期叶片平均碳水化合物含量和 C/N 的影响

夏剪时间和夏剪强度对竹叶花椒花芽分化期的叶片平均淀粉含量影响显著，各夏剪时间处理淀粉含量大小顺序为 D620 > D705 > D720 > D805，随夏剪时间的推迟，花芽分化期叶片平均淀粉含量降低。处理 D620 叶片平均淀粉含量达 5.73%，显著高于处理 D720 和处理 D805，与处理 D805 相比，其他夏剪时间处理叶片平均淀粉含量增加 4.4% ~ 9.5%。各夏剪强度处理的叶片平均淀粉含量大小顺序为 P15 > P0 > P30 > P45，处理 P15 显著高于其他处理，处理 P0、P30 和 P45 间差异不显著。相比于处理 P45，其他夏剪强度处理叶片平均淀粉含量增加 2.5% ~ 8.2%。

夏剪时间和夏剪强度对花芽分化期的叶片平均 NSC 含量影响显著，各夏剪时间处理含量大小顺序为 D620 > D705 > D720 > D805，各处理间差异显著。相比于处理 D805，其他处理平均 NSC 含量增加了 5.5% ~ 16.0%。各夏剪强度处理的叶片平均 NSC 含量大小顺序为 P15 > P30 > P0 > P45，处理 P15 含量达 15.62%，显著高于其他处理，处理 P45 显著低于其他处理。相比于处理 P45，其他夏剪强度处理叶片平均 NSC 含量提高了 3.2% ~ 10.0%。

夏剪时间对花芽分化期的叶片平均 C/N 含量影响显著，各夏剪时间处理的叶片平均 C/N 大小顺序为 D620 > D705 > D720 > D805，随夏剪时间的推迟，叶片平均 C/N 越低。处理 D620 叶片平均 C/N 达 15.15，显著高于处理 D720 和处理 D805。各夏剪强度处理的叶片平均 C/N 含量大小顺序为 P15 > P0 > P30 > P45，处理 P0、P15 和 P30 间无显著差异，但均显著高于处理 P45。

4. 成花率

夏剪时间和夏剪强度对竹叶花椒芽数、花数和成花率的影响如图 5-11 所示。不同夏剪时间处理成花率为 52.9% ~ 93.4%，各处理间竹叶花椒的芽数、花数和成花率差异显著，芽数、花数和成花率排序为 D620 > D705 > D720 > D805，夏剪时间越晚，芽数、开花数和成花率越低。夏剪强度试验中，夏剪越重，竹叶花椒芽数越少，各处理间芽数差异显著。处理 P45 花数最多，显著高于其他处理，其次为处理 P15、处理 P30，处理 P0 开花数显著低于其他 3 个处理。夏剪强度处理竹叶花椒成花率为 81.1% ~ 92.3%，各处理间的成花率差异显著，处理 P15 成花率最高，其次为处理 P0 和处理 P30，处理 P45 最低。说明提前夏剪采收和适当重剪有利于提高成花率。

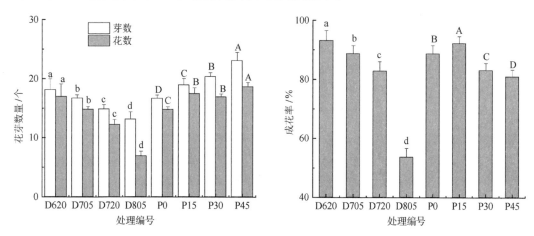

图 5-11　不同夏剪时间和强度对竹叶花椒成花率的影响

花芽分化期叶片中的营养元素与多糖含量指标间的相关性分析如表 5-2 所示，氮、磷、钾元素两两之间呈显著或极显著正相关，但与全碳、淀粉、可溶性糖、蔗糖、果糖和 C/N 呈显著或极显著负相关。成花率与全碳、淀粉、可溶性糖、蔗糖、果糖和 C/N 均呈极显著正相关，与氮、磷和钾呈极显著负相关，表明花芽分化叶片中碳水化合物含量的提高有利于竹叶花椒花芽分化。

表 5-2　竹叶花椒花芽分化期叶片矿质元素、碳水化合物含量及成花率间相关性分析

指标	成花率	N	P	K	C	淀粉	可溶性糖	蔗糖	果糖	C/N	NSC
成花率	1.000										
N	−0.734**	1.000									
P	−0.855**	0.801**	1.000								
K	−0.690**	0.449*	0.569**	1.000							
C	0.941**	−0.693**	−0.800**	−0.698**	1.000						
淀粉	0.786**	−0.745**	−0.766**	−0.816**	0.775**	1.000					
可溶性糖	0.797**	−0.702**	−0.711**	−0.766**	0.745**	0.755**	1.000				
蔗糖	0.823**	−0.758**	−0.789**	−0.446*	0.738**	0.670**	0.772**	1.000			
果糖	0.821**	−0.764**	−0.831**	−0.783**	0.752**	0.866**	0.928**	0.759**	1.000		
C/N	0.922**	−0.897**	−0.867**	−0.641**	0.940**	0.828**	0.791**	0.811**	0.823**	1.000	
NSC	0.835**	−0.751**	−0.764**	−0.820**	0.792**	0.864**	0.983**	0.784**	0.958**	0.843**	1.000

注：* 表示相关性达显著水平（$P < 0.05$），** 表示相关性达极显著水平（$P < 0.01$）。下同。

（四）夏剪时间和强度对竹叶花椒叶片光合特性的影响

1. 叶片 P_n、T_r、G_s、C_i、V_{pdl} 和 WUE 变化

夏剪时间和夏剪强度对叶片光合特性的影响如图 5-12 所示。不同夏剪时间处理的叶片平均瞬时 P_n 达 7.24 ~ 11.36 μmol/（$m^2 \cdot s$），夏剪时间越早，P_n 越高，各处理间差异显著。处理 D620 叶片 P_n 达 11.36 μmol/（$m^2 \cdot s$），显著高于其他处理，而处理 D805 显著低于其他处理，与处理 D805 相比，处理 D620、处理 D705 和处理 D805 叶片 P_n 分别增加了 56.8%、33.0% 和 12.0%。叶片 T_r、G_s 和 WUE 随夏剪时间的推迟呈降低趋势变化，与 P_n 呈相同规律。各处理叶片 T_r 达 2.68 ~ 3.17 mmol/（$m^2 \cdot s$），处理 D620 叶片 T_r 最大，显著高于处理 D720 和处理 D805，与处理 D805 相比，处理 D620、处理 D705 和处理 D805 叶片 T_r 分别增加 18.2%、15.1% 和 5.6%。处理 D620 叶片 G_s 和 WUE 均显著高于其他处理，与处理 D805 相比，分别降低 8.2% ~ 31.9% 和 5.9% ~ 32.9%。叶片 C_i 和 V_{pdl} 呈相同规律，其值均随夏剪时间的推迟而增大，与 P_n 变化规律相反。各夏剪时间处理叶片 C_i 和 V_{pdl} 大小顺序为 D805 > D720 > D705 > D620，夏剪时间处理叶片 C_i 为

212.3 ～ 230.5 μmol/mol，处理 D805 显著高于处理 D620 和处理 D705，与处理 D720 无显著差异；夏剪时间处理叶片 V_{pdl} 为 2.86 ～ 3.14 MPa，处理 D805 显著高于处理 D620，与其他处理无显著差异。

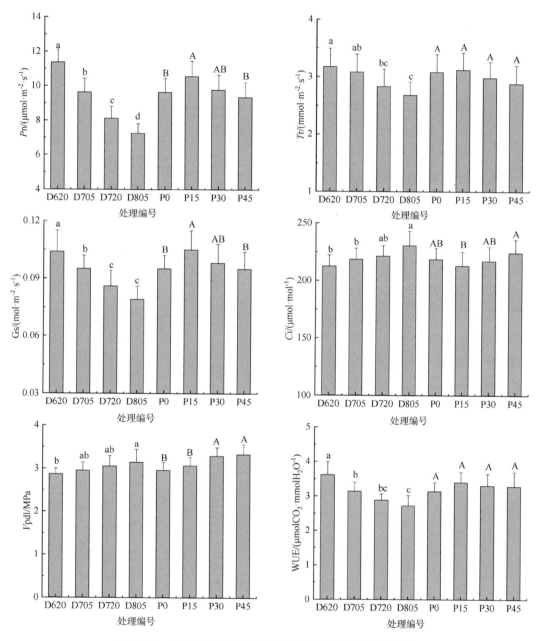

图 5-12　不同夏剪时间和强度对竹叶花椒光合参数的影响

夏剪强度对竹叶花椒光合特性影响显著。不同夏剪强度的竹叶花椒叶片平均瞬时 P_n 为 9.36 ～ 10.55 μmol/（m²·s），大小排序为 P15 > P30 > P0 > P45，处理 P15 叶片 P_n 显著高于处理 P0 和处理 P45，与处理 P30 无显著差异。与处理 P45 相比，处理 P0、处理 P15、处理 P30 叶片 P_n 分别提高了 2.9%、12.7% 和 4.6%。各夏剪强度处理叶片 T_r 大小顺序为 P15 > P0 > P30 > P45，各处理间无显著差异。G_s 大小排序与 P_n 规律相同，处理 P15 叶片 G_s 最高，显著高于处理 P0 和处理 P45，与处理 P30 无显著差异，与处理 P45 相比，处理 P0、处理 P15、处理 P30 叶片 G_s 分别提高 0.9%、11.0% 和 4.1%。各夏剪强度处理叶片 WUE 大小顺序为 P15 > P30 > P45 > P0，各处理间无显著差异。各夏剪强度处理叶片 C_i 为 212.8 ~ 224.0 μmol/mol，大小排序为 P45 > P0 > P30 > P15，处理 P45 叶片 C_i 显著高于处理 P15，与处理 P0 和处理 P30 无显著差异。各夏剪强度处理叶片 V_{pdl} 为 2.95 ~ 3.33 MPa，大小顺序为 P45 > P30 > P0 > P15，处理 P45 显著高于处理 P0 和处理 P15，与处理 P30 无显著差异。试验结果表明夏剪提前与重度夏剪有利于叶片光合能力增强。

2. 叶片叶绿素含量的变化

夏剪时间和夏剪强度对叶片叶绿素含量的影响如图 5–13 所示。各夏剪时间处理的叶绿素 a、叶绿素 b 和总叶绿素含量差异不显著，但夏剪时间越早，叶绿素含量越高。各夏剪时间处理的叶绿素含量为 2.33 ~ 2.55 mg/g，处理 D620 的最高，相比于处理 D620，处理 D705、处理 D720、处理 D805 分别降低了 4.9%、7.1% 和 8.6%。夏剪强度对叶片叶绿素含量影响显著。各夏剪强度处理叶绿素 a 含量为 1.72 ~ 1.92 mg/g，处理 P15 最高，显著高于处理 P45，与处理 P0 和处理 P30 无显著差异。处理 P30 的叶绿素 b 含量最高，处理 P45 最低，除处理 P45 外，其他处理间无显著差异。各夏剪强度处理的平均叶绿素含量为 2.28 ~ 2.56 mg/g，处理 P15 叶绿素含量最高，处理 P45 最低，相比于处理 P45，处理 P0、处理 P15 和处理 P30 分别增加了 6.0%、12.2% 和 11.3%。各夏剪强度处理的叶绿素 a/b 比值处理 P45 最高，处理 P0 最低，但各处理间无显著差异。试验结果表明夏剪时间对竹叶花椒叶片叶绿素含量的影响不显著，适当强度的夏剪有利于叶片叶绿素含量增加。

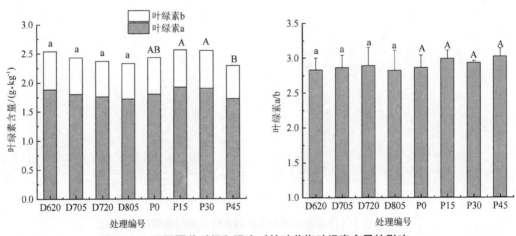

图 5–13　不同夏剪时间和强度对竹叶花椒叶绿素含量的影响

3. 叶绿素含量与光合参数相关性分析

由表 5–3 可知，P_n、T_r、G_s 和 WUE 两两之间呈显著或极显著正相关，C_i 与 P_n、T_r、

G_s 和 WUE 间呈显著或极显著负相关，叶绿素含量与 P_n、T_r、G_s 和 C_i 呈显著或极显著相关，说明叶片叶绿素含量显著影响光合作用。

表 5-3　叶绿素含量与光合参数的相关性分析

指标	P_n	T_r	G_s	C_i	V_{pdl}	WUE	叶绿素（a+b）
P_n	1.000						
T_r	0.931**	1.000					
G_s	0.976**	0.901**	1.000				
C_i	−0.911**	−0.925**	−0.913**	1.000			
V_{pdl}	−0.359	−0.56	−0.225	0.460	1.000		
WUE	0.971**	0.818*	0.957**	−0.830*	−0.174	1.000	
叶绿素（a+b）	0.754*	0.748*	0.763*	−0.873**	−0.350	0.681	1.000

（五）夏剪时间和强度对竹叶花椒产量的影响

不同夏剪时间和夏剪强度处理对竹叶花椒产量的影响如图 5-14 所示。各夏剪时间处理的竹叶花椒鲜椒产量为 2 456.2 ~ 5 847.5 g/ 株，产量随夏剪时间的延迟呈降低趋势，处理 D620 产量最高，各处理间差异显著，相比于处理 D805，处理 D620、处理 D705 和处理 D720 分别提高 138.1%、88.0% 和 33.9%。各夏剪时间处理干椒皮株产量为 548.8 ~ 1 293.6 g/ 株，处理 D720 和处理 D805 间无显著差异，但均显著低于处理 D620 和处理 D705，各夏剪时间处理的出皮率无显著差异。不同夏剪强度处理对竹叶花椒产量影响显著，各夏剪强度处理鲜椒产量为 4 198.8 ~ 4 955.6 g/ 株，干椒皮产量为 920.6 ~ 1 093.5 g/ 株，鲜椒与干椒皮产量方差分析一致，处理 P15 产量最高，显著高于处理 P45，与处理 P0 和处理 P30 无显著差异。与处理 P45 相比，处理 P0、处理 P15 和处理 P30 鲜椒产量分别提高了 10.0%、18.0% 和 7.0%。各夏剪强度处理的出皮率无显著差异。提前夏剪采收和适当重剪有利于产量的增加。

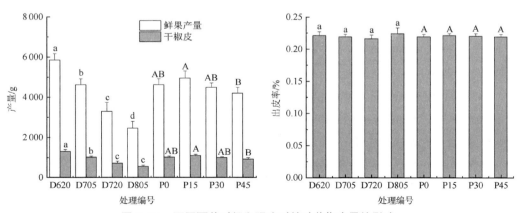

图 5-14　不同夏剪时间和强度对竹叶花椒产量的影响

（六）夏剪时间和强度对竹叶花椒果皮品质的影响

1. 果皮品质

不同夏剪时间和夏剪强度处理对竹叶花椒品质的影响如图 5-15 所示。

各夏剪时间处理的千粒重为 18.47 ~ 19.83 g，处理 D620 最大，显著高于处理 D805，与处理 D705 和处理 D720 无显著差异。与处理 D805 相比，处理 D620、处理 D705 和处理 D720 分别提高 2.1%、3.9% 和 2.1%。各处理的灰分为 5.49% ~ 6.28%，处理 D620 最高，处理 D620、处理 D705 和处理 D720 间无显著差异，且均显著高于处理 D805。与处理 D805 相比，处理 D620、处理 D705 和处理 D720 分别提高了 4.4%、13.0% 和 11.0%。

各夏剪时间处理的挥发油含量为 11.94 ~ 15.19 mL/100 g，处理 D620 最大，显著高于处理 D720、处理 D805，与处理 D705 无显著差异。与处理 D805 相比，处理 D620、处理 D705 和处理 D720 分别提高了 27.2%、14.8% 和 4.7%。

各夏剪时间处理的麻味素含量为 13.94 ~ 16.44 mg/g，处理 D620 最大，显著高于处理 D805，与处理 D705 和处理 D720 无显著差异。与处理 D805 相比，处理 D620、处理 D705 和处理 D720 分别提高 18.0%、11.9% 和 5.6%。

各夏剪时间处理的醇溶提取物含量为 14.42% ~ 16.11%，各处理间无显著差异，处理 D805 含量最低。与处理 D805 相比，处理 D620、处理 D705 和处理 D720 分别提高了 11.7%、6.9% 和 2.3%。

各夏剪时间处理的不挥发性乙醚抽提物含量为 7.67% ~ 10.03%，处理 D620 最高，处理 D620、处理 D705 和处理 D720 间无显著差异，且均显著高于处理 D805。与处理 D805 相比，处理 D620、处理 D705 和处理 D720 分别提高了 30.7%、22.6% 和 16.2%。

综上，随着夏剪时间的推迟，椒皮的千粒重、灰分、挥发油、麻味素、醇抽提取物及不挥发性乙醚抽提物含量会降低。

夏剪强度对竹叶花椒的灰分、挥发油、麻味素等含量影响显著（图 5-15）。

各夏剪强度处理的千粒重为 18.24 ~ 19.59 g，处理 P15 最大，处理 P45 最小，4 个处理间无显著差异。与处理 P45 相比，处理 P0、处理 P15 和处理 P30 分别提高了 5.3%、7.4% 和 4.0%。各处理的灰分含量为 6.21% ~ 6.66%，处理 P15 最大，处理 P0 最小，处理 P15、处理 P30 和处理 P45 间无显著差异，且均显著高于处理 P0。与处理 P0 相比，处理 P15、处理 P30 和处理 P45 分别提高了 7.3%、6.2% 和 7.2%。

各夏剪强度处理的挥发油含量为 12.26 ~ 14.73 mL/100 g，处理 P15 最大，处理 P45 最小，处理 P15 显著高于处理 P30 和处理 P45，与处理 P0 间无显著差异。与处理 P45 相比，处理 P0、处理 P15 和处理 P30 分别提高了 11.8%、20.2% 和 5.7%。

各夏剪强度处理的麻味素含量为 14.03 ~ 16.59 mg/g，处理 P15 最大，处理 P45 最小，处理 P15 显著高于处理 P30、处理 P45，与处理 P0 间无显著差异。与处理 P45 相比，处理 P0、处理 P15 和处理 P30 分别提高了 11.2%、18.3% 和 4.1%。

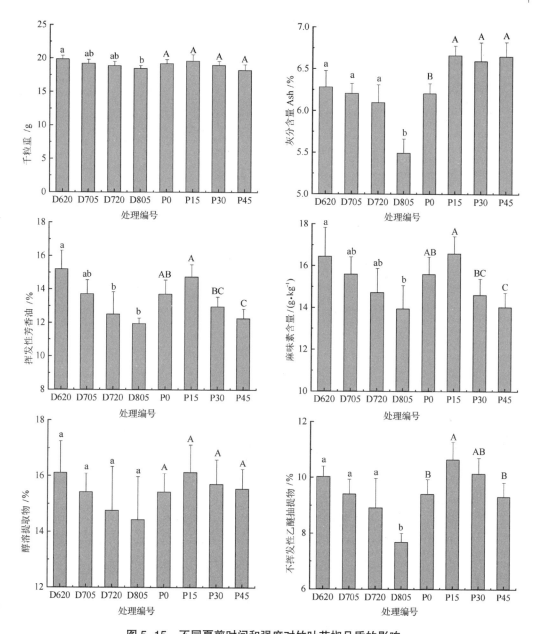

图 5-15　不同夏剪时间和强度对竹叶花椒品质的影响

各夏剪强度处理的醇溶提取物含量为 14.42% ~ 16.11%，各处理间无显著差异，处理 P15 含量最高，处理 P0 含量最低。与处理 P0 相比，处理 P15、处理 P30 和处理 P45 分别提高了 4.6%、1.9% 和 0.8%。

各夏剪强度处理的不挥发性乙醚抽提物为 9.31% ~ 10.65%，处理 P15 最大，处理 P45 最小，处理 P15 显著高于处理 P0 和处理 P45，与处理 P30 间无显著差异。与处理 P45 相比，处理 P0、处理 P15 和处理 P30 分别提高了 0.9%、14.3% 和 8.8%。

以上说明，夏剪强度对竹叶花椒灰分、精油、麻味素及不挥发性乙醚抽提物含量有一定影响，适当重剪有利于竹叶花椒果皮品质的提高，过度重剪和轻度修剪均不利于竹叶花椒的果皮品质。

2. 果皮品质的综合评价

夏剪时间和各夏剪强度处理的品质综合值如图 5-16 所示。夏剪时间处理 D620 果皮综合品质最高，显著高于处理 D720 和处理 D805。夏剪强度处理 P15 果皮综合品质最高，显著高于其他 3 个夏剪强度处理，处理 P0、处理 P30 和处理 P45 间无显著差异。夏剪时间和各夏剪强度处理的品质综合评价值排序为 P15 > D620 > P30 > D705（P0）> P45 > D720 > D805。由此可见，夏剪时间和夏剪强度对竹叶花椒的果实品质影响显著，提前夏剪及适当加大修剪强度有利于竹叶花椒果皮品质的提高。

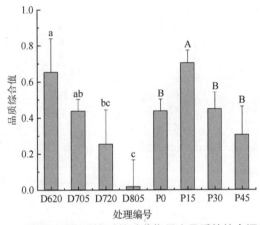

图 5-16　夏剪时间和强度对竹叶花椒果实品质的综合评价值

产量和品质与树体生长指标间的相关性分析如表 5-4 所示，株产量与生物量、净光合速率及成花率呈显著或极显著相关，与冠幅大小无显著相关性。品质综合值与成花率、P_n 呈极显著相关，与生物量无显著相关性。其中，产量和品质与叶片净光合速率相关性最高，其次是成花率，说明叶片净光合速率及成花率提高有利于竹叶花椒增产提质。

表 5-4　产量和品质与生物量、成花率、P_n 的相关性

指标	生物量	成花率	P_n
品质综合值	0.712	0.895**	0.953**
产量	0.830*	0.876**	0.994**

三、讨论

（一）夏剪时间和强度对竹叶花椒树体生长的影响

植物的营养生长和生殖生长是相互促进又相互制约的，生长健壮的枝梢为后期良好的生殖生长提供营养，但如果营养生长过旺，枝、叶的徒长消耗太多养分会抑制后期的生殖生长。树体经修剪后，树体结构、枝叶组成的变化导致生长状况改变，可以调节营养生长与生殖生长间的平衡。不同修剪时间对树体生长的影响不同，李云昌等（2007）对紫花芒采后修剪时间研究发现，随修剪时间的提前，末级梢和成花梢数量增加，增长量也越大。宋素智等（2015）对清香核桃的修剪研究发现，修剪时间越晚，枝条平均生长长度越短。本研究发现，夏剪采收时间越早，竹叶花椒新生枝梢数量越多，新梢长度和基径越大，树高和冠幅也越大，且枝、叶、果生物量也呈增加趋势。夏剪时间越早，萌芽时间越早，在冬季前有更多的时间进行营养生长，因此，枝梢生长及生物量随夏剪时间的延迟而降低。竹叶花椒夏梢迅速生长期在 6 ~ 9 月，夏剪采收时间的延迟会缩短枝梢的营养生长时间，之后气温的降低不利于枝梢的营养生长。另一方面，夏剪采收时间的延迟会遭遇高温，人工采摘会增加难度和费用，且修剪后的枝干还未萌发新梢形成遮阴，太阳直射易造成枝干日灼伤害树体。因此，提前修剪有利于竹叶花椒树体的健壮生长，提高采摘效率。

大量研究表明，修剪强度不同对植物营养生长的影响也不同，修剪强度会显著影响新梢数量、长度和基径（黄秋良等，2020）。Albarracín 等（2017）研究发现，随冬季修剪强度的增加，橄榄树新枝条生长量显著增加。唐庆兰等（2017）对大花序桉进行不同程度的修枝处理后发现，重度修枝的树高显著降低，随修剪强度的增大生长量呈下降趋势。罗达等（2018）研究发现，对平欧杂种榛不同年龄枝条进行短截后均提高了新梢的长度和基径，并且新梢长度和粗度随夏剪强度的增大而增大。付莹等（2015）对樱桃短截程度进行研究，发现随着短截加重，新梢粗度越大，但新梢数量越少。陈耀兵等（2019）对山桐子短截越重，发枝数量越少，但新梢长度越长。本研究发现，随夏剪强度的加大，新生枝梢数量越多，但新梢长度和基径越小，冠幅和树高也越小，枝、叶生物量越小。研究结果存在差异，可能是因为修剪方式不完全一致，且不同植物的生长状况不一样。龙伟等（2018）对不同品种油茶采取不同修剪强度研究，发现不同品种其最佳修剪程度也不同，在生产实践中应根据品种和需要选择合理修剪模式。重度修剪后树体出现补偿性生长使新生枝梢短小粗壮，即修剪越重其生长促进作用越强，结构分布合理（王开良等，2016）。因此，处理 P0 和处理 P15 的新生枝梢数量更多，且为一级梢，处理 P30 和处理 P45 的新生枝梢更多是二级梢和三级梢，虽然枝长和枝粗比处理 P0 和处理 P15 大，但新梢更细长，不如修剪强度大的处理新梢短小粗壮。竹叶花椒秋季新梢是翌年的结果枝，健壮的结果枝是优质高产的保障，有利于产量的增加。修剪强度越大，树体原有积累物质越少，所以以修剪强度越大的处理，树高、冠幅和枝、叶生物量越小。矮化栽培是果树生产的发展趋势，矮化果树减少营养生长，有利于采摘和生产管理（邵静等，2018）。竹叶花椒的枝干、叶片生有尖刺，将枝条剪下后再采摘椒果，可降低采摘难度和受伤率，且修剪难度低，简单易学，能明显提高采摘效率。传统的轻剪需要拥有丰富的修剪知识和修剪经验才能达到"因树修剪，随树造形"效果。在本研究结果中，处理 P45 的冠幅达 305.2 cm，树与树之间过长的枝条相互交叉穿插，不仅不利于椒园内部的通风透光，对竹叶花椒的田间日常管理也加大了难度。因此，修剪采收的时间越早越有利于结果枝的生长，形成合理的树体结构，修剪采收时在每个枝干上适当选留 3 ~ 5 根健壮枝条，在避免夏季高温产生日灼造成树体损伤的前提下，能有效控制竹叶花椒的树高和冠幅。

（二）夏剪时间对竹叶花芽分化进程的影响

对各种植物的花芽分化过程进行形态特征研究，并根据不同形态来划分分化时期以明确花芽分化进程的报道研究较多，如对核桃（常君等，2019）、柑橘（刘俊松等，2010）和杏（赵通等，2020）等果树的花芽分化过程研究大致均有花芽分化初期、萼片分化期、花瓣分化期和雄雌蕊分化期。但因物种、品种及生长环境等因素的不同，花芽分化的形态、时间也不同，竹叶花椒的花为不完全花，缺少花瓣，无花瓣分化期。胡梅等（2019）将竹叶花椒花芽分化期划分为未分化期、分化始期、花序轴分化期、花蕾分化期、萼片分化期、子房分化期和花柱分化期；常剑文等（1988）将花椒花芽分化期划分为未分化期、分化始期、花序轴分化期、花蕾分化期、萼片分化期、雌蕊分化期；吕小军（2013）对花椒花芽分化期的划分与常剑文相同，但对不同品种的花椒花芽分化研究发现，不同品种的花芽分化时间、花期不同。也有研究者是将第一苞片原基出现作为划分花芽分化期的标志。本研究花椒花芽分化时期的划分与胡梅等（2019）和常剑文等（1988）相同，对竹叶花椒雌花切片观察后划分为未分化期、分化初期、花序轴分化期、花蕾分化期、萼片分化期和雌蕊分化期等，花芽分化时间长，因树体差异及同一根枝条上花芽分化时间不同，所以各时期在时间上均有重叠，对分化时间只进行大致确定。各夏剪时间处理进入雌蕊分化期是在冬季 12 月，此时低温，生长缓慢，雌蕊分化期时间长，翌年气温回升后迅速开花。

修剪对植物花芽分化影响显著，常作为生产上调节花期、果期的有效手段（Soudagar 等，2018）。本研究发现，处理 D620 的竹叶花椒花芽分化开始时间在 9 月中旬，处理 D805 花芽分化开始时间在 10 月上旬，但都在 12 月时开始雌蕊分化。胡梅等（2017）对竹叶花椒的研究中发现，随夏剪采收时间的推迟，花芽分化开始的时间也推迟，但花芽分化时间缩短。本研究结果也发现，竹叶花椒夏剪采收时间越迟，花芽分化开始时间越迟，分化越快，以雌蕊分化的状态过冬，不同夏剪时间处理花期一致，对调节花期、果期无明显影响，但成花率随时间推迟而降低。

（三）夏剪时间和强度对竹叶花椒叶片矿质元素的影响

氮、磷、钾元素被植物吸收、转运和同化进行正常生命活动，不同的元素被运送至植株不同的组织和器官起着不同的作用。周强等（2017）研究发现，越橘花芽分化期叶片中氮呈下降趋势，磷和钾呈先上升后下降趋势，氮、磷和钾的大量积累在花芽分化不同时期被消耗。张绿萍等（2016）研究发现，莲雾分化与氮积累量关系密切，而较高的磷含量和较低的钾含量有利于花芽分化。本研究发现，各夏剪时间和夏剪强度处理花芽分化期叶片中氮、磷和钾含量在萼片分化期前变化幅度更大，各夏剪时间处理氮、磷、钾含量变化总体呈先升高后降低趋势，各夏剪强度处理的氮、磷、钾含量变化则呈迅速升高再降低或迅速降低再升高的趋势，各处理波峰波谷的位置和大小不同，在进入萼片分化期后氮和钾含量呈相同下降趋势，磷含量呈先上升后平缓波动变化。在花芽分化初期、花序轴分化期和花蕾分化期叶片氮、磷、钾元素含量增加和分化后期降低的现象，表明氮、磷、钾元素合成的营养物质参与花芽分化，花芽分化后期叶片中钾含量的大量降低可能有利于花芽后期形态的形成（齐红岩等，2008）。从不同夏剪时间处理的氮、磷、钾波峰出现时间的不同，推断出花芽分化时间的差异，从花序轴分化期到花蕾分化期可能伴随着磷和钾元素的快速消耗，竹叶花椒花芽分化随夏剪强度的加大和夏剪时间的推迟而推迟。氮和钾含量后期降低一方面是被花芽分化消耗，另一方面也可能是因为竹叶花椒花芽分化会跨越冬季，过冬时叶片中营养物质大部分被运送至地下根系贮藏，在春季又会由地下往地上运输，为生长开花提供养分。

修剪改变树体各部分的营养关系，带动树体矿质元素的重新流动，对枝叶的生长及碳、氮、磷和钾积累影响显著（王开良等，2016；刘洋荣等，2019）。本研究中，各夏剪时间处理花芽分化期叶片平均氮、磷和钾含量随夏剪时间的推迟呈升高的趋势，这是因为通常大部分元素吸收后会被运往生长点、嫩叶等旺盛生长的部位，夏剪时间越晚，叶片生长时间越短，叶片更嫩，所以平均氮、磷和钾含量更高。不同修剪强度对冠层微环境产生影响不同，进而影响叶片生长及矿质元素含量（王刚等，2017）。本研究中各夏剪强度处理的叶片平均氮、磷含量随修剪强度的增加而降低。孙慧娟等（2019）对板栗的研究发现，随修剪强度的增加，结果枝叶片中的氮、磷含量呈先增加后降低的趋势。王刚等（2017）对油茶修剪进行研究，设置重度修剪、中度修剪、轻修剪和不修剪对照，发现重度修剪后叶片中氮、磷、钾和钙的含量显著高于其他处理。本试验对竹叶花椒修剪强度的梯度设置更大，"修剪采收一体化"处理P0留枝量为0，竹叶花椒抽生枝梢叶片的氮、磷、钾元素主要来源于枝条和根系贮存营养，在相同的施肥管理下，修剪强度越大，积累的营养物质越少，且促进大量新梢抽发会消耗大量营养物质，导致叶片中氮、磷、钾含量降低。

（四）夏剪时间和强度对竹叶花椒叶片碳水化合物含量及成花率的影响

成熟叶片作为源器官转运碳水化合物为花芽分化提供结构物质及能量。曾辉等（2013）和张绿萍等（2016）分别对澳洲坚果和莲雾的研究发现，叶片中可溶性糖含量和淀粉含量保持在较高水平有利于花芽分化。何文广等（2018）研究发现，山鸡椒雌花芽分化过程中叶片中可溶性糖含量呈上升趋势，淀粉含量呈先升后降的趋势，最高值出现在苞片原基分化期。周强等（2017）研究发现，越橘花芽分化期，叶片中 C/N 显著提高，积累大量可溶性糖为花芽分化过程提供能量和物质基础。本研究中，不同夏剪时间和各夏剪强度处理的全碳、蔗糖、果糖、可溶性糖及淀粉含量、C/N 在花芽分化始期、花序轴分化期和花蕾分化期变化幅度较大，呈先上升后下降或先下降后上升的趋势，可溶性糖和淀粉含量在花序轴分化期出现峰值，蔗糖、果糖及可溶性糖和 C/N 含量在后期呈缓慢增加趋势，全碳和淀粉含量呈较平缓的波动变化。在竹叶花椒的花芽分化始期、花序轴分化期及花蕾分化期，叶片中可溶性糖、淀粉含量变化剧烈，是因为前期分化较迅速，需要消耗较多的能量和营养物质，10 月下旬淀粉含量开始下降时，可溶性糖含量仍维持在较高水平，可能是因为淀粉降解为可溶性糖。本试验中，各处理的淀粉、可溶性糖和果糖的峰值大小和位置的不同表明，夏剪时间和夏剪强度对花芽分化时间产生影响，夏剪时间处理 D720、处理 D805 可溶性糖在花芽分化始期、花序轴分化期和花蕾分化期的迅速积累和消耗，说明夏剪采收时间的推后会延迟花芽分化时间。竹叶花椒在花芽分化后期可溶性糖含量持续上升，可能是因为其花芽需要以雌蕊分化的形态越冬，可溶性糖含量的增加可以使植株提高抗寒性（吕小军等，2013）。前人大量研究表明，花芽分化需要大量碳水化合物的积累为其提供结构物质和能量，C/N 对控制花芽分化有重要作用。如赵通等（2020）对'李光杏'花芽分化期的研究发现，花芽中 C/N 呈先升后降的趋势，在花芽分化盛期显著高于未分化期；齐红岩等（2008）对薄皮甜瓜叶片中的 C/N 进行测量计算，发现在花芽分化期叶片 C/N 呈先上升后下降的趋势，在雌蕊原基分化时达到顶点，而后迅速下降，这进一步说明高水平的 C/N 有利于花芽分化。本研究中竹叶花椒花芽分化后期叶片氮含量降低，C/N 呈先升高后下降再缓慢升高的变化趋势。

竹叶花椒叶片的果糖、蔗糖、淀粉和可溶性糖含量及 C/N 随夏剪时间的推迟而降低，成花率也随夏剪时间的推迟而降低，各处理间差异显著。夏剪时间越早，碳水化合物积累越早，含量越高。夏剪强度试验中，叶片平均全碳、果糖、淀粉及可溶性糖含量和 C/N 随夏剪强度的加大呈先增加后降低的趋势，处理 P15 含量最高。各夏剪强度处理间的成花率也随夏剪强度的增加呈先增加后降低的趋势，各处理间差异显著，处理 P15 成花率最高；张翔等（2014）研究发现，短截促进叶片中淀粉、可溶性糖的积累，短截枝条叶片 C/N 高于不短截枝条叶片；莫亿伟等（2015）发现番荔枝修剪处理后期出现淀粉和可溶性糖积累现象。这都说明修剪促进碳水化合物的积累，随修剪强度加大，叶片净光合速率提高，有利于光合产物增加。本研究中处理 P0 的碳水化合物含量低，主要是由于修枝量过大，大量补偿性生长和伤口的愈合会消耗更多的碳水化合物（刘可欣等，2019）。

不同修剪强度和修剪时间会影响果树花芽分化及成花率。本研究中，竹叶花椒成花率随夏剪时间的推迟而降低，各处理间差异显著；成花率随夏剪强度的加大呈先增加后降低的变化趋势，各处理间差异显著。说明树体营养水平对花芽分化影响巨大，不同夏剪强度对竹叶花椒树体生长、光合作用及微环境的影响不同。因此，合理修剪改善光照条件，使光合作用生产碳水化合物的速率提高，能为竹叶花椒的花芽分化提供良好物质基础，促进花芽分化，提高成花率。

（五）夏剪时间和强度对竹叶花椒光合作用的影响

植物进行光合作用为大部分生物提供生存物质和能量，叶片的光合能力是植物生长是否良好的决定因素之一。植物光合受外界光照、温度、水分等环境因素的影响，也受自身营养状况、叶片质量及遗传因素的影响。修剪不仅直接影响冠层截获光照及林内光照条件，而且间接影响树体生长及光合作用，因光照条件的变化会对树冠及林内微环境的温度、湿度甚至土壤含水率产生影响。陈旅等（2016）对不同品种的花椒光合作用进行研究，发现叶片 P_n 与 G_s、T_r 和 WUE 与光合有效辐射呈显著正相关，与 C_i 呈极显著负相关。赵昌平等（2017）研究发现，汉源葡萄青椒叶片 P_n 与 G_s、T_r 和叶绿素含量呈极显著正相关。本研究中竹叶花椒叶片 P_n 与 T_r、G_s 及叶绿素含量呈显著或极显著正相关，与 C_i 呈极显著负相关，表明叶片光合作用受到 T_r、G_s 和叶绿素含量等因子的共同影响。本研究发现，随夏剪时间的推迟，竹叶花椒叶片 P_n、T_r、G_s、WUE 和叶绿素含量呈降低趋势，C_i 和 V_{pdl} 呈升高趋势，各处理间 P_n 差异显著，叶绿素含量无显著差异。因为夏剪采收时间不同，对树体的枝梢生长和冠幅大小影响显著，从而对光合作用产生影响。高照全等（2015）对白海棠苹果的研究发现，长枝叶片的光合能力高于中枝和短枝，表明健壮生长的枝条能有效提高叶片光合能力，且果实的存在能有效增强叶片的光合作用。竹叶花椒夏剪采收时间越早，果枝生长越健壮，载果量越大，能有效增强光合作用。

不同修剪强度对叶片质量、光合作用和蒸腾作用的影响不同。朱雪荣等（2013）对苹果的研究发现，修剪量增大，叶片光合能力增大，果实品质提高。崔春梅等（2015）研究发现，随短截程度的加重，富士苹果的成枝力加强，叶绿素含量增加，光合速率提高。彭晶晶等（2014）对板栗的研究发现，净光合速率、蒸腾速率随修剪强度的增加而增加，叶绿素含量随修剪强度的增大而降低。本研究发现，随夏剪强度的加大，竹叶花椒叶片 P_n、T_r、G_s、WUE 和叶绿素含量呈先升高后降低的趋势，C_i 和 V_{pdl} 呈相反变化趋势，随夏剪强度的加大呈先降低后升高的趋势，处理 P15 的 P_n 显著高于其他 3 个处理，但处理间无显著差异。叶绿素含量受光照影响大，强光环境下的光保护作用会使叶绿素合成降低，弱光环境则会增加叶绿素含量来增强捕获和吸收光的能力（唐星林等，2019）。冠层的水平结构和垂直结构对光合作用影响巨大（马雅莉等，2020），处理 P15 的冠层结构合理，内部光照条件好，进而使处理 P15 的冠层结构光合作用最强。

（六）夏剪时间和强度对竹叶花椒产量的影响

修剪影响枝类组成，改善树体通风透光条件对叶片光合作用有巨大影响，合理修剪是提高产量的有效措施。Lodolini 等（2019）研究发现，春季对橄榄树进行修剪，修剪时间越晚产量越低。Silvestroni 等（2018）研究发现，冬季推迟葡萄人工修剪会延迟物候期，降低产量。本研究发现，竹叶花椒株产量随夏剪时间的降低而降低，各处理间差异显著。因为修剪时间越早，温度适宜，抽发结果枝数量越多，有充足的时间进行营养生长，新梢更粗更长，枝叶量大，为果实提供的光合产物更多。因此，夏剪时间提前，有利于竹叶花椒产量的提高。

修剪强度不同对产量的影响也不同。黄秋良等（2020）对无患子进行不同强度修剪研究发现，中度修剪处理后无患子果实产量提高效果最佳。颜丽菊等（2018）对杨梅修剪方式研究发现，疏除大枝修剪方式的株产量显著高于小枝修剪和不修剪对照。王红宁等（2020）发现苹果株产量随主枝数的增加呈先增后降的趋势，在主枝数为25根时产量最大。佘远国等（2013）对板栗进行修剪，发现轻短截有利于板栗增产，重短截则会减产。本研究发现，竹叶花椒株产量随修剪强度的增加呈先增加后降低的变化趋势，处理P15产量最高，显著高于处理P0和处理P45，与处理P30无显著差异，说明中度或重度修剪有利于产量的增加，但与佘远国等（2013）的研究结果不同，这可能与不同树种其生物学特性不同有关，对于枝梢抽生率较低的树种，修剪的增产效应可能在短时间内不会表现出来。Albarracín等（2017）研究表明，第一年产量随着修剪强度的加大而降低，修剪三年后平均产量差异不大。果树产量取决于光合产物的多少和光合产物向果实分配的比例（高照全等，2015）。竹叶花椒发枝力强，夏季新生枝梢是翌年结果枝，成都平原属亚热带季风气候，适宜的温度、湿度及光照有利于竹叶花椒夏梢的抽发生长。重剪处理的枝条总数虽不如轻修剪枝条数量多，但短小粗壮且分布结构合理，轻修剪处理枝叶量大，但冠层郁闭导致结果枝外移，且大量枝梢徒长耗费大量营养物质，落花落果严重，导致减产。处理P0因修剪过重造成枝梢旺长，积累营养物质少，所以影响产量。因此，中重度修剪有利于竹叶花椒保持较高产量。此外，处理P15留枝量不多，剩余枝量不影响采摘效率，"修剪采收一体化"技术能降低采摘成本，实现连年高产，避免大小年现象，可以有效增加经济效益。

（七）夏剪时间和强度对竹叶花椒果皮品质的影响

冠层的枝梢结构和数量直接影响树冠内的光照条件，修剪改变树体生长状况及微环境，从而对果实产量和品质产生影响。本研究发现，夏剪时间对竹叶花椒树体生长状况和光合作用影响显著，不同夏剪采收时间对翌年椒果品质的影响也显著。竹叶花椒果皮千粒重、灰分、挥发油、麻味素、醇溶提取物及不挥发性乙醚提取物含量随夏剪时间的延迟而降低，各处理间综合品质差异显著。方仁等（2018）对广西凤梨释迦的研究发现，果实品质随修剪时间的推迟呈先升高后降低的变化趋势，7月是最佳修剪时间。黄春辉等（2013）对猕猴桃的研究发现，随修剪时间的推迟，猕猴桃综合品质呈先上升后下降的趋势。这与本研究结果不同，可能是因为修剪强度不同，竹叶花椒采用"修剪采收一体化"技术，是极重剪，延迟夏剪后影响枝梢发芽和花芽分化物候期，从而对果实成熟度产生影响。

竹叶花椒的果皮千粒重、挥发油、麻味素、醇溶提取物及不挥发性乙醚提取物含量随夏剪强度的加大呈先增加后降低的趋势，处理 P15 综合品质最高。竹叶花椒是喜光、发枝力强的树种，轻度修剪的竹叶花椒植株冠幅大于株间距，枝梢交错生长造成树冠郁闭，降低了冠层的光照、通风条件，导致结果枝外移，果实产量和品质降低。修剪强度的加大可以减弱蒸腾作用，降低水分消耗，修剪后的采摘剩余物堆积于树下，均有利于土壤持水率的提高（朱留刚等，2017；Jin 等，2018）。因此，中重度修剪有利于提高树冠通风、透光性，改善微环境温度、湿度，从而提高竹叶花椒果实品质。

四、结论

夏剪时间和强度对竹叶花椒树体生长、花芽分化、产量及品质的影响显著，其采收修剪时间在 6 月中下旬，修剪时保留 15 根左右枝条时，有利于竹叶花椒树体生长，增强光合作用，提高成花率，达到提质增产的效果。

第二节　竹叶花椒采收剩余物分解、养分释放对菌剂和外源氮素添加的响应

随着竹叶花椒种植规模的不断扩大，采收剩余物的数量日益增加，但目前采收剩余物的处理方式主要为带枝烘干后枝条被焚烧或就地丢弃，从而造成环境污染和资源浪费。另外，每年把大量的竹叶花椒采收剩余物堆放在椒园里或道路旁，也会为病虫害滋生和火灾发生创造条件。与焚烧相比，堆肥化处理不仅可使竹叶花椒采收剩余物作为有机肥还地改土，还可实现养分循环利用、降低病虫害发生率。添加菌剂在堆肥中应用广泛，一方面可以增加微生物的数量，另一方面可使物料快速升温，延长高温期和提高酶活性，进而促进堆腐物的分解。迄今为止，有关竹叶花椒采收剩余物分解及养分释放方面的研究尚未见报道，难以满足当前竹叶花椒产业发展的需要。本研究以竹叶花椒采收剩余物为对象，研究剩余物不同组分（叶、枝、刺）在堆肥条件下的分解及养分释放动态，为加快竹叶花椒采收剩余物分解和促进养分循环利用提供参考，进而为竹叶花椒林生态系统的可持续发展和科学有效管理提供理论基础和数据支撑。

一、材料和方法

（一）试验地及试验材料

试验地位于四川省成都市四川农业大学成都校区第四教学楼旁的塑料防雨大棚内，供试材料为竹叶花椒品种汉源葡萄青椒。

（二）试验材料采集与制备

于 2016 年 7 月下旬竹叶花椒采收时期，收集四川农业大学崇州教学科研基地竹叶花

椒园内从椒树上修剪下来的叶、枝和刺，带回实验室，于室内通风处自然风干后，将枝、叶和刺分开，枝条剪成 3 ~ 5 cm 备用。首先，根据自然生长比例，分别称取枝 10 g、叶 5 g 和刺 1 g 各 9 袋，于 65℃烘干至恒量，计算烘干样和风干样含水率的转化系数，随后将烘干样磨碎过 1 mm 的筛，用以测定叶、枝和刺的初始化学特性。准确称取相当于烘干质量 10 g、5 g 和 1 g 的枝、叶和刺，将风干的竹叶花椒采收剩余物装入 15 cm × 10 cm 的尼龙网袋（上下表面孔径均为 1 mm）。

（三）堆肥方案

试验研究不同菌剂类型［包括未添加菌剂对照（CK）、有机物料发酵剂（YJ）、种植 EM 菌液（ZZ）、植物与发酵 EM 菌（ZW）］和 C/N（包括 20、25、30 和 35）对竹叶花椒采收剩余物分解的影响，共 16 个处理，3 个重复。堆肥分解试验在发酵桶中完成，每个发酵桶为 1 个处理，在桶中随机放置枝、叶和刺各 8 袋，16 个处理共有枝、叶和刺各 384 袋（详见表 5-5）。

表 5-5　正交试验设计表

处理	菌剂	C/N	处理	菌剂	C/N
CK+C/N20	CK	20	ZZ+C/N20	种植 EM 菌液	20
CK+C/N25	CK	25	ZZ+C/N25	种植 EM 菌液	25
CK+C/N30	CK	30	ZZ+C/N30	种植 EM 菌液	30
CK+C/N35	CK	35	ZZ+C/N35	种植 EM 菌液	35
YJ+C/N20	有机物料发酵剂	20	ZW+C/N20	植物与发酵 EM 菌	20
YJ+C/N25	有机物料发酵剂	25	ZW+C/N25	植物与发酵 EM 菌	25
YJ+C/N30	有机物料发酵剂	30	ZW+C/N30	植物与发酵 EM 菌	30
YJ+C/N35	有机物料发酵剂	35	ZW+C/N35	植物与发酵 EM 菌	35

再往每个桶里面添加 472 g 的剩余物，枝、叶、刺按自然生长比例放置均匀。有机物料发酵剂购自山东君德生物科技有限公司，种植 EM 菌液购自河南农富康生物科技有限公司，植物与发酵 EM 菌购自江西新余仙鹤农业科技公司。调节 C/N 所用氮源为尿素，将竹叶花椒采收剩余物枝、叶和刺作为整体调节 C/N，按自然生长比例计算堆体总碳量和总氮量，然后根据与尿素的重量比计算所需增加氮素，按剩余物干物质量的 200% 加水，按使用说明添加菌液，再将所需尿素溶解添加在清水中，和菌液一起均匀地喷洒到剩余物上，记录每个发酵桶的总重量。

试验于 2016 年 8 月开始，2017 年 2 月结束，堆肥开始后每 3 d 进行一次翻堆并称重补水。堆肥后第 10 d、第 20 d、第 40 d、第 60 d、第 90 d、第 120 d、第 150 d 和第 180 d 于各处理的每个重复中各取叶、枝和刺 1 袋带回实验室，自然风干后于 65℃烘干至恒重，称重然后计算叶、枝和刺的质量损失。

（四）测定指标及其方法

凋落物样品测定指标包括木质素、纤维素和几种元素（C、N、P、K、Ca 和 Mg）。凋落物木质素、纤维素用酸性洗涤纤维法测定，C 用重铬酸钾氧化—外加热法测定（LY/T 1237–1999），N、P、K、Ca 和 Mg 待测液采用硫酸 – 高氯酸消煮法制备（LY/T 1271–1999），N 用半微量凯氏法测定（LY/T 1228–1999），P 用钼锑抗比色法测定（LY/T 1270–1999），K、Ca 和 Mg 用 TAS–986 原子分光光度计测定（LY/T 1270–1999）。

（五）数据处理

剩余物的质量残留率（Mass remaining，MR）计算方法为：

$$MR（\%）=（X_1/X_0）\times 100$$

式中：X_1 为该阶段剩余物的质量（g），X_0 为初始剩余物的质量（g）。

利用 Olson 负指数衰减模型对剩余物质量损失与分解时间进行拟合，拟合方程为：

$$y = ae^{-kt}$$

式中：y 为质量残留率（%），a 为拟合参数，k 为年分解系数［单位为 kg/（kg·a）］，t 为时间。

剩余物分解 50%（$T_{50\%}$）和 95%（$T_{95\%}$）所需时间的计算方法为：

$$T_{50\%} = -\ln（1-0.50）/k$$

$$T_{95\%} = -\ln（1-0.95）/k$$

采用 Excel 2007 完成数据统计分析，用 SPSS 软件中的单因素方差分析，比较不同剩余物组分初始化学特性的差异，统计显著水平均为 α = 0.05。用 Sigmaplot 13.0 作图。图表中数据均为平均值 ± 标准差。

二、结果与分析

（一）竹叶花椒三种剩余物组分初始化学性质

竹叶花椒采收剩余物分为叶、枝和刺 3 种组分，不同组分初始化学特性见表 5-6。3 种组分之间除 C 元素含量差异不显著外，其余 N、P、K、Ca、Mg、木质素、纤维素和 C/N 均差异显著。其中剩余物叶 N、P、Ca 和 Mg 含量明显高于剩余物枝和刺，剩余物刺和枝木质素、纤维素和 C/N 显著高于剩余物叶。

表 5-6　3 种剩余物组分初始化学特性

剩余物组分	C /（g·kg⁻¹）	N /（g·kg⁻¹）	P /（g·kg⁻¹）	K /（g·kg⁻¹）
叶	448.48 ± 6.36a	14.07 ± 0.53a	2.08 ± 0.25a	12.91 ± 0.56a
枝	443.64 ± 6.30a	8.92 ± 0.27b	1.77 ± 0.08b	11.35 ± 0.26b
刺	441.69 ± 5.67a	7.62 ± 0.22b	1.55 ± 0.06b	10.45 ± 0.30c

续表 5-6　三种剩余物组分初始化学特性

剩余物组分	Ga / (g · kg⁻¹)	Mg / (g · kg⁻¹)	木质素 / (g · kg⁻¹)	纤维素 / (g · kg⁻¹)	C/N
叶	4.92 ± 0.16a	12.65 ± 0.81a	136.72 ± 3.63c	76.02 ± 21.67b	31.90 ± 1.05c
枝	1.49 ± 0.06b	5.97 ± 0.37b	439.27 ± 25.83a	64.92 ± 13.32b	49.79 ± 1.89b
刺	1.39 ± 0.09b	4.54 ± 0.25b	331.28 ± 29.34b	270.63 ± 8.76a	57.99 ± 1.11a

注：同一列中不同字母表示差异显著（$P < 0.05$），下同。

（二）添加菌剂和调节 C/N 对竹叶花椒采收剩余物分解的影响

1. 叶的分解

由图 5-17 可知，经过 180 d 的堆腐处理后，叶的质量残留率明显下降，分解前期（0 ~ 80 d）质量残留率下降迅速，分解后期（80 ~ 180 d）下降缓慢。分解 180 d 后，各处理叶的质量残留率为 40.4% ~ 65.2%，质量损失 50% 和 95% 所需时间分别为 0.49 ~ 1.02 a 和 2.12 ~ 4.39 a。各处理中，处理 ZZ+C/N25 叶分解最快，叶的质量损失 95% 所需时间为 2.12 a；处理 CK+C/N35 叶分解最慢，叶的质量损失 95% 所需时间为 4.39 a。不添加菌剂对照（CK）叶质量残留率平均为 61.8%，添加有机物料发酵剂、种植 EM 菌液和植物与发酵 EM 菌处理叶平均质量残留率分别为 51.9%、44.5% 和 47.6%。

与 CK 相比，添加了有机物料发酵剂、种植 EM 菌液和植物与发酵 EM 菌处理的叶分解 95% 所需时间分别降低 0.77 ~ 1.18 a、1.36 ~ 1.80 a 和 1.16 ~ 1.55 a。C/N 为 20、25、30 和 35 时，叶平均质量残留率分别为 50.6%、47.5%、53.0% 和 54.7%，叶分解 95% 所需的时间分别为 2.89 a、2.66 a、3.09 a 和 3.26 a（表 5-7）。相同菌液和不同 C/N 处理条件下，叶分解系数 k 均呈现出 C/N25 > C/N20 > C/N30 > C/N35 的变化规律。试验结果表明添加菌剂和调节 C/N 对竹叶花椒剩余物叶的分解具有较好的促进作用，其中添加种植 EM 菌液和将 C/N 调至 25 对竹叶花椒剩余物叶的分解作用最好。

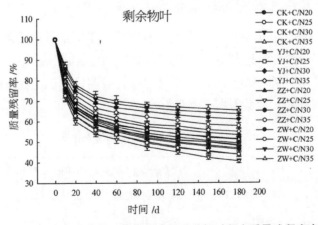

图 5-17　堆肥处理对竹叶花椒剩余物叶分解过程中质量残留率变化

表 5-7 堆肥处理采收竹叶花椒剩余物叶分解模型

处理	方程	R^2	k	$T_{0.5}$ /a	$T_{0.95}$ /a	处理	方程	R^2	k	$T_{0.5}$ /a	$T_{0.95}$ /a
CK+C/N20	$y=82.920e^{-0.781t}$	0.696**	0.781	0.89	3.84	ZZ+C/N20	$y=74.538e^{-1.304t}$	0.741**	1.304	0.53	2.30
CK+C/N25	$y=81.270e^{-0.860t}$	0.703**	0.860	0.81	3.48	ZZ+C/N25	$y=72.876e^{-1.414t}$	0.746**	1.414	0.49	2.12
CK+C/N30	$y=84.199e^{-0.721t}$	0.688**	0.721	0.96	4.15	ZZ+C/N30	$y=75.734e^{-1.219t}$	0.732**	1.219	0.57	2.46
CK+C/N35	$y=85.133e^{-0.682t}$	0.681**	0.682	1.02	4.39	ZZ+C/N35	$y=76.599e^{-1.158t}$	0.725**	1.158	0.60	2.59
YJ+C/N20	$y=77.179e^{-1.029t}$	0.692**	1.029	0.67	2.91	ZW+C/N20	$y=75.814e^{-1.193t}$	0.728**	1.193	0.58	2.51
YJ+C/N25	$y=75.358e^{-1.106t}$	0.688**	1.106	0.63	2.71	ZW+C/N25	$y=74.023e^{-1.291t}$	0.730**	1.291	0.54	2.32
YJ+C/N30	$y=78.517e^{-0.974t}$	0.695**	0.974	0.71	3.08	ZW+C/N30	$y=77.029e^{-1.114t}$	0.721**	1.114	0.62	2.69
YJ+C/N35	$y=79.448e^{-0.932t}$	0.695**	0.932	0.74	3.21	ZW+C/N35	$y=77.762e^{-1.053t}$	0.710**	1.053	0.66	2.84

注：k– 分解系数，$T_{0.5}$– 半分解时间，$T_{0.95}$– 分解 95% 所需时间，下同。

2. 枝的分解

由图 5-18 可知，经过 180 d 的堆腐处理后，各处理枝的质量残留率为 70.8% ~ 79.8%，质量损失 50% 和 95% 所需时间分别为 1.15 ~1.61 a 和 4.98 ~ 6.95 a。各处理中，处理 ZZ+C/N25 的枝质量损失 50% 所需时间最短的为 1.15 a，损失 95% 所需时间最短的为 4.98 a。不添加菌剂处理枝的质量残留率平均为 78.9%，添加有机物料发酵剂、种植 EM 菌液和植物与发酵 EM 菌处理枝的质量残留率平均为 76.8%、73.1% 和 74.8%，CK 处理枝的质量残留率高于添加菌剂处理。

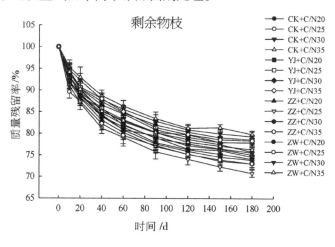

图 5-18 堆肥处理竹叶花椒剩余物枝分解过程中质量残留率变化

与 CK 相比，添加了有机物料发酵剂、种植 EM 菌液和植物与发酵 EM 菌的枝分解 95% 所需时间分别减少 0.39 ~ 0.80 a、1.34 ~ 1.86 a 和 0.91 ~ 1.22 a。C/N 为 20、25、30 和 35 时，枝的平均质量残留率分别为 75.4%、74.2%、76.7% 和 77.3%，枝分解 95% 平均所需时间分别为 5.99 a、5.87 a、6.21 a 和 6.29 a。C/N 为 25 时，质量残留率最低，C/N20、

C/N30 和 C/N35 质量残留率依次增大，分解 95% 所需时间越来越长（表 5-8）。相同菌剂和不同 C/N 条件下，枝的分解系数 k 均呈现出 C/N25 > C/N20 > C/N30 > C/N35 的变化规律。试验结果表明添加菌剂和调节 C/N 对竹叶花椒剩余物枝的分解具有较好的促进作用，其中添加种植 EM 菌液和将 C/N 调至 25 时对枝的分解作用最好。

表 5-8　堆肥处理采收竹叶花椒剩余物枝分解模型

处理	方程	R^2	k	$T_{0.5}$/a	$T_{0.95}$/a	处理	方程	R^2	k	$T_{0.5}$/a	$T_{0.95}$/a
CK+C/N20	$y=94.062e^{-0.438t}$	0.851**	0.438	1.58	6.84	ZZ+C/N20	$y=92.031e^{-0.565t}$	0.842**	0.565	1.23	5.30
CK+C/N25	$y=92.825e^{-0.438t}$	0.798**	0.438	1.58	6.84	ZZ+C/N25	$y=91.291e^{-0.601t}$	0.842**	0.601	1.15	4.98
CK+C/N30	$y=94.753e^{-0.432t}$	0.866**	0.432	1.60	6.93	ZZ+C/N30	$y=92.472e^{-0.548t}$	0.847**	0.548	1.26	5.47
CK+C/N35	$y=95.328e^{-0.431t}$	0.882**	0.431	1.61	6.95	ZZ+C/N35	$y=93.261e^{-0.534t}$	0.864**	0.534	1.30	5.61
YJ+C/N20	$y=93.262e^{-0.487t}$	0.850**	0.487	1.42	6.15	ZW+C/N20	$y=92.239e^{-0.528t}$	0.840**	0.528	1.31	5.67
YJ+C/N25	$y=92.301e^{-0.496t}$	0.820**	0.496	1.40	6.04	ZW+C/N25	$y=90.956e^{-0.533t}$	0.812**	0.533	1.30	5.62
YJ+C/N30	$y=93.847e^{-0.463t}$	0.850**	0.463	1.50	6.47	ZW+C/N30	$y=92.828e^{-0.501t}$	0.831**	0.501	1.38	5.98
YJ+C/N35	$y=94.347e^{-0.457t}$	0.865**	0.457	1.52	6.56	ZW+C/N35	$y=93.548e^{-0.496t}$	0.845**	0.496	1.40	6.04

3. 刺的分解

由图 5-19 可知，经过 180 d 的堆腐处理后，各处理刺的质量残留率为 82.7% ~ 93.3%，质量损失 50% 和 95% 所需时间分别为 2.03 ~ 5.42 a 和 8.76 ~ 23.40 a。与叶和枝相比，刺分解速度最慢。各处理中，处理 ZZ+C/N25 的刺分解速率最快，刺的质量损失 50% 所需时间最短，为 2.03 a，质量损失 95% 所需时间最短，为 8.76 a。不添加菌剂处理质量残留率平均为 91.5%，添加有机物料发酵剂、种植 EM 菌液和植物与发酵 EM 菌处理刺平均质量残留率分别为 89.2%、84.8% 和 87.6%。

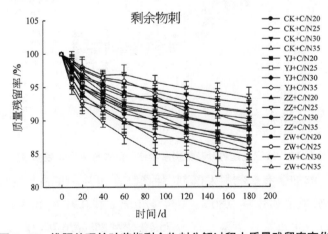

图 5-19　堆肥处理竹叶花椒剩余物刺分解过程中质量残留率变化

与处理 CK 相比，添加有机物料发酵剂、种植 EM 菌液和植物与发酵 EM 菌的刺分解 95% 所需时间分别减少 2.45 ~ 7.03 a、5.92 ~ 12.35 a 和 3.90 ~ 9.34 a。C/N 为 20、25、30 和 35 时，刺平均质量残留率分别为 87.9%、85.9%、89.2% 和 90.1%，分解 95% 所需平均时间分别为 13.40 a、11.61 a、14.89 a 和 16.22 a（表 5-9）。相同菌液和不同 C/N 条件下，刺的分解系数 k 均呈现出 C/N25 > C/N20 > C/N30 > C/N35 的变化规律。试验结果表明添加菌剂和调节 C/N 对竹叶花椒剩余物刺的分解具有较好的促进作用，其中添加种植 EM 菌液和将 C/N 调至 25 时对刺的分解作用最好。

表 5-9　堆肥处理采收竹叶花椒剩余物刺分解模型

处理	方程	R^2	k	$T_{0.5}$ /a	$T_{0.95}$ /a	处理	方程	R^2	k	$T_{0.5}$ /a	$T_{0.95}$ /a
CK+C/N20	$y=97.892e^{-0.167t}$	0.872**	0.167	4.15	17.94	ZZ+C/N20	$y=96.370e^{-0.306t}$	0.889**	0.306	2.27	9.79
CK+C/N25	$y=96.910e^{-0.204t}$	0.824**	0.204	3.40	14.68	ZZ+C/N25	$y=95.047e^{-0.342t}$	0.840**	0.342	2.03	8.76
CK+C/N30	$y=98.593e^{-0.145t}$	0.918**	0.145	4.78	20.66	ZZ+C/N30	$y=97.272e^{-0.284t}$	0.913**	0.284	2.44	10.55
CK+C/N35	$y=98.997e^{-0.128t}$	0.942**	0.128	5.42	23.40	ZZ+C/N35	$y=97.834e^{-0.271t}$	0.926**	0.271	2.56	11.05
YJ+C/N20	$y=97.319e^{-0.215t}$	0.875**	0.215	3.22	13.93	ZW+C/N20	$y=97.095e^{-0.251t}$	0.886**	0.251	2.76	11.94
YJ+C/N25	$y=96.098e^{-0.245t}$	0.818**	0.245	2.83	12.23	ZW+C/N25	$y=95.818e^{-0.278t}$	0.841**	0.278	2.49	10.78
YJ+C/N30	$y=98.328e^{-0.196t}$	0.932**	0.196	3.54	15.28	ZW+C/N30	$y=97.976e^{-0.229t}$	0.916**	0.229	3.03	13.08
YJ+C/N35	$y=99.043e^{-0.183t}$	0.963**	0.183	3.79	16.37	ZW+C/N35	$y=98.522e^{-0.213t}$	0.925**	0.213	3.25	14.06

（三）添加菌剂和调节 C/N 对竹叶花椒采收剩余物分解过程养分含量的影响

1.C 和 N 含量

由图 5-20 可以看出，各处理各组分 C 浓度随着堆肥的进行而下降，在堆肥过程中，各组分剩余物 C 含量变化趋势较一致。剩余物叶分解 180 d 后，C 元素含量从小到大为：CK+C/N25 < YJ+C/N25 < CK+C/N30 < ZW+C/N25 = YJ+C/N30 < ZZ+C/N25 < ZW+C/N30 < CK+C/N20 < CK+C/N35 < ZZ+C/N30 < YJ+C/N20 < ZW+C/N20 < YJ+C/N35 < ZZ+C/N20 < ZW+C/N35 < ZZ+C/N35，添加菌剂处理 C 含量较 CK 高，调节 C/N 处理 C 含量表现为 C/N35 > C/N20 > C/N30 > C/N25。剩余物枝分解 180 d 后，C 元素含量从小到大为：CK+C/N25 < YJ+C/N25 < CK+C/N30 < YJ+C/N30 < ZZ+C/N25 < CK+C/N20 < ZZ+C/N30 < CK+C/N35 = YJ+C/N20 < YJ+C/N35 < ZZ+C/N20 < ZW+C/N25 < ZZ+C/N35 < ZW+C/N30 < ZW+C/N20 < ZW+C/N35，添加菌剂处理 C 含量较 CK 高，其中种植 EM 菌液含量最高，调节 C/N 处理 C 含量表现为 C/N35 > C/N20 > C/N30 > C/N25。剩余物刺分解 180 d 后，C 元素含量从小到大为：CK+C/N25 < ZW+C/N25 < YJ+C/N25 < CK+C/N30 < CK+C/N20 < ZW+C/N30 < YJ+C/N30 = ZZ+C/N25 < CK+C/N35 < YJ+C/N20 < YJ+C/N35 = ZZ+C/N30 = ZW+C/N20 < ZZ+C/N20 < ZW+C/N35 < ZZ+C/N35，添加菌剂处理 C 含量较 CK 高，调节 C/N 处理 C 含量表现为 C/N35 > C/N20 > C/N30 > C/N25。

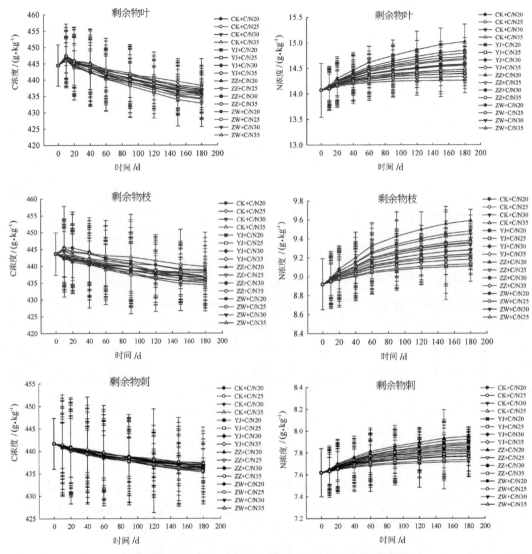

图 5-20　堆肥各处理竹叶花椒剩余物 C、N 含量的变化

剩余物叶分解 180 d 后，N 元素含量从小到大为：CK+C/N35 < YJ+C/N35 < CK+C/N30 < ZW+C/N35 < CK+C/N25 < YJ+C/N30 < ZZ+C/N35 < YJ+C/N25 < ZW+C/N30 < CK+C/N20 < ZW+C/N25 < ZZ+C/N30 < YJ+C/N20 < ZZ+C/N25 < ZW+C/N20 < ZZ+C/N20，与 CK 相比，添加菌剂处理的剩余物叶全 N 含量较高，其中种植 EM 菌处理的全 N 含量最高，植物与发酵 EM 菌次之，有机物料发酵剂最低，调节 C/N 处理 N 含量均表现为 C/N20 > C/N25 > C/N30 > C/N35。剩余物枝分解 180 d 后，N 元素含量从小到大为：CK+C/N35 < YJ+C/N35 < ZW+C/N35 < CK+C/N30 < YJ+C/N30 < ZZ+C/N35 < CK+ C/

N25＜ZW+C/N30＜YJ+C/N25＜CK+C/N20＜ZZ+C/N30＜ZW+C/N25＜YJ+C/N20＜ZZ+C/N25＜ZW+C/N20＜ZZ+C/N20，与CK相比，添加菌剂处理的剩余物枝全N含量较高，其中种植EM菌处理的全N含量最高，植物与发酵EM菌次之，有机物料发酵剂最低，调节C/N处理碳含量均表现为C/N20＞C/N25＞C/N30＞C/N35。剩余物刺分解180 d后，N元素含量从小到大为：CK+C/N35＜YJ+C/N35＜ZW+C/N35＜CK+C/N30＜CK+C/N25＝YJ+C/N30＜ZZ+C/N35＜CK+C/N20＜YJ+C/N25＜ZW+C/N30＜YJ+C/N20＜ZW+C/N25＜ZZ+C/N30＜ZW+C/N20＜ZZ+C/N25＜ZZ+C/N20，与CK相比，添加菌剂处理的剩余物刺全N含量较高，其中种植EM菌处理的全N含量最高，植物与发酵EM菌次之，有机物料发酵剂最低，调节C/N处理N含量均表现为C/N20＞C/N25＞C/N30＞C/N35。从试验结果来看，添加菌剂增加了竹叶花椒剩余物各组分的全N含量，试验中各处理各组分的全N含量呈增长趋势，堆肥结束后，添加种植EM菌液的剩余物叶、枝和刺全N含量最高，分别为14.75 g/kg、9.41 g/kg和7.89 g/kg，比CK高0.33 g/kg、0.19 g/kg和0.11 g/kg。调节C/N处理N含量表现均为C/N20＞C/N25＞C/N30＞C/N35。

2. P 和 K 含量

由图5-21所示，不同处理堆肥过程中全P含量呈增长趋势，总体来讲，增长幅度较小。剩余物叶分解180 d后，P元素残留率从小到大为：CK+C/N35＜CK+C/N20＜CK+C/N30＜CK+C/N25＜YJ+C/N35＜YJ+C/N20＜YJ+C/N30＜YJ+C/N25＜ZW+C/N35＜ZW+C/N20＜ZW+C/N30＜ZW+C/N25＜ZZ+C/N35＜ZZ+C/N20＜ZZ+C/N30＜ZZ+C/N25，与CK相比，添加菌剂处理的剩余物叶全P含量较高，其中种植EM菌处理的全P含量最高，植物与发酵EM菌次之，有机物料发酵剂最低，调节C/N处理P含量均表现为C/N25＞C/N30＞C/N20＞C/N35。剩余物枝分解180 d后，P元素含量从小到大为：CK+C/N35＜CK+C/N20＝YJ+C/N35＜ZW+C/N35＝YJ+C/N20＜CK+C/N30＜YJ+C/N30＜CK+C/N25＝ZZ+C/N35＝ZW+C/N20＜ZW+C/N30＝YJ+C/N25＜ZZ+C/N20＜ZZ+C/N30＝ZW+C/N25＜ZZ+C/N25，与CK相比，添加菌剂处理的剩余物枝全P含量较高，其中种植EM菌处理的全P含量最高，植物与发酵EM菌次之，有机物料发酵剂最低，各处理调节C/N处理P含量表现为C/N25＞C/N30＞C/N20＞C/N35。剩余物刺分解180 d后，P元素含量从小到大为：CK+C/N35＝YJ+C/N35＜CK+C/N20＝ZW+C/N35＜YJ+C/N20＜CK+C/N30＝ZW+C/N20＜CK+C/N25＝ZZ+C/N35＝YJ+C/N30＜ZZ+C/N20＝ZW+C/N30＜ZZ+C/N30＜YJ+C/N25＜ZW+C/N25＜ZZ+C/N25，与CK相比，添加菌剂处理的剩余物刺全P含量较高，其中种植EM菌处理的全P含量最高，植物与发酵EM菌次之，有机物料发酵剂最低，各处理调节C/N处理P含量均表现为C/N25＞C/N30＞C/N20＞C/N35。

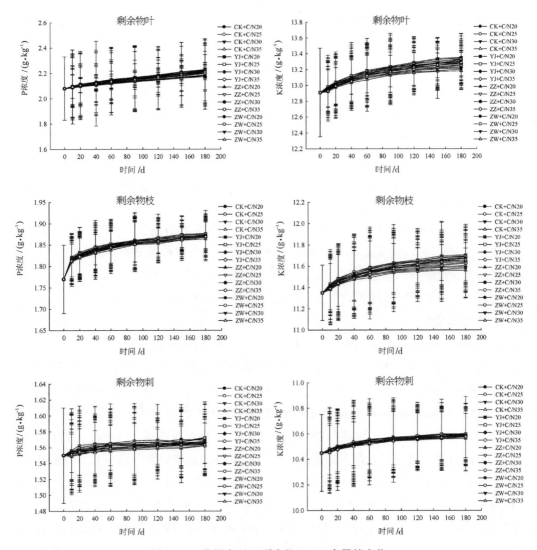

图 5-21　堆肥各处理剩余物 P、K 含量的变化

堆肥原料中，K 含量相同，但在加入不同菌剂和尿素后，不同处理时间的 K 含量出现差异。K 含量随着堆肥时间的延长而增加，增加的幅度取决于菌剂的类型和尿素调节的 C/N。剩余物叶分解 180 d 后，K 元素残留率从小到大为：CK+C/N35 < CK+C/N20 < CK+C/N30 < CK+C/N25 < YJ+C/N35 < YJ+C/N20 < YJ+C/N30 < YJ+C/N25 < ZW+ C/N35 < ZW+C/N20 < ZW+C/N30 < ZZ+C/N35 < ZW+C/N25 < ZZ+C/N20 < ZZ+C/N30 < ZZ+C/N25，其中，种植 EM 菌液处理的 K 含量最高，植物与发酵 EM 菌次之，有机物料发酵剂最低，调节 C/N 处理 K 含量表现为 C/N25 > C/N30 > C/N20 > C/N35。剩余物枝分解 180 d 后，K 元素含量从小到大为：CK+C/N35 < CK+C/N20 < CK+C/N30 < CK+ C/N25 < YJ+C/N35 < YJ+C/N20 < YJ+C/N30 < YJ+C/N25 < ZW+C/N35 < ZW+ C/N20 < ZW+C/N30 = ZZ+C/N35 < ZZ+C/N20 < ZW+C/N25 < ZZ+C/N30 < ZZ+C/N25，　与 CK 相

比，添加菌剂处理的剩余物枝全 K 含量较高，其中种植 EM 菌处理的全 K 含量最高，植物与发酵 EM 菌次之，有机物料发酵剂最低，调节 C/N 处理磷含量均表现为 C/N25 > C/N30 > C/N20 > C/N35。剩余物刺分解 180 d 后，K 元素含量从小到大为：CK+C/N35 < CK+C/N20 = YJ+C/N35 < YJ+C/N20 = ZW+C/N35 < CK+C/N30 < ZZ+C/N35 < YJ+C/N30 = ZW+C/N20 < CK+C/N25 < YJ+C/N25 = ZZ+C/N20 = ZW+C/N30 < ZZ+C/N30 < ZW+C/N25 < ZZ+C/N25，与 CK 相比，添加菌剂处理的剩余物刺全 K 含量较高，其中种植 EM 菌处理的全 K 含量最高，植物与发酵 EM 菌次之，有机物料发酵剂最低，调节 C/N 处理 K 含量表现为 C/N25 > C/N30 > C/N20 > C/N35。

3. Ca 和 Mg 含量

由图 5-22 可知，竹叶花椒采收剩余物三种组分在 180 d 的堆肥过程中，Ca 元素动态不存在组分差异。随着堆肥的进行，Ca 含量逐渐递增。剩余物叶分解 180 d 后，Ca 含

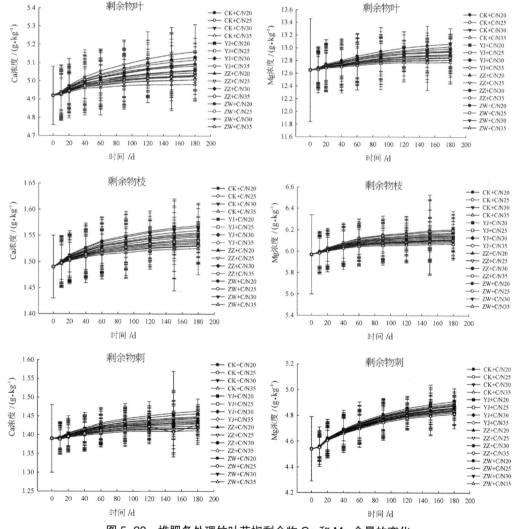

图 5-22 堆肥各处理竹叶花椒剩余物 Ca 和 Mg 含量的变化

量从小到大为：CK+C/N35 ＜ CK+C/N20 ＜ YJ+C/N35 ＜ CK+C/N30 ＜ ZW+C/N35 ＜ YJ+ C/N20 ＜ CK+C/N25 ＜ ZZ+C/N35 ＜ YJ+C/N30 ＜ ZW+C/N20 ＜ YJ+C/N25 ＜ ZW+C/N30 ＜ ZZ+C/N20 ＜ ZW+C/N25 ＜ ZZ+C/N30 ＜ ZZ+C/N25，添加菌剂处理的剩余物叶 Ca 含量增长幅度较 CK 更大，其中种植 EM 菌剂处理增幅最大，种植与发酵 EM 菌处理次之，有机物料发酵剂最低，调节 C/N 处理 Ca 含量均表现为 C/N25 ＞ C/N30 ＞ C/N20 ＞ C/N35。剩余物枝分解 180 d 后，Ca 含量从小到大为：CK+C/N35 ＜ YJ+C/N35 ＜ CK+C/N20 ＜ CK+C/N30 ＜ CK+C/N25 = YJ+C/N20 ＜ ZW+C/N35 ＜ YJ+C/N30 ＜ YJ+C/N25 ＜ ZW+C/N20 ＜ ZZ+C/N35 ＜ ZW+C/N30 ＜ ZW+C/N25 ＜ ZZ+C/N20 ＜ ZZ+C/N30 ＜ ZZ+C/N25，可见，添加菌剂处理的剩余物枝 Ca 含量增长幅度较 CK 更大，其中种植 EM 菌剂处理增幅最大，种植与发酵 EM 菌处理次之，有机物料发酵剂最低，调节 C/N 处理 Ca 含量均表现为 C/N25 ＞ C/N30 ＞ C/N20 ＞ C/N35。剩余物刺分解 180 d 后，Ca 含量从小到大为：CK+C/N35 ＜ CK+C/N20 ＜ YJ+C/N35 ＜ CK+C/N30 = YJ+C/N20 ＜ ZW+C/N35 ＜ CK+C/N25 ＜ YJ+C/N30 ＜ ZW+C/N20 ＜ ZZ+C/N35 ＜ YJ+C/N25 ＜ ZW+C/N30 ＜ ZZ+C/N20 ＜ ZW+ C/N25 ＜ ZZ+C/N30 ＜ ZZ+C/N25，可见，添加菌剂处理的剩余物刺 Ca 含量增长幅度较 CK 更大，其中种植 EM 菌剂处理增幅最大，种植与发酵 EM 菌处理次之，有机物料发酵剂最低，调节 C/N 处理 Ca 含量均表现为 C/N25 ＞ C/N30 ＞ C/N20 ＞ C/N35。

堆肥中各组分剩余物 Mg 含量在不同 C/N 及菌剂处理条件下均表现为递增趋势，但菌剂的类型和尿素的添加量对 Mg 含量产生的影响不同。剩余物叶分解 180 d 后，Mg 元素含量从小到大为：ZW+C/N35 ＜ ZZ+C/N35 ＜ ZW+C/N30 ＜ ZW+C/N25 ＜ ZZ+C/N30 = YJ+ C/N35 ＜ ZW+C/N20 ＜ ZZ+C/N25 ＜ CK+C/N35 ＜ YJ+C/N30 ＜ ZZ+C/N20 ＜ YJ+ C/N25 ＜ CK+C/N30 ＜ YJ+C/N20 ＜ CK+C/N25 ＜ CK+C/N20，添加菌剂处理促进了 Mg 元素的释放，不同菌剂处理剩余物叶 Mg 含量表现为 CK ＞有机物料发酵剂＞种植 EM 菌液＞植物与发酵 EM 菌，调节 C/N 处理 Mg 含量表现为 C/N20 ＞ C/N25 ＞ C/N30 ＞ C/N35。剩余物枝分解 180 d 后，Mg 含量从小到大为 ZW+C/N35 ＜ ZZ+C/N35 ＜ ZW+C/N30 ＜ ZW+C/N25 ＜ ZZ+C/N30 ＜ ZW+C/N20 ＜ ZZ+C/N25 = YJ+C/N35 ＜ ZZ+ C/N20 ＜ YJ+ C/N30 ＜ CK+C/N35 ＜ YJ+C/N25 ＜ YJ+C/N20 ＜ CK+C/N30 ＜ CK+C/N25 ＜ CK+C/N20，添加菌剂处理促进了 Mg 元素的释放，不同菌剂处理剩余物枝 Mg 含量表现为 CK ＞有机物料发酵剂＞种植 EM 菌液＞植物与发酵 EM 菌，调节 C/N 处理 Mg 含量表现为 C/N20 ＞ C/N25 ＞ C/N30 ＞ C/N35。剩余物刺分解 180 d 后，Mg 元素含量从小到大为：ZW+C/N35 ＜ ZZ+C/N35 ＜ ZW+C/N30 ＜ ZW+C/N25 ＜ YJ+C/N35 ＜ ZZ+C/N30 ＜ ZW+C/N20 ＜ ZZ+ C/N25 ＜ CK+C/N35 ＜ YJ+C/N30 ＜ ZZ+C/N20 ＜ YJ+C/N25 ＜ CK+ C/N30 ＜ YJ+C/N20 ＜ CK+C/N25 ＜ CK+C/N20，添加菌剂处理促进了 Mg 元素的释放，不同菌剂处理剩余物刺 Mg 含量表现为 CK ＞有机物料发酵剂＞种植 EM 菌液＞植物与发酵 EM 菌，调节 C/N 处理 Mg 含量均表现为 C/N20 ＞ C/N25 ＞ C/N30 ＞ C/N35。

（四）添加菌剂和调节 C/N 对竹叶花椒采收剩余物分解过程养分释放的影响

1. C 和 N 养分的释放

通过 180 d 的堆腐处理，竹叶花椒采收剩余物的分解过程中，各处理各组分 C 残留率均随分解时间的延长而呈下降趋势，C 元素的释放为直接释放（图 5-23）。这与凋落物林下自然分解变化趋势一致。剩余物叶的 C 残留率均随时间变化极显著（$P < 0.01$），在为期 180 d 的分解过程中，微生物菌剂和 C/N 均显著影响了 C 元素的释放。分解 180 d 后，剩余物叶 C 残留率从小到大为：ZZ+C/N25 < ZW+C/N25 < ZZ+C/N20 < ZZ+C/N30 < ZW+C/N20 < ZZ+C/N35 < YJ+C/N25 < ZW+C/N30 < ZW+C/N35 < YJ+C/N20 < YJ+C/N30 < YJ+C/N35 < CK+C/N25 < CK+C/N20 < CK+C/N30 < CK+C/N35。添加菌剂处理的剩余物叶 C 残留率均小于 CK，促进了 C 元素的释放，菌剂处理下的 C 残留率随时间变化显著。通过调节 C/N 所得到的剩余物叶 C 残留率表现为 C/N35 > C/N30 > C/N20 > C/N25。

剩余物枝分解 180 d 后，C 元素残留率从小到大为：ZZ+C/N25 < ZW+C/N25 < ZZ+C/N20 < ZZ+C/N30 < ZW+C/N20 < ZZ+C/N35 < YJ+C/N25 < YJ+C/N20 < ZW+C/N30 < ZW+C/N35 < CK+C/N25 < YJ+C/N30 < YJ+C/N35 < CK+C/N20 < CK+C/N30 < CK+C/N35。除 YJ+C/N30 和 YJ+C/N35 外，所有添加菌剂处理的 C 残留率均小于 CK，促进了 C 的释放。剩余物枝的 C 残留率均随时间变化极显著（$P < 0.01$），在为期 180 d 的分解过程中，微生物菌剂和 C/N 均显著影响了 C 元素的释放。通过调节 C/N 所得到的剩余物枝 C 残留率表现为 C/N35 > C/N30 > C/N20 > C/N25。

剩余物刺在添加菌剂和调节 C/N 处理 180 d 后，C 残留率从小到大为：ZZ+C/N25 < ZZ+C/N20 < ZW+C/N25 < ZZ+C/N30 < YJ+C/N25 < ZZ+C/N35 < ZW+C/N20 < ZW+C/N30 < YJ+C/N20 < CK+C/N25 < ZW+C/N35 < YJ+C/N30 < CK+C/N20 < YJ+C/N35 < CK+C/N30 < CK+C/N35。总体上看，添加菌剂处理的剩余物刺 C 残留率小于 CK，促进了 C 元素的释放，与剩余物枝一致。剩余物刺的 C 残留率均随时间变化极显著（$P < 0.01$），在为期 180 d 的分解过程中，微生物菌剂和 C/N 均显著影响了 C 元素的释放。通过调节 C/N 所得到的剩余物刺 C 残留率表现为 C/N35 > C/N30 > C/N20 > C/N25。

在整个堆腐试验期间，N 元素动态在组分间不存在差异。各处理各组分的 N 残留率均随分解时间的延长呈下降趋势，N 元素的释放为直接释放。分解 180 d 后，剩余物叶 N 残留率从小到大为：ZZ+C/N25 < ZW+C/N25 < ZZ+C/N20 < ZZ+C/N30 < ZW+C/N20 < ZZ+C/N35 < YJ+C/N25 < ZW+C/N30 < ZW+C/N35 < YJ+C/N20 < YJ+C/N30 < YJ+C/N35 < CK+C/N25 < CK+C/N20 < CK+C/N30 < CK+C/N35。添加菌剂处理的剩余物叶 N 残留率均小于 CK，促进了 N 元素的释放。剩余物叶的 N 残留率均随时间变化极显著（$P < 0.01$），在为期 180 d 的分解过程中，微生物菌剂和 C/N 均显著影响了 N 的释放。通过调节 C/N 所得到的剩余物刺 N 残留率表现为 C/N35 > C/N30 > C/N20 > C/N25。

剩余物枝分解 180 d 后，N 残留率从小到大为：ZZ+C/N25 < ZW+C/N25 < ZZ+C/N35 < ZZ+C/N30 < YJ+C/N25 < ZZ+C/N20 < ZW+C/N35 < ZW+C/N30 < ZW+C/N20 < YJ+C/N20 < YJ+C/N35 < YJ+C/N30 < CK+C/N25 < CK+C/N35 < CK+C/N30 < CK+C/N20。添加菌剂处理的剩余物枝 N 残留率均小于 CK，促进了 N 元素的释放。剩余物枝的 N 残留率均随时间变化极显著（$P < 0.01$），在为期 180 d 的分解过程中，微生物菌剂和 C/N 均显著影响了 N 元素的释放。通过调节 C/N 所得到的剩余物刺 N 残留率表现为 C/N30 > C/N35 > C/N20 > C/N25。

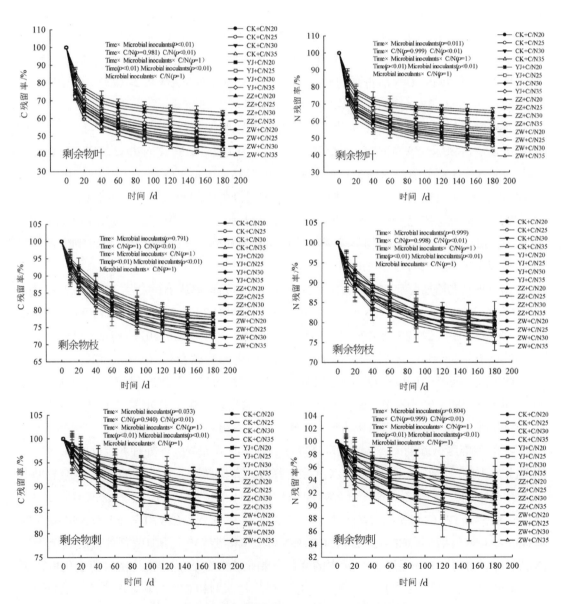

图 5-23　堆肥各处理剩余物 C 和 N 残留率的变化

剩余物刺在堆肥分解 180 d 后，N 残留率从小到大为：ZZ+C/N25 ＜ ZZ+C/N20 ＜ ZW+C/N25 ＜ ZZ+C/N30 ＜ ZZ+C/N35 ＜ YJ+C/N25 ＜ ZW+C/N20 ＜ ZW+C/N35 ＜ ZW+C/N30 ＜ CK+C/N25 ＜ YJ+C/N20 ＜ YJ+C/N30 ＜ YJ+C/N35 ＜ CK+C/N20 ＜ CK+C/N30 ＜ CK+C/N35。总体上看，添加菌剂处理的剩余物刺 N 残留率小于 CK，促进了 N 元素的释放，与剩余物枝一致。剩余物刺的 N 残留率均随时间变化极显著（$P < 0.01$），在为期 180 d 的分解过程中，微生物菌剂和 C/N 均显著影响了 N 元素的释放。通过调节 C/N 所得到的剩余物刺 N 残留率表现为 C/N35 ＞ C/N30 ＞ C/N20 ＞ C/N25。

2. P 和 K 养分的释放

与 N 元素类似，P 元素动态过程也不存在组分差异（图 5-24）。在为期 180 d 的分解过程中，各处理各组分的 P 残留率均随分解时间的延长而呈下降趋势，P 元素的释放为直接释放。分解 180 d 后，剩余物叶 P 残留率从小到大为：ZZ+C/N25 ＜ ZW+C/N25 ＜ ZZ+C/N20 ＜ ZZ+C/N30 ＜ ZW+C/N20 ＜ ZZ+C/N35 ＜ YJ+C/N25 ＜ ZW+C/N30 ＜ ZW+C/N35 ＜ YJ+C/N20 ＜ YJ+C/N30 ＜ YJ+C/N35 ＜ CK+C/N25 ＜ CK+C/N20 ＜ CK+C/N30 ＜ CK+C/N35。添加菌剂处理的 P 残留率均小于 CK，说明促进了 P 元素的释放，菌剂处理下的 P 残留率随时间变化极显著（$P < 0.01$）。剩余物叶的 P 残留率均随时间变化显著，在为期 180 d 的分解过程中，微生物菌剂和 C/N 均显著影响了 P 元素的释放。通过调节 C/N 所得到的剩余物叶 P 残留率表现为 C/N35 ＞ C/N30 ＞ C/N20 ＞ C/N25。

剩余物枝分解 180 d 后，P 残留率从小到大为：ZZ+C/N25 ＜ ZZ+C/N20 ＜ ZW+C/N25 ＜ ZZ+C/N30 ＜ ZW+C/N20 ＜ ZZ+C/N35 ＜ YJ+C/N25 ＜ ZW+C/N30 ＜ YJ+C/N20 ＜ ZW+C/N35 ＜ YJ+C/N30 ＜ CK+C/N25 ＜ YJ+C/N35 ＜ CK+C/N20 ＜ CK+C/N30 ＜ CK+C/N35。除 YJ+C/N35 外的所有添加菌剂处理的 P 残留率均小于 CK，说明添加微生物菌剂促进了 P 元素的释放，剩余物枝的 P 残留率均随时间变化极显著（$P < 0.01$），在为期 180 d 的分解过程中，微生物菌剂和 C/N 均极显著地影响了 P 元素的释放（$P < 0.01$）。通过调节 C/N 所得到的剩余物枝 P 残留率表现为 C/N35 ＞ C/N30 ＞ C/N20 ＞ C/N25。

剩余物刺在堆腐处理 180 d 后，P 残留率从小到大为：ZZ+C/N25 ＜ ZZ+C/N20 ＜ ZW+C/N25 ＜ ZZ+C/N30 ＜ ZZ+C/N35 ＜ YJ+C/N25 ＜ ZW+C/N20 ＜ YJ+C/N20 ＜ ZW+C/N30 ＜ CK+C/N25 ＜ ZW+C/N35 ＜ YJ+C/N30 ＜ CK+C/N20 ＜ YJ+C/N35 ＜ CK+C/N30 ＜ CK+C/N35。总体上看，添加菌剂处理的 P 残留率小于 CK，促进了 P 的释放。剩余物刺的 P 残留率均随时间变化极显著（$P < 0.01$），在为期 180 d 的分解过程中，微生物菌剂和 C/N 均显著影响了 P 元素的释放。通过调节 C/N 所得到的剩余物刺 P 残留率表现为 C/N35 ＞ C/N30 ＞ C/N20 ＞ C/N25。

与 P 动态相似，K 元素动态过程也不存在组分差异。这与凋落物自然分解特性不一致。在为期 180 d 的分解过程中，各处理各组分的 K 残留率均随分解时间的延长呈下降趋势，K 元素的释放为直接释放。分解 180 d 后，剩余物叶 K 残留率从小到大为：ZZ+C/N25 ＜

ZW+C/N25 < ZZ+C/N20 < ZZ+C/N30 < ZW+C/N20 < ZZ+C/N35 < YJ+C/N25 < ZW+ C/N30 < ZW+C/N35 < YJ+C/N20 < YJ+C/N30 < YJ+C/N35 < CK+C/N25 < CK+C/N20 < CK+C/N30 < CK+C/N35。添加菌剂的所有处理 K 残留率均小于 CK，说明微生物菌剂促进了 K 元素的释放，菌剂处理下的 K 残留率随时间变化极显著（$P < 0.01$）。剩余物叶的 K 残留率均随时间变化显著，在为期 180 d 的分解过程中，微生物菌剂和 C/N 均显著影响了 K 元素的释放。通过调节 C/N 所得到的剩余物叶 K 残留率表现为 C/N35 > C/N30 > C/N20 > C/N25。

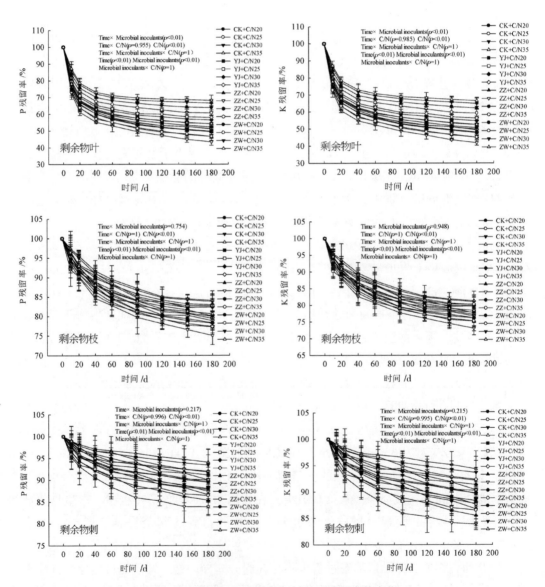

图 5-24　堆肥各处理剩余物 P 和 K 残留率的变化

剩余物枝分解 180 d 后，K 残留率从小到大为：ZZ+C/N25 < ZW+C/N25 < ZZ+C/N20 < ZZ+C/N30 < ZW+C/N20 < ZZ+C/N35 < YJ+C/N25 < YJ+C/N20 < ZW+C/N30 < ZW+C/N35 < CK+C/N25 < YJ+C/N30 < CK+C/N20 < YJ+C/N35 < CK+C/N30 < CK+C/N35。除 YJ+C/N30、YJ+C/N35 外所有添加菌剂处理的 K 残留率均小于 CK，说明微生物菌剂促进了其分解。在剩余物枝的释放过程中，K 残留率均随时间变化极显著（$P < 0.01$），在为期 180 d 的分解过程中，微生物菌剂和 C/N 均显著影响了 K 元素的释放。通过调节 C/N 所得到的剩余物枝 K 残留率表现为 C/N35 > C/N30 > C/N20 > C/N25。

剩余物刺在堆腐处理 180 d 后，K 残留率从小到大为：ZZ+C/N25 < ZZ+C/N20 < ZW+C/N25 < ZZ+C/N30 < ZZ+C/N35 < YJ+C/N25 < ZW+C/N20 < ZW+C/N30 < YJ+C/N20 < CK+C/N25 < ZW+C/N35 < YJ+C/N30 < CK+C/N20 < YJ+C/N35 < CK+C/N30 < CK+C/N35。总体上看，添加菌剂处理的 K 残留率低于 CK，说明微生物菌剂促进了 K 元素的释放。剩余物刺的 K 残留率均随时间变化极显著（$P < 0.01$），在为期 180 d 的分解过程中，微生物菌剂和 C/N 均显著影响了 K 元素的释放。通过调节 C/N 所得到的剩余物刺 K 残留率表现为 C/N35 > C/N30 > C/N20 > C/N25。

3. Ca 和 Mg 养分的释放

在整个试验期间，Ca 元素动态在组分间不存在差异。这与凋落物自然分解特性不一致。在为期 180 d 的分解过程中，各处理各组分的 Ca 残留率均随分解时间的延长呈下降趋势，Ca 元素的释放为直接释放。分解 180 d 后，剩余物叶 Ca 残留率从小到大为：ZZ+C/N25 < ZZ+C/N20 < ZW+C/N25 < ZW+C/N20 < ZZ+C/N30 < ZZ+C/N35 < YJ+C/N25 < ZW+C/N30 < ZW+C/N35 < YJ+C/N20 < YJ+C/N30 < YJ+C/N35 < CK+C/N25 < CK+C/N20 < CK+C/N30 < CK+C/N35。添加菌剂处理的剩余物叶 Ca 残留率低于 CK，说明添加微生物菌剂促进了剩余物叶 Ca 元素的释放，菌剂处理下的 Ca 残留率随时间变化极显著（$P < 0.01$）。剩余物叶的 Ca 残留率均随时间变化显著，在为期 180 d 的分解过程中，微生物菌剂和 C/N 比均显著影响了 Ca 元素的释放。通过调节 C/N 所得到的剩余物叶 Ca 残留率表现为 C/N35 > C/N30 > C/N20 > C/N25。

剩余物枝分解 180 d 后，Ca 残留率从小到大为：ZZ+C/N25 < ZW+C/N25 < ZZ+C/N20 < ZW+C/N20 < ZZ+C/N35 < ZZ+C/N30 < YJ+C/N25 < YJ+C/N20 < ZW+C/N30 < ZW+C/N35 < CK+C/N25 < YJ+C/N35 < YJ+C/N30 < CK+C/N20 < CK+C/N30 < CK+C/N35。除处理 YJ+C/N35、YJ+C/N30 外，所有添加微生物菌剂的 Ca 残留率小于 CK，说明微生物菌剂促进了 Ca 元素的释放。剩余物枝的 Ca 残留率均随时间变化极显著（$P < 0.01$），在为期 180 d 的分解过程中，微生物菌剂和 C/N 均显著影响了 Ca 元素的释放。通过调节 C/N 所得到的剩余物枝 Ca 残留率表现为 C/N35 > C/N30 > C/N20 > C/N25。

剩余物刺分解 180 d 后，Ca 残留率从小到大为：ZZ+C/N25 < ZZ+C/N20 < ZW+C/N25 <

ZZ+C/N35 ＜ YJ+C/N25 ＜ ZZ+C/N30 ＜ ZW+C/N20 ＜ YJ+C/N20 ＜ ZW+C/N35 ＜ CK+ C/N25 ＜ ZW+C/N30 ＜ YJ+C/N30 ＜ CK+C/N20 ＜ YJ+C/N35 ＜ CK+C/N30 ＜ CK+C/N35。总体上看，添加微生物菌剂处理的 Ca 残留率小于 CK，说明微生物菌剂促进了 Ca 元素的释放。剩余物刺的 Ca 残留率均随时间变化极显著（$P ＜ 0.01$），在为期 180 d 的分解过程中，微生物菌剂和 C/N 均显著影响了 Ca 元素的释放。通过调节 C/N 所得到的剩余物刺 Ca 残留率表现为 C/N30 ＞ C/N35 ＞ C/N20 ＞ C/N25。

由图 5-25 可知，3 种剩余物组分的 Mg 元素动态均为直接释放过程，各处理各组分的 Mg 残留率均随分解时间的延长呈下降趋势。分解 180 d 后，剩余物叶 Mg 残留率从小到大为：ZZ+C/N25 ＜ ZW+C/N25 ＜ ZZ+C/N20 ＜ ZZ+C/N30 ＜ ZW+C/N20 ＜ ZZ+C/N35 ＜ YJ+C/N25 ＜ ZW+C/N30 ＜ ZW+C/N35 ＜ YJ+C/N20 ＜ YJ+C/N30 ＜ YJ+C/N35 ＜ CK+

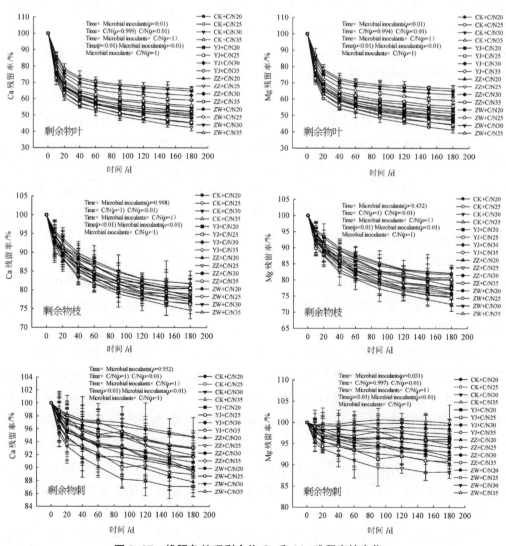

图 5-25　堆肥各处理剩余物 Ca 和 Mg 残留率的变化

C/N25 ＜ CK+C/N20 ＜ CK+C/N30 ＜ CK+C/N35。添加菌剂处理的 Mg 残留率均小于 CK，说明微生物菌剂促进了 Mg 元素的释放，菌剂处理下的 Mg 残留率随时间变化极显著（$P ＜ 0.01$）。剩余物叶的 Mg 残留率均随时间变化显著，在为期 180 d 的分解过程中，微生物菌剂和 C/N 均显著影响了 Mg 元素的释放。通过调节 C/N 所得到的剩余物叶 Mg 残留率表现为 C/N35 ＞ C/N30 ＞ C/N20 ＞ C/N25。

剩余物枝分解 180 d 后，Mg 残留率从小到大为：ZZ+C/N25 ＜ ZW+C/N25 ＜ ZZ+C/N20 ＜ ZZ+C/N30 ＜ ZW+C/N20 ＜ ZZ+C/N35 ＜ ZW+C/N30 ＜ YJ+C/N25 ＜ ZW+C/N35 ＜ YJ+C/N20 ＜ YJ+C/N30 ＜ YJ+C/N35 ＜ CK+C/N25 ＜ CK+C/N20 ＜ CK+C/N30 ＜ CK+C/N35。添加微生物菌剂处理的 Mg 残留率均小于 CK，说明微生物菌剂促进了 Mg 的释放。剩余物枝的 Mg 残留率均随时间变化极显著（$P ＜ 0.01$），在为期 180 d 的分解过程中，微生物菌剂和 C/N 均显著影响了 Mg 元素的释放。通过调节 C/N 所得到的剩余物枝 Mg 残留率表现为 C/N35 ＞ C/N30 ＞ C/N20 ＞ C/N25。

剩余物刺在分解 180 d 后，Mg 残留率从小到大为：ZZ+C/N25 ＜ ZZ+C/N20 ＜ ZW+C/N25 ＜ ZZ+C/N30 ＜ ZZ+C/N35 ＜ YJ+C/N25 ＜ ZW+C/N20 ＜ ZW+C/N30 ＜ ZW+C/N35 ＜ YJ+C/N20 ＜ CK+C/N25 ＜ YJ+C/N30 ＜ YJ+C/N35 ＜ CK+C/N20 ＜ CK+C/N30 ＜ CK+C/N35。总体上看，添加微生物菌剂处理的 Mg 残留率均小于 CK，表明微生物菌剂促进了 Mg 元素的释放。剩余物刺的 Mg 残留率均随时间变化极显著（$P ＜ 0.01$），在为期 180 d 的分解过程中，微生物菌剂和 C/N 均显著影响了 Mg 元素的释放。通过调节 C/N 所得到的剩余物刺 Mg 残留率表现为 C/N35 ＞ C/N30 ＞ C/N20 ＞ C/N25。

三、讨论

（一）竹叶花椒采收剩余物分解特征及其影响因素

植物残体的分解主要受气候、质量、分解阶段和分解者的影响（李仁洪等，2009；郑俊强等，2016）。气候是影响植物残体分解的决定性因子，各气候带中植物残体的分解速率表现为热带＞亚热带＞温带＞寒温带（郭建芬等，2006）。在一个特定的气候区内，植物残体基质质量是决定分解快慢的关键因素，而 C/N、木质素和纤维素含量是制约植物残体分解的最重要的质量因素（向元斌等，2011；周世兴等，2016）。Anderson 等（1999）研究发现，欧洲石楠（*Calluna vulgaris*）凋落物含氮量高的分解速度快。李雪峰等（2008）研究发现，长白山次生针阔混交林内 9 种凋落物叶的分解速率与其初始氮含量和 C/N 显著相关。唐仕姗等（2015）对川西亚高山 3 种优势林木根系原位分解发现，阔叶树的木质素 / 氮显著低于针叶树，分解中阔叶树比针叶树的质量损失率大，并认为可能与木质素 / 氮有关。本研究结果发现，竹叶花椒采收剩余物在分解过程中，叶分解最快，枝分解较慢，刺分解最慢。同时，竹叶花椒采收剩余物中叶的氮含量显著高于枝和刺，叶初始氮含量分别是枝和刺的 1.58 倍和 1.85 倍，氮含量越高，C/N 就越低，这可能是竹叶花椒采收剩余物中叶分解最快的原因之一。

竹叶花椒采收剩余物分解过程有明显的阶段性，分解前期（0～80 d）质量损失较快，后期（80～180 d）质量损失变缓慢。据报道，植物残体在分解前期，易于分解的糖分和氨基酸被快速分解，到了分解后期，只剩下木质素等难分解的大分子复合物，分解速度降低，甚至停滞（Magill 等，1998）。本研究中，采收剩余物中枝和刺的初始木质素含量分别是叶的 3.21 倍和 3.56 倍，这可能是采收剩余物中叶分解最快的又一原因。同时，竹叶花椒采收剩余物分解 95% 所需时间平均为叶 2.98 a，枝 6.09 a，刺 14.03 a，其中刺的硬度最大，也是最难分解的采收剩余物组分。

（二）竹叶花椒采收剩余物分解对菌剂和外源氮素添加的响应

植物残体的分解是由土壤动物、微生物和酶等综合作用的结果，它们决定了植物残体的分解速率和元素的释放过程（陈翔等，2013）。本研究中，竹叶花椒采收剩余物采用堆腐方式分解，与土壤隔离，分解过程没有土壤动物参与，因此微生物和酶对剩余物的分解起着决定性作用。大量的研究发现，添加微生物菌剂能增加细菌、放线菌和酵母菌数量，同时升温更快、堆体温度更高、高温期更长、酶活性更高（胡菊等，2005；匡石滋等，2011；Zeng 等，2010）。也有研究发现，加入复合微生物菌剂可以促进分解纤维素类的微生物的生长，提高纤维素酶活性（陈胜男等，2009；牛明芬等，2015）。本研究中发现，添加菌剂处理明显促进了采收剩余物的分解，这应该与采收剩余物添加菌剂后，微生物大量繁殖和酶活性增强有关（龚建英等，2012；高云航等，2014；史龙翔等，2015）。碳是构成微生物体的最重要部分，也是植物残体的主要组成成分（史央等，2002），微生物生长过程需要大量的碳作为呼吸能量，只有快速分解植物残体中的碳才能满足自身繁殖的需要。本研究中，添加菌剂处理明显促进了竹叶花椒采收剩余物的分解，种植 EM 菌液（ZZ）促进作用最显著，植物与发酵 EM 菌（ZW）次之，有机物料发酵剂（YJ）最弱。三种菌剂均为复合菌剂，包含了放线菌和芽孢杆菌等，放线菌通过释放过氧化物酶、氧化酶和脂酶等能够降解腐殖质和木质素，芽孢杆菌能够产生芽孢，抗热性较强，经过高温阶段的休眠，温度下降后仍可大量繁殖产生热量，分泌的纤维素酶可以分解纤维素（杨万勤等，2007；张喜庆等，2016）。一般来说，植物残体中的纤维素由木质素聚合体包裹保护着，当木质素分解受阻时，纤维素也会受到相同的影响（涂利华等，2011）。木质素由结构稳定、复杂的无定型三维体形大分子构成，是植物残体中最难分解的物质；纤维素由长链葡萄糖分子构成，结构相对简单，分解更容易（周世兴等，2016）。因此，木质素分解的快慢就决定了剩余物分解的速度。本试验中，种植 EM 菌液（ZZ）不仅包含了大量促进木质素分解的放线菌，而且有效活菌数高达 500 亿 / ml，活菌数是植物与发酵 EM 菌（ZW）的 4～5 倍，是有机物料发酵剂（YJ）的 5 倍。这应该是种植 EM 菌液对竹叶花椒采收剩余物分解作用最好的主要原因。

堆腐分解实际上就是微生物作用的过程，C/N、温度、含水率和 pH 值均会影响到微生物的活性及活动，从而影响分解的进程（秦莉等，2009）。植物残体的初始化学性质，一定程度上决定了能否有效地向微生物提供足够的能量和营养，影响其分解速率。通过向养分相对不足的植物残体添加外源营养物质，可以补充微生物生长所需，有助于分解的加快（陆晓辉等，2017）。朱伟珍等（2017）通过对天竺桂废弃枝叶添加尿素，降低剩余物的C/N，增强了微生物的活性，促进分解。氮源是微生物的营养物质，在发酵分解过程中，氮以氨气的形式散失，或变为硝酸盐和亚硝酸盐，或是由生物体同化吸收（吴阳等，2016）。有研究表明，当堆体初始C/N为25时，堆体温度达到最高，高温期时间最长（董存明等，2015；赵建荣等，2011）。牛俊玲等（2012）比较了不同C/N餐厨垃圾堆肥过程中纤维素酶和蔗糖酶的活性变化发现，C/N为25时纤维素酶活性比C/N为20时高，说明C/N为25时更有利于纤维素的分解。冯海萍等（2014）探讨了当堆体C/N为20、30、40和50时对枸杞枝条堆腐的影响，发现C/N为30时加速了有机质的分解。本试验中竹叶花椒采收剩余物中叶、枝和刺的残留率，在C/N25时最低，分解效果最好，相反，在C/N为35时最高，分解效果最差。这是由于当C/N比较低时，底物碳源浓度不足，没有使相关的木质素和纤维素酶活性达到饱和，代谢能力随底物浓度的增加而提高，由此微生物迅速生长繁殖，代谢的能量和中间产物也用于自身的合成；当C/N比较高时，与分解相关的酶活性达到最高，微生物因底物氮源不足而受到限制，对有机物质的氧化作用也随之减弱（李秋波等，2006）。因此，适宜的C/N是促进竹叶花椒采收剩余物分解的关键。

（三）竹叶花椒采收剩余物养分含量对菌剂和外源氮素添加的响应

剩余物堆肥过程中，微生物对碳、氮等养分的转化和利用影响极大，细菌在堆肥前期数量大幅增长，高温期后有所下降，堆肥结束后的腐熟期随着温度下降而上升。真菌在堆腐开始时大幅度下降，高温期达到最高值后开始下降，腐熟期少量回升（曹晓璐，2014）。堆肥过程中，微生物的生长需要消耗大量碳水化合物，因此物料的有机质根据难易程度逐渐被微生物分解，释放出能量和CO_2，而有机质含量必定随着堆肥的进行而逐渐下降（常瑞雪等，2016）。本研究中，有机碳的含量总体上呈递减趋势，因含有木质素等大量难分解物质，故分解速度较慢，有机碳降解速度较为缓慢。堆肥化过程中，氮素的转化和利用主要包含两个方面：氮素的固定和释放（李芳等，2013），固氮细菌、硝化细菌、反硝化细菌和氨化细菌在堆体氮素含量中起着重要作用（刘学玲等，2012）。本试验中，全氮含量呈上升趋势，主要是因为微生物将复杂含氮化合物分解成铵态氮，铵态氮转化为NH_3释放到大气，但是堆体全碳含量降低，总体干物质质量减少幅度大于氮素的流失，形成了浓缩作用，从而增加了氮素含量（郑卫聪，2012），说明添加微生物菌剂增加了全氮含量，起到了保氮作用。

剩余物堆肥分解主要是靠微生物的活动来实现，研究发现微生物影响着周围环境往利于自身的方向发展（郑路等，2010）。不同种类凋落物初始C/P差异较大，随着分解的进行最终 C/P 集中在 350 左右（李雪峰等，2008），多数凋落物初始值低于此值，故在分解过程中需要吸收固定养分，磷含量才会一直上升（李志安等，2004）。K 和 Ga 是以离子态存在植物体中，天然林条件下容易被淋溶损失，造成浓度的下降，而本试验采取发酵桶堆肥的方式，矿质元素难以淋溶流失，随着堆肥的进行，有机质不断被分解，堆体体积质量不断减小，若养分不损失，则养分被浓缩含量上升（李芳等，2012）。而唯独 Mg 在堆肥条件下含量下降，被促进释放，可能与微生物的活动有关。大量研究表明，添加微生物菌剂可以促进堆肥的进程，缩短堆肥时间，提高养分含量。本试验结果发现，不同 C/N 条件下 C、N、P 和 K 等养分含量表现出不同的规律，并没有在某一个C/N 条件下各养分含量最高，保肥效果最好，通过计算总养分含量发现，竹叶花椒剩余物叶、枝和刺的最佳保肥 C/N 为 35，具体机理需要进一步的试验去验证。

（四）竹叶花椒采收剩余物养分释放对菌剂和外源氮素添加的响应

本试验结果发现，各处理各组分 C 残留率随时间的增加呈递减趋势，C 元素的释放为直接释放模式。添加菌剂处理的剩余物 C 残留率均小于 CK，促进了 C 元素的释放，这是因为添加微生物菌剂进入堆体后，不仅可以增加堆体本身的微生物数量（胡菊等，2006），还可以提高酶活性（陈胜男等，2009），加快剩余物的分解，从而促进 C 残留率的释放。凋落物自身通常会缺乏 N、P 等元素（Berg 等，2000），因而难以满足微生物生长所需，所以会从外界环境中吸收相应的固定养分，并且需要达到某一阈值才会发生养分的释放（Parton 等，2007）。本研究结果表明，竹叶花椒采收剩余物叶、枝、刺的 C/N 分别为 31.90、49.79 和 57.99，按生长比例混合后 C/N < 55，因而其不同组分在分解过程中均出现了直接释放现象。总体来说，添加微生物菌剂对剩余物 3 种组分的分解都是促进作用，与 C 元素的释放相似，其他元素（除 Mg 以外）在添加微生物菌剂条件下都受到了促进释放作用。剩余物叶、枝和刺中的 N、P、K、Ca 元素在堆腐分解180 d 后分别释放了 2/3、1/3 和 1/3，表明竹叶花椒剩余物叶的养分释放最快。

四、结论

添加菌剂能够促进竹叶花椒剩余物的分解和养分释放、提高养分含量，C/N 为 25时，剩余物质量残留率最低。处理 ZW + C/N25 分解剩余物最快，养分含量最高，促进养分释放最显著，为竹叶花椒采收剩余物加快分解和养分释放的最优选择。

第三节　不同覆盖对竹叶花椒产量和林下杂草的影响

杂草危害是影响竹叶花椒生长、产量的重要因素之一，使用除草剂除草会对竹叶花椒根系造成极大的伤害，且有农药残留及环境污染的危害（谭顺兴，2016），严重影响竹叶花椒产业的健康发展。如果采用人工拔除杂草的方法，既费时又耗力，效率不高（张勇等，2012）。地面覆盖作为一种栽培管理措施已经在多种植物上得以应用。采用地面覆盖管理有助于改善土壤物理性质及其养分含量，有效减少林分病、虫、草害的发生，促进植物的生长以达到增产的效果（范建芝等，2016）。目前，有关覆盖对竹叶花椒林下杂草的影响研究尚未见报道。本研究采用大田试验，通过不同遮光率的黑色遮阳网在不同覆盖方式下，对竹叶花椒植株生长、产量及林下杂草的影响，探讨科学合理的覆盖管理技术，从而选择出最适宜的遮光度覆盖方式，最终找到能够利于竹叶花椒优质增产、绿色环保、除草效果最佳的覆盖管理技术。本研究可直接应用于生产实践，为竹叶花椒优质高产、轻简化栽培及其产业可持续发展提供理论依据。

一、材料和方法

（一）试验地及试验材料

试验地位于四川省崇州市四川农业大学林学院教学科技实习基地，供试材料为竹叶花椒品种汉源葡萄青椒，2016 年 3 月栽植，以常规方法栽种，株行距 2 m × 3 m，无间作，树龄 2 a，植株苗高、地径和冠幅基本一致，初挂果，实验前水肥管理一致。

覆盖材料为黑色的遮光率为 80%、90% 和 100% 的遮阳网，均购于艺龙园艺公司。

（二）试验设计

为了便于竹叶花椒施肥管理和增强覆盖处理下土壤的透气性，于 2017 年 7 月在竹叶花椒林中采用典型选样的方法，设立相关条件基本一致的 39 个 3 m × 8 m 的小区，各小区有 4 棵竹叶花椒树，样方内竹叶花椒树沿田垄中线呈"一字形"排开。试验设置不同覆盖方式和不同遮光率覆盖 2 种因素，不同覆盖方式分为：长期全覆盖、交替覆盖，并设置 3 个交替覆盖时间间隔梯度：2 周 1 次、4 周 1 次、6 周 1 次，遮光率设置 3 个水平：80%、90% 和 100%，将不覆盖作为对照（CK），重复 3 次（详见表 5-10）。试验除覆盖方式和覆盖材料遮光率不同外，其余按当地常规管理方法进行。

表 5-10　竹叶花椒覆膜处理方案

编号	处理	间隔时间	遮光率
CK	T0L0	/	不覆膜
1	T0L80	/	黑色遮阳网（遮光率 80%）
2	T0L90	/	黑色遮阳网（遮光率 90%）
3	T0L100	/	黑色遮阳网（遮光率 100%）
4	T2L80	2 周	黑色遮阳网（遮光率 80%）
5	T2L90	2 周	黑色遮阳网（遮光率 90%）
6	T2L100	2 周	黑色遮阳网（遮光率 100%）

续表

编号	处理	间隔时间	遮光率
7	T4L80	4周	黑色遮阳网（遮光率80%）
8	T4L90	4周	黑色遮阳网（遮光率90%）
9	T4L100	4周	黑色遮阳网（遮光率100%）
10	T6L80	6周	黑色遮阳网（遮光率80%）
11	T6L90	6周	黑色遮阳网（遮光率90%）
12	T6L100	6周	黑色遮阳网（遮光率100%）

具体覆盖示意图如图5-26和图5-27，均为样方俯视图。以4棵竹叶花椒树连成一条田垄的中线，遮阳网覆盖田垄两边的各一半，在交替覆盖时间间隔梯度下各自拖移到各边的不覆盖处进行交替覆盖样方田垄一半（图5-26）；将遮阳网覆盖于样方的整个田垄上，之后不做任何移动处理（图5-27）。

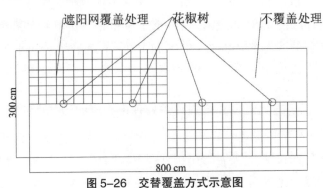

图 5-26　交替覆盖方式示意图

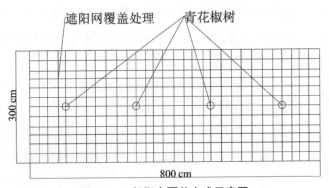

图 5-27　长期全覆盖方式示意图

（三）测定指标及其方法

1.产量指标的测定

在竹叶花椒成熟期2018年7月28日进行单株产量测定，采集每株竹叶花椒树上的全部果实进行称重，作为各单株最终产量。坐果率采用标准枝法测定，即在每个处理每个植株各方向上选有代表性的枝条作为标准枝，调查从结果开始到果实成熟采收前的落果情况，分别在 2018 年 3 月 25 日、2018 年 4 月 15 日和 2018 年 6 月 10 日进行测定，坐果率 = 结果数 ÷ 花数 × 100%。

2. 杂草指标的测定

采用典型调查法调查各处理下 1 m² 内杂草种类、株数、生物量和养分（全氮、全磷和全钾）含量。全氮采用凯氏定氮法测定；全磷采用钼锑抗比色法测定；全钾采用火焰光度计法测定；养分吸收量（kg/hm²）= 杂草地上部干重 ×（氮、磷和钾）含量；杂草种类按科、属和种进行分类。杂草调查周期为 1 a，每 3 个月进行一次，分别在 2017 年 10 月底、2018 年 1 月底、2018 年 4 月底和 2018 年 7 月底测定，共 4 次，每次调查后将地里已出苗的杂草清除干净。

（四）数据处理

用 Excel 2016 数据处理软件对试验测得数据进行整理及图表制作；利用 SPSS 20.0 统计分析软件，采用 LSD 法进行差异显著性分析；采用 Pearson 法进行各测定指标的相关性分析。

二、结果与分析

（一）不同覆盖对竹叶花椒产量的影响

1. 坐果率

由图 5-28 可知，各覆盖处理较 CK 总体上能增加其坐果率，各覆盖处理坐果率在 66.9% ~ 77.1% 之间，相比 CK 提高了 2.6% ~ 18.1%，其中以处理 5 最高，其次为处理 8。在各覆盖时间梯度中，坐果率均随覆盖遮光率的增加呈先增加后降低的趋势。在交替覆

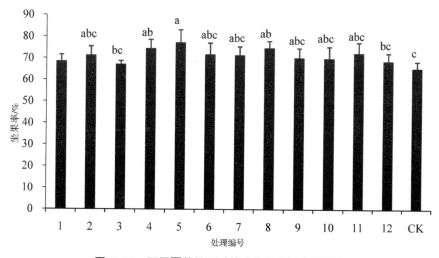

图 5-28　不同覆盖处理对竹叶花椒坐果率的影响

盖处理中，相同遮光率覆盖处理均随交替覆盖时间梯度的增加而降低，与交替覆盖处理相比，长期全覆盖各遮光率处理均为最低，但均高于 CK。试验结果表明覆盖处理均能有效增加竹叶花椒坐果率，起到提高产量的作用。

2. 单株产量

由图 5-29 可知，各覆盖处理较 CK 总体上能显著增加其单株产量，且覆盖处理间存在显著差异（$P < 0.05$），各覆盖处理单株产量在 4.99 ~ 6.69 kg/ 株之间，相比 CK 提高了 9.0% ~ 46.1%，其中以处理 5 最高，其次为处理 8。在各覆盖时间梯度中，单株产量均随覆盖遮光率的增加呈先增加后降低的趋势。在交替覆盖处理中，相同遮光率覆盖处理均随交替覆盖时间梯度的增加而降低，与交替覆盖处理相比，长期全覆盖各遮光率处理均为最低，但均高于 CK。试验结果表明覆盖处理均能有效增加竹叶花椒单株产量。

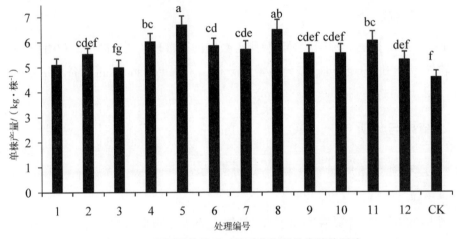

图 5-29　不同覆盖处理对竹叶花椒单株产量的影响

（二）不同覆盖对竹叶花椒林下杂草的影响

1. 林下杂草群落的组成

由表 5-11 可知，试验区中不同处理下共出现 16 科、33 属和 34 种杂草，其中菊科占 11 种，占所有种数的 32.4%，禾本科占 4 种，占所有种数的 11.8%，十字花科占 3 种，占所有种数的 8.8%，玄参科和大戟科各占 2 种，占所有种数的 5.9%，其余科都只包含 1 个种。2017 年 10 月共出现 13 种杂草，2018 年 1 月出现 18 种杂草，2018 年 4 月出现 27 种杂草，2018 年 7 月出现 20 种杂草，其中 1 年生杂草 21 种，多年生杂草 13 种。叶下珠（*Phyllanthus urinaria* L.）和香丝草［*Conyza bonariensis*（L.）Cronq.］只出现在 2017 年 10 月，泥胡菜［*Hemistepta lyrata*（Bunge）Bunge］、虎耳草（*Saxifraga stolonifera* Curt.）只出现在 2018 年 1 月，狗脊［*Woodwardia japonica*（L. f.）Sm.］、棒头草（*Polypogon fugax* Nees ex Steud.）、看麦娘（*Alopecurus aequalis* Sobol.）、和尚菜（*Adenocaulon himalaicum* Edgew.）、葎草（*Humulus scandens*）、猪殃殃［*Galium aparine* Linn. var. *tenerum*（Gren. et Godr.）Rchb.］只出现在 2018 年 4 月，鳢

肠［*Eclipta prostrata*（L.）L.］只出现在 2018 年 7 月。狗牙根［*Cynodon dactylon*（L.）Pers.］和牛筋草［*Eleusine indica*（L.）Gaertn.］几乎出现在每个季节的每种处理下。各处理对禾本科杂草的防治效果不明显，而对其余杂草防治效果显著。

表 5-11 杂草种类表

生活型	科	属	种
1 年生	菊科 Gnaphalium	鼠麴草属 Gnaphalium	鼠麴草 Gnaphalium affine D. Don
		黄鹌菜属 Youngia	黄鹌菜 Youngia japonica
		白酒草属 Conyza	小蓬草 Conyza canadensis（L.）Cronq.
			香丝草 Conyza bonariensis（L.）Cronq.
		苦苣菜属 Sonchus	苦苣菜 Sonchus oleraceus L.
		鳢肠属 Eclipta	鳢肠 Eclipta prostrata（L.）L.
		泥胡菜属 Hemistepta	泥胡菜 Hemistepta lyrata（Bunge）Bunge
	禾本科 Gramineae	穇属 Eleusine	牛筋草 Eleusine indica（L.）Gaertn.
		棒头草属 Polypogon	棒头草 Polypogon fugax Nees ex Steud.
		看麦娘属 Alopecurus	看麦娘 Alopecurus aequalis Sobol.
	十字花科 Cruciferae	荠属 Capsella	荠 Capsella bursa-pastoris（Linn.）Medic.
		碎米荠属 Cardamine	碎米荠 Cardamine hirsute
		蔊属 Rorippa	蔊菜 Rorippa indica（L.）Hiern.
	玄参科 Scrophulariaceae	通泉草属 Mazus	通泉草 Mazus japonicus（Thunb.）O. Kuntze
		婆婆纳属 Veronica	阿拉伯婆婆纳 Veronica persica Poir.
	大戟科 Euphorbiaceae	叶下珠属 Phyllanthus	叶下珠 Phyllanthus urinaria L.
		铁苋菜属 Acalypha	铁苋菜 Acalypha australis L.
	石竹科 Caryophyllaceae	繁缕属 Stellaria	繁缕 Stellaria media（L.）Cyr.

续表

生活型	科	属	种
	茄科 Solanaceae	茄属 *Solanum*	龙葵 *Solanum nigrum* L.
	伞形科 Umbelliferae	蛇床属 *Cnidium*	蛇床 *Cnidium monnieri*（L.）Cuss.
	茜草科 Rubiaceae	拉拉藤属 *Galium*	猪殃殃 *Galium aparine* Linn.var. *tenerum*（Gren. et Godr.）Rchb.
	乌毛蕨科 Blechnaceae	狗脊属 Woodwardia	狗脊 Woodwardia japonica（L. f.）Sm.
多年生	菊科 Gnaphalium	大丁草属 *Gerbera*	大丁草 *Gerbera anandria*（L.）Sch.–Bip.
		蒲公英属 *Taraxacum*	蒲公英 *Taraxacum mongolicum* Hand.–Mazz.
		和尚菜属 *Adenocaulon*	和尚菜 *Adenocaulon himalaicum* Edgew.
		紫菀属 *Aster*	钻叶紫菀 *Aster subulatus* Michx.
	虎耳草 Saxifragaceae	虎耳草属 *Saxifraga*	虎耳草 *Saxifraga stolonifera* Curt.
	荨麻科 Urticaceae	雾水葛属 *Pouzolzia*	雾水葛 *Pouzolzia zeylanica*（L.）Benn.
	藜科 Chenopodiaceae	藜属 *Chenopodium*	藜 *Chenopodium album* L.
	桑科 Moraceae	葎草属 *Humulus*	葎草 *Humulus scandens*
	毛茛科 Ranunculaceae	毛茛属 *Ranunculus*	毛茛 *Ranunculus japonicus* Thunb.
	苋科 Amaranthaceae	莲子草属 *Alternanthera*	喜旱莲子草 *Alternanthera philoxeroides*（Mart.）Griseb.
	禾本科 Gramineae	狗牙根属 Cynodon	狗牙根 Cynodon dactylon（L.）Pers.
	蓼科 Polygonaceae	酸模属 Rumex	酸模 Rumex acetosa L.

2. 林下杂草干重

由表 5-12 可知，各覆盖处理均可以显著降低竹叶花椒林下杂草干重，不同覆盖处理间差异显著（$P < 0.05$）。2017 年 10 月至 2018 年 7 月，各覆盖处理杂草干重总体呈先减小后增加再减小的趋势，且均在 2017 年 10 月达最大值，在 2018 年 1 月达最小值，各覆盖处理下杂草干重为 1.96 ~ 56.54 g/m²，较 CK 降低了 45.0% ~ 98.6%。

表 5-12 不同覆盖处理对杂草干重的影响

处理	2017年10月/(g·m⁻²)	2018年1月/(g·m⁻²)	2018年4月/(g·m⁻²)	2018年7月/(g·m⁻²)
1	12.97 ± 1.45fg	8.62 ± 0.66de	12.12 ± 1.23d	11.79 ± 0.76d
2	6.29 ± 0.86hi	3.44 ± 0.56ghi	5.74 ± 0.77ef	4.85 ± 0.45fg
3	1.96 ± 0.24i	1.02 ± 0.15i	1.81 ± 0.23f	1.55 ± 0.14g
4	56.54 ± 6.21b	16.40 ± 1.36b	37.11 ± 3.59b	32.59 ± 2.93b
5	19.01 ± 2.25de	7.83 ± 0.83ef	19.44 ± 1.97c	13.74 ± 1.48d
6	10.97 ± 1.21fgh	4.92 ± 0.71efghi	6.71 ± 0.95ef	6.11 ± 0.81ef
7	22.01 ± 2.33cd	11.83 ± 1.42cd	12.21 ± 1.37d	12.08 ± 1.55d
8	16.15 ± 1.74ef	6.59 ± 0.74efgh	9.89 ± 1.27de	9.47 ± 1.21de
9	7.56 ± 0.72gh	3.08 ± 0.34hi	5.07 ± 0.58ef	4.38 ± 0.53fg
10	25.12 ± 2.76c	14.42 ± 1.85bc	20.57 ± 1.43c	18.21 ± 1.11c
11	18.35 ± 1.68de	7.38 ± 1.02efg	13.88 ± 1.31d	10.74 ± 0.31d
12	9.14 ± 0.98gh	4.49 ± 0.58fghi	6.13 ± 0.61ef	5.69 ± 0.43efg
CK	102.78 ± 7.01a	73.57 ± 7.01a	96.28 ± 8.71a	93.46 ± 7.55a

由图 5-30 可知，全年中，长期全覆盖处理杂草干重均随遮光率的增加而降低，在所有遮光率相同的处理中，长期全覆盖处理杂草干重均最小，其中以处理 3 最小，为6.33 g，与其他处理差异均显著（$P < 0.05$），较 CK 降低 98.2%。交替覆盖相同时间梯度下杂草干重均随遮光率增加而减小，相同遮光率覆盖处理下，杂草干重总体上均随时间梯度的增加呈先减小后增加的趋势，其中处理 9 干重最少，为 20.1 g，较 CK 降低94.5%。试验结果说明覆盖处理均能有效降低杂草干重，起到控制杂草的作用。

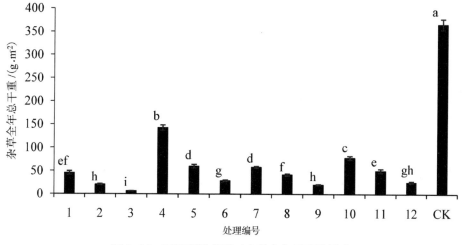

图 5-30 不同覆盖处理对杂草全年干重的影响

3. 林下杂草密度

从图 5-31 可知,覆盖处理可以大幅度降低竹叶花椒林下的杂草密度,各覆盖处理均比 CK 低。2017 年 10 月至 2018 年 7 月,各覆盖处理杂草密度为 1.7 ~ 49.3 株/m²,较 CK 降低了 40.6% ~ 97.8%。各时期中,处理 3 的林下杂草密度均为最小,分别为 2.0 株/m²、2.7 株/m²、4.0 株/m² 和 1.7 株/m²,较 CK 分别降低 97.6%、97.4%、96.4% 和 97.8%。各覆盖处理在同一交替覆盖时间梯度内,杂草密度均随遮光率的增加而降低,试验结果说明覆盖处理均能有效降低杂草密度,起到控制杂草的作用。

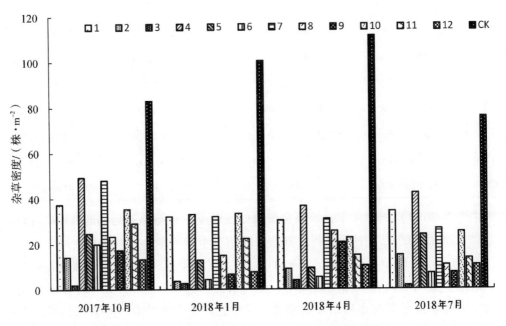

图 5-31 不同覆盖处理对竹叶花椒林下杂草密度的影响

4. 林下杂草全氮吸收

由表 5-13 可知,各覆盖处理均可以显著降低杂草全氮吸收量,不同覆盖处理间差异显著($P < 0.05$)。2017 年 10 月至 2018 年 7 月,各覆盖处理杂草全氮吸收量总体呈先降低后增加再降低的趋势,且均在 2017 年 10 月达最大值,在 2018 年 1 月达最小值,各覆盖处理下杂草全氮吸收量为 1.96 ~ 56.54 kg/hm²,较 CK 降低了 45.0% ~ 98.6%。

由图 5-32 可知,各处理在相同交替覆盖时间梯度内,杂草全年的全氮吸收量总体随遮光率的增加而降低。覆盖能有效控制杂草对养分氮的吸收,且存在显著差异($P < 0.05$),以处理 3 为最低,较 CK 降低 98.4%。试验结果说明覆盖处理能显著降低杂草全氮吸收量,能有效降低杂草与竹叶花椒的竞争力,但降低程度在不同月份均存在差异,以处理 3 效果最好,其次为处理 9。

表 5–13 不同覆盖处理对竹叶花椒林下杂草全氮吸收量的影响

处理	2017 年 10 月 / (kg · hm^{-2})	2018 年 1 月 / (kg · hm^{-2})	2018 年 4 月 / (kg · hm^{-2})	2018 年 7 月 / (kg · hm^{-2})
1	2.36 ± 0.08def	2.33 ± 0.16cd	3.23 ± 0.51d	2.81 ± 0.12cd
2	1.06 ± 0.19fg	0.74 ± 0.16ef	1.44 ± 0.14fg	1.05 ± 0.02fg
3	0.34 ± 0.03g	0.21 ± 0.04f	0.47 ± 0.06g	0.32 ± 0.06g
4	9.21 ± 1.02b	4.42 ± 0.50b	9.38 ± 1.25b	6.84 ± 1.16b
5	2.86 ± 0.10de	2.00 ± 0.09de	4.68 ± 0.58c	2.64 ± 0.40de
6	1.57 ± 0.13efg	1.23 ± 0.11def	1.47 ± 0.17fg	1.10 ± 0.12fg
7	3.38 ± 0.37cd	3.35 ± 0.55bc	2.92 ± 0.20de	2.61 ± 0.26de
8	2.24 ± 0.15def	1.60 ± 0.10de	2.23 ± 0.43ef	1.94 ± 0.09def
9	1.06 ± 0.07fg	0.80 ± 0.13ef	1.12 ± 0.11g	0.78 ± 0.13fg
10	3.85 ± 0.44c	4.24 ± 0.67b	4.74 ± 0.63c	4.09 ± 0.20c
11	2.81 ± 0.11cde	1.94 ± 0.28de	3.40 ± 0.62d	2.26 ± 0.17def
12	1.37 ± 0.06fg	1.15 ± 0.16def	1.35 ± 0.14fg	1.13 ± 0.15efg
CK	18.18 ± 2.40a	18.81 ± 2.40a	27.46 ± 0.76a	20.66 ± 2.62a

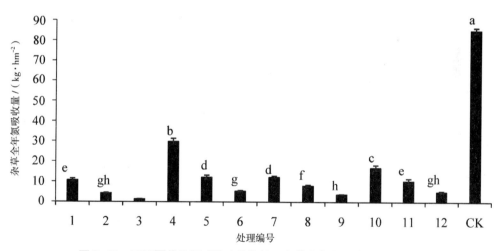

图 5–32 不同覆盖处理对竹叶花椒林下杂草全年氮吸收总量的影响

5. 林下杂草全磷吸收

由表 5–14 可知，各覆盖处理均可以显著降低杂草全磷吸收量，不同覆盖处理间差异显著（$P < 0.05$）。2017 年 10 月至 2018 年 7 月，各覆盖处理杂草全磷吸收量总体呈先减小后增加再减小的趋势，且均在 2017 年 10 月达最大值，在 2018 年 1 月达最小值，各覆盖处理下杂草全磷吸收量为 0.03 ~ 1.44 kg/hm^2，较 CK 降低了 48.2% ~ 98.8%。由图 5–33 可知，各处理在相同交替覆盖时间梯度内，杂草全年的全磷吸收量总体随遮光率的增加而降低。覆盖能有效控制杂草对全磷的吸收，且存在显著差异（$P < 0.05$），以

处理 3 最低，较 CK 降低 98.4%。试验结果说明覆盖处理能显著降低杂草养分磷吸收量，能有效降低杂草与竹叶花椒的竞争力，但降低程度在不同月份均存在差异，以处理 3 效果最好，其次为处理 9。

表 5-14　不同覆盖处理对杂草全磷吸收量的影响

处理	2017 年 10 月 /（kg · hm⁻²）	2018 年 1 月 /（kg · hm⁻²）	2018 年 4 月 /（kg · hm⁻²）	2018 年 7 月 /（kg · hm⁻²）
1	0.28 ± 0.04f	0.37 ± 0.04cd	0.39 ± 0.02de	0.40 ± 0.01cd
2	0.17 ± 0.02f	0.12 ± 0.02fg	0.19 ± 0.06fg	0.16 ± 0.02fh
3	0.05 ± 0.01g	0.03 ± 0.01g	0.06 ± 0.01g	0.05 ± 0.01h
4	1.44 ± 0.20b	0.59 ± 0.04b	1.10 ± 0.11b	1.32 ± 0.01b
5	0.50 ± 0.05de	0.31 ± 0.02de	0.56 ± 0.04cd	0.48 ± 0.03cd
6	0.22 ± 0.03f	0.18 ± 0.03ef	0.21 ± 0.02gf	0.19 ± 0.02edh
7	0.55 ± 0.07cd	0.49 ± 0.04bc	0.42 ± 0.03de	0.35 ± 0.03de
8	0.41 ± 0.05e	0.22 ± 0.01ef	0.29 ± 0.01ef	0.31 ± 0.01def
9	0.19 ± 0.01f	0.11 ± 0.01fg	0.17 ± 0.02fg	0.13 ± 0.03fh
10	0.64 ± 0.04c	0.61 ± 0.05b	0.70 ± 0.05c	0.56 ± 0.02c
11	0.49 ± 0.07de	0.28 ± 0.02de	0.45 ± 0.09de	0.36 ± 0.05dr
12	0.21 ± 0.01f	0.18 ± 0.01ef	0.18 ± 0.02fg	0.18 ± 0.03efh
CK	2.78 ± 0.06a	3.13 ± 0.21a	2.60 ± 0.31a	3.54 ± 0.22a

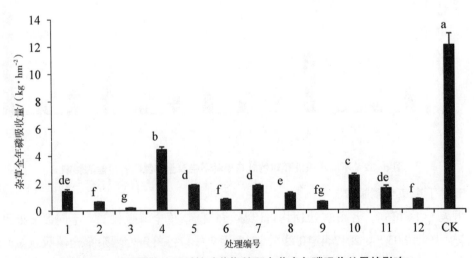

图 5-33　不同覆盖处理对竹叶花椒林下杂草全年磷吸收总量的影响

6. 林下杂草全钾吸收

由表 5-15 可知，各覆盖处理均可显著降低杂草全钾吸收量，不同覆盖处理间差异显著（$P < 0.05$）。2017 年 10 月至 2018 年 7 月，各覆盖处理杂草全钾吸收量总体呈先

减小后增加再减小的趋势，且均在 2017 年 10 月达最大值，在 2018 年 1 月达最小值，各覆盖处理下杂草全钾吸收量为 0.25~11.79 kg/hm²，较 CK 降低了 53.2% ~ 98.3%。

由图 5-34 可知，各处理在相同交替覆盖时间梯度内，杂草全年的全钾吸收量总体随遮光率的增加而降低。覆盖能有效控制杂草对养分钾的吸收，且存在显著差异（$P < 0.05$），以处理 3 为最低，较 CK 降低 98.1%。试验结果说明覆盖处理能显著降低杂草全钾吸收量，能有效降低杂草与竹叶花椒的竞争力，但降低程度在不同月份均存在差异，以处理 3 效果最好，其次为处理 9。

表 5-15 不同覆盖处理对竹叶花椒林下杂草全钾吸收量的影响

处理	2017 年 10 月 /（kg·hm⁻²）	2018 年 1 月 /（kg·hm⁻²）	2018 年 4 月 /（kg·hm⁻²）	2018 年 7 月 /（kg·hm⁻²）
1	2.87 ± 0.38de	1.77 ± 0.16c	2.76 ± 0.41ef	2.89 ± 0.25de
2	1.36 ± 0.13fg	0.74 ± 0.03de	1.35 ± 0.08ghi	1.15 ± 0.06g
3	0.47 ± 0.07g	0.25 ± 0.04e	0.43 ± 0.04i	0.37 ± 0.02h
4	11.79 ± 0.73b	3.58 ± 0.33b	6.91 ± 0.37b	6.20 ± 0.32b
5	3.49 ± 0.21d	2.08 ± 0.27c	4.06 ± 0.46cd	3.08 ± 0.23cd
6	2.10 ± 0.14ef	1.27 ± 0.23cd	1.60 ± 0.21fghi	1.34 ± 0.24g
7	3.94 ± 0.43d	3.35 ± 0.65b	2.60 ± 0.09ef	2.39 ± 0.25ef
8	3.19 ± 0.52d	1.78 ± 0.12c	2.03 ± 0.18fg	2.17 ± 0.21f
9	1.32 ± 0.13fg	0.75 ± 0.03de	1.23 ± 0.14ghi	0.85 ± 0.08gh
10	5.02 ± 0.58c	4.05 ± 0.48b	4.92 ± 0.47c	3.55 ± 0.16c
11	3.53 ± 0.01d	2.03 ± 0.39c	3.34 ± 0.29de	2.71 ± 0.18def
12	1.68 ± 0.30f	1.18 ± 0.19cde	1.48 ± 0.04ghi	1.18 ± 0.11g
CK	20.75 ± 1.79a	19.57 ± 1.61a	21.04 ± 2.23a	23.08 ± 0.88a

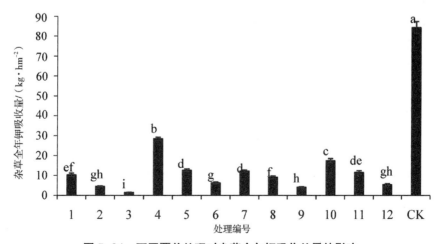

图 5-34 不同覆盖处理对杂草全年钾吸收总量的影响

三、讨论

（一）不同覆盖对竹叶花椒坐果率的影响

覆盖管理具有明显的遮光、保温、保湿、优化作物生长发育环境的效应。覆盖通过除草、创造良好的温度和土壤水分条件、减少养分淋溶、提高水分利用效率和土壤肥力、增加养分吸收的有效性等作用来促进植物的生长和产量的提高（葛均筑等，2014）。大量研究表明，覆盖有利于植物坐果率的增加（白岗栓等，2005；陈翾，2007；李士会等，2017；原慧芳等，2015），本研究也发现，覆盖处理较 CK 总体上显著增加了坐果率，各覆盖处理坐果率在 66.9% ~ 77.1% 之间，相比 CK 提高了 2.6% ~ 18.1%，其中以处理 T2L90（遮光率 90%，隔 2 周交替覆盖一次）增加效果最显著，其次为处理 T4L90（遮光率 90%，隔 4 周交替覆盖一次）。相同覆盖时间梯度下，竹叶花椒坐果率随覆盖遮光率的增加呈先增加后降低的趋势，均以 90% 遮光率覆盖处理效果最好，不同时间梯度相同遮光率覆盖处理下，坐果率随交替覆盖时间梯度的增加而降低，其中以长期全覆盖处理的增幅为最低。

（二）不同覆盖对竹叶花椒单株产量的影响

地面覆盖能够通过提供较好的生长环境从而促进植物单株产量的提高（李增全，2008；Gholami 等，2013；申丽霞等，2018）。李婷等（2016）研究发现，不同覆盖处理下油茶果高和果径均比无覆盖处理的大，且油茶单果重、单株产果数、种子含水率、果皮含水率等均大于无覆盖处理，与无覆盖相比，单株产果量增加了 46.6%。本研究结果表明，各覆盖处理单株产量在 4.99 ~ 6.69 kg/株之间，相比 CK 提高了 9.0% ~ 46.1%，以处理 5 为最高，其次为处理 9。

在本试验中，遮阳网覆盖对竹叶花椒单株产量的增加作用与遮光率和交替覆盖时间梯度密切相关；相同覆盖时间梯度下，竹叶花椒单株产量随覆盖遮光率的增加呈先增加后降低的趋势，均以 90% 遮光率覆盖处理效果最好，不同时间梯度相同遮光率覆盖处理下，单株产量随交替覆盖时间梯度的增加而降低，其中以长期全覆盖处理的增幅最低；产量与生长指标的相关性均达到极显著。在本试验中，处理 T2L90（遮光率 90%，隔 2 周交替覆盖一次）较其余处理更能增加竹叶花椒产量。因此，在生产中应选择最适合的遮光率覆盖以及最适宜的覆盖方式，才能获得最佳效益。

（三）不同覆盖对竹叶花椒林下杂草的抑制效果

杂草是农田生态系统的重要组成部分，与作物竞争生存空间、光照、养分和水分等资源，严重影响了作物生产力。在作物中，除草剂的低可用性或不可用性迫使对其采用非化学方法进行杂草综合控制。大量研究表明，覆盖有利于在较长时间内对杂草进行有效控制（Pannacci 等，2017），如秸秆覆盖对大豆田杂草出土量的抑制效果为

48.7% ~ 79.9%，有助于降低化学除草剂的使用量（李秉华等，2009）。生物量是植物获取能量的主要体现，对植物的发育及产量形成具有十分重要的影响。Welch（2015）试验发现覆盖使杂草的发芽率和干物质显著降低，张新（2000）利用黑色地膜覆盖防除甘兰田杂草效果明显，田间杂草干质量比透明地膜覆盖降低 70.7% ~ 74.1%。在本研究中，覆盖能显著降低杂草的生物量和密度，各覆盖处理杂草的全年干重为 1.96 ~ 56.54 g/m^2，比 CK 降低了 45.0% ~ 98.6%，密度比 CK 降低了 40.6% ~ 97.8%，试验结果说明覆盖对竹叶花椒林下杂草有抑制效果。

覆盖对杂草的控制程度与覆盖时间及其遮光率密切相关。本研究发现，相同时间梯度下杂草干重和密度的抑制效果均随遮光率增加而降低，且均以处理 T0L100（遮光率100%，长期全覆盖）效果最佳，较 CK 分别降低 98.2% 和 97.3%，其次为处理 T4L100（遮光率 100%，隔 4 周交替覆盖一次）和处理 T0L90（遮光率 90%，长期全覆盖），较CK 分别降低 94.5% 和 86.1%。这可能是因为覆盖对杂草的抑制效果主要表现在遮光性上，杂草的生长与光利用率呈非线性关系（Gaudio 等，2011），遮光率越大，覆盖处理抑制杂草光合作用的能力越强，最终达到不同程度控制杂草的效果。此外，覆盖对杂草的控制程度与覆盖方式也密切相关。在本研究中，相同遮光率覆盖处理下杂草干重均随时间梯度的增加呈先减小后增加的趋势，这可能是因为覆盖时间较短，交替覆盖较频繁，对杂草的光合作用控制效果较弱，而交替覆盖时间过长会使未覆盖区域杂草由于长时间不受覆盖控制而大量生长，最终导致杂草控制效果受不同覆盖时间梯度的影响而不同。

杂草种类因覆盖处理不同而存在显著差异，但覆盖处理均能显著降低杂草的种类（李秉华等，2009）。曾建青（2010）研究发现，覆盖对禾本科的杂草防治效果不明显，对其他杂草防治效果明显。王君等（2012）研究发现，黑色地膜能大幅度降低杂草生长总量，尤其对于 1 年生、2 年生的杂草清除效果更显著，对多年生宿根杂草也有一定的控制作用，但对禾本科的芦苇几乎没有防治效果。本研究发现，各处理对禾本科杂草的清除作用不明显，而对其他杂草防治效果显著，可能是因为禾本科杂草由于其坚而硬的嫩尖能轻松穿过地膜，使得其光合作用依旧能够正常进行而不受影响。

（四）覆盖处理对竹叶花椒林下杂草养分吸收的影响

竹叶花椒地杂草丛生是制约其健康生长发育的重要因素。大量研究表明，覆盖能有效抑制杂草的生长，氮、磷和钾对杂草的生长发育起着关键性作用，所以不同覆盖杂草吸收的氮、磷和钾养分含量变化可以反映出其对杂草与竹叶花椒竞争养分能力的影响。植物通过光合作用将光能转化为化学能，为植物的生长代谢和物质运输提供能量，光的强弱对植物的生长发育起着重要的影响（伍洁，2016）。Gaudio 等（2011）认为植物的生长与光利用率呈非线性关系。周秋月等（2009）发现光照太弱，不利于植物同化物的积累、生长和发育。本研究发现，覆盖对杂草吸收氮、磷和钾均起到明显的抑制作用，各覆盖处理氮、磷和钾吸收量均显著低于 CK，这可能与遮光率和交替覆盖时间梯度密切相关。

本研究发现，各覆盖处理能不同程度抑制竹叶花椒林下杂草对养分的吸收，在相同交替覆盖时间梯度内，杂草对氮、磷和钾的吸收量均随遮光率的增加呈降低的趋势，这可能是因为覆盖对杂草光合作用的抑制效果随遮光的增加而增加，抑制杂草生长的效果便随遮光率的增加而加强，进而在不同程度上抑制了杂草对养分氮、磷和钾的吸收。各养分抑制效果均以处理 3 为最强，其次为处理 9，处理 3 全年氮、磷和钾吸收总量分别为 1.34 kg/hm^2、0.19 kg/hm^2 和 1.53 kg/hm^2，较 CK 降低 98.4%、98.4% 和 98.2%，处理 9 全年氮、磷和钾吸收总量分别为 3.76 kg/hm^2、0.60 kg/hm^2 和 4.15 kg/hm^2，较 CK 降低 95.6%、95.0% 和 95.1%。此外，各处理对于杂草养分积累的抑制作用在不同月份不尽相同，这可能与杂草自身生长特性及不同月份气候的差异有关。因此，在实际生产中，遮阳网覆盖管理技术的运用考虑遮光率和交替覆盖时间尤为必要。

四、结论

覆盖处理能够增加竹叶花椒的坐果率和单株产量、降低杂草生物量和密度、抑制杂草养分吸收。遮光率 90%，2 周一次交替覆盖的方式最有利于竹叶花椒产量的增加；遮光率 100%，长期全覆盖对杂草防治效果最佳。

主要参考文献

[1] Albarracín V，Hall A J，Searles P S，et al. Responses of vegetative growth and fruit yield to winter and summer mechanical pruning in olive trees[J]. Scientia Horticulturae，2017，225：185–194.

[2] Anderson J M，Hetherington S L. Temperature，nitrogen availability and mixture effects on the decomposition of heather [*Calluna vulgaris* （L.）Hull] and bracken [*Pteridium aquilinum* （L.）Kuhn] litters. Functional Ecology，1999，13（s1）：116–124.

[3] Berg B，Lousier J D. Litter decomposition and organic matter turnover in northern forest soils[J]. Forest Ecology & Management，2000，133（1）：13–22.

[4] Gaudio N，Balandier P，Philippe G，et al. Light–mediated influence of three understorey species （Calluna vulgaris，Pteridium aquilinum，Molinia caerulea）on the growth of *Pinus sylvestris* seedlings[J]. European Journal of Forest Research，2011，130（1）：77–89.

[5] Gholami M. A novel low power architecture for DLL–based frequency synthesizers[J]. Circuits Systems & Signal Processing，2013，32（2）：781–801.

[6] Jin S S，Wang Y K，Wang X，et al. Effect of pruning intensity on soil moisture and water use efficiency in jujube （*Ziziphus jujube* Mill.）plantations in the hilly Loess Plateau Region，China[J]. Journal of Arid Land，2019，11（3）：446–460.

[7] Lodolini E M，Polverigiani S，Cioccolanti T，et al. Preliminary results about the influence of

pruning time and intensity on vegetative growth and fruit yield of a semi-intensive olive orchard[J]. Journal of Agricultural Science & Technology, 2019, 21（4）: 969-980.

[8] Magill A H, Aber J D. Long-term effects of experimental nitrogen additions on foliar litter decay and humus formation in forest ecosystems[J]. Plant and Soil, 1998, 203（2）: 301-11.

[9] Pannacci E, Lattanzi B, Tei F. Non-chemical weed management strategies in minor crops: A review[J]. Crop Protection, 2017, 96: 44-58.

[10] Parton W, Silver W L, Burke I C, et al. Global-scale similarities in nitrogen release patterns during long-term decomposition[J]. Science, 2007, 315（5180）: 361-364.

[11] Silvestroni O, Lanari V, Lattanzi T, et al. Delaying winter pruning, after pre-pruning, alters budburst, leaf area, photosynthesis, yield and berry composition in Sangiovese （*Vitis vinifera* L.）[J]. Australian Journal of Grape and Wine Research, 2018, 24（4）: 478-486.

[12] Soudagar T P, Haldankar R M, Parulekar Y R, et al. Study on effect of tip pruning on induction of flowering and harvesting in Alphonso mango[J]. Indian Journal of Horticulture, 2018, 75（4）: 709-712.

[13] Welch R Y. Using cover crops to alleviate compaction in organic grain farms[J]. Soil & Tillage Research, 2015, 161: 475-482.

[14] Zeng G M, Yu M, Chen Y N, et al. Effects of inoculation with Phanerochaete chrysosporium at various time points on enzyme activities during agricultural waste composting[J]. Bioresource Technology, 2010, 101（1）: 222-227.

[15] 白岗栓, 于国勇, 雒聪, 等. 早春地面覆盖对仁用杏开花坐果的影响 [J]. 云南农业大学学报（自然科学）, 2005, 20（1）: 61-64.

[16] 曹晓璐. 园林废弃物制造栽培基质过程中微生物的动态变化 [D]. 北京: 中国林业科学研究院, 2014.

[17] 曾辉, 杜丽清, 邹明宏, 等. 澳洲坚果花芽分化期碳水化合物含量的变化动态 [J]. 经济林研究, 2013, 31（2）: 65-70, 77.

[18] 曾建青. 黑地膜覆盖的除草效果和对苗木生长的影响 [J]. 青海农林科技, 2010（4）: 53-54.

[19] 常剑文, 田玉堂. 花椒花芽分化的初步观察 [J]. 林业实用技术, 1988（4）: 24-26.

[20] 常君, 任华东, 刘雨, 等. 薄壳山核桃雄花花芽分化的解剖学研究 [J]. 西南大学学报（自然科学版）. 2019, 41（2）: 33-38.

[21] 常瑞雪, 甘晶晶, 陈清, 等. 碳源调理剂对黄瓜秧堆肥进程和碳氮养分损失的影响 [J]. 农业工程学报, 2016, 32（s2）: 254-259.

[22] 陈旅, 杨途熙, 魏安智, 等. 不同花椒品种光合特性比较研究 [J]. 华北农学报, 2016, 31（4）: 153-161.

[23] 陈胜男, 谷洁, 高华, 等. 微生物菌剂对小麦秸秆和尿素静态堆腐过程的影响 [J]. 农业工程学报, 2009, 25（3）: 198-201.

[24] 陈翔，周梅，魏江生，等. 模拟氮沉降对兴安落叶松林凋落物分解的影响 [J]. 生态环境学报，2013（9）：1496–1503.

[25] 陈翾. 不同时期薄膜覆盖对金柑果品的影响试验 [J]. 现代农业科技，2007（16）：24.

[26] 陈耀兵，刘汉藇，郑小江，等. 不同修剪程度对山桐子新梢生长的影响 [J]. 湖北农业科学，2019，58（11）：75–77.

[27] 崔春梅，莫伟平，邢思年，等. 不同短截程度对苹果枝条修剪反应及新梢叶片光合特性的影响 [J]. 中国农业大学学报，2015，20（5）：119–125.

[28] 董存明，张曼，邓小垦，等. 不同碳氮比条件下鸡粪和椰糠高温堆肥腐熟过程研究 [J]. 生态与农村环境学报，2015（3）：420–424.

[29] 范建芝，段成鼎，井水华，等. 除草剂配合地膜覆盖对甘薯田杂草防除及增产的效果 [J]. 杂草学报，2016，34（1）：61–64.

[30] 方仁，安振宇，黄伟雄，等. 不同修剪期对广西凤梨释迦冬期果生产的影响 [J]. 中国南方果树，2018，47（2）：82–84，87.

[31] 冯海萍，曲继松，杨冬艳，等. C/N 比对枸杞枝条基质化发酵堆体腐熟效果的影响 [J]. 新疆农业科学，2014，51（6）：1112–1118.

[32] 付莹，姜远茂，张世忠，等. 短截修剪程度对'红灯'甜樱桃 13C 和 15N 分配利用的影响 [J]. 园艺学报，2015，42（1）：104–110.

[33] 高云航，勾长龙，王雨琼，等. 低温复合菌剂对牛粪堆肥发酵影响的研究 [J]. 环境科学学报，2014，34（12）：3166–3170.

[34] 高照全，程建军，李静，等. 白海棠不同类型枝条光合能力比较研究 [J]. 中国农学通报，2015，31（25）：90–95.

[35] 葛均筑，李淑娅，钟新月. 施氮量与地膜覆盖对长江中游春玉米产量性能及氮肥利用效率的影响 [J]. 作物学报，2014，40（6）：25–32.

[36] 龚建英，田锁霞，王智中，等. 微生物菌剂和鸡粪对蔬菜废弃物堆肥化处理的影响 [J]. 环境工程学报，2012，6（8）：2813–2817.

[37] 郭建芬，杨玉盛，陈光水，等. 森林凋落物分解研究进展 [J]. 林业科学，2006，（14）：93–100.

[38] 何文广，汪阳东，陈益存，等. 山鸡椒雌花花芽分化形态特征及碳氮营养变化 [J]. 林业科学研究，2018，31（6）：154–160.

[39] 胡菊，肖湘政，吕振宇，等. 接种 VT 菌剂堆肥过程中物理化学变化特征分析 [J]. 农业环境科学学报，2005，24（5）：970–974.

[40] 胡梅，叶萌，苟勇. 竹叶花椒的花芽形态分化及其芽结构 [J]. 核农学报，2019，33（7）：1415–1422.

[41] 胡梅. 竹叶花椒花芽形态分化及大枝采收修剪对其的影响 [D]. 成都：四川农业大学，2017.

[42] 黄春辉，刘科鹏，冷建华，等. 不同"零芽"修剪时期对"金魁"猕猴桃果实品质的影

响 [J]. 中国南方果树，2013，（4）：31-34.

[43] 黄秋良，范辉华，张天宇，等 . 不同修剪强度下无患子新梢生长与开花结实情况 [J]. 热带作物学报，2020，41（7）：1366-1372.

[44] 匡石滋，李春雨，田世尧，等 . 复合菌剂对香蕉茎秆堆肥中微生物和养分含量的影响 [J]. 中国农学通报，2011，27（6）：182-187.

[45] 李秉华，王贵启，樊翠芹，等 . 不同耕作方式对夏播大豆田间杂草发生的影响 [J]. 河北农业科学，2009，13（3）：22-24.

[46] 李芳，勇伟，白雪薇，等 . 添加微生物菌剂和尿素对落叶堆肥的影响 [J]. 园林科技，2013（2）：40-43.

[47] 李芳，勇伟，白雪薇，等 . 微生物菌剂对园林绿化废弃物堆肥养分的影响 [J]. 中国农学通报，2012，28（7）：307-311.

[48] 李菲菲，李孟楼，崔俊，等 . 花椒麻味素（酰胺类）含量的常规检测 [J]. 林业科学，2014，50（2）：121-126.

[49] 李仁洪，胡庭兴，涂利华，等 . 模拟氮沉降对华西雨屏区慈竹林凋落物分解的影响 [J]. 应用生态学报，2009，20（11）：2588-2593.

[50] 李士会，李慧，王芳，等 . 地膜覆盖对红富士苹果结果树的效应试验 [J]. 山东林业科技，2017（5）：28-31.

[51] 李婷，王瑞辉，钟飞霞，等 . 林地覆盖对油茶果实生长的影响 [J]. 经济林研究，2016，34（1）：101-105.

[52] 李雪峰，韩士杰，胡艳玲，等 . 长白山次生针阔混交林叶凋落物中有机物分解与碳、氮和磷释放的关系 [J]. 应用生态学报，2008，19（2）：245-251.

[53] 李云昌，欧世金 . 采后修剪时期对紫花杜枝梢生长和开花结果的影响 [J]. 中国南方果树，2007，36（6）：55-57.

[54] 李增全 . 地膜覆盖对稻—油轮作农田温室气体排放的影响研究 [D]. 重庆：西南大学，2016.

[55] 李志安，邹碧，丁永祯，等 . 森林凋落物分解重要影响因子及其研究进展 [J]. 生态学杂志，2004，23（6）：77-83.

[56] 刘俊松，张上隆 . 柑橘花芽分化期结果和未结果树矿质元素和碳水化合物含量变化 [J]. 西南大学学报（自然科学版），2010，32（2）：26-32.

[57] 刘可欣，赵宏波，张新洁，等 . 修枝强度对水曲柳光合作用及细根非结构性碳的影响 [J]. 东北林业大学学报，2019，47（11）：42-46.

[58] 刘学玲，黄懿梅，姜继韶，等 . 微生物生理群在猪粪秸秆高温堆肥碳氮转化中的作用 [J]. 环境工程学报，2012，6（5）：1713-1720.

[59] 刘洋荦，吴海波，张鹏 . 修剪和不同形态氮素施肥对白桦幼苗生长及碳氮累积的影响 [J]. 东北林业大学学报，2019，47（6）：12-16，52.

[60] 龙伟，姚小华，吕乐燕，等 . 修剪模式对油茶采穗圃穗条性状及矿质元素的影响 [J]. 西南农业学报，2018，31（7）：1468–1476.

[61] 陆晓辉，丁贵杰，陆德辉 . 人工调控措施下马尾松凋落叶化学质量变化及与分解速率的关系 [J]. 生态学报，2017，37（7）：2325–2333.

[62] 罗达，宋锋惠，史彦江，等 . 不同年龄枝条修剪对平欧杂种榛生长、光合及结实特性的影响 [J]. 西北林学院学报，2018，33（5）：87–93.

[63] 吕小军，杨途熙，何小红，等 . 冬季低温对花椒抗寒性生理指标的影响 [J]. 西北农业学报，2013，22（7）：143–148.

[64] 马雅莉，郭素娟 . 板栗冠层光合特性的空间异质性研究 [J]. 北京林业大学学报，2020，42（10）：71–83.

[65] 莫亿伟，刘锴栋，宋虎卫，等 . 修剪和光照处理对番荔枝成花及基因表达的影响 [J]. 农业生物技术学报，2015，23（8）：991–1001.

[66] 牛俊玲，郑宾国，梁丽珍 . 餐厨垃圾堆肥过程中水解酶活性变化的研究 [J]. 中国农学通报，2012，28（11）：284–288.

[67] 牛明芬，梁文涓，武肖媛，等 . 复合微生物菌剂在牛粪堆肥中的应用效果 [J]. 江苏农业科学，2015，43（11）：427–429.

[68] 彭晶晶，郭素娟，王静，等 . 修剪强度对不同密度板栗叶片质量与光合特征的影响 [J]. 东北林业大学学报，2014，42（11）：47–50.

[69] 齐红岩，郝敬虹，王昊翔 . 薄皮甜瓜花芽分化期叶片矿质元素含量和 C/N 的分析 [J]. 沈阳农业大学学报，2008，39（5）：530–533.

[70] 秦莉，高茹英，李国学，等 . 外源复合菌系对堆肥纤维素和金霉素降解效果的研究 [J]. 农业环境科学学报，2009，28（4）：820–823.

[71] 邵静，李粤渤，包振龙，等 . 苹果矮化基因的研究进展 [J]. 北方园艺，2018，（13）：157–161.

[72] 佘远国，章承林，白涛，等 . 修剪对板栗生长与结果的影响 [J]. 经济林研究，2013，31（1）：156–160.

[73] 申丽霞，兰印超，李若帆 . 不同降解膜覆盖对土壤水热与玉米生长的影响 [J]. 干旱地区农业研究，2018（1）：62–65.

[74] 史龙翔，谷洁，潘洪加，等 . 复合菌剂提高果树枝条堆肥过程中酶活性 [J]. 农业工程学报，2015，31（5）：244–251.

[75] 史央，蒋爱芹 . 秸秆降解的微生物学机理研究及应用进展 [J]. 微生物学杂志，2002，22（1）：47–50.

[76] 宋素智，柴全喜，夏爱清 . 修剪时间和方法对清香核桃生长影响试验 [J]. 西北园艺（果树），2015（1）：41–42.

[77] 孙慧娟，郭素娟，张丽，等 . 修剪与施氮对板栗叶片 N、P 营养及产量的影响 [J]. 核农学

报，2019，33（4）：816-822.

[78] 谭顺兴.除草剂在果园使用害处多 [J]. 烟台果树，2016，36（1）：55.

[79] 唐庆兰，任世奇，郭东强，等.修枝对大花序桉生长和光合特性的影响 [J]. 热带作物学报，2017，38（2）：264-268.

[80] 唐仕姗，杨万勤，何伟，等.川西亚高山3种优势林木不同径级根系分解及木质素、纤维素降解特征 [J]. 应用与环境生物学报，2015（4）：754-761.

[81] 唐星林，姜姜，金洪平，等.遮阴对闽楠叶绿素含量和光合特性的影响 [J]. 应用生态学报，2019，30（9）：2941-2948.

[82] 涂利华，戴洪忠，胡庭兴，等.模拟氮沉降对华西雨屏区撑绿杂交竹凋落物分解的影响 [J]. 生态学报，2011，31（5）：1277-1284.

[83] 王刚，袁德义，邹锋，等.修剪强度对锥栗冠层光照分布与产量及品质的影响 [J]. 果树学报，2017，34（3）：329-336.

[84] 王刚，袁德义，邹锋，等.修剪强度对锥栗叶片生理及产量的影响 [J]. 植物生理学报，2017，53（2）：264-272.

[85] 王红宁，孙俊宝，牛自勉，等.主枝选留对高纺锤形苹果产量及品质的影响 [J]. 福建农业学报，2020，35（5）：519-524.

[86] 王君，左敏，马小军.黑地膜覆盖对白榆播种苗生长量和除草的影响 [J]. 北方园艺，2012（4）：64-65.

[87] 王开良，姚小华，申巍，等.修剪措施对油茶枝条和叶片生长及营养元素的影响 [J]. 东北林业大学学报，2016，44（7）：13-18.

[88] 吴阳，徐乐中，梅娟.C/N调控对园林绿化废弃物堆肥效果的影响 [J]. 安全与环境工程，2016，23（1）：64-69.

[89] 伍洁.光质配比对生菜生长、品质及养分吸收的影响 [D]. 广州：华南农业大学，2016.

[90] 向元彬，胡红玲，胡庭兴，等.华西雨屏区巨桉人工林凋落物数量及其分解特征 [J]. 四川农业大学学报，2011，29（4）：465-471.

[91] 熊汝琴，王维飞，王锐，等.昭通产青花椒麻味素含量测定 [J]. 安徽农业科学，2020，48（14）：192-194.

[92] 颜丽菊，戚行江，蒋芯，等.不同修剪方式对杨梅树冠、产量及品质的影响研究 [J]. 农学学报，2018，8（12）：84-87.

[93] 杨万勤，邓仁菊，张健.森林凋落物分解及其对全球气候变化的响应 [J]. 应用生态学报，2007，18（12）：2889-2895.

[94] 原慧芳，李平生，陈国华，等.不同抗旱措施对东试早柚光合生理特性及产量的影响 [J]. 热带作物学报，2015，36（8）：1419-1425.

[95] 张秉宇.修剪对南果梨生长和果实品质的效应 [J]. 吉林农业科学，2014，39（4）：68-70，83.

[96] 张绿萍，蔡永强，金吉林，等 . 莲雾碳水化合物及矿质元素含量对其花芽分化的影响 [J]. 贵州农业科学，2016，44（3）：124-128，131.

[97] 张喜庆，勾长龙，娄玉杰，等 . 高效纤维素分解菌的分离鉴定及堆肥效果研究 [J]. 农业环境科学学报，2016，35（2）：380-386.

[98] 张翔，翟敏，徐迎春，等 . 不同修剪措施对薄壳山核桃枝条生长及枝条和叶片碳氮代谢物积累的影响 [J]. 植物资源与环境学报，2014，23（3）：86-93.

[99] 张新 . 黑色地膜覆盖防草效果试验 [J]. 天津农业科学，2000，6（1）：21-22.

[100] 张勇，路兴涛，刘震，等 . 精喹禾灵等药剂除草活性及对甘薯的安全性 [J]. 农药，2012，51（6）：457-460.

[101] 赵昌平，王景燕，龚伟，等 . '汉源葡萄青椒'及其少刺变异品系光合特性研究 [J]. 四川农业大学学报，2017，35（4）：540-546.

[102] 赵建荣，高德才，汪建飞，等 . 不同 C/N 下鸡粪麦秸高温堆肥腐熟过程研究 [J]. 农业环境科学学报，2011，30（5）：1014-1020.

[103] 赵通，陈翠莲，程丽，等 . '李光杏'花芽分化时期内源激素及碳氮比值的动态研究 [J]. 干旱地区农业研究，2020，38（3）：97-104.

[104] 郑俊强，郭瑞红，李东升，等 . 氮沉降和干旱对阔叶红松林凋落物分解的影响 [J]. 北京林业大学学报，2016，38（4）：21-28.

[105] 郑路，尹林克，姜逢清，等 . 微生物菌剂对干旱区城市防护绿地凋落物分解的影响 [J]. 应用生态学报，2010，21（9）：2267-2272.

[106] 郑卫聪，王俊，王晓明，等 . 不同堆置措施对园林有机废弃物堆肥有机物降解的影响 [J]. 华南农业大学学报，2012，33（1）：28-32.

[107] 周强，耿佳麒，王宇航，等 . 越橘花芽分化期叶片矿质元素含量和 C/N 变化分析 [J]. 东北农业大学学报，2017，48（2）：37-45.

[108] 周秋月，吴沿友，许文祥，等 . 光强对生菜硝酸盐累积的影响 [J]. 农机化研究，2009（1）：189-192.

[109] 周世兴，黄从德，向元彬，等 . 模拟氮沉降对华西雨屏区天然常绿阔叶林凋落物木质素和纤维素降解的影响 [J]. 应用生态学报，2016，27（5）：1368-1374.

[110] 周星宇，伍家辉，龚伟，等 . 不同修剪方式对藤椒产量和品质的影响 [J]. 四川林业科技，2020，41（5）：54-59

[111] 朱留刚，孙君，张文锦，等 . 修剪对茶树修剪凋落物水文特性的影响 [J]. 南方农业学报，2017，48（10）：1795-1801.

[112] 朱雪荣，张文，李丙智，等 . 不同修剪量对盛果期苹果树光合能力及果实品质的影响 [J]. 北方园艺，2013（15）：11-15.

[113] 朱祎珍，黄自安，魏茂胜，等 . 添加氮素化合物对天竺桂废弃枝叶分解的影响 [J]. 福建林学院学报，2017，37（4）：477-482.